普通高等教育智能建造专业精品教材

市政工程智能设计

姜晨光　主　编

中国建材工业出版社
北　京

图书在版编目（CIP）数据

市政工程智能设计/姜晨光主编．--北京：中国建材工业出版社，2024.8

普通高等教育智能建造专业精品教材/姜晨光主编

ISBN 978-7-5160-4154-3

Ⅰ.①市…　Ⅱ.①姜…　Ⅲ.①市政工程－智能设计－高等学校－教材　Ⅳ.①TU99

中国国家版本馆 CIP 数据核字（2024）第 103600 号

内 容 简 介

本书较为系统、全面地介绍了市政工程的基础知识，以及市政工程智能设计的基本理论和相关技术，包括城市市政基础设施规划、给水排水规划、给水排水设计、燃气工程设计、燃气工程运维、供暖通风与空气调节、基于 WaterGEMS 软件的智能化给水管网设计模式等基本教学内容。全书采用国家现行标准、规范，将“学以致用”原则贯穿教材始终，借助通俗的语言提高教材的可读性，并尽最大可能满足读者的自学需求。

本书适用于普通全日制高等教育与土木工程行业相关的各个专业，还可作为市政工程相关行业从业人员的参考书。

市政工程智能设计

SHIZHENG GONGCHENG ZHINENG SHEJI

姜晨光　主　编

出版发行：中国建材工业出版社

地　　址：北京市西城区白纸坊东街 2 号院 6 号楼

邮　　编：100054

经　　销：全国各地新华书店

印　　刷：北京雁林吉兆印刷有限公司

开　　本：787mm×1092mm　1/16

印　　张：21.25

字　　数：520 千字

版　　次：2024 年 8 月第 1 版

印　　次：2024 年 8 月第 1 次

定　　价：78.00 元

本社网址：www.jccbs.com，微信公众号：zgjcgycbs

《市政工程智能设计》编委会

丛书序言

智能制造是未来制造发展的必然趋势和主攻方向。制造业经历了机械化、电气化和信息化三个阶段，如今正迈向智能化发展的第四个阶段，即工业4.0。工业1.0到工业2.0实现了从依赖工人技艺的作坊式机械化生产到产品和生产标准化以及简单的刚性自动化。工业2.0到工业3.0实现了更复杂的自动化，通过先进的数控机床、机器人技术、PLC（可编程控制器）和工业控制系统实现敏捷的自动化，从而实现变批量柔性化制造。工业3.0到工业4.0实现了从单一的制造场景到多种混合型制造场景的转变，从基于经验的决策到基于证据的决策，从解决可见的问题到避免不可见的问题，从基于控制的机器学习到基于丰富数据的深度学习。

智能制造是基于新一代信息通信技术与先进制造技术深度融合，贯穿于设计、生产、管理、服务等制造活动的各个环节，具有自感知、自学习、自决策、自执行、自适应等功能的新型生产方式。智能制造是一种可以让企业在研发、生产、管理、服务等方面变得更加"聪明"的生产方法。在合理的整体规划和顶层设计基础上，智能制造按照功能可以分为五层，层层传导：设备层执行生产任务并上传现场数据；产线层将现场数据进行预处理并向上层汇报；工厂层接收处理后向企业层反馈生产情况；企业层运用生产管理软件进行分析处理后向下层下发工作计划，再依次传导至设备层对生产设备进行有效控制与检测，设备、控制、车间与企业层形成由点到线再到面的递进关系；协同层则是单一企业与其所处的商业生态环境中其余参与者的互动与协同，将各类参与者连接，做到信息的实时互通，形成综合的数据平台，达到"万物互联"的状态，更利于全产业链优化发展。

产业链涉及生产制造各环节，应用广泛。从产业链层级来看，智能制造可划分为感知层、网络层、执行层、应用层。就智能制造产业链的上下游而言，我国智能制造的上游包括制造业的零部件和感知层相关产品；中游涵盖了网络层的相关信息技术和管理软件，执行层的机器人、智能机床、3D打印以及各种自动化设备；下游则是应用层，主要是通过各种自动化生产线集成后形成的智能工厂，在汽车、3C、医药等领域得到广泛应用。

轴承是制造业的"关节"；传感器是制造业的"皮肤"；伺服系统是制造业的"神经"；数控机床是工业制造的"母机"；工业机器人是工业制造的"操盘手"；3D打印是工业制造的"工具"；工业软件是智能制造的"大脑"。美国"NIST智能制造生态系统"、德国"工业4.0"、日本"社会5.0"、中国智能制造标准体系构建等以重振制造业为核心的发展战略，均以智能制造为主要抓手，力图抢占全球制造业新一轮竞争制高点。

《中国工程图学史》记载，古人用界尺、槽尺、平行尺和毛笔进行建筑设计工作。到了近现代，工程师们开始启用绘图板、丁字尺和墨线笔等工具。现今，原本沉寂的数据通过数字技术的“加工”，成为跃然纸上的立体影像，如同积木一样，可以根据不同部门的需求及时进行调整，而调整后的结构实时可见，这便是目前行业中常说的建筑信息建模技术。以这种技术路径为代表的“智能建造”正在成为建筑行业变革的内在动力，改变着这个古老的行业。

智能建造是指在建造过程中充分利用智能技术，通过应用智能化系统提高建造过程智能化水平，来达到安全建造的目的，提高建筑性价比和可靠性。

以“建筑信息建模”为例，它可以通过三维可视化设计模型替代原有二维图纸，使建筑信息之间相互关联，并传递到施工、运维等建筑全生命周期。数字模型之下，设计师用笔在平板电脑上就可以在所选区域的轮廓上绘画、探索、尝试设计、思考和选择，当输入设计目标和相关数量，并大概画出功能分区后，计算机就会自动创建足够优化、合理和包含了足够设计细节的BIM模型。这是当今国际上迅速发展的一门新兴综合技术，被誉为智慧城市建设的基础。

曾被评为“全球最佳摩天大楼”的悉尼“布莱街一号”项目，正是建筑信息建模技术的巧妙应用。该技术在整个项目中，尤其在可持续发展、协调合作和设施管理三大方面发挥重要作用，成就了这座拥有庞杂系统和完备设施以及极高节能环保标准的超级大楼，成为各国建筑界反复研究借鉴的“模板”。日本东京的新摩天大楼——日本邮政大厦，也是建筑信息建模技术运用的成功典范。由于采用该技术，项目减少了隐藏于图纸内的管线冲突，确保了施工图面与数量表的一致性，各参与方提取数据、图纸、资料等变得快捷安全，为项目安全建设提供了良好的管理平台。在我国，雄安新区、北京大兴国际机场等多个大型重点工程也都应用了建筑信息建模技术。

除此之外，大数据、人工智能、工业互联网、机器人和5G等新技术也在“智能建造”领域占有一席之地。如像搭积木一样装配预制构件，装配式建筑能有效减少污染、节约资源和降低成本；外墙喷涂机器人开展高空作业，效率可达人工的3～5倍；楼宇自控系统实时调节室内温度、照明等，让建筑有了“智慧大脑”等，都是智能建造中的重要科技成果。

建筑行业属于传统的劳动密集型行业，生产方式粗放、劳动效率不高、能源资源消耗较大等问题成为该行业亟待解决的问题。面对传统建筑方式受阻的问题，英国、德国等国家都提出了建筑业的发展战略，要求通过智能化、数字化、工业化等提升产业竞争力。英国政府发布了“Construction 2025”战略，提出到2025年，将工程全生命周期成本降低33%，进度加快50%，温室气体排放减少50%，建造出口增加50%。围绕这一战略，英国制定了建筑业数字化创新发展路线图，提出将业务流程、结构化数据以及预测性人工智能进行集成，实现智慧化的基础设施建设和运营。德国联邦交通与数字基础设施部发布了《数字化设计与建造发展路线图》，对数字设计、施工和运营的变革路径进行了描述，目的是在德国联邦交通与数字基础设施部的所辖领域逐步采用建筑信息建模，持续提高工程设计精确度和成本确定性，不断优化工程全生命周期成本绩效。《中华人民共和国国民经济和社会发展第十四个五年规划和2035年远景目标纲要》同样明确提出“发展智能建造，推广绿色建材、装配式建筑和钢结构住宅”。借助5G、人工智能、物联网等新技术发展智能建造，成为促进建筑业转型升级、提升国际竞争力的迫切需求。数字技术赋能项目正在成为全球建筑行业跨越建设瓶颈的重要解决方案。

国际机器人联合会（IFR）最新发布的报告显示，全球工厂中有约300万台工业机器人在运行。2022年4月，韩国研制的机器人已经可以完成智能平板绘画、升降递送包裹等工作。2022年8月，北美发布了一款建筑画线打印机器人，可以在建筑工地地面上自主打印布局。2022年9月，英国建筑师受动物启发研制出可以在飞行中建造3D打印结构的飞行建筑机器人。而日本则是目前最大的机器人和自动化技术出口国，其研发的机器人在关节技术、高精密减速器、控制器、高性能驱动器等核心技术和关键零部件方面居世界领先地位。2022年7月17日，亚洲首个专业货运机场——鄂州花湖机场正式投运，该项目同样以三维建模的方式将建筑数据和图形转化为立体可视数字模型，解决了钢筋图元数量庞大、传统二维手绘建模方式无法满足项目设计和建造要求的难题。

除此之外，人工智能同样在建筑领域大展拳脚，例如，设计师将工位数量、会议室数量和电话间的数量都做了相应的调整，借助于人工智能技术，在新的BIM模型构架内，90秒内就可以得到设计变更后的最优设计，包括设计模型和包含足够细节的图纸。智能建造——一项复杂的系统工程，涵盖了科研、设计、生产加工、施工装配、运营等环节。数字化技术的应用带来了规划和设计方法甚至设计理念的改变，正在颠覆原有的工程建造技术体系以及项目组织管理方式，重塑建筑这个古老行业。

江南大学姜晨光教授以40年的教学积淀为基础，精心打造的这套智能建造专业教育丛书令人耳目一新。丛书紧跟时代发展的脚步，聚焦世界科技和产业前沿，布局合理、详略得当、有张有弛、通俗易懂，理论联系实际，贯穿了“产学研”一体化的思想，甚为难得、难能可贵。通读全书，甚为欣喜，以是为序。

中国工程勘察大师

2023年11月12日

前　言

城市是推动高质量发展、创造高品质生活、全面建设社会主义现代化国家的重要载体。城市是我国经济、政治、文化、社会等方面活动的中心，必须用科学态度、先进理念、专业知识去规划、建设、管理城市。

党的十八大以来，我国新型城镇化取得重大历史性成就。常住人口城镇化率从2012年的53.10%提高至2023年的66.16%，城镇常住人口达到9.33亿，全国城市数量增加至694个。

2019—2023年全国累计开工改造城镇老旧小区22万个，惠及居民3800多万户、约1亿人。第七次全国人口普查数据显示，城镇居民人均住房建筑面积达到38.6平方米。城市黑臭水体治理成效持续巩固，城市污水处理率超过98%。城市建成区绿地面积和绿地率分别达到258万公顷和39.29%，人均公园绿地面积达到15.29平方米。城镇人居环境显著改善。

全国城市道路长度超过55.2万千米，城市轨道交通建成和在建总长度达到1.44万公里，供水普及率、燃气普及率分别超过99%、98%，全国供水、排水、天然气、供热管道长度分别达到110.30万、91.35万、98.04万、49.34万千米，城市运行效率有效提升。

全国226个地方建立了公共数据开放平台，有效开放数据集超过34万个。互联网、大数据、云计算、人工智能等新一代技术手段在城市治理中的运用持续加强。

全国共有142座国家历史文化名城、312个中国历史文化名镇、487个中国历史文化名村，划定历史文化街区1200余片，确定历史建筑6.35万处，成为传承中华优秀传统文化最综合、最完整、最系统的载体。

城市设计是落实城市发展战略要求、指导建筑设计、塑造城市特色风貌的有效手段。推动城市高质量发展，必须在设计上做文章。城市是建设美丽中国的重要阵地，要把绿色低碳理念贯穿城市建设各方面和全过程。着力改善蓝绿空间，持续推进城市供水安全保障、海绵城市建设、城市内涝治理等工作，提高城市园林绿化水平，推动公园绿地开放共享，更好满足市民群众对休闲游憩、亲近自然的要求。

如今，我国正在一体推进绿色建材、绿色建造、绿色建筑，全面促进建筑领域节能降碳，把科技创新摆在城市工作更加突出的位置，持续巩固提升世界领先技术，集中攻关突破“卡脖子”技术，大力推广应用惠民实用技术，大力推进基于数字化、网络化、智能化的新型城市基础设施建设，第五代移动通信技术（5G）、物联网等现代信息技术已进入家庭、进入楼宇、进入社区，数字家庭、智慧社区、智慧城市使城市变得更聪明、更智慧。为了确保城市的长治久安，我国正在持续推进城市生命线安全工程建设，通过数字化手段对城市供水、排水、燃气、热力、桥梁、管廊等城市生命线进行实时监测，及早发现和管控风险隐患，提高城市安全保障能力。市政工程在城市发展中的地位和作用不言而喻。

进入21世纪以来，新一代通信技术、新材料技术、人工智能技术、智能制造技术等现代科技快速发展，也带动了各行各业加快转型升级的进程，市政工程建设也正由传统建造方式向智能建造转变。市政工程智能设计成了一个绕不开的话题，鉴于此，笔者及编写团队广泛查阅国内外最新的文献资料，完成了这本书，希望能为市政工程智能设计添砖加瓦。

全书由江南大学姜晨光主笔完成，苏州科技大学天平学院孙胡斐，上海烯牛信息技术有限公司李锦香、杜强、周煜东，青岛农业大学李明国、姜学东、杨吉民、李少红、任荣、盖玉龙、崔专、陈惠荣、李霞、严立梅，莱阳市环境卫生管理中心宋金轲、张斌、王世周，烟台市城市规划编研中心杨兰，烟台市城市规划展示馆张仁勇，烟台市莱山区综合行政执法局公用事业服务中心李佳浔，龙口市规划编研中心路顺，国网山东省电力公司电力科学研究院王斐斐，山东省海河淮河小清河流域水利管理服务中心李瑞青、巩亮生，山东省水利综合事业服务中心石伟南，枣庄市工程建设监理有限公司裴宝帅，韶关学院胡春春，广州工程技术职业学院陈茜，中南大学刘兴权，广西大学陈伟清、张协奎，福州大学方绪华，广州大学张靖仪，江南大学贡鸣、杨洪元、叶军、吴玲、蒋旅萍、欧元红、陈丽、刘进峰、张惠君、蔡洋清、卢林、刘群英、夏伟民、黄奇壁、王伟、姜勇、贾旭、付小英、王风芹等同志（排名不分先后）参与了相关章节的修订和撰写工作。初稿完成后，中国工程勘察大师严伯铎老先生不顾耄耋之躯审阅全书，提出了不少改进意见，为本书的最终定稿作出了重大贡献，谨此致谢！

限于水平、学识和时间关系，书中内容难免存在谬误与欠妥之处，敬请读者批评指正，提出宝贵意见。

姜晨光

2024年1月于江南大学

目　　录

第1章　城市市政基础设施规划

1.1　宏观要求

市政基础设施应转向更为公平平衡、主动充分、多维综合的包容性发展。本章内容适用于城市市政基础设施规划，包括市级城区和县（区）级城区两个层级市政基础设施规划，根据工作要求和需要可扩大到乡镇、重要景区、工业园区等重点区域，以及其他非公共区域的市政基础设施规划。城市市政基础设施规划应符合现行国家、行业相关标准、规范的规定。

城市市政基础设施是指城市发展中保障城市可持续发展的工程性设施，即城市规划建设范围内设置的，为城市居民生活、生产提供有偿或无偿公共产品和服务的基础工程、设备和设施，是城市生存和发展必不可少的物质基础。城市水系统是指以水循环为基础、水设施为载体、水安全为目标、水管理为手段的综合系统。城市交通系统是指将交通设施、交通工具、交通出行主体等通过城市运输系统、交通设施系统和交通管理系统来连接城市生产生活的综合系统；包括出行的两端都在城区内的城市内部交通和出行至少有一端在城区外的城市对外交通（包括两端均在城区外，但通过城区组织的城市过境交通）。城市能源系统是指在城市范围内耦合多种能源形式系统，实现多种异质能源子系统之间的协调规划、优化运行，协同管理、交互响应和互补互济的综合系统。城市环境卫生系统是指用于收集、运输、转运、处理、综合利用和最终处置城市生活垃圾、厨余垃圾、清扫保洁垃圾、建筑垃圾等其他固体废弃物的综合系统。城市园林绿化系统是指城市中由各种类型、各种规模的园林绿化组成的生态系统，用以改善城市环境，为城市居民提供游憩空间。城市信息通信系统是指为融感知、传输、存储、计算、处理为一体的连通社会空间节点的网络基础设施。

市政基础设施规划应具有明确的规划用地范围，在相应范围内开展规划、建设工作，研究范围应为市政基础设施规划用地范围和环境影响空间组成的完整区域。依据城市化进程，实际与发展需求、场地特征、人文特色、发展水平、技术水平和公众意见，因地制宜、量力而行地开展市政基础设施的规划。应以市政基础设施为研究对象，以系统整体性思维为方法，以平衡充分发展为出发点，重新界定市政基础设施功能、生态及空间的内涵，并赋予其美学特性和智慧特征，从安全韧性、绿色低碳、智慧发展、功能复合和地域特色等方面，多维度提升基础设施的综合效能和整体价值。规划应坚持以人民为中心，聚

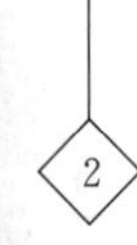

焦人民日益增长的美好生活需求，整合、配置和管理市政基础设施资源及城市现在和未来的发展需求，使市政基础设施价值从以往工业化时期的被动、趋利性的配置转变为新时代的主动、适应性的服务供给，满足人民对市政基础设施的认知、审美、体验和使用需求。规划应以系统思维为方法，从城市生命共同体的整体视角出发，统筹发展和安全，整体评估现状及未来发展需求，坚持系统协同、整体统筹、空间融合、多维综合，协调生态、生产和生活空间，改善人与环境的关系。规划应以问题为导向，从目标定位、空间组织、专业协同等方面提出主动适应城市发展的解决方案和实施措施，分类补齐市政基础设施建设短板，提高设施运行效率，全面支撑城市发展。规划应以活力繁荣为目标，结合时代特征，充分考虑自然条件、历史人文和建设现状，协调整体风貌和城市性质，发挥市政基础设施的触媒效益，营建可持续的社会友好型市政基础设施。

1.2 市政基础设施规划基本流程

1.2.1 基本规则

城市市政基础设施规划应遵循科学性、安全性、前瞻性的原则，在充分开展前期调查研究的基础上，编制完成一个满足需求，适度超前，适应性强，能动态调整的规划方案。应从“统筹规划、合理布局、综合利用、保护环境、保障安全、韧性永续”的原则出发，编制城市市政基础设施规划，满足新型城镇化和生态文明建设的要求。城市市政基础设施规划应与其他相关规划相协调，符合现行国家标准的相关规定。城市市政基础设施规划的范围、阶段与期限应与国土空间规划相一致。城市市政基础设施规划应近、远期结合，并应结合城市远景发展的需要。城市市政基础设施规划应重视前期分析、方案制定、实施监测三方面内容。

1.2.2 前期分析

市政基础设施的规划背景研究与现状问题识别应包含以下两方面内容：①规划背景研究和现状问题识别，通过规划背景研究，对社会经济发展规划、国土空间总体规划、国土空间详细规划等上位规划和相关规划资料进行深入研究，分析市政基础设施的发展定位；②现状问题识别，对区位条件、现状用地建设情况、基础设施调研情况等资料进行梳理，对各项基础设施存在的问题进行研判，评估现状存在的问题及可能引起的风险。

应结合国土空间规划城市体检评估要求，同步采用“一年一体检、五年一评估”的工作模式，市政基础设施的重要体检指标与评估宜按下列两个步骤进行：①结合问题识别情况和评估指标量化既有问题，对现状基础设施存在的问题进行评估，针对不同城市规模，建立基于交通系统、水系统、能源系统、环境卫生系统等市政基础设施的多维指标体系；②通过评估指标量化既有问题，构建市政基础设施评价体系，分析城市市政基础设施现状与社会经济发展预期之间的差距。

市政基础设施的规划目标可分为总体目标及具体目标，并应符合以下两条规定：①市政基础设施规划目标总体目标应明确，并与社会经济发展规划、国土空间规划一致，并满足公平平衡、多维综合的包容性发展要求；②具体目标应明确市政基础设施的建设要求，以及建设完成后达到体检指标的要求。市政基础设施的规划原则应包含下列内容：①市政基础设施规划应遵循国家及地方的各项法律、法规、规范，并与当地总规及各专业专项规划相协调；②市政基础设施规划应具有科学性、合理性，依据科学的方法，吸收国内外先进技术和经验，使编制的规划在技术上科学先进，经济上合理可行；③市政基础设施规划应统筹协调、可持续发展，坚持各项市政基础设施相互协调、建管结合的原则，以促进城市高质量、可持续发展达到经济效益、社会效益和环境效益的统一；④市政基础设施规划应结合安全韧性、绿色低碳、智慧发展、功能复合、地域特色的要求，将可持续、资源化、低碳化、智慧化等理念融入市政基础设施规划建设当中；⑤市政基础设施的规划建设应坚持适应发展，适度超前的原则，与城市发展相互促进，相互适应。

市政基础设施的需求与预测宜按下列三个步骤进行：①分析规划人口，结合现状人口数据、城市建设指标、人口增长率等相关数据，预测规划年限人口规模。②市政基础设施人均需求指标分析应根据气候变化、城市的地理位置、资源状况、城市性质和规模、产业结构、科技水平和居民生活水平等因素，在现状指标调查的基础上，结合社会经济发展要求，综合分析确定。③市政基础设施需求预测可采用人均指标法、建设用地指标法、年增长率法、城市发展增量法、数学模型模拟法等方法综合分析，由于指标预测结果具有不确定性，因此宜采用两种及以上的方法相互校核确定。

1.2.3 方案制定

市政基础设施规划方案制定的综合比选应包含以下四方面内容：①应基于环境资源条件，分析城市环境本底，坚持生态优先，绿色发展的原则，力争制定环境效益良好的规划方案。②应基于城市发展需求，综合分析城市产业构成、功能布局，以人民生活健康、便利，坚持宜居宜业的导向，力争制定环境社会效益良好的规划方案。③应基于技术应用成本，综合考量各项基础设施与社会经济发展的适应性，推动互联网、大数据、人工智能、区块链等新技术、情景规划、风险场景模拟等数字孪生理念与市政基础设施规划方案制定的深度融合。④应避免过度规划建设，力争制定环境经济效益良好的规划方案。

市政基础设施规划方案的制定宜采用以下三方面步骤：①应因地制宜、因城施策，梳理城市发展脉络、结合城市社会经济发展情况，采用多种分析方法，定性、定量综合分析市政基础设施规划建设标准。②应根据城市市政基础设施现状、各项市政基础设施体检指标、各项市政基础设施的需求预测情况，确定市政基础设施规划建设内容。③应结合城市建设用地情况，各项市政基础设施需求情况综合分析，系统分析规划方案对项目及城市发展的影响，确定各项市政基础设施布局。

1.2.4 实施监测

应结合城市开发计划，按需求同步制定各项市政基础设施实施计划，保障各项市政基础设施建设健康有序，并应包括以下两方面内容：①结合城市开发计划，制定各项市政基础设施实施计划。②根据各项市政基础设施实施计划，进行近远期各项市政基础设施投资匡算。

根据规划实施计划，建立规划方案与实施的反馈、调整、优化机制，保障规划落地

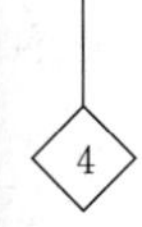

性，定期对各项市政基础设施的时效性及实施质量进行评估与监测，并应符合下列两方面规定：①定期评估各项市政基础设施的实施是否满足规划实施计划及城市发展要求。②定期监测实施计划中投资是否落实到位，使用有无超标，严格防范债务风险。

1.3　安全韧性

1.3.1　一般要求

市政基础设施应在灾害发生前做好充足准备以应对突发事件，并符合以下三方面规定：①针对城市灾害风险，分析灾害风险发生概率及灾害程度，评价市政基础设施各承灾系统的承灾能力与脆弱性，评估灾害风险的影响。②市政基础设施体系应能够在一定程度上承受急剧的内部和外部冲击而主要功能不会严重丧失或退化。③市政基础设施应具备科学合理、层次分明的空间布局，确保各系统在受到扰动时能够有效均衡地提供保障。应尽量采用小规模、分散式的市政基础设施，避免大型集中式设施影响权重过高带来的安全隐患。

市政基础设施在灾害发生过程中应发挥高效的响应作用，并符合以下三方面规定：①构建疏散救援空间网络，包括应急避难场所、消防救援设施、应急交通网络。②市政基础设施应具有相似功能组件的替代资源可用性，当系统要素遭受极大损失时，其备用要素仍能支撑系统有序运作。③市政基础设施应具备在可接受的时间范围内迅速调动所需资源并恢复正常运作的能力。

市政基础设施应在灾害发生后快速恢复并适应学习，并符合以下两方面规定：①针对燃气管网、排水工程、交通网络等城市重要基础设施，适度提高、科学设定设防标准。②完善城市风险防控机制，包括风险监测体系、风险评估和预警体系。

1.3.2　城市水系统安全韧性

城市供水系统的安全韧性应考虑城市发展与气候变化的不确定性对供水系统的多重影响，具备预测、评估、应对及恢复的能力，并应包括以下两方面内容：①需分析城市供水系统韧性关键因素，建立具备安全风险预测、评估、应对及恢复的城市供水系统规划体系。②城市供水系统规划设计应采取灾前分析及预警、灾中快速响应及预案实施、灾后有序恢复及功能提升等措施加强城市应对寒潮、咸潮、地震及突发性水质污染的韧性。

对影响城市排水系统的内、外因进行全面综合分析是提升城市排水系统的安全韧性的重要基础，应遵循以下四条原则：①雨水系统规划设计应采取降低非渗透下垫面比例、增加必要的功能复合型调蓄设施、构建厂网河湖一体化的排水体系等措施加强城市应对超过内涝防治设计重现期降雨的韧性，见表1-3-1和表1-3-2。②污水系统规划设计应采取厂网协同、厂间调度、工艺优化等方式加强城市应对极端水量和极端水质变化的韧性。③排水系统规划设计应采取提高不淤流速设计参数、加强水力冲刷设施使用、提高沉积物维护标准、降低高水位运行频次等方式减少排水管网内源污染。④根据设施类型和防洪安全评估，顺应场地，利用自然高差地形，分类型谨慎处理现状场地标高和设计标高，减少人工设施的干预。

表 1-3-1　城镇雨水管渠设计重现期

城镇类型	城区类型			
	中心城区	非中心城区	中心城区的重要地区	中心城区地下通道和下沉式广场等
超大城市和特大城市	3～5 年	2～3 年	5～10 年	30～50 年
大城市	2～5 年	2～3 年	5～10 年	20～30 年
中等城市和小城市	2～3 年	2～3 年	3～5 年	10～20 年

表 1-3-2　内涝防控设计重现期

城镇类型	重现期	地面积水设计标准
超大城市	100 年	居民住宅和工商业建筑物的底层不进水；道路中一条车道的积水深度不超过 15cm
特大城市	50～100 年	
大城市	30～50 年	
中等城市和小城市	20～30 年	

对城市水体环境影响因素的全面分析是提升城市水环境安全韧性的重要基础，应遵循以下三条原则：①城市水系统规划设计中应优先采取厂网河湖一体化运行模式，以从源头减少入河高浓度雨污水的比例。②城市水系统规划设计中采取的城市水体原位治理措施应优先采取侵占水域面积小、日常维护少、无须药剂投加的相关方式。③城市水系统规划设计中应区分城市水体原位治理措施与景观及恢复生态的相关措施。

1.3.3　城市交通系统安全韧性

城市交通系统应在突发事件不同阶段迅速响应并做出应对措施，应以保障人民出行安全、物流和送达为优先原则，有效避免突发事件对城市经济及居民生活造成较大冲击，宜遵循以下四条原则：①在空间上，规划设计宜遵循公平的分配交通道路原则，避免因交通道路空间分配不均衡导致城市交通瘫痪。②在时间上，规划设计宜遵循公平的对待行人与机动车的通行原则，避免因人、车时间分配不均衡导致交通事故。③配置救灾储备中心、避难场所、应急逃生通道等应急交通设施。④可依据突发事件发展、城市风险等级及居民出行需求等多因素变化及时调整应对策略，持续优化系统安全韧性。

城市交通系统应能够有效应对各类灾害事故发生下的防灾减灾应急救援，具备高效指挥决策系统，具有可供给、可替代的应急救援方式、工具、能源、通道设备，从而避免整个系统失灵，尽可能满足居民在突发事件下的刚性出行需求，宜遵循以下三条原则：①预留应急基础设施接口，保持随时处于“冷启动”状态。②通过预留容量弹性，在危机发生时作为临时疏散空间和隔离防护空间。③通过划定留白用地，在高风险地区布局应急医疗设施用地，预留交通、市政等城市市政基础设施的接入条件。

交通需求及供给随着城市的发展而变化，通过对不同情形下的交通供给进行动态调整，弹性组织提升城市交通系统的韧性宜遵循以下两条原则：①应开辟公交专用道，或者

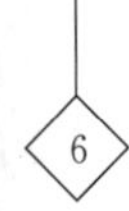

建设专用路权的BRT线路，通过增加系统的冗余性，来提升交通韧性。②通过优化城市交通组织与布局，构建“5分钟”“10分钟”“15分钟”交通覆盖网络，提高交通可达性。

城市交通系统在设计时应根据较高的设计标准，实现交通设施硬件的全方位升级改造，提高硬件设施的灾难抵御力。针对自然灾害等外来冲击，不同交通方式及综合交通网络应提前做好韧性评估，宜采用以下三种方法：①规划设计重视全生命周期管理理念，形成规建管养全过程一体化管理机制，强化主动养护和综合性养护。②完善区域协作、部门协同的交通安全监管体系。③应制定救生、救灾、救急、救援、救济等安全优先的应急救灾方案。应确立脆弱人群的优先顺序，保护儿童、老人、行动不便者、孕妇、行人、骑行者等人群的优先权。

1.3.4 城市能源系统安全韧性

能源设施应综合考虑多种灾害及突发事件的破坏性冲击，提高设计标准，增强硬件设施的坚固性，符合以下三条规定：①应允许能源供应设施局部坚韧，提升能源应对冲击和压力的承受能力。②应提高能源储能、运输等安全标准，做好防火防爆及安全防护措施。③建设材料应选择耐久性高的材料，定期对设施损耗进行检修。

对于能源设施单元的耦合关联应做好单元间的隔断措施。当能源设施的一个节点发生故障时，该故障不会立即传播或影响其他节点。

城市能源系统应提高能源及设施的可替代能力，关键设施和能源供应应做好资源冗余准备，包含下列三方面内容：①根据能源负荷高峰时段的需求量，设计容量应根据需求预留额外的供应量。②关键设施、设备应按照一定比例准备冗余部件或冗余功能，并保障冗余部分的快速响应。③根据可用的能源类型和储能条件应完善多方向能源供应通道布局，加强负荷转供能力。

城市能源系统应考虑多能互补，优化能源结构与布局，增强能源供应韧性，并应符合以下五方面规定：①统筹城市能源种类应适度超前预测不同能源利用的类型、比例、应用领域等。②应建立基于电源、电网、负荷、储能的综合能源系统，实现对多种能源互补、多能源耦合传输，多元负荷响应及转化和多种储能设施规划方案的综合优选、决策。③应提升存量、优化增量，做好存量能源的摸底排查，重点提升存量能源设备利用效率，合理优化增量规模、结构与布局。④应采用分布式能源布局，坚持就近原则，大力开发分散式的能源设施及应急保障设施。⑤应推进大网、微能网及分布式等各级能源网络协调互联互通，加强集中式和分布式能源网络的可接入性和灵活性。

面对不可避免的事故及灾害，城市能源系统应做到事故响应及时有效，保障能源应急供应和事故快速恢复，并符合以下四条规定：①针对破坏性冲击应做好能源泄漏应急措施，避免扩散到周边环境。②应建立供给侧、输送侧、用户侧协同支撑，合理提高核心区域和重要用户的相关线路、设施建设标准，加强事故状态下的能源互济支撑。③应急能源供应设施应保障重大事件面前及时接入供应系统和满足负荷需要。④推动自动需求响应等关键技术的应用，推进多元融合高弹性电网的精准负荷响应、多能互补、节能降耗等多个场景下的互济调度。

1.3.5 城市环卫系统安全韧性

城市环卫系统的规划应通过环卫设施的合理规划和技术更新，提升各类废弃物的收集

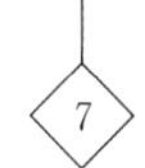

和处理效能，包括以下四方面内容：①积极推进垃圾分类收集和处理处置设施的建设。②适度超前规划生活垃圾焚烧处理设施。③因地制宜设置有害垃圾收集、处理设施。④统筹规划应急填埋场地，储备应急处理设施。

城市环卫系统的规划应建立垃圾的无害化和资源化处理体系，提倡废弃物的回收和再生利用。城市环卫系统规划应形成全过程管理系统；对城市环卫系统存在的风险做到精准监测与风险评估、快速处置、及时恢复；宜在局部区域的环卫设施之间形成互联互通，有效均衡地提供环卫保障服务，保持区域内快速调度环卫资源的能力；应通过数字化运维手段，感知城市垃圾收集处理设施的运行状态，实时监测垃圾收集、转运、处理处置的异常动态和突发事件，并做出快速响应；应对城市环卫系统中各个环节制定安全风险等级、确定安全风险分级措施，拟定安全救援预案。

1.3.6　城市园林绿化系统安全韧性

城市园林绿化系统应以避灾减灾为目的，统筹优化整体生态格局，构筑城市生态安全屏障。提高系统应对灾害或突发事件的抵抗能力应包括以下四方面内容：①应在保障生态空间占比的基础上，持续优化城市园林绿化的生态品质，提高城市绿地系统抵御风险的能力。②应推进城市绿道绿廊建设，有机衔接城市绿地与外围山水林田湖草等各类生态空间，提高城市绿地系统的连续性与完整性。③应尊重地域自然条件，合理利用线性绿地有机串联各类城市绿地，增强城市绿地系统的连通性与稳定性。④应依托现状自然资源和城市绿化，扩大优质生态斑块，增强城市绿地系统的安全防护功能。

城市园林绿化系统规划应结合城市应急防灾体系，构建多层级的城市绿色网络系统。增强系统应对灾害或突发事件的适应能力应包括以下三方面内容：①应结合城市自然山水特征，合理布局绿心、绿楔、绿环、绿廊等城市结构性绿地，形成生态分隔，减少灾害蔓延。②应充分利用既有或拟建的城市公园体系配置布局合理、数量合理的应急避难场所。③应在城市绿地中融入安全卫生功能，明确各级防灾避险功能绿地，并按相关规范、标准的要求推动防灾避险设施建设，加强平灾转换应急管理能力。

城市园林绿化系统规划应积极推进生态空间修复，保护自然容灾空间，提高系统的恢复能力，具体措施应包括以下两方面内容：①应对受损山体、水体、废弃矿山、荒地、裸露土地等不同受损空间进行分类整治，科学复绿植绿、提升生态功能。②应保护河湖水系、湿地等自然容灾空间，开展生态屏障保护修复、河湖生态保护修复、城市湿地系统修复等工程。

城市园林绿化系统规划应加强生物多样性保护，不断提升生境空间质量，维护系统的平衡性与稳定性，具体措施应包括以下两方面内容：①应开展城市生物物种资源普查，推进城市生物资源库建设。②应落实动、植物多样性保护要求。

城市园林绿化系统规划应促进蓝绿空间融合，发挥生态效益，降低区域灾害风险，具体措施应包括下列三方面内容：①应综合考虑空间尺度、地域特征等要素，因地制宜地提高蓝绿空间比例。应在保护现状水系与绿地的基础上，强化蓝绿空间的生态调节功能。②应将绿色基础设施与河湖水系结合，降低区域雨洪灾害风险。③应加强滨水空间绿化建设，扩展自然调蓄空间，保障城市防洪安全；沿海地区应构建沿海防护林，降低台风等自然灾害的影响。

1.3.7 城市信息通信系统安全韧性

信息通信系统在常态下应聚焦各类风险场景，提前做好风险的规避、监测和预警应对，要遵循以下四方面原则：①应尽量远离高压线、加油站等重点区域，须满足国家及地方法律法规对各种场景安全距离的要求。②应考虑与其他移动通信系统及无线电设备的干扰隔离要求，避开幼儿园、医院等敏感场所。③应考虑综合风险监测预警平台搭建，合理布局自身风险故障的智能感知设施，以及公共安全、生产安全、自然灾害等风险场景的感知设施。④根据风险场景的感知和预测，提前制定应急预案并采取及时有效的应对措施。

信息通信系统根据信息通信技术演进和需求预测，坚持“全覆盖”“全连通”原则，在满足业务需求的同时应适度超前储备资源，预留足够的资源，并应包括以下四方面内容：①设施安装空间应满足各基础电信企业的需求并进行空间预留。②应充分考虑包括物联网网络在内的通信网络需求，预留基站天线安装平台、基站机房，并预留其管线、电力通道。③汇聚机房应根据功能定位和服务能力，充分考虑多家运营商、信息化、动力系统、公共配线区域及其他需求，预留机房空间。④光纤通信容量应在满足远期需求预测的基础上，为未来设施升级预留空间。

信息通信终端的设备设施应提高设备坚固性，保证信息通信的质量和稳定性，并符合以下五方面规定：①硬件设施的建设和材料的选择应满足抵御灾害的设防标准，做好安全防护措施。②使用寿命、工作时长、防护等级、防爆等级、工作温度等参数应满足其敷设场所相应的设计要求。③应有稳定的供配电、消防、通风、排水保障。④机房、基站铁塔、多功能信息杆柱等应满足核心设备承重和韧性要求，不满足时采取必要的加固措施。⑤针对设施的老化等损耗问题应定期维护，维持服务功能水平。

信息通信关键设施应布局冗余设施来保证应急事件响应的及时有效，提升其服务功能的可靠性，并应包含以下四方面内容：①服务器宜采用双机热备系统或容错服务器，保证系统功能不间断正常工作。②应提供关键网络设备、通信线路和数据处理系统的硬件冗余，保证系统的可用性。③应保证接入网络和核心网络的带宽具备冗余空间，满足大量物联网设备接入时产生的业务高峰期要求。④针对核心机房等大型设施节点应有可替换选址，以实现容灾备份。

面对各类突发事件，直接服务于城市应急救灾的信息通信设施应能快速响应恢复，并符合以下三方面要求：①涉及公共安全，一旦中断可能发生严重次生灾害等特别重大灾害后果的应急功能不能中断或中断后须立即启动。②影响集中避难和救援人员的基本生存或生命安全，一旦中断可能导致大量人员伤亡等重大灾害后果的，应急功能不能中断或中断后需要迅速恢复。③影响集中避难和救援活动，一旦中断可能导致重大灾害后果的，事后须尽快设置或完善相关信息通信设施。

根据网络安全保护工作的目标和对象不同，信息通信系统应建立全系统严控用户接入、设置登记许可、设置密钥参数和安全管理软件等技术防护体系。

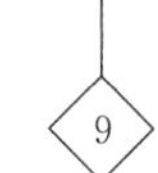

1.4　绿色低碳

1.4.1　一般要求

城市市政基础设施规划应构建连续完整的自然生态系统，全面增加碳汇来源，并应包含以下三方面内容：①利用植物进行固碳增汇，根据植物碳汇能力进行植物选择与配置，绿地建设中应增加乔木灌木比例，宜种植低成本低维护的本土植物，进行科学合理的绿化配置。②优化绿地格局、调整用地空间结构，增加具有碳汇功能的带状、分散式绿地，适当增加立体绿化建设，建立网络化的蓝绿空间骨架，形成具有碳汇功能的网络体系。③可利用场地地形地貌、生态环境、水文条件、植被景观等因素，改善自然生态环境，提升场地生态功能。

城市市政基础设施规划应加强基础设施的节能降耗，减少碳源排放，提高全过程、高精度的节能降耗水平，并应包括以下四方面内容：①提升基础设施建设运维中能源使用效率，推进基础设施节能技术和绿色技术研发应用。②推动基础设施运维中能源结构绿色转型，加强基础设施能源供给从传统化石能源向非化石能源转型。③减少基础设施全生命周期中废水、废气及废渣排放，推进废弃产品回收利用，降低环境影响。④加强资源的循环利用，市政基础设施建设中合理布局垃圾收集点及资源化利用站点，在技术指标符合设计要求且满足使用功能的前提下，建设工程应选用建筑废弃物再生产品。

城市市政基础设施规划应针对碳排放高的市政基础设施布局碳捕获、利用与封存项目，加强对二氧化碳回收利用，减少碳排放。

1.4.2　城市水系统绿色低碳

城市市政基础设施规划应建立以绿色低碳为重要导向的城市水系统规划体系，绿色低碳的城市水系统规划应适应当地的社会、经济、地理、人文特征。水资源循环利用系统收集的污水经过再生处理后，经泵房流至再生水管网，可用于绿地浇灌、道路浇洒、车辆冲洗、景观用水、河道补水及工业生产等。城市水系统规划应符合下列两条规定：①经再生处理后的水质应符合再生水或中水回用标准；②规划设计中应对水资源循环利用的经济性及可行性进行科学的分析评估。

城市水系统规划应对城市供水管网加强漏损诊断及修复，以减少水资源浪费，漏损诊断规划时应符合下列三条规定：①漏损诊断的供水管网应包括输水干线、供水管网及居民小区内供水管道；②漏损诊断中应采取全流程水力模拟分析；③城市水系统规划设计中应加强对节水型清洗及漏损监测装备的考虑。

污泥资源化系统应包含市政污泥、给水污泥及通沟污泥的资源化利用，并应符合以下三条规定：①市政污泥应在减量化、无害化的基础上进行资源化利用，用于绿化土、建筑材料、道路材料的制备等；②给水污泥应在减量化、无害化的基础上进行资源化利用，用于建筑材料及道路材料的制备等；③通沟污泥应在无害化的基础上进行资源化利用，用于建筑材料及道路材料的制备等。城市水系统规划设计中应加强绿色材料的使用占比。

城市水系统规划设计中应加强全链条碳减排体系建设，建立绿色低碳设施运行系统，并应符合以下三方面规定：①排水系统应根据水厂、泵站、管网碳减排目标，从系统的角度实现绿色低碳。②供水系统全链条碳减排措施主要包括合理划分水源地供水片区，减少不必要输送距离产生的能耗；自来水厂节能降耗及工艺提升；合理规划供水管网，减少因管网铺设不合理造成的能耗浪费。③供排水系统可采用系统联动，实现资源优化利用，降低碳排放。

1.4.3 城市交通系统绿色低碳

城市交通系统规划建设应确立绿色低碳的价值导向和分阶段绿色出行、绿色运输、节能减排的发展目标。

城市交通系统规划设计应优化交通运输出行结构，推进以人为本理念的应用，提高慢行空间舒适度。一方面，应着力营造步行、自行车、公交为主导和优先的绿色出行交通模式，并符合以下三条要求：①构筑方式多样、道路连续、设施完备、容量适度、安全舒适、便利美观的步行系统、自行车系统、公共交通系统；②积极倡导、营造步行城市、骑行城市、公交都市；③积极营造公交社区、公交楼宇和“5分钟”“10分钟”健康生活圈。另一方面，应着力打造高品质、温馨舒适的自行车、行人道等慢行交通系统，并符合以下两条要求：①可利用步行、骑行通道、连接道，构成连续的日常步行和非机动车交通网络，保证所有道路均具有完整连续的步行和骑行空间；②保证公共自行车停车点和共享单车停靠点等非机动车停车点与所有公共汽车站的换乘距离均不超过100m，在重要的商业中心、轨道交通车站周边设置地下非机动车立体停车库，确保所有非机动车有空间、有秩序停放。

城市交通系统规划应开展交通系统基础设施绿色化提升改造，部分区域可根据城市交通情况规划公共活动空间，具体应包括以下两方面内容：①建设能自然积存、自然渗透和自然净化的“海绵道路”，打造绿色生态道路交通系统；②环境条件允许的道路交通空间应融入社区生活圈，适应性地策划公共活动，形成安全、友好、舒适的社会生活空间。

城市交通系统规划应提高交通基础设施建设空间利用率，提升城市公共交通基础设施水平，具体应遵循以下三条原则：①应打破地块隔阂，弱化道路红线对用地空间与道路空间的分割；②统筹考虑用地类型、开发强度、公共交通设施布局、景观资源、机动车交通组织等因素，提高活动空间的步行可达，减少机动车出行；③规划开放街道，形成公共活动空间，提升居民步行意愿，让街道成为以人的活动为主而不是以车的活动为主的公共活动空间，从源头上实现居民出行总量、距离的“双减”。

城市交通系统规划应推广绿色交通，基础设施建设应遵循以下四条原则：①推进以低碳排放为特征的绿色道路建设，大力推广应用道路碳捕捉设施、“海绵道路”建设；积极扩大绿色照明技术，采用光伏路灯。②推广低碳高效运输装备，城市公交、出租车和货运配送采用新能源汽车，水运行业应用液化天然气。③推广电子不停车收费应用，宜建成电子不停车收费专用车道，停车场采用电子不停车收费等。④大力推广应用节能型建筑养护装备、材料及施工工艺工法，积极扩大绿色照明技术、用能设备能效提升技术，以及新能源、可再生能源应用范围。

1.4.4　城市能源系统绿色低碳

城市能源系统规划应以能源设施一体化建设为原则，提高能源系统对非常规能源的接纳能力，做好可再生能源、清洁能源等绿色能源的耦合衔接，并应包括以下三方面内容：①形成常规能源利用和可再生能源利用、集中式能源利用和分布式能源利用相互衔接、相互补充的能源利用模式。②遵循能源综合集成、科学利用原则，合理确定可再生能源、常规能源及储能设备等能源工程的选址衔接、供应规模和功能联系。③因地制宜地选择供能能源，并为多种能源协同互补提供接入条件。

城市能源系统规划应优先以地热及太阳能等本地可再生能源作为基础能源，充分利用天然气、生物质能源等清洁能源进行补充，并遵循以下三方面原则：①应整合本地能源供应规模，挖掘风能、地热及余热等可再生资源潜力，在新建或更新的建构筑物中同步建设本地的用能系统。②在生物质能丰富的区域，建设生物质发电设施，将生物质资源多元化利用补充到能源供应系统。③应利用建筑屋顶、墙面、大棚等空间资源，推进分布式光伏发展。

城市能源系统规划应采取有效的节能和降耗措施，提高能源利用效率来减少碳排放，具体措施应包括以下四方面内容：①采用全过程的绿色生产工艺，使用绿色可回收建材和耗材。②靠近负荷中心建设，将能源传输的损耗降至最低。③对传统能源系统实施清洁化建设和改造，严格控制排放到大气中的二氧化碳和大气污染物。④对高能源负荷单位构建精细化能源供应管理，提高区内建筑节能标准。

城市能源系统规划应提高能源系统接纳新能源和多元化负荷的承载力和灵活性，促进能源优先就地、就近开发利用。针对绿色能源利用、节能降耗存在困难的基础设施应结合碳捕捉技术，对排放物进行清洁化处理或固碳利用。应根据能源参数品质，坚持高能高用低能低用、温度对口的原则，将能量流设计成从最高质量到最低质量的梯级利用，提高能源利用效率。

1.4.5　城市环卫系统绿色低碳

城市环卫系统应本着“节能低碳、资源利用”的原则布置环卫设施，积极推进生活垃圾分类投放、分类收集的全覆盖，同步建成垃圾分类运输体系，增强分类处理能力，具体措施包括以下三方面内容：①统筹规划区域生活垃圾处理处置设施布局，优化设施用地的空间结构，构建网络化垃圾收集体系。②推广新能源、可再生能源垃圾收集站点、垃圾清运车辆等绿色低碳设施设备。③鼓励建立资源回收型垃圾处理处置模式，加强垃圾分类回收与再生资源回收体系的有机衔接。

城市环卫系统规划应对生活垃圾、建筑垃圾、园林废弃物等进行分类利用和集中协同处置，降低垃圾的处理能耗，提高土地资源集约利用水平，具体措施包括以下三方面内容：①推进生活垃圾与污泥的协同处置，通过降低焚烧能耗，实现污泥的减量化、稳定化、无害化、资源化。②因地制宜推进垃圾焚烧处理方式，统筹飞灰、残渣处理处置设施建设，增加飞灰和残渣的资源回收利用。③利用自然场地形貌合理规划垃圾填埋处置场地，减少对绿地空间的侵占。

城市环卫系统规划应合理利用农林生物质、沼气、垃圾焚烧发电，回收绿色能源，加

大蓄能储电设施建设。重大环境卫生工程设施的设置宜做到联建共享、区域共享、城乡共享，可与其他基础设施进行融合共建，优化空间配置，提升能源使用效率。

1.4.6 城市园林绿化系统绿色低碳

城市园林绿化系统应以自然生态系统为基础，采用近自然、低维护、可持续的方式营造城市绿色空间。城市园林绿化系统应推进绿地“质”“量”双增，提升城市绿地碳汇能力，具体应包括以下四方面内容：①应确保城市绿地保有量不减少、生态功能不降低；②应对老旧公园等进行提质改造，强化城市中心区、老城区等绿化薄弱地区的现有绿地品质；③应充分利用畸零地等消极空间，织补小微绿地，提高城市绿化覆盖率；④应因地制宜开展屋顶绿化、院墙围栏及立体交通设施垂直绿化等立体绿化建设，提高城市绿视率。

城市园林绿化建设应科学配置绿化体系，提升城市绿地固碳增汇效能，具体应包括以下两方面内容：①应优化植物选择及配置，合理选用适地适生、高效固碳的植物，营建以乔木为骨干的复层植物群落。②应优化低质低效园林绿化景观的群落结构，提升植被质量与碳汇能力。

城市园林绿化建设应推广运用低碳技术材料，降低绿化建设成本，减少绿化建设碳排放，具体应包括以下三方面内容：①应推广节约型园林绿化技术，加大各项节水措施应用；②应推广生态型绿化方式，提高乡土树种应用比例，降低建设成本；③应探索低成本高效率的养护技术，控制建设和管理养护过程中的碳排放量，降低能源消耗。

城市园林绿化建设应推进园林绿化废弃物资源化利用，不断提升园林绿化行业节能减排水平，具体应包括以下两方面内容：①应采用“就地处理＋集中处理”相结合的模式，合理布局园林绿化垃圾分类收集、储存、运输、处理和资源化利用设施。②应提高园林绿化垃圾资源化再生品附加值，推进再生品在生物有机肥、有机覆盖物、有机基质、垃圾焚烧发电、城镇供热和园路铺装等方面的应用。

1.4.7 城市信息通信系统绿色低碳

城市信息通信系统规划应加强信息基础设施集约节约布局，各类设施共建共享，打造绿色低碳的信息基础设施体系，具体应包括以下四方面内容：①应在信息基础设施布局和建设中融入绿色低碳要求，将能耗监测与信息基础设施同步规划，提高信息基础设施资源利用效率。②宜推进网络全光化，加强网络架构优化，精简网络层级和网络设备节点数量。③应进行管道、杆路、光缆、机房、室分等网络基础设施共建共享共维。④应加强绿色数据中心建设，建立健全绿色数据中心标准体系和能源资源监管体系，引导使用节能与绿色低碳技术产品、解决方案。

城市信息通信系统规划应开展重点通信设施的绿色升级，对老旧信息通信设施、基站、机房等进行新技术、新材料、新工艺的改造提升，具体应包括以下三方面内容：①对高能耗的老旧设施因地制宜进行回收、处理和循环利用，引入人工智能、大数据等手段进行绿色化升级。②应对传统通信基站机房进行绿色化升级，加快“老旧小散”存量数据中心资源整合和节能改造。③提高信息通信设施能效水平宜加强软件能耗优化，提高算法效率，挖掘业务层级降碳潜力。

城市信息通信系统规划应提高通信系统资源利用水平，推广使用绿色能源、绿色包装

等材料，加强各类通信基础设施的回收利用水平，具体应包括以下四方面内容：①应建设绿色能源设施，探索新型燃料电池的应用，引导智能光伏在信息通信领域应用。②使用统一的绿色包装材料，加大环保材料、可循环利用材料的应用。③材料运输过程中集约化包装，推行集合包装代替独立包装。④推进云网协同，促进云间互联互通，实现计算资源与网络资源优化匹配、有效协同，推动计算资源集约部署和异构云能力协同共享，提高计算资源利用率。

1.5　智慧发展

1.5.1　一般要求

城市市政基础设施应与数字发展同生共长，构建其全生命周期智慧化的规、建、管。城市市政基础设施应围绕数据价值去挖掘其新的功能并服务，提高运行效率并保证高质量的服务。

城市市政基础设施规划、建设和管理宜利用数字技术达到智慧规划、智慧建造、智慧运维的目的，实现市政基础设施全生命周期的智慧发展，并应符合以下四方面规定：①市政基础设施各阶段的模型数据、运维数据及其他数据应具有安全性。②规划、设计、施工不同阶段的数据应开放共享，能衔接上下游阶段数据，并能与时空基础、规划管控、资源调查等相关信息资源集成应用于运维阶段。③市政基础设施各阶段数据宜采用标准数据传递，并能汇入智慧城市的基础支撑平台，为智慧城市的功能建设提供模型数据。④城市市政基础设施智慧运维系统应能与城市安全、医疗、建筑等智慧运维系统协调联动，为城市能在非常时期迅速做出反应提供更多数据信息。

1.5.2　城市水系统智慧发展

在水系统基础设施的规划中应将智慧发展理念融入其中，从模型搭建、智慧感知、信息系统等方面实现规划引领，并应符合以下三方面条件：①智慧排水系统应和城镇排水管理机制和管理体系相匹配，并应建成从生产到运行管理和决策的完整系统。②智慧城市水系统模型搭建、数据信息中心和下属工程之间的数据通信网络应安全可靠。③从规划阶段即可按需建立统一的数据标准，以便形成规划、设计、施工、运维全生命周期平台与模型数据的协调统一。

智慧供水系统应能实现整个城市或区域排水工程大数据管理、互联网应用、移动终端应用、地理信息查询、决策咨询、设备监控、应急预警和信息发布等功能，并应包括以下三方面内容：①从水源地到出厂做到 24 小时全过程检测；采用在线仪表和人工检测相结合的方式，在线仪表全覆盖，重要的生产数据及设备运行情况均可传送至上位机，当班职工在中控室进行远程监控、控制，主要生产过程均实现自动控制及运行。②供水信息系统应满足对整个给水系统的数据实时采集整理、监控整个城市供水、合理和快速调度城市供水及供水企业管理的要求。③智慧排水系统应设置智慧排水信息中心，具备显示系统，可展示整个城镇或区域排水系统的总体布局、主要节点的监测数据和设施设备的运行情况，

并与其他管理部门信息互通。

智慧水系统应实现智能化自动化管理与运营维护，从进度、质量、成本、安全及环境影响进行全要素智能化管理运维，并应包括以下五方面内容：①在设备安装之前，用数字模拟出池体、设备等工程专业模型，通过碰撞检查、仿真施工、工程量核算等内容，不断优化完善方案，实现工程建设的可视化，既能优化设计方案、避免设计缺陷、减少设计变更，又能加快施工进度、保证工程质量。②构建智慧水厂运维系统，实现水厂智能化自动化管理，坚持水厂实体工程与施工建筑信息模型同步建立。③水厂运行宜采用水平衡、泥平衡智慧管理平台进行水量分配、药剂投加、水质监控、泥量管控。④进入运维环节，凭借全生命周期模型档案应让整个水厂建筑的每个细节都可追溯，保障维修工作能够及时找到精准的解决方案。⑤通过物联网、预警预测模拟平台、在线模拟管线平台等，实现管网系统实时监测、模拟运行、预警预报等功能。

在城市水系统的规划设计中，应考虑厂网河湖一体化所必需的智慧化监测系统及措施，并应包括以下两方面内容：①城市水系统的规划设计中应包含对河网水动力、水环境质量、排放口水质与水量、厂站运行等关键参数的在线监测体系。②城市水系统智慧化监测体系应在在线监测体系的基础上实现数据分析、运行参数建议、运行结果预测等功能。

1.5.3 城市交通系统智慧发展

城市交通系统规划应采取智慧交通设计，考虑到未来智慧发展的空间，应通过人工智能、大数据技术等智慧手段实现交通数据化和精细化管理，通过交通系统管控与城市大数据对接，达到智慧城市交通管控的目标，并应遵循下列三方面原则：①应以全面动态感知城市道路交通实时信息的摄像机、雷达、气象监测仪等智能感知设备以及云控基础平台等，形成车、路、云、网、图一体智能网联协同系统，构造形成新型智能化基础设施。②高级别自动驾驶需要实现车路一体化耦合发展，即结合智能汽车、路侧智能设施、云计算，打造智慧交通生态系统，通过人与车、路与车之间的信息交互，实现高级别自动驾驶。③采用联网局域控制智能交通信号机，通过智能信号控制系统，对路口的信号灯进行调配。

城市交通系统规划应采取面向多模式公共交通系统，数据库升级将催生新的管理和服务模式。多模式公共交通间的信息互联将使城市交通数据库全面升级，让交通大数据分析有更全面、更细致的可能性，打通信息交互渠道将促进整个城市公共交通资源的整合。城市交通系统规划应开展静态交通智能化管理，规划智慧交通静态设计，进一步保证交通畅达，并应包括以下两方面内容：①尽量减少土地占用面积，开展立体车库等停车区域的建设；②建设及应用大数据等智慧平台系统摸排、收集道路泊车位数据，同步共享信息，加强城市交通智慧化管理。

城市交通系统规划应发挥交通系统客流量优势，方便采集数据，提升智慧交通建设，并应遵循以下两条原则：①应发挥城市轨道交通客流量大的优势，利用场景应用，积极发展流量经济，充分发掘信息基础设施的潜在价值功能。②利用换乘站点客流集中的优势，以及站点上盖建筑物的开发建设机遇，发挥导流系统的作用，培育城市轨道交通枢纽经济。

1.5.4 城市能源系统智慧发展

城市能源系统规划应构建状态全面感知、信息高效传输的能源信息网络系统，实现电、水、气等能源数据化，提升能源资产资源规划、建设和运营全周期管控能力，包括以下五方面内容：①应对能源系统运行时的状态进行实时监测，对潜在风险进行实时排查与预警。②利用人工经验、生产数据、智慧算法和可视化技术支撑能源供给设备的巡检维护、设备消缺、设备检修业务，避免人为因素导致的疏漏甚至错误，最大限度消除安全隐患。③充分结合区域内其他数据（如气象、交通等），做到能源线路故障地点的自动精准定位和抢修方案的智能拟定，应保持客户端与服务指挥系统信息的一致性，助力技术人员更好地做出应急抢修方案，提升抢修响应效率。④应在一个能源微网内充分考虑各能源提供者和能源使用者的特性及需求，分析其供能和用能特点，根据外部环境和内部数据的变化，制定相关能源运行优化策略，提高能源微网内多种能源的协同及运营效率，从而提升整体效益。⑤应实时准确地采集能源供给和能源消耗信息，并重点关注区域内高耗能行业的能耗情况，在线跟踪监测并及时调控各项能源消费和污染物排放等指标，预测并预警超量、超标情况，定期进行能耗数据分析，指导分级保供预案和用户调峰。

能源信息宜互联互通、透明开放，实现信息层面的能源系统互动，促进多种能源的优化协同控制，包括以下三方面内容：①构建能源数据可信共享机制。能源系统的智慧发展面临能源综合、主体多样、数据分散等特点，当多方参与时，不同主体之间的数据缺乏信任会严重阻碍数据的互通共享，所以应首先建立满足强监管政策环境下能源数据可信共享机制，并在典型业务场景中进行应用实践。②推进能源治理信息与区域监测平台的数据集成融合和安全共享，实现能源生产端多种能源形态的打通，以及能源上下游的供需之间的互动，提升能源趋势预测的时效性、准确性和能源优化配置能力。③结合区域内各类能源使用数据进行分析，明确能源用户的使用现状，结合地区的总体规划、产业规划、人口规划、建筑规划来预测、指导能源系统的运营优化和效果反馈。

城市能源系统规划应当依托智慧能源挖掘节能降耗、结构优化的新潜力，待具备条件时，针对智慧能源社区、楼宇综合体、产业园区等多种用能进行规划建设。

1.5.5 城市环卫系统智慧发展

城市环卫系统规划应加快城市环卫设施的智慧化建设改造，实现环卫基础设施的数字化、网络化、智能化管理，具体包含以下两方面内容：①构建环境卫生管理平台，运用数字信息技术，联通垃圾收集和处理过程中的服务和设施数据。②统筹环卫管理一张图，优化环卫设施布局和作业路径，提升环卫作业效率，增强垃圾收集处理全过程的管理能力和水平。

城市环卫系统规划应将环卫系统产生的数据与水系统、交通系统等系统的数据进行共享互补，掌握污染物的迁移转化规律，科学规划处理处置设施，有效预警环境卫生风险。智慧环卫的数据信息应兼顾共享性与安全性，在挖掘和释放数据价值的同时，保障公共信息的可靠性和安全性。

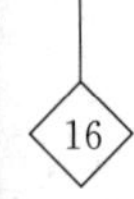

1.5.6 城市园林绿化系统智慧发展

城市园林绿化系统规划应结合新时代新技术，加快数字化建设，建立城市园林绿化监督管理信息系统，提升园林绿化精细化管理水平，具体应包括以下三方面内容：①建立城市园林绿化数字化信息库，汇总整理城市园林绿化基础数据并统一管理，实现城市园林绿化信息一张图展示。②建立城市园林绿化信息发布与社会服务信息共享平台，提供信息管理、协同办公、辅助决策、公众服务等多种业务。③建立城市园林绿化信息化监管体系，对城市各类绿地进行动态监测，并实时更新反馈、整合共享，实现静态和动态数据的可视化监管。

城市园林绿化系统应与智慧城市发展相结合，融入城市智能综合管理体系，助推智慧城市一体化建设，具体应包括以下两方面内容：①城市园林绿化系统基础设施建设应符合市政基础设施智能化转型、一体化管理的要求。②应积极对接城市运行管理服务平台，实现各系统互通互联，支撑城市运行“一网统管”。

城市园林绿化建设可将智能交互技术引入环境设计，结合城市智慧景观设施，增强景观体验。城市园林绿化建设应加大数字应用投入，开展基础设施智能化建设和改造，提升管理功能和服务功能，具体应包括以下三方面内容：①建设智慧养护系统，增设园林绿化灌溉、病虫害防治、古树古木保护等智慧管理设施。②建设智慧服务系统，增设智慧跑道、智慧储物柜、智能座椅、智能显示大屏、智慧公厕等公共服务设施。③建设智慧照明系统，增设搭载视频监控、广播音响、气象监测等设备的智慧灯杆。

1.5.7 城市信息通信系统智慧发展

通信基础设施建设应进一步完善各类数据与算力设施的数字化管控，具体包含以下三方面内容：①充分考虑资源环境条件，合理进行数据中心布局，夯实数网协同发展基础。②加快算力设施智能化升级，推进多元异构的智能云计算平台建设，增强算力设施高速处理海量异构数据和数据深度加工能力。③打造可信存储、安全计算、高效处理的云计算环境。

通信基础设施建设应加强管理平台与传输网络建设，大力推进网络化水平，具体包括以下两方面内容：①明确信息平台建设相关标准规范，满足管理参数、运维预警等功能要求，建设一体化、集中化的动态监控、运维管理等信息通信平台。②加快新型网络的开发探索与部署，加强千兆网络和骨干网络的升级演进，加快对卫星通信网络和国际通信网络的布局。

通信基础设施建设应加强设备、系统及平台智能化建设，并应符合以下三方面规定：①电源设备、温控设备、机柜设备等各类信息通信设备可通过自我优化及自我保护机制，实现自感知、自学习及自决策。②供电系统、机柜系统、制冷系统等各类信息通信系统应安全高效、稳定运行，同时，可通过自学习、自决策、自优化更加智慧。③人工智能服务平台、区块链服务平台、数字孪生平台等各类信息通信平台，结合大数据、物联网与人工智能技术，可达到自决策、自由化、自调度、智能运维与智能管理的目的。

1.6 功能复合

1.6.1 一般要求

市政基础设施及管线规划布局应考虑进行功能复合，以提高土地利用效率，减少邻避效应。各类市政基础设施之间可考虑功能复合；在满足各专业设施防护距离要求的前提下，集中设置市政基础设施，减少邻避作用的作用范围。为集约高效利用城市地下空间资源可结合城市特点、经济发展水平、管线需求考虑建设综合管廊。

市政基础设施可与其他城市功能复合，一般应包括以下两种形式：①两种功能或多种功能叠加于同一个场所，在市政基础设施正常运用的同时，提供交通、休闲、公共活动等适宜的城市职能。②对于邻避设施采取立体开发，以全地下或半地下建设市政设施减少邻避效应，地面作为公园、体育场所等其他城市公用空间，提高空间综合价值。

1.6.2 城市水系统功能复合

城市水系统的规划应强化“水安全、水资源、水生态、水环境、水文化、水管理”的“六位一体”功能复合，并应符合以下两条规定：①应区分市控制单元、镇级行政区域单元、典型河流生态区段单元的“六位一体”功能复合特征；②以“人水和谐”为总体要求，以生态优先、水陆统筹为基本原则。

城市水系统的规划与建设应贯穿功能复合的要求，将水系统各类设施统筹考虑，发挥综合功能，包含以下两种形式，即水系统与城市元素的功能复合和水系统规划与社会经济发展规划的功能复合。水系统与城市元素的功能复合应包含以下两项内容：①居民休憩与水环境治理的功能复合；②城市生态湿地与水环境治理或水处理的功能复合。水系统规划与社会经济发展规划的功能复合应包含以下两项内容：①城市供排水系统规划与社会经济发展规划的功能复合；②城市水环境治理规划与社会经济发展规划的功能复合。

城市给排水管网纳入综合管廊可更好地发挥管廊的综合功能，给排水管网纳入综合管廊应满足以下六方面条件：①给水管道设计应符合现行国家标准《室外给水设计标准》(GB 50013) 的有关规定。②给水管道设计可选用钢管、球墨铸铁管、塑料管等，接口宜采用刚性连接，钢管可采用沟槽式连接。③雨污水管道设计应符合现行国家标准《室外排水设计标准》(GB 50014) 的有关规定。④重力流管道井应考虑外部系统水位变化、冲击负荷等情况对综合管廊内管道运行安全的影响。⑤雨污水管道可选用钢管、球墨铸铁管、塑料管等。⑥压力管道宜采用刚性接口，钢管可采用沟槽式连接。

城市水系统应把人的需求牵引和空间供给创造进行有机结合，在满足城市水系统功能需求的同时，为公众生活创造活动空间；活动空间的功能包含科普教育、儿童游乐、健身休闲、生态景观体验等，增加社会友好度。水厂建造可为半地下或全地下的花园式水厂，将设施设备、管道、控制装置等置于地下空间，融入区域生态、生活、生产，成为复合集约型综合体。污水处理全过程可在地下密闭池内完成，地上打造的开放式立体绿色生态公园，处理好水处理和景观的关系，地面恢复绿化率可超过 60%，并结合“海绵城市”进行设计。

1.6.3 城市交通系统功能复合

在城市主要干道宜开展慢性交通系统与公共空间的功能复合设计，宜遵循以下三条原则：①增设公交车专用车道，提高公共交通运输效率，同时设置主辅路分离，既保证主路交通功能，又满足沿线地块居民出行需求。②在公用停车场设置新能源车辆充电桩。③为缓解交叉口车流拥堵宜合理组织交叉口左转车流，确定禁左路口可以减少车流间的干扰，同时提高交叉口通行效率、减少安全隐患。

在城市集散性道路宜开展环境友好设计，增加街区的活力宜遵循以下两方面原则：①可减少机动车辆通行，对街道重新定位，宜优先考虑人流，使市中心的核心区域可步行，建立更安全的人行横道，同时增加自行车道的数量，在部分街道实施单向公共汽车交通，从而提高公共交通的效率。②可重新设计场地的现有空间，补充新的公园和广场；从环境的角度出发，增加新绿色基础设施，并大力增加渗透性，从而减轻雨水径流和城市热岛效应。

城市交通系统构建时应充分利用交通附属空间、桥下空间开展功能复合设计，具体包括以下四方面内容：①高架桥下附属空间可用作停车场、景观绿化或市民参与性较高的多功能开放性空间。②立交桥下附属空间一般与立交工程同步建设为绿地，兼具隔离防护和景观绿化的功能，紧邻慢行道部分可设置为口袋公园。③路中式桥下附属空间以车行交通为主，适宜布局交通功能型设施。④路侧式桥下附属空间与毗邻水体或绿地的桥下附属空间的慢行可达性高，可设计为供人群交流、休闲的场所或将其规划为慢行系统。

1.6.4 城市能源系统功能复合

城市能源系统的建立应根据能源的特点，加强多种能源和设施的复合利用，提高能源设施的综合应用应包括以下三方面内容：①应采用油、气、氢、电多种能源站点合一的综合布局模式，可以利用现有加油、加气站点网络改扩建加氢设施。②采用多种能源复合利用模式，将同类型能源和不同类型能源进行结合利用。③储能设施应具有调峰、应急备用、容量支撑等多元功能，可以在电源侧、电网侧和用户侧多场景应用。

城市能源系统规划时，可将能源与其他类型基础设施整合，提高资源和设施的利用深度，具体应包括以下三方面内容：①与环卫设施整合，利用固体废弃物、垃圾填埋场和液体废物消化池等作为能源供应来源。②与排水系统结合，热泵可以从污水流和水库中吸取有用的热量作为热源。③将燃气、热力等能源管道纳入综合管廊，必须与其他管道保持安全距离并做好安全措施。

城市能源系统建立时，可利用其他设施或者空间作为能源收集载体或供能载体，建设新能源设施的多元融合场景，具体应包括以下六方面内容：①利用顶面和立面，采用一体化的太阳能光伏发电设施，作为太阳能收集载体，建设光储充一体化设施。②结合路灯、停车位布设充电设施，方便纯电动汽车停车补电。③在交通沿线因地制宜开展光伏、微风能等的廊道建设。④将景观能源设施作为庇护空间，通过白天储能为售卖设施、夜晚运动、街头演艺、展览等提供电力。⑤可利用能源设施发电技术为广告宣传、视觉装饰提供能源供应。⑥商业街中的灯光照明可以通过光伏储能，满足夜晚照明的需求。

城市能源系统的功能复合应根据能源类型的安全性评估，探索、丰富能源设施的空间价值，可以适当地柔化能源设施空间的边界，增加互动性、参与性等，降低邻避效应。

1.6.5　城市环卫系统功能复合

根据环境卫生设施的安全性评估，城市环卫系统应适当柔化边界、开放厂区，并进行系统内和系统间的功能叠加。促进环卫基础设施功能聚合，提倡设施的多元利用，应遵循以下三条原则：①生活垃圾分类网点与废旧物资回收网点“两网融合”，推动回收利用行业转型升级；②整合环卫设施的功能，节约设施的用地面积；③合理布局建筑垃圾的处理和资源化利用设施，推广再生建材生产和应用，提高再生建材质量和产量。

城市环卫系统的功能复合应提高环卫系统中的协同处置水平，加强不同系统间的资源循环利用，包括以下两种形式：①应用厨余垃圾与园林绿化垃圾协同处理技术，因地制宜选用厨余垃圾处理工艺，着力解决好堆肥工艺中沼液、沼渣在农林产业中的应用；②加强生活垃圾中生物质能源的回收利用，提高用于生活垃圾焚烧发电和填埋气体发电的利用规模。

城市环卫系统的功能复合应建设地下或半地下的垃圾收集、转运设施，融入区域生活生态，构建集约型综合体；宜建设生态缓冲区，赋予环卫设施空间生态功能，在生态缓冲区叠加运动、休憩、观赏、科学教育等功能。

1.6.6　城市园林绿化系统功能复合

城市园林绿化建设应引导系统从单一功能向复合功能转变，推进城市园林绿化生态、景观、游憩、文化、科教、防灾等多种功能的协调发展，具体措施应包括以下五方面内容：①应活化利用城市绿道体系，规范设置各类公共服务设施及标识系统，提升交通、游憩、休闲、运动、文旅等各类服务功能。②合理利用城市公园景区开展花卉展览、文化游览、科普教育、节庆演出、民俗体验等特色文化活动。③结合城市绿地、水域合理布局各类健身场地及配套设施，积极推进体育公园建设。④完善城市公园绿地全龄友好设施建设，配置儿童游乐设施、无障碍设施等，满足不同年龄段人群的休憩、交往、健身等需求。⑤结合公园绿地、广场合理设置应急避难场所。

城市园林绿化建设应符合土地高效集约利用的原则，推动城市各功能区“公园化”建设，打造功能区“公园＋”体系，实现城市土地的综合利用，具体应包括以下三方面内容：①与公共服务区联结，结合公共管理与公共服务用地及商业服务业设施用地中的建筑设计，形成前庭、中庭、后院、建筑底层架空等与公共服务功能复合的绿地空间。②与工业区联结，利用楼层较低且平屋顶较多的厂房开展屋顶绿化，建设与工业功能复合的绿地空间。③与市政公用设施区联结，利用交通设施用地及公用设施用地中的公共空间，打造与市政公用设施功能复合的绿地空间。

城市园林绿化系统应满足开放可达、边界溶解的要求，实现“无界绿地”高效发展，具体应包括以下三方面内容：①在公园草坪、林下空间及空闲地等区域划定开放共享区域并完善配套服务设施，推动城市公园绿地开放共享。②充分利用零碎空地、边角空间等见缝插绿，利用点状、带状绿地缝合地块、模糊边界，实现绿地与城市各功能空间相互渗

透、相互融合。③注重绿地空间的立体化复合建设，促进城市园林绿化与地下空间、上层空间、建筑空间的整体开发。

城市规划时，应加强城市园林绿化系统与各类市政基础设施的统筹规划，力求各项基础设施建设同步进行、一体化开发，具体应包括以下四方面内容：①结合市政基础设施积极开展墙体、屋面、阳台、桥体、公交站点、停车场等立体空间绿化；②结合水系统规划建设节水灌溉设施、进行雨洪管理；③结合道路系统规划开展沿路景观绿化工程、设置林荫停车场；④结合环境卫生系统进行园林绿化垃圾无害化处理。

1.6.7 城市信息通信系统功能复合

城市信息通信系统规划应以刚性控制和弹性调整并举的规划方式，布设信息通信基础设施，必要时可不独立占地，与其他用地集约共建共享，并应符合以下三方面规定：①按照共建共享、节约城市资源的原则，新增通信基础设施宜共址规划建设。②优先利用公共建筑、公共场所和公共设施规划部署通信基础设施，并预留通信局所、通信基站至通信管道之间的路由通道。③推进通信设施与市政、交通、电力、公安、应急等设施资源共享，努力实现管孔、杆塔、站址、机房等资源双向开放。

通信基础设施感知终端的敷设宜采用集中与分散、地面与地下相结合的方式，充分考虑用地性质、建设规模、建筑密度等因素，充分利用城市家具等公共基础设施，合理确定布设密度。在有综合管廊的路段敷设传输缆线应坚持“共享”原则，实现综合管廊、管线的不同系统与管道、光缆、传输设施的资源共享；已规划综合管廊的道路，通信管道应纳入综合管廊集中敷设；通信管道应统一规划，统筹多方共享使用需求，并应留有余量。

结合未来功能扩展需要，城市建设时预置预留信息通信系统建设空间，同时满足城市整体风貌管控要求。应预留通信基站至外部通信走廊间的线缆走线路由通道、建筑内基站设备间的线缆走线路由通道和通信基站天线安装空间，应最大限度地共享周边市政管道、电力管道等，沿城市道路的通信基站站址原则上应设置在有通信联建管道侧。高速公路、桥梁、隧道、快速路、城市主干道路、城市次干道路、城市支路等应同步规划通信管道或预留通信走廊。

市政规划应共建共享，做好城市信息通信系统设施与其他市政基础设施的衔接，并包括以下两方面内容：①通信基础设施在规划设计时应做好通信机房和管廊及其他市政基础设施的衔接，采用共建共享的模式，节约空间，提高利用效率。②在市政道路及其防护绿带，以及路灯等其他市政设施规划时应按国家有关规定，为基站、铁塔预留位置和空间，同时统筹考虑基站配套电力引入、通信管线等需求，做好通信基础设施规划与电力设施规划的衔接。

1.7 地域特色

1.7.1 一般要求

市政基础设施的规划建设应在不脱离时代发展的背景之下，以“依托自然风貌、立足文化语境、展现地域风土”的理念来塑造自身特色，建立基础设施与社会空间的联系，为展现城市精神面貌、文化自信，提升城市竞争力，满足居民审美和精神需求创造条件。市政基础设施规划应促进区域水环境、大气环境、土壤环境协同保护与治理，支撑区域生态绿色、社会经济一体化发展，助力实现国土空间综合价值最优。市政基础设施的规划建设应尊重自然、顺应自然、保护自然，实行严格的生态要素系统性保护，工程设施因势利导，彰显具有地域特色的自然生态之美。市政基础设施的规划建设应挖掘各地区的历史人文内涵，激发基础设施的触媒效益，融入更多的社交场景、文化属性，提升居民体验、展现文化自信。应推进市政基础设施由传统模式向以数字科技创意为特征的现代模式转变，加强基础设施与科技深度融合。

1.7.2　城市水系统地域特色

水系统规划建设应充分展示地区水网肌理和自然生境、传承和彰显具有地方特色的自然山水格局。水系统规划建设应保护河湖水系的自然走向、优美形态和水体的丰富多样性，保证水网的互联互通，包括以下两方面内容：①应尽可能减少对区域原有水域形态的改变，尽可能不降低水面率；②宜因地制宜恢复河道、岛屿、开阔水域、浅水滩涂或沼泽等，并保证河道互联互通。

水系统规划建设应根据地域水资源、降雨量等水文和天气特点，并结合当地环保要求、当地社会经济与城市基础条件，打造具有地域特色的供排水系统，一般包括以下四种形式：①将污水厂升级配套规划建设再生水厂，实现“污水—再生水—给水—污水”的闭环利用。②在干旱地区设置雨水回用设施以增加雨水收集利用能力，降雨充沛地区可结合低影响开发理念规划海绵型场站以削峰调蓄雨水径流。③可结合周边生态环境、建筑特征、城市风貌等打造环境和谐的花园型场站、海绵型场站、下沉式与半地下式场站。④在场站设计中利用植物本身的净化效果，并结合植物的季相丰富性，使其一年四季都具有合适的观赏性。

防洪设施规划建设应与滨水景观绿带结合考虑。河道整治筑堤部分宜采用生态护岸做法，选用阶梯式或斜坡式绿化，避免垂直或过陡的堤体，整体构建舒适宜人的滨水绿道系统。

水系统规划应充分挖掘各地区的历史人文内涵，遵循地方特色、地方元素与历史文化特色，具体包括以下两种方法：①可将城市生活空间氛围融入供排水场站设计，改变供排水系统与城市环境孤立存在的特点，挖掘其水处理过程中蕴含的文化教育意义，通过景观的设计手法表达出来，以展示水处理的成果。②水厂等市政基础设施设计可作为地方标志性建构筑物进行打造，设计中应遵循地方特色、地方元素、美学的表达，激发基础设施的触媒效益。

1.7.3　城市交通系统地域特色

城市交通系统规划应采用顺应自然地理、低影响的路线设计，坚持最大限度保护环境的原则，并包括以下三方面内容：①路线走向应与相关铁路、水运、航空、管道等现状与规划相协调，避让基本农田、林地、水源保护地、自然保护区和历史文化保护区，避免穿越生态敏感区。②在水网密集地区应尽量避免跨越水域较宽的湖泊河道等，力争做到不切割水域，增强湿地连通性、保证景观完整性、保护古树名木，减少对动物迁徙等生态环境的分割影响。③道路设计应充分尊重自然地形地貌和利用原有道路宜弯则弯、宜窄则窄，在山地、丘陵等地区宜设置隧道或地下快速路、跨河谷时宜采用桥梁形式等。

城市交通系统规划应保护、传承城市文脉，具体包括以下两方面内容：①保护风雨廊桥、寨门广场等具有地方文化的交通节点，据此组织地方性的交通流线与公共活动空间。②旧城更新中应注重新老城区的交通联系与过渡，避免跳跃式道路形式转变，造成空间割裂宜优先采用有机更新手段，不随意拓宽马路，破坏老街，营造富有特色的城市街道和公共空间。

城市交通系统应建构具有地域特色的绿道、风景道、旅游交通网络系统，具体包括以下三方面内容：①片区级交通廊道应以生态廊道、自行车健身休闲、游憩观赏、旅游度假等功能为主，串联主要公共空间节点，形成绿色休闲网络。②社区级交通廊道应满足人们日常休闲散步、跑步健身、商业娱乐等日常公共活动的出行需求。③社区级交通廊道与片区级交通廊道应串联片区及社区公共空间节点，形成顺畅衔接的交通网络。

城市交通系统规划应打造地域风景廊道，结合地方特色的自然生态环境，形成具有地域特色的交通系统规划格局，并应遵循以下四方面原则：①应在识别典型区域景观的基础上，充分利用古驿道、商道或水道等历史文化线路，与易达的河边、湖边、镇边、园边绿道建设结合，将沿途的自然景观、人文景观等紧密连接。②兼顾对世界文化遗产地、风景名胜区、自然保护区等的旅游交通服务，为游客提供地域性文化、自然、生物、地质等多样化景观的全面体验，构建区域性、多样化的旅游交通网络。③道路选线应尽量避开交通繁忙的区域货运交通干线，选择连接程度、安全性和可达性较高的路段，作为潜在的风景道线路。④应避开一般城镇和工业发展区段，连接自然、历史以及人文景观突出的地区，给游客带来良好的景观体验。

交通服务设施应根据地域地理位置、经济性，选择合适的道路类型和路网密度，并包含以下两方面内容：①在山岭、丘陵等地区设置隧道或地下快速路；②在通过江、河、湖等水体设置下穿隧道或桥梁。

交通服务设施应合理集约整合应进行整体统一的地域特色设计，激发基础设施的触媒效益，并包括以下四方面内容：①城市道路交通杆件设计应采用功能性杆件多杆合一的形式，各种交通标识标牌设计应采取标准化规格，并注重色彩设计。②公交车站等交通设施场站设计中应遵循地方特色、地方元素的表达，一体化打造与周边环境和谐、具有地域特色的场站。③火车站、机场等交通场站规划设计应作为地标建筑进行打造，充分彰显城市文化与地域特色。④交通服务设施的设置不得影响步行空间的通畅。

1.7.4 城市能源系统地域特色

能源系统的建设必须遵循大范围的区域性能源建设规划要求和能源安全要求，依据上位规划开展能源网络区域化建设，明确能源类型和基地位置。

能源系统规划建设应根据能源建设地的自然条件、资源禀赋、产业结构等现状，结合能源建设发展现状和未来规划，并遵循以下三条原则：①以项目及其周边能源资源条件为基础，结合社会、经济、环境约束条件和总体布局，利用区域内水能、余热、太阳能、风能、生物质能、地热、海洋能等可再生能源，实现多种可再生能源多方式利用。②城市能

源基础设施的选址、供应类型等应高度适应地理环境和资源条件，结合实际选择管网、灌装和储能供能，有序提升能源终端供应覆盖水平和地区能源的消纳水平。③应通过统计现有高耗能产业的能耗数据、结合城市产业发展规划，综合预测能源需求的种类、能源供应量和成本，对本区域所采用的能源技术的技术经济性进行分析对比，选择合适的能源供应。

能源设施、建（构）筑物的建设应考虑与周边环境的和谐性、重视城市景观因素，并符合以下三条规定：①允许设置在公共空间的设施外观、尺度、色彩和材料肌理等应符合空间环境，与周边环境相融合。②对于直接暴露在环境中的管道、设施等应重视城市景观因素，制定美化改造措施，避免对重要视线通道、公共活力界面等造成不利影响。③能源站如与其他市政设施合并建设应一体化打造与周边环境和谐、具有地域特色的场站。

1.7.5 城市环卫系统地域特色

城市环卫设施的规划应依据区域的废弃物的性质特点，综合考虑区域的自然环境、经济水平、产业结构、发展规划等因素，建立契合区域环境卫生需求的特色环卫系统。应结合地区垃圾类型、投放习惯、交通、地形等区域特点，合理布局居住区、商业和办公场所的垃圾分类收集容器、箱房、桶站等设施设备。

城市环卫设施建设在满足功能的同时，整体设计应与城市风貌相符合，与城市街景风格协调统一，满足居民审美需求，并应包含以下三方面内容：①城市环境卫生设施选址应重视城市景观因素，避免对重要视线通道、公共活力界面等造成不利影响。②固废末端处置设施等环境敏感设施应注重与周围环境的协调性宜选择与周围环境和谐统一的形式，注重设施隐蔽化可结合生态环保、可持续发展理念，进行景观化、生态化设计，做到内部环境安全舒适，外部环境美观宜人。③生活垃圾收集设施的设计应简洁利落、美观耐用，体现地域特色，具有高度的识别性和一定的科普性与趣味性。

1.7.6 城市园林绿化系统地域特色

城市园林绿化系统规划应顺应本土自然资源环境，因地制宜开展园林绿化建设，并应包括以下四方面内容：①应保证现状林地、自然湿地、生态河道、绿地公园等不减少。②保护生物多样性，重点保护特色珍贵物种，除保护其自然生存空间外，所涉及的历史文化资源及其依赖的物质文化环境也不得受到破坏。③应尊重自然，坚持生态化建设模式，在建设较大面积的公园绿地时应在保护原生群落的前提下，尽可能保护并营造物种多样性丰富、生物量高、趋于稳定状态的“少人工管理型”园林绿化景观。④应顺应自然，结合气候条件、地质地貌、水文情况、自然植被类型等，选用符合地域特色的树种和绿化植物，建设与周边环境相适应的绿地空间。

城市园林绿化建设应体现地域历史文化要素，丰富绿地文化品质内涵，并应包括以下三方面内容：①应倡导文化建园，加大对传统文化、历史遗迹、民风民俗、社会生活方式等要素的挖掘，打造具有地域文化内涵的特色园林景观。②应展现特定植物文化，加大对古树名木的保护和宣传、推广种植市树市花，利用乡土植物体现城市特色。③应采用地方园林特色传统技艺的保护和传承，创新地方传统园林技艺。

城市园林绿化建设应结合城市人工环境，突出地域个性元素，彰显当代城市精神风

貌，并应包括以下三方面内容：①应结合城市空间布局，结合观赏视点、视线通廊、通风廊道、河湖水系、城市道路、开放空间等开展绿化建设，塑造显山露水、可观可感、展现在地文化的特色景观空间。②宜结合城市特色空间，通过在各级公园宜成片、成带种植适应所处区域环境适宜的特色植物等方法，打造具有标志性的特色景观区域。③应结合城市整体风貌和设计美学，引导建构筑物的整体色彩、材质、标识、立面形式等与周围环境相协调并体现地域特色。④宜将城市特色元素与现代科技、文化相结合，利用工业遗址建设后工业景观、利用数字技术优化景观空间，展现城市现代特色风貌。

城市园林绿化建设应彰显人文特色，建设社区公园和口袋公园等，为周边邻里提供交流互动、健身游憩的活动场所，营造社区归属感。

1.7.7 城市信息通信系统地域特色

城市信息通信系统的搭建应坚持因地制宜的原则，结合日照、湿度、气候等因素，综合考虑材料、结构等设施特性，进行信息通信设施布局与规划设计，提高系统的稳定性和可靠性。应坚持需求导向，针对不同城市的区域特征和用户需求，因地制宜地开展符合地域特点及发展需求的应用开发与衍生服务。应加强公共空间的信息化水平，并利用现代科技手段和新型基础设施网络，提供多种便捷高效的信息通信交互服务，提升人民群众享受现代空间环境的幸福感。

城市信息通信设施的外观、尺度、色彩和材料肌理等应符合空间环境，设计中应遵循地方特色、地方元素的表达，具体包括以下五方面内容：①对于直接暴露在环境中的管道、设施等，在满足功能使用的同时应重视城市景观因素，与城市景观风貌融合，避免对重要视线通道、公共活力界面等造成不利影响，实现小型化、美观化、隐蔽化、景观化的融合目标。②道路两侧基站、铁塔、多功能智慧杆等应与街道风貌相一致可与路灯杆、广告宣传杆等市政公用设施结合。③对于新开发城区，全面推行基站无塔化，创新采用多种方式应充分利用城市建筑、公共设施，室外信息通信设施可采用附设于其他建筑物或构建物的建设方式。④对于设施外露应采取美化或隐秘措施应采取防止信号遮挡措施，以保障无线网络质量稳定。⑤公用电话亭等环境小品设计应与城市环境融为一体，成为城市具有实用功能的艺术品，与城市美好的环境相和谐。

1.8 实施策略

1.8.1 规划引领

为提升基础设施体系的系统性和整体性发展水平，市政基础设施在规划、建设前应依据区域及上一层级的总体规划，编制中长期基础设施发展规划，具体包括以下两方面内容：①应研究总体规划层面基础设施的重点发展方向，明确基础设施建设的目标，科学把握基础设施规模和节奏，实现供需在更高水平动态精准匹配，促进基础设施投资增长与经济增长、需求扩大相衔接。②以规划为统领，整合资源，明确重大设施系统布局，在发挥重大工程项目引领作用的同时，发挥需求对供给的牵引作用。

市政规划设计应提前对基础设施的空间布局进行全域统筹，并处理基础设施间替代、互补、协调、制约关系，落实基础设施规划建设过程中的跨区域协调或建筑层面的小尺度优化，具体应包含以下三方面内容：①重大设施系统布局规划的基础上，细化落实子系统的布局，并预留弹性发展空间。②结合城市网联数据、城市云控平台等数据中心，制定涵盖全域空间并切实可行的规划技术标准，采用网络配置模式规划实施单元。③重点关注不同尺度下的基础设施和子系统在要素上内涵的差异性，使其更好地适应与满足不同地域的实际需求。

1.8.2　综合协同

市政基础设施规划应建立城市公共基础设施各子系统之间跨部门合作的统筹部门和管理机构，协调各类不同公共基础设施子系统之间和行政管理部门对于公共基础设施的规划、建设、管理等决策的拟定，提供城市公共基础设施总体协同发展的调研、搜集整理资料以及提供政策咨询建议等工作。

规划前组建水、能源、交通、环境卫生、园林绿化等基础设施领域的专家智库，智库工作应包含以下两方面内容：①收集、整理的来自各独立建设、运营的市政基础设施子系统的经常性管理数据，并进行分析，以全局域视角把握基础设施的子系统之间的关系，总结项目实施经验，促进各领域基础设施全生命周期运行效益提升。②把握市政基础设施的网络效益状况，城市公共基础设施建设与管理工作中遇到的突发性事件提出应急处理建议。

市政基础设施规划应加快建立城市公共基础设施信息共享的合作平台，并符合以下两方面规定：①集结所有提供相关服务的部门提供的信息，达到各部门的公共事务信息资源共享的目的。②明确建立用于公布跨部门合作事项、内容、合作机构和进展状况等内容的合作网站，将辖区范围内确定发展的跨部门优先目标，按照项目类别或是负责部门以列表形式予以展示。

基础设施规划设计工作强调开放包容应调动拟建设区域的管理者、居民及社会公众参与相关工作的积极性，鼓励公众参与可采用以下三种方法：①通过制定相关计划，鼓励公众建立相应民间组织和协会，与政府机关共同参与到基础设施管理项目中。②在规划评估和实施阶段，广泛征求居民、企业、专家、相关部门和社会团体等意见，鼓励多方参与制定方案，查找问题、建言献策，积极向公众宣传推广相关成果，开展效果评价。③在建设完成阶段，鼓励、引导所在区域居民参与基础设施的运营维护，实现社会各界共享共治。

1.8.3　机制保障

以跨部门合作权威机构和专家智库为组织基础，建立重大基础设施项目协调推进机制，联合各相关部门及时跟踪和匹配经济社会及国家重大战略发展需要，确保市政基础设施要素的高效配置，协调推进机制应遵循以下两条原则：①在基础设施规划建设项目的推进决策中，需要评估项目本身，以及项目对市政基础设施网络和经济社会运行的影响，确保基础设施系统整体效益提升。②加强跨市区、县区，跨部门、跨领域的沟通衔接和工作调度，研究、协调并解决项目推进中的重大问题，扩大重大基础设施领域有效投资。

建设资金保障机制应符合以下三方面规定：①基于各类基础设施的特点，颁布各自统一的计划指南，展现基础设施规划建设全图景的投资需求，与宏观经济运行相互衔接，有利于社会资本主动参与基础设施规划建设和运营管理中。②搭建基础设施建设资金管理平台，筹集来自各级政府及管理部门的资金支持，分期统筹建设。③成立专项资金委员会，将来自国家、市区及社会对于同一区域各项资金统筹，进行专家论证，将资金有序使用到区域的基础设施建设中。

1.8.4 动态实施

基于基础设施建设周期长的特点，动态复杂的环境和市场很可能会直接降低到既定的设计方案实用性，基于此种情况，建设单位必须与设计公司进行进一步的协调，并由设计公司针对具体的情况来对方案进行重新调整，从而帮助项目的顺利实施。

延伸阅读

市政基础设施是保障城市正常运行和健康发展的物质基础，也是实现经济转型的重要支撑、改善民生的重要抓手，以及防范安全风险的重要保障。随着城市化进程不断推动，市政工程设计行业市场空间持续扩容，行业存在较多发展新机遇，面对新阶段、新形势、新要求，市政设计企业应积极分析当下市场变化，抓住发展契机，适时调整策略，加速企业转型升级，更好顺应市政行业发展趋势。

市政设计行业发展正逐步向专业化、一体化、综合化、数字化、绿色化方向转型。面对新商业环境、新发展形势，市政设计企业需积极从传统设计咨询模式向工程总承包、全过程咨询、投资运营等路径转型升级，紧跟行业发展趋势，紧抓行业发展特点，紧盯城市更新、片区开发、智慧城市等热点领域，重新梳理架构企业业务逻辑，树立核心产业思维，培育发展新动能，持续释放企业活力，推动行业高质量发展，助力构建现代化城市基础设施体系。

思考题

1. 城市市政基础设施有哪些宏观要求？
2. 简述市政基础设施规划的基本流程。
3. 城市市政基础设施在安全韧性方面有哪些要求？
4. 城市市政基础设施在绿色低碳方面有哪些要求？
5. 城市市政基础设施在智慧发展方面有哪些要求？
6. 城市市政基础设施在功能复合方面有哪些要求？
7. 城市市政基础设施在地域特色方面有哪些要求？
8. 城市市政基础设施在实施策略方面有哪些要求？
9. 试述近年来我国在城市市政基础设施规划领域的创新和突破。

第2章　给水排水规划

2.1　城市给水工程规划

2.1.1　基本要求

城市给水工程规划应贯彻执行《中华人民共和国城乡规划法》《中华人民共和国水法》《中华人民共和国环境保护法》《中华人民共和国水污染防治法》《中华人民共和国循环经济促进法》《城市供水条例》和国家节能减排方针应提高城市给水工程规划的科学性和合理性，保障供水安全。本节内容适用于城市总体规划中的给水工程专业规划和城市给水工程专项规划。城市给水工程规划的主要内容应包括预测城市用水量，并进行水资源与城市用水量之间的供需平衡分析；选择城市给水水源并提出相应的给水系统布局；确定给水工程设施的规模、位置及用地；提出水源保护及水质和水压的要求和保障措施。城市给水工程规划期限应与城市总体规划期限一致，同时应重视近期建设规划，并且应适应城市远景发展的需要。在规划水源地、地表水水厂或地下水水厂、加压泵站等工程设施用地时应节约用地，保护耕地。城市给水工程规划应与城市排水工程规划协调。城市给水工程规划应符合国家现行有关标准的规定。

2.1.2　城市水资源及城市用水量

1）城市水资源。城市应以水资源配置、节约和保护为重点，满足用水需求和合理科学用水，严格控制用水总量，全面提高用水效率，促进水资源可持续利用和经济发展方式转变，推动城市发展与水资源承载能力相协调。城市水资源应包括常规水资源（地表水和地下水）和非常规水资源（海水、再生水、雨水等）。城市水资源和城市用水量之间应保持平衡，以确保城市可持续发展；在几个城市共享同一水源或水源在城市规划区以外时，应进行市域或区域、流域范围的水资源供需平衡分析。根据水资源的供需平衡分析，应提出保持平衡的对策及水资源保护的措施；水资源匮乏的城市应限制发展用水量大的企业；针对水资源不足的原因，应提出开源节流和水污染防治等相应措施。

2）城市用水量。城市用水量应由下列两部分组成。第一部分应为由城市给水工程统一供给的居民生活用水、公共管理与公共服务设施用水、商业服务业设施用水、工业用水及其他用水水量的总和。第二部分应为城市给水工程统一供给以外的所有用水水量的总和，其中应包括工业和公共管理与公共服务设施用水、商业服务业设施自备水源供给的用水、河湖环境用水、农业灌溉和养殖及畜牧业用水等。

城市给水工程统一供给的用水量应根据城市的地理位置、水资源状况、城市性质和规模、产业结构、国民经济发展和居民生活水平、工业回用水率等因素，在一定时期历史用水量和现状用水量调查基础上，结合节水要求，综合分析确定。城市给水工程统一供给的用水量预测宜采用表2-1-1、表2-1-2、表2-1-3中的指标。表2-1-1中，城市人口规模的分类依次为中心城区常住人口100万及以上、50万及以上不满100万、20万及以上不满50万、不满20万；一区包括湖北、湖南、江西、浙江、福建、广东、广西、海南、上海、江苏、安徽、重庆，二区包括四川、贵州、云南、黑龙江、吉林、辽宁、北京、天津、河北、山西、河南、山东、宁夏、陕西、内蒙古河套以东和甘肃黄河以东地区，三区包括新疆、青海、西藏、内蒙古河套以西和甘肃黄河以西地区；经济特区及其他有特殊情况的城市应根据用水实际情况，用水指标可酌情增减（下同）；用水人口为城市总体规划确定的规划人口数；本指标为规划期最高日用水量指标（下同）；本指标已包括管网漏失水量。表2-1-2中的指标已包括管网漏失水量。表2-1-3中的指标已包括管网漏失水量；类别代码引自现行国家标准《城市用地分类与规划建设用地标准》（GB 50137）；超出本表中建设用地的其他各类建设用地的用水量标准可根据所在城市具体情况确定。

表2-1-1　城市人口综合用水量指标［万 m^3/（万人·d）］

区域	城市人口规模（万人）			
	≥100.0	≥50.0且<100.0	≥20.0且<50.0	<20.0
一区	0.45～0.85	0.40～0.8	0.35～0.70	0.30～0.65
二区	0.35～0.65	0.30～0.60	0.25～0.55	0.20～0.50
三区	0.30～0.55	0.25～0.50	0.20～0.45	0.15～0.40

表2-1-2　城市建设用地综合用水量指标［万 m^3/（km^2·d）］

区域	城市人口规模（万人）			
	≥100.0	≥50.0且<100.0	≥20.0且<50.0	<20.0
一区	0.45～0.85	0.35～0.70	0.30～0.65	0.25～0.60
二区	0.30～0.65	0.25～0.55	0.20～0.50	0.15～0.45
三区	0.25～0.55	0.20～0.50	0.15～0.45	0.10～0.40

表2-1-3　不同类别用地用水量指标［万 m^3/（km^2·d）］

类别代码	类别名称		用水量指标
R	居住用地		0.50～1.30
A	公共管理与公共服务设施用地	行政办公用地	0.50～1.20
		文化设施用地	0.50～1.00
		教育科研用地	0.40～1.20
		体育用地	0.30～0.50
		医疗卫生用地	0.70～1.50

续表

类别代码	类别名称		用水量指标
B	商业服务业设施用地	商业用地	0.50～2.00
		商务用地	0.50～1.20
M	工业用地		0.30～1.50
W	物流仓储用地		0.20～0.50
S	道路与交通设施用地		0.20～0.80
U	公用设施用地		0.25～0.50
G	绿地与广场用地		0.10～0.30

城市给水工程统一供给的综合生活用水量的预测应根据城市特点、居民生活水平等因素确定，综合生活用水量预测宜采用表2-1-4中的指标。表2-1-4中的综合生活用水为城市居民日常生活用水和公共管理与公共服务设施、商业服务业设施用水之和，不包括浇洒道路、绿地、市政用水和管网漏失水量。进行城市水资源供需平衡分析时，城市给水工程统一供水部分所要求的水资源供水量为最高日用水量，将其除以日变化系数，再乘以供水天数；城市用水日变化系数应根据当地用水情况分析确定；当缺乏实际用水资料时，各类城市的日变化系数可采用表2-1-5中的数值。自备水源供水的工矿企业和公共管理与公共服务设施、商业服务业设施的用水量应纳入城市用水量中，由城市给水工程进行统一规划。城市河湖环境用水、农业灌溉和养殖及畜牧业用水等水量，应根据有关部门的相应规划纳入城市用水量中。

表2-1-4　综合生活用水量指标［L/（人·d)］

区域	城市人口规模（万人）			
	≥100.0	≥50.0且＜100.0	≥20.0且＜50.0	＜20.0
一区	240～430	210～400	200～380	190～370
二区	170～300	160～280	150～260	150～260
三区	160～290	150～270	140～260	130～260

表2-1-5　日变化系数

城市人口规模（万人）			
≥100.0	≥20.0且＜50.0	≥20.0且＜50.0	＜20.0
1.1～1.3	1.2～1.4	1.3～1.5	1.4～1.8

2.1.3　给水范围和规模

城市给水工程规划范围应与城市总体规划范围一致。当城市给水水源地在城市规划区以外时，水源地和输水管道应纳入城市给水工程规划范围；当输水管道途经的城镇需要由同一水源供水时，应进行统一规划。给水规模应根据城市给水工程统一供给的城市最高日用水量确定。城市中用水量大且水质要求低于现行国家标准《生活饮用水卫生标准》(GB 5749）的工业、公共管理与公共服务设施、商业服务业设施应根据城市供水现状、发展趋势、常规和非常规水资源状况等因素进行综合研究，确定由城市给水工程统一供水或自备水源供水。

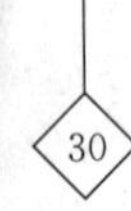

2.1.4　给水水质和水压

城市统一供给的或自备水源供给的生活饮用水水质应符合现行国家标准《生活饮用水卫生标准》（GB 5749）的有关规定。城市统一供给的其他用水水质应符合相应的水质标准。城市配水管网的供水水压宜满足用户接管点处服务水头为28m的要求。

2.1.5　水源选择

选择城市给水水源应以水资源勘察或分析研究报告和区域、流域水资源规划及城市供水水源开发利用规划为依据，并应满足各规划区城市用水量和水质等方面的要求。

选用地表水为城市给水水源时，城市给水水源的枯水流量保证率应根据城市性质和规模确定，并应符合现行国家标准《室外给水设计标准》（GB 50013）的有关规定；当水源的枯水流量不能满足上述要求时应采取多水源调节或调蓄等措施，并明确备用水源。同时，选用地表水为城市给水水源时，城市生活饮用水给水水源的卫生标准应符合国家现行标准《生活饮用水卫生标准》（GB 5749）、《生活饮用水水源水质标准》（CJ/T 3020）的有关规定；当城市水源不符合上述各类标准，且限于条件必须加以利用时，应采取预处理和（或）深度处理等有效措施。符合现行国家标准《生活饮用水卫生标准》（GB 5749）的地下水可作为城市居民生活饮用水水源；开采地下水应以水文地质勘察报告为依据，其取水量应小于允许开采量。低于生活饮用水水源水质要求的水源可作为水质要求低的其他用水的水源。

城市宜将非常规水资源作为城市补充水源；城市宜将城市污水再生处理后用作工业用水、城市杂用水及环境用水等，其水质应符合相应标准的规定；缺乏淡水资源的沿海或海岛城市宜将海水直接或经处理后作为城市水源，其水质应符合相应标准的规定；城市宜将雨水处理后用作工业用水、城市杂用水及环境用水等，其水质应符合相应标准的规定。

2.1.6　给水系统

1）给水系统布局。城市给水系统应满足城市的水量、水质、水压及城市消防、安全给水的要求，并应按城市地形、规划布局、城乡统筹、技术经济等因素经综合评价后确定。规划城市给水系统时应合理利用城市已建给水工程设施，并进行统一规划；城市地形起伏大或规划给水范围广时，可采用分区或分压给水系统；根据城市水源状况、规划布局和用户对水质的要求可采用分质给水系统；城市有多个水源可供利用时，应采用多水源给水系统。城市有地形可供利用时，宜采用重力输配水系统。

2）给水系统的安全性。给水系统中的工程设施不应设置在易发生滑坡、泥石流、塌陷等不良地质地区及洪水淹没和内涝低洼地区；地表水取水构筑物应设置在河岸及河床稳定的地段；工程设施的防洪及排涝等级不应低于所在城市设防的相应等级。规划长距离输水管线时，输水管不宜少于两根；当其中一根发生事故时，另一根管道的事故给水量不应小于正常给水量的70%；当城市为多水源给水或具备应急水源、安全水池等条件时，亦可采用单管输水。市区的配水管网应布置成环状。给水系统主要工程设施供电等级应为一级负荷。给水系统中的调蓄水量宜为给水规模的10%～20%。给水系统的抗震要求应按现行国家标准《室外给水排水和燃气热力工程抗震设计规范》（GB 50032）的有关规定执行。

3）应急供水。给水系统应针对城市可能出现的供水风险设置应急备用水源或安全水池。应急备用水源应具备不少于7天城市正常供水的能力。安全水池的容量应满足城市居民基本生活用水要求。给水系统应具备应急供水时水质保障措施。

2.1.7 水源地

水源地应设在水量、水质有保证的地段，并应实施水源环境保护。选用地表水为水源时，水源地应位于水体功能区划规定的取水段或水质符合相应标准的河段；饮用水水源地应位于城镇和工业区的上游；饮用水水源地一级保护区应符合现行国家标准《地表水环境质量标准》（GB 3838）中Ⅱ类水域功能的规定。选用地下水水源时，水源地应设在不易受污染的富水地段。当水源为高浊度江河时，水源地应选在浊度相对较低的河段或有条件设置避砂峰调蓄设施的河段，并应符合现行行业标准《高浊度水给水设计规范》（CJJ 40）的规定。当水源为咸潮江河时，水源地应选在氯离子含量符合有关标准规定的河段或有条件设置避咸潮调蓄设施的河段。当水源为湖泊或水库时，水源地应选在藻类含量较低、水位较深和水域开阔的位置，并应符合现行行业标准《含藻水给水处理设计规范》（CJJ 32）的规定。水源地的用地应根据给水规模和水源特性、取水方式、调节设施大小等因素确定，并应同时提出水源卫生防护要求和安全保障措施。

2.1.8 水厂

地表水水厂的位置应根据给水系统的布局确定，宜选择在交通便捷、供电安全可靠和水厂生产废水处置方便的地方。地表水水厂应根据水源水质和用户对水质的要求采取相应的处理工艺，同时应对水厂的生产废水进行处理。水源为含藻水、高浊度或受到不定期污染时应设置预处理设施。地下水水厂的位置根据水源地的地点和不同的取水方式确定，宜选择在取水构筑物附近。地下水中铁、锰、氟等无机盐类物质超过规定标准时，应设置处理设施。水厂用地应按规划期给水规模确定，用地控制指标应按表2-1-6采用；水厂厂区周围应设置宽度不小于10m的绿化地带。表2-1-6中，建设规模大的取下限，建设规模小的取上限；地下水水厂建设用地按消毒工艺进行，厂内设置特殊水质处理工艺时可根据需要增加用地；表中指标未包括厂区周围绿化带用地。

表2-1-6 水厂用地控制指标

建设规模（万 m^3/d）	地表水水厂		地下水水厂 $[m^2/(m^3 \cdot d^{-1})]$
	常规处理工艺 $[m^2/(m^3 \cdot d^{-1})]$	预处理＋常规处理＋深度处理工艺 $[m^2/(m^3 \cdot d^{-1})]$	
5～10	0.70～0.50	0.80～0.60	0.40～0.30
10～30	0.50～0.30	0.60～0.50	0.30～0.20
30～50	0.30～0.20	0.50～0.35	0.20～0.08

2.1.9 输配水

城市应采用管道或暗渠输送原水，当采用明渠时应采取保护水质和防止水量流失的措

施。输水管（渠）的根数及管径（尺寸）应满足规划给水规模和近期建设的要求宜沿现有或规划道路铺设，并应缩短线路长度，减少跨越障碍次数。城市配水干管的设置及管径应根据城市规划布局、规划期给水规模并结合近期建设确定；其走向应沿现有或规划道路布置，并宜避开城市交通主干道；管道在城市道路中的敷设应符合现行国家标准《城市工程管线综合规划规范》（GB 50289）的规定。输水管和配水干管穿越铁路、高速公路、河流、山体时应选择经济合理线路。当配水系统中需设置加压泵站时，其位置宜靠近用水集中地区；泵站用地应按规划期给水规模确定，其用地控制指标应按表 2-1-7 采用；泵站周围应设置宽度不小于 10m 的绿化地带，并宜与城市绿化用地相结合。表 2-1-7 中，建设规模大的取下限，建设规模小的取上限；加压泵站设有大容量的调节水池时可根据需要增加用地；表中指标未包括站区周围绿化带用地。

表 2-1-7　泵站用地控制指标

建设规模（万 m^3/d）	5～10	10～30	30～50
用地指标［$m^2 \cdot /(m^3 \cdot d^{-1})$］	0.25～0.20	0.20～0.10	0.10～0.03

2.1.10　生活饮用水水质卫生指标

生活饮用水水质卫生指标如表 2-1-8 至表 2-1-10 所示。表 2-1-8 中，MPN 表示最可能数，CFU 表示菌落形成单位；当水样检出总大肠菌群时应进一步检验大肠埃希氏菌或耐热大肠菌群；水样未检出总大肠菌群，不必检验大肠埃希氏菌或耐热大肠菌群；放射性指标超过指导值应进行核素分析和评价，判定其能否饮用。

表 2-1-8　水质常规指标及限值

指标	限值	指标	限值
1. 微生物指标		3. 感官性状和一般化学指标	
总大肠菌群（MPN/100mL 或 CFU/100mL）	不得检出	色度（铂钴色度单位）	15
耐热大肠菌群（MPN/100mL 或 CFU/100mL）	不得检出	浑浊度（散射浊度单位）（NTU）	1（水源与净水技术条件限制时为 3）
大肠埃希氏菌（MPN/100mL 或 CFU/100mL）	不得检出	臭和味	无异臭、异味
菌落总数（CFU/mL）	100	肉眼可见物	无
2. 毒理指标		pH	6.5～8.5
砷（mg/L）	0.01	铝（mg/L）	0.2
镉（mg/L）	0.005	铁（mg/L）	0.3
铬（正六价）（mg/L）	0.05	锰（mg/L）	0.1
铅（mg/L）	0.01	铜（mg/L）	1.0
汞（mg/L）	0.001	锌（mg/L）	1.0
硒（mg/L）	0.01	氯化物（mg/L）	250
氰化物（mg/L）	0.05	硫酸盐（mg/L）	250
氟化物（mg/L）	1.0	溶解性总固体（mg/L）	1000

续表

指标	限值	指标	限值
硝酸盐（以 N 计）(mg/L)	10（地下水源限制时为 20mg/L）	总硬度（以 $CaCO_3$ 计）(mg/L)	450
三氯甲烷（mg/L）	0.06	耗氧量（CODMn 法，以 O_2 计）(mg/L)	3（水源限制，原水耗氧量>6mg/L 时为 5）
四氯化碳（mg/L）	0.002	挥发酚类（以苯酚计）(mg/L)	0.002
溴酸盐（使用臭氧时）(mg/L)	0.01	阴离子合成洗涤剂 (mg/L)	0.3
甲醛（使用臭氧时）(mg/L)	0.9	4. 放射性指标 b	指导值
亚氯酸盐（使用二氧化氯消毒时）(mg/L)	0.7	总 α 放射性（Bq/L）	0.5
氯酸盐（使用复合二氧化氯消毒时）(mg/L)	0.7	总 β 放射性（Bq/L）	1

表 2-1-9　饮用水中消毒剂常规指标及要求

消毒剂名称	与水接触时间	出厂水中限值 (mg/L)	出厂水中余量 (mg/L)	管网末梢水中余量 (mg/L)
氯气及游离氯制剂（游离氯）	≥30min	4	≥0.3	≥0.05
一氯胺（总氯）	≥120min	3	≥0.5	≥0.05
臭氧（O_3）	≥12min	0.3	—	0.02 如加氯，总氯≥0.05
二氧化氯（ClO_2）	≥30min	0.8	≥0.1	≥0.02

表 2-1-10　水质非常规指标及限值

指标	限值	指标	限值
1. 微生物指标		呋喃丹（mg/L）	0.007
贾第鞭毛虫（个/10L）	<1	林丹（mg/L）	0.002
隐孢子虫（个/10L）	<1	毒死蜱（mg/L）	0.03
2. 毒理指标		草甘膦（mg/L）	0.7
锑（mg/L）	0.005	敌敌畏（mg/L）	0.001
钡（mg/L）	0.7	莠去津（mg/L）	0.002
铍（mg/L）	0.002	溴氰菊酯（mg/L）	0.02
硼（mg/L）	0.5	2，4-滴（mg/L）	0.03
钼（mg/L）	0.07	滴滴涕（mg/L）	0.001
镍（mg/L）	0.02	乙苯（mg/L）	0.3
银（mg/L）	0.05	二甲苯（总量）(mg/L)	0.5
铊（mg/L）	0.0001	1，1-二氯乙烯（mg/L）	0.03

续表

指标	限值	指标	限值
氯化氰（以 CN^- 计）(mg/L)	0.07	1,2-二氯乙烯（mg/L）	0.05
一氯二溴甲烷（mg/L）	0.1	1,2-二氯苯（mg/L）	1
二氯一溴甲烷（mg/L）	0.06	1,4-二氯苯（mg/L）	0.3
二氯乙酸（mg/L）	0.05	三氯乙烯（mg/L）	0.07
1,2-二氯乙烷（mg/L）	0.03	三氯苯（总量）(mg/L)	0.02
二氯甲烷（mg/L）	0.02	六氯丁二烯（mg/L）	0.0006
三卤甲烷（三氯甲烷、一氯二溴甲烷、二氯一溴甲烷、三溴甲烷的总和）	该类化合物中各种化合物的实测浓度与其各自限值的比值之和不超过1	丙烯酰胺（mg/L）	0.0005
1，1，1-三氯乙烷（mg/L）	2	四氯乙烯（mg/L）	0.04
三氯乙酸（mg/L）	0.1	甲苯（mg/L）	0.7
三氯乙醛（mg/L）	0.01	邻苯二甲酸二（2-乙基己基）酯（mg/L）	0.008
2，4，6-三氯酚（mg/L）	0.2	环氧氯丙烷（mg/L）	0.0004
三溴甲烷（mg/L）	0.1	苯（mg/L）	0.01
七氯（mg/L）	0.0004	苯乙烯（mg/L）	0.02
马拉硫磷（mg/L）	0.25	苯并（a）芘（mg/L）	0.00001
五氯酚（mg/L）	0.009	氯乙烯（mg/L）	0.005
六六六（总量）(mg/L)	0.005	氯苯（mg/L）	0.3
六氯苯（mg/L）	0.001	微囊藻毒素-LR（mg/L）	0.001
乐果（mg/L）	0.08	3. 感官性状和一般化学指标	
对硫磷（mg/L）	0.003	氨氮（以N计）(mg/L)	0.5
灭草松（mg/L）	0.3	硫化物（mg/L）	0.02
甲基对硫磷（mg/L）	0.02	钠（mg/L）	200
百菌清（mg/L）	0.01		

2.2 城市排水工程规划

2.2.1 基本要求

排水工程应适应我国城市建设快速发展的需要，应提高城市排水工程规划的编制质量，推动水环境质量提升，保障城市安全。本节内容适用于城市总体规划、控制性详细规划和排水工程专项规划的编制与实施。

城市排水工程规划期限应与城市总体规划期限一致，且应近、远期结合，并考虑城市远景发展的需要。其主要内容应包括确定规划目标与原则，划定城市排水范围，确定排水

体制、排水分区和排水设施布局，预测城市排水量，确定排水设施规模和用地以及处理程度、处理后污水和污泥的出路。

城市应因地制宜地积极推行低影响开发建设模式，雨水规划采用源头减量、过程控制、末端治理的方法，削减雨水径流、控制径流污染，提高雨水利用程度，降低内涝风险。

城市排水工程规划应与城市给水、防洪、水系、交通、道路竖向、管线综合、绿地系统、环境保护等规划相协调，且应符合国家现行有关标准、规范的规定。

城市雨水系统是指收集、输送、蓄滞、处置城市雨水的设施及排泄通道，以一定方式组合成的总体，包括地面和地下两部分。内涝是指强降雨或连续性降雨超过城市排水能力，导致城市地面产生积水灾害的现象。城市内涝风险评估是指根据城市土地利用、基础设施、排水系统等各种条件及其他各方面因素，对城市内涝风险发生的概率、情景、危害和损失程度等进行的全面分析和定量或半定量预测评价。合流制系统溢流是指合流制排水系统在降雨时，超过截流能力的水排入水体的状况。

1）排水范围。城市排水工程规划范围，原则上应与相应层次的城市规划范围一致。城市雨水系统的服务范围，除规划范围外，尚应考虑其上游汇流区域。位于城市规划区范围以外的村镇，其污水需要接入规划城市污水系统时，污水量应统一考虑。当城市污水处理厂或污水排出口设在城市规划区范围以外时，应将污水处理厂或污水排出口及其连接的排水管渠纳入城市排水工程规划范围；涉及邻近城市时应进行协调，统一规划。

2）排水体制。除干旱地区外，城市新建地区和旧城改造地区的排水系统应采用分流制，不具备改造条件的合流制地区可采用截留初期雨水的合流制排水体制；同一城市的不同地区可采用不同的排水体制。城市排水受纳体应符合以下两方面条件：①受纳水体应符合经批准的水域功能类别的环境保护要求，现有水体或采取引水增容后的水体应具有足够的环境容量，雨水受纳水体应有足够的排泄能力或容量；②受纳土地应具有足够的环境容量或雨水蓄滞空间，严禁污染生态环境和地下水，不得影响未来发展及农业生产。城市排水受纳体应根据城市的自然条件、用地布局，结合城市的具体情况，经综合分析比较和环境影响评价后确定。

3）排水系统的安全性。排水工程中的厂、站不宜设置在不良地质地段、洪水淹没区及内涝低洼地区；应当必须在上述地段设置厂、站时应采取可靠防护措施。排水工程中厂、站的设防标准不应低于所在城市相应的设防标准。排水管渠出水口应根据受纳水体顶托发生的概率、地区重要性和积水所造成的后果，设置防止倒灌设施或排水泵站。雨水管道系统之间或合流管道系统之间可根据需要设置连通管，合流制管道不应直接接入雨水管道系统。

2.2.2 污水系统

1）污水分区与系统布局。城市污水处理厂布局应根据城市的规模、用地规划布局，结合地形地势、受纳体位置、环境容量、处理后污泥出路及再生水需求等来综合确定。污水分区应根据城市用地规划布局，结合城市地形条件、道路走向和道路竖向规划，以及城市污水处理厂位置和处理能力等进行划分。污水收集系统应充分利用地形、地势，减少污水泵站的数量和规模。

2）污水量。城市污水量由城市综合生活污水量和工业废水量组成。城市污水量可根据城市用水量（平均日）和城市污水排放系数确定。各类污水排放系数应按照城市历年供水量和污水量资料确定，当资料缺乏时，城市分类污水排放系数可根据城市居住和公共设施水平及工业类型等，按表 2-2-1 的范围进行选择。表 2-2-1 中，工业废水排放系数不含石油，天然气开采业和煤炭与其他矿采选业及电力蒸汽热水产供业废水排放系数，其数据应按厂、矿区的气候、水文地质条件和废水利用、排放方式确定。地下水位较高的地区，计算污水量时应考虑地下水渗入量，入渗水量宜根据实测资料确定，当资料缺乏时可按照污水量的 5%～15%计入。

表 2-2-1　城市分类污水排放系数

城市污水分类	城市污水	城市综合生活污水	城市工业废水
污水排放系数	0.70～0.85	0.80～0.90	0.60～0.80

3）污水管渠。城市污水收集应采用管道或暗渠，严禁采用明渠。污水管渠应以重力流为主宜顺坡敷设，不设或少设泵站；当受条件限制无法采用重力流时可采用压力流。污水管渠应沿道路布置，道路红线宽度大于等于 40m 时，污水管渠宜沿道路双侧布置。污水管渠断面尺寸应根据规划远期的最高日最高时污水量确定。排入城市污水管渠的污水应满足《污水排入城镇下水道水质标准》（GB/T 31962—2015）的要求。

4）污水泵站。污水泵站规模应按服务范围内远期最高日最高时污水量确定可分期建设。污水泵站的站址应与周边居住区、公共建筑保持必要的防护距离，防护距离应考虑环保、消防和安全等因素综合确定。污水泵站用地面积应根据泵站的建设规模确定，不应大于表 2-2-2 的规定；建设规模大的取上限，规模小时取下限，中间规模采用内插法确定；表 2-2-2 中面积为泵站围墙以内，包括提升泵站整个工艺流程中构筑物和附属建筑物的用地总面积。

表 2-2-2　污水泵站规划用地面积

建设规模（m^3/s）	1.00～2.00	0.10～1.00
用地面积（m^2）	2500～3500	800～2500

5）污水处理厂。城市污水处理厂的规模应按规划远期的平均日污水量确定可分期建设。城市污水处理厂选址应根据以下五方面因素综合确定：①城市排水受纳体为水体时应布置在城市水系的下游并应符合供水水源防护要求；②城市排水受纳体为土地时应在城市夏季最小频率风向的上风侧；③与城市居住及公共设施用地保持一定的安全和卫生防护距离；④便于污泥集中处理处置及污水再生利用；⑤工程地质及防洪排涝条件良好的地区。城市污水处理厂规划控制用地面积应根据建设规模、污水水质、处理深度等因素，参照表 2-2-3 确定。表 2-2-3 中规划控制用地面积为污水处理厂围墙内所有处理设施、附属设施、绿化、道路及配套设施的用地面积，不包括有特殊用地的面积；建设规模大的取上限，规模小的取下限，中间规模应采用内插法确定；表中规划的控制用地面积不含防护距离面积。污水处理厂的出水水质应执行国家相关排放标准，并满足当地水环境功能区划对受纳水体环境质量的控制要求。污水处理厂卫生防护距离内不得安排住宅、学校、医院等敏感性用途的建设用地；卫生防护区的最小卫生防护距离依据污水处理厂的规模，参照

表2-2-4确定，其中，最小卫生防护距离为污水处理厂厂界至防护区外缘的最小距离。

表2-2-3　城市污水处理厂规划控制用地面积

建设规模（万 m^3/d）	规划控制用地面积（hm^2）	
	二级处理污水	污水深度处理
20～50	20.00～40.00	6.00～8.00
10～20	10.00～20.00	3.00～6.00
5～10	6.00～10.00	2.50～3.00
1～5	1.50～6.00	0.65～2.50

表2-2-4　城市污水处理厂最小卫生防护距离

污水处理厂规模（万 m^3/d）	≤5	5～10	≥10
最小卫生防护距离（m）	150	200	300

6）污泥处理与处置。城市污水处理厂的污泥应根据地区经济条件和环境条件进行稳定化、无害化、资源化的处理和处置。城市污水工程规划宜包含污水处理厂污泥处理处置的方式和用地规模；与污水处理厂合建的污泥处理处置设施用地可参照表2-2-3执行。排水工程中污水处理厂产生的污泥量，宜根据污水水质和污水处理量，按照《室外排水设计标准》（GB 50014—2021）的规定或根据相似污水厂的实际产泥率进行预测，无资料时可结合污水水质，按处理万吨污水产含水率80%的污泥6～9t进行规划。有条件的城市，污泥处理设施可与城市垃圾处理厂合建，也可建设相对集中的污泥处理处置中心。采用土地利用、填埋、建筑材料综合利用等方式处置污泥时，污泥的泥质应符合国家现行标准的规定，以确保环境安全。

7）污水资源化利用。城市污水工程规划宜考虑污水的再生利用，水资源不足、水环境较差的城市应利用再生水；与污水处理厂合建的再生水利用设施用地可参照表2-2-3执行。污水应再生利用于工业用水、城市杂用水、景观环境用水及农业用水等，并应满足相应的水质标准。

2.2.3　雨水系统

1）雨水分区与系统布局。雨水分区应根据城市地形、用地布局，结合道路交通、竖向规划及城市雨水受纳体位置，遵循高水高排、低水低排的原则确定，并宜与河流、沟渠、湖泊等的天然流域分区相一致。立体交叉下凹路段、路堑式路段及其他低洼区应设独立的排水分区，严禁分区之外的雨水汇入，并保证出水口安全可靠。城市防涝设施应以沟渠、河道、洼地、池塘、水库和湖泊等天然排水空间为基础，结合规划用地布局进行用地控制；雨水管网系统应按照分散、就近排放的原则，结合道路交通、竖向规划等进行布局。城市新建区排入已建雨水系统的设计雨水量不应超出下游已建雨水系统的排水能力，确有超出时，应设置足够的调蓄空间。

2）雨水量。雨水设计流量宜采用推理公式法按式 $Q=q\times\Psi\times F$ 计算，有条件的城市也可采用数学模型法计算，其中，Q 为雨水设计流量（L/s）；q 为设计暴雨强度［L/(s·hm^2)］；Ψ 为综合径流系数；F 为汇水面积（hm^2）。设计暴雨强度应按当地设计暴雨强度公式计算；

设计暴雨强度公式超过15年未修订的应进行修订。综合径流系数应按表2-2-5的规定取值。

雨水管网系统的设计降雨重现期应采用1～3年；重要干道、重要地区或短期积水即能引起较严重后果的地区应采用3～5年；特别重要地区可采用10年。城市防涝设施的设计降雨重现期，特大城市、大城市和中小城市应分别不低于50年、30年和20年；现状建成区防涝设施的设计降雨重现期应根据积水可能造成的后果，经成本效益分析后确定。

表2-2-5　综合径流系数

区域情况	综合径流系数Ψ	
	雨水管网系统计算	防涝设施规模计算
城市建筑密集区	0.60～0.85	0.80～1.00
城市建筑较密集区	0.45～0.60	0.60～0.80
城市建筑稀疏区	0.20～0.45	0.40～0.60

3）城市防涝用地。新建区域的城市规划编制中应首先进行内涝风险评估，确定需要保留与控制的城市防涝用地空间。城市防涝用地的布局应使在发生城市防涝设施设计标准所对应的降雨时，城市道路偏沟内水流的最大深度不超过表2-2-6的规定值。城市防涝用地应进行景观、休闲、健身等多用途综合利用，但不得建设影响防涝功能的设施。在城市新建区域，防涝调蓄设施宜采用地面形式；现状建成区，防涝调蓄设施宜采用地面和地下相结合的形式，因地制宜确定。防涝调蓄设施的规模应满足建设用地外排雨水设计流量不大于开发建设前的数值或规定值；防涝调蓄设施的容积宜根据设计降雨过程变化曲线和设计出水流量变化曲线应经模拟计算确定。

表2-2-6　路面水流的最大允许深度

道路类型	路面水流的最大允许深度
支路、次干路	支路不应超过45厘米，次干路不应超过30厘米
主干路、快速路	水流高度不应超过路拱，且道路偏沟内水流的最大深度不应超过30厘米

4）雨水管渠。雨水管渠应以重力流为主宜顺坡敷设，不设或少设泵站。雨水管渠应沿道路布置，当道路红线宽度大于等于40m时，雨水管渠宜沿道路两侧布置。雨水管渠断面尺寸应按设计流量确定。雨水管渠出水口宜高于受纳水体常水位。

5）雨水泵站。当雨水无法通过重力流方式排出时应设置雨水泵站。雨水泵站宜独立设置，其规模应按进水总管的设计流量确定，用地指标宜按表2-2-7的规定取值，有调蓄功能的泵站用地宜适当扩大。

表2-2-7　雨水泵站规划用地指标（$m^2 \cdot s/L$）

建设规模	雨水流量（L/s）			
	20000以上	10000～20000	5000～10000	1000～5000
用地指标	0.28～0.35	0.35～0.42	0.42～0.56	0.56～0.77

6）雨水径流污染控制。规划应提出雨水径流污染控制目标与原则，并采取初期雨水污染控制措施，使其达到受纳体功能区的排放要求。初期雨水污染控制应采取源头削减、过程控制、末端处理相结合的措施；末端处理设施的规模应按规划收集的初期雨水量确定可分期建设。

2.2.4　合流制系统

1）合流水量。合流水量由城市综合生活污水量、工业废水量和截留的雨水量构成。合流制排水系统截流倍数的选取应综合考虑合流水量、污水处理厂调蓄池空间容量、水体环境容量及受纳体水质要求等因素，通过计算比较后确定，截流倍数应取 2～10。

2）合流制管渠。污水截流干管的布置应结合远期规划，综合考虑截流点、截流倍数与截流方式等因素确定；截流干管宜布置在河流和水体附近。

3）合流制溢流污染控制。合流制系统溢流的合流污水宜采用就地处理、调蓄处理或调蓄后送至污水厂处理的方式，达标后排放。合流制系统采用雨水调蓄设施控制溢流污染时，调蓄容量应根据当地降雨特征、合流污水量、管道截流能力、汇水面积、场地空间条件等综合确定。合流制系统雨水调蓄池占地规模应根据调蓄池的调蓄容量和有效水深确定。合流制系统雨水调蓄设施的设置应在现有设施的基础上，综合调蓄目的、管网布置、水体环境容量及污水处理等因素确定宜设置在合流系统中端或末端；雨水调蓄设施有调蓄池、调蓄管涵、多功能调蓄池等多种形式。对合流制溢流污水进行就地处理时，应结合空间条件选择旋流分离、人工湿地、土壤过滤等处理措施；溢流口附近宜设置截污、消毒装置。

4）合流泵站。合流污水泵站的建设规模应按远期设计流量确定应结合城镇防洪标准分期建设。合流泵站规划用地应按相关规范的规定取值。

5）合流制污水处理厂。合流制污水处理厂的规模应按规划远期的合流污水量确定，并合理分期。合流制城市污水处理厂规划用地可按表 2-2-3 的规定取值。

2.2.5　监控与预警

城市雨、污水系统宜设置监控系统。排水管渠排出口宜设置流量和水质监测装置。雨水工程规划和污水工程规划应确定重点监控区域，提出监控内容和要求；不独立编制再生水、污泥系统规划的城市应在污水工程专项规划中提出再生水、污泥系统的监控内容和要求。应分析城市内涝易发点分布及影响范围图，对城市易涝点、易涝地区和重点防护区域进行监控，提出针对遭遇超标降雨及特殊情况的排涝应急方案。

2.2.6　其他

污水处理厂初期雨水处理、污泥深度脱水的规划控制用地面积建议值如表 2-2-8 所示，表 2-2-8 中污泥深度脱水为污泥含水率达到 55％～65％，且表 2-2-8 中数据不含有初雨调蓄池等用地面积。综合径流系数重现期修正参数可参考澳大利亚昆士兰州的推荐值（表 2-2-9）。另外，澳大利亚建议，城区内修正后的综合径流系数超过 1.00 时，直接取 1.0。

表 2-2-8 初期雨水处理、污泥深度脱水的规划控制用地面积建议值

建设规模（万 m^3/d）	污水处理厂（hm^2）	
	初期雨水处理建议值	污泥深度脱水建议值
20～50	1.50～2.00	6.00～8.00
10～20	1.20～1.50	3.00～6.00
5～10	0.90～1.20	2.50～3.00
1～5	0.30～0.90	0.65～2.50

表 2-2-9 澳大利亚昆士兰州的综合径流系数重现期修正参数

重现期（年）	1	2	3	10	20	50	100
综合径流系数重现期修正参数	0.80	0.85	0.95	1.00	1.05	1.15	1.20

2.3 镇村给水工程规划

2.3.1 基本要求

镇村给水工程规划应贯彻执行国家的有关法规和技术经济政策，应提高镇村给水工程规划编制质量。镇村给水工程规划应制定区域供水规划和供水工程规划；区域供水规划的内容应包括供水的现状分析、总体布局与分区规划、预测需水量并进行水资源的供需平衡分析，选择供水水源并提出水资源保护以及开源节流的要求和措施，提出工程管理、运行及资金等保障措施；供水工程规划的内容应包括确定供水设施规模、供水设施数量、供水设施布局及用地及供水设施分期实施计划。镇村给水工程规划应服从当地乡镇的总体规划；给水工程规划应重视近期建设规划，且应适应远景发展的需要。镇村给水工程规划应贯彻“因地制宜、统筹规划、防治兼顾、建管并重”的方针。应合理利用水资源，注重节约用水，提高水资源利用效率，加强水资源的保护与水质监测。在规划水源地、地表水水厂或地下水水厂、加压泵站等工程设施用地时应节约用地、保护耕地。镇村给水工程规划应符合国家现行有关标准的规定。

2.3.2 供水区域总体规划

总体规划应根据区域内各村镇的社会经济状况、总体规划、供水现状、用水需求、自然地理条件、区域水资源条件及其管理要求、村镇分布及居住状况进行。应根据水源的水量和水质、供水的水量和水质、供水可靠性、用水方便程度，对供水区域内供水现状进行分析和评价。农村供水区域规划范围宜以市（县）为单元进行统筹规划，并可根据实际情况突出重点、分步实施，水源和供水范围可跨行政区域进行规划。当给水水源地在规划区域以外时，水源地和输水管线应纳入给水工程规划范围；当输水管线途经的区域需要由同一水源供水时，应进行统一规划。给水规模应根据区域给水工程统一供给的最高日用水量确定。

区域供水规划应以城乡一体化为目标，根据当地的自然条件、经济状况，确定工程形

式，并应符合以下四方面要求：①优先考虑管网延伸供水，在城镇供水服务半径内的镇村应优先采用管网延伸供水，优先依托自来水厂的扩建、改建、辐射扩网、延伸配水管线，供水到户。当不能采用城镇延伸供水且具备水源条件时应优先建设适度规模的集中式供水可跨区域取水、连片供水。②当受水源、地形、居住、经济等条件限制，不宜建造集中式供水工程时可根据实际情况规划建造分散式供水工程。③当居住相对集中、水源水质需特殊处理、制水成本较高时可采用分质供水。④居住分散的山丘区，有山泉水与裂隙水时可建井、池、窖等，单户或联户供水；无适宜水源时可建塘坝、水池、水窖等，收集降雨径流水或屋顶集水。

2.3.3 水资源及用水量

1）水资源。水资源应包括符合各种用水的水源水质标准的淡水（地表水和地下水）、海水及经过处理后符合各种用水水质要求的淡水（地表水和地下水）、海水、再生水等。应充分利用现有的水利工程。水资源匮乏地区应根据当地水资源的承载能力，按先生活、后生产、再生态的顺序安排用水；针对水资源不足的原因应提出开源节流和水污染防治措施。区域内水资源和用水量之间应保持平衡，在几个区域共享同一水源或水源在规划区域以外时，应进行区域间或流域的水资源供需平衡分析。根据水资源的供需平衡分析应提出保持平衡的对策，并应提出水资源保护的措施。

2）用水量。镇村用水量应由下列两部分组成，第一部分应为规划期内由给水工程统一供给的生活用水、企业用水、公共设施用水及其他用水水量的总和；第二部分应为给水工程统一供给以外的所有用水水量的总和，其中应包括企业和公共设施自备水源供给的用水、河湖环境用水和航道用水和农业灌溉等。给水工程统一供给的用水量应根据所在区域的地理位置、水资源状况、现状用水量、用水条件及其设计年限内的发展变化、国民经济发展和居民生活水平、当地用水定额标准和类似工程的供水情况等因素确定。在区域总体规划阶段，给水工程统一供给的用水量预测可采用表2-3-1中的指标。表2-3-1中，西北地区包括青海、陕西、甘肃、宁夏、新疆；东北地区包括辽宁、吉林、黑龙江；华北地区包括北京、天津、内蒙古、河北、山西、山东、河南；西南地区包括重庆、四川、贵州、云南、西藏；中南地区包括湖北、湖南、广西、广东、海南；华东地区包括江苏、浙江、安徽、江西、福建、上海；有特殊情况的区域，根据用水实际情况，用水指标可酌情增减（下同）；用水人口为镇村总体规划确定的规划人口数（下同）；表2-3-1中指标为规划期最高日用水量指标（下同）。

表2-3-1 人均综合用水量指标［L/（人·d)］

区域	西北地区	东北地区	华北地区	西南地区	中南地区	华东地区
人均综合用水量指标	60～90	70～100	80～110	90～110	90～120	100～130

供水工程规模应包括居民生活用水量、公共建筑用水量、饲养畜禽用水量、企业用水量、工业用水量、消防用水量、浇洒道路和绿地用水量、管网漏失水量和未预见用水量等，按最高日用水量进行计算；应根据当地实际水需求列项，分别计算供水范围内各村、连片集中供水工程的供水规模；在供水工程规模预测时，不同性质用水量指标可按相关规范规定执行。

时变化系数应根据各镇村的供水规模、供水方式，生活用水和企业用水的条件、方式和比例，结合当地相似供水工程的最高日供水情况来综合分析确定。全日供水工程的时变化系数可取值为1.6～3.0，用水人口多、用水条件好或用水定额高的取较低值。定时供水工程的时变化系数可取值为3.0～4.0，日供水时间长、用人口多的取较低值。

进行水资源供需平衡分析时，区域给水工程统一供水部分所要求的水资源供水量应为最高日用水量除以日变化系数再乘以供水天数；日变化系数应根据供水规模、用水量组成、生活水平、气候条件，结合当地相似供水工程的年内供水变化情况综合分析确定可取值为1.3～1.6。河湖环境用水和航道用水及农业灌溉用水等的水量应根据有关部门的相应规划纳入用水量中。

2.3.4 给水水质和水压

统一供给的或自备水源供给的生活饮用水水质应符合现行国家标准《生活饮用水卫生标准》(GB 5749) 的有关规定。镇村集中式供水工程的供水水压应满足配水管网中用户接管点最小服务水头的要求；单层建筑可按5～10m计算，二层10～12m，建筑每增加一层，水头应增加3.5～4m；对地形很高或很远的个别用户水压不宜作为控制条件可采用局部加压的措施满足其用水需求。配水管网中，消防栓设置处的最小服务水头不应低于10m。

2.3.5 水源选择

水源选择应符合以下五方面要求：①以水资源勘察或分析研究报告为依据。应充分利用现有的水利工程。②当有多水源可供选择时应当对水质、水量、工程投资、运行成本、施工和管理条件、卫生防护条件综合比较后确定。③当水源水量不足时可同时选取地表水和地下水互为补充。④水源地应设在水量、水质有保证和易于实施水源环境保护的地段。⑤应符合当地水资源统一规划管理的要求，按优质水源保证生活用水的原则，合理安排与其他用水的关系。

用地下水作为水源时，其取水量应小于允许开采量；用地表水作为水源时，其设计枯水流量的年保证率为严重缺水地区不宜低于90%，其他地区不宜低于95%；当水源的枯水期流量不能满足要求时，应采取多水源调节或调蓄等措施。

镇村生活饮用水给水水源的卫生标准应符合以下两方面要求：①当采用地下水为生活饮用水水源时应符合现行国家标准《地下水质量标准》(GB/T 14848) 的规定。②当采用地表水为生活饮用水水源时应符合现行国家标准《地表水环境质量标准》(GB 3838) 的规定。

地表水水源选择应符合以下两方面要求：①选用地表水为水源时，水源地应位于水体功能区划规定的取水段或水质符合相应标准的河段；②饮用水水源地应位于城镇、工业区或村镇上游。

地下水取水构筑物位置的选择可按相关规范的规定执行。地表水取水构筑物位置的选择可按相关规范的规定执行。水源地的用地应根据给水规模和水源特性、取水方式、调节设施大小等因素确定，并应同时提出水源卫生防护要求和措施。

2.3.6 集中式供水工程

1）给水系统。给水系统应满足水量、水质、水压及消防、安全给水的要求，并应根据当地的规划布局、地形、地质、城乡统筹、用水要求、经济条件、技术水平、能源条件、给水管网延伸的可能性、水源等因素进行方案综合比较后确定。规划给水系统时应充分考虑利用已建给水工程设施，并进行统一规划。不适合建设集中式给水系统的居住点可采用分散式给水系统。地形起伏大或规划给水服务范围广时可采用分区或分压给水系统。地形可供利用时宜采用重力输配水系统。根据水源状况、总体规划布局和用户的水质要求可采用分质给水系统。有多个水源可供利用时宜采用多水源给水系统。

2）水厂。水厂厂址的选择应符合镇村总体规划和相关专项规划，宜根据以下十方面要求并通过技术经济比较来综合确定：①应充分利用地形高程；②满足水厂近、远期布置需要；③不受洪水与内涝威胁；④有良好的工程地质条件；⑤有较好的废水排除条件；⑥有良好的卫生环境，并便于设立防护地带；⑦少拆迁，不占或少占农田；施工、运行和维护方便；⑧供电安全可靠；⑨地表水水厂的位置宜靠近主要用水区，有沉沙等特殊处理要求时宜在水源附近；⑩地下水水厂的位置应考虑水源地的地点和不同的取水方式，宜选择在取水构筑物附近。

水厂的设计规模应考虑水厂工作时间，按最高日供水量加水厂自用水量确定。水厂自用水率应根据原水水质、所采用的处理工艺和构筑物类型等因素通过计算确定，一般可采用设计水量的5%～10%；当滤池反冲洗水采取回用时，自用水率可适当减小。水厂应根据水源水质、设计规模和用户的水质要求，参照相似条件下已有水厂的运行经验或试验，结合当地条件，通过技术经济比较，综合研究确定净水处理工艺，同时应对生产废水和污泥进行妥善处理和处置，并应符合当地的环境保护和卫生防护要求。当原水的含藻量、含沙量或色度、有机物、致突变前体物等含量较高、臭味明显或为改善凝聚效果时可在常规处理前设预处理设施。

当微污染原水经混凝、沉淀、过滤处理后，水中的有机物、有毒物质含量或色、臭、味等仍不能满足用户要求时可采用颗粒活性炭吸附工艺或臭氧—生物活性炭吸附工艺进行深度处理。膜分离工艺应根据原水水质、出水水质要求、处理水量、当地条件等因素，通过技术经济比较确定。用于生活饮用的地下水中铁、锰、氟、砷及溶解性总固体含量等无机盐类超过现行国家标准《生活饮用水卫生标准》（GB 5749）的水质指标限值时应设置处理设施；工艺流程应根据原水水质、净化后水质要求、设计规模、试验或参照水质相似水厂的运行经验，通过技术经济比较后确定。用于生活饮用水处理的药剂应符合现行国家标准《饮用水化学处理剂卫生安全性评价》（GB/T 17218）的有关规定。

生活饮用水必须消毒。消毒剂和消毒方法的选择应依据原水水质、出水水质要求、消毒剂来源、消毒副产物形成的可能性、净水处理工艺等，通过技术经济比较确定；消毒剂可采用液氯、次氯酸钠、二氧化氯、臭氧、紫外线、漂白粉或漂白精等。寒冷地区、飘尘或亲水昆虫严重地区的净水构筑物宜建在室内或采取加盖措施，以保证净水工艺正常运行或处理后水质。水厂排水宜采用重力流排放，必要时可设排水泵站；厂区雨水管道设计的降雨重现期宜选用1～3年；生活污水管道应另成系统，污水应经无害化处理，其排放不得污染水源。水厂的供电可采用二级负荷，当不能满足时，不得间断供水的水厂应设置备

用动力设施。水厂用地应按规划期给水规模和工艺流程确定，厂区周围应设置宽度不小于10m的绿化地带。

3）输配水。输配水管网应符合总体规划，并进行优化设计，在保证设计水量、水压、水质和安全供水的条件下，进行不同方案的技术经济比较。输配水管道系统运行中应保证在各种设计工况下，管道不出现负压。原水输送应采用管道或暗渠（隧洞）；当采用明渠时应有可靠的防止水质污染和水量流失的措施。清水输送应采用管道。从水源至水厂的原水输水管（渠）的设计流量应考虑水厂工作时间，按最高日平均时供水量确定，并计入输水管（渠）的漏损水量和水厂自用水量。从水厂至配水管网的清水输送管道的设计流量应考虑水厂工作时间，按最高日最高时用水条件下，由水厂承担的供水量计算确定。输配水管（渠）应根据设计流量和经济流速确定管径，输水管道的设计流速不宜小于0.6m/s。

负有消防给水任务的管道最小直径不应小于100mm，室外消火栓的间距不应超过120m应设在醒目处，并应符合现行国家标准《建筑设计防火规范》（GB 50016）的有关规定。输配水管（渠）系统的输水方式可采用重力式、加压式或两种方式并用应通过技术经济比较后选定。输水管（渠）的根数、管径（尺寸）及设置应满足规划布局、规划期给水规模并结合近期建设的要求，按不同工况进行技术经济分析论证，选择安全可靠的运行系统。

输水管（渠）线路的选择应根据以下九方面要求确定：①整个供水系统布局合理；②走向尽量沿现有或规划道路布置；③尽量缩短线路长度；④减少拆迁、少占农田、少毁植被、保护环境；⑤尽量满足管道地埋要求，尽量避免急转弯、较大的起伏、穿越不良地质（地质断层、滑坡等）地段，减少穿越铁路、公路、河流等障碍物；⑥充分利用地形条件，优先采用重力流输水；⑦管道布置应避免穿越有毒、有害、生物性污染或腐蚀性地段，无法避开时应采取防护措施；⑧施工、运行和维护方便，节省造价，运行安全可靠；⑨考虑近远期结合和分步实施的可能。

长距离输水工程应遵守以下三方面基本要求：①进行管线实地勘察，对线路方案、管材设备进行技术经济比较和优化；②进行必要的水锤分析计算，采取必要的水锤综合防护措施；③应设测流、测压点，并根据需要设置遥测、遥信、遥控系统。

配水管网选线和布置应遵守以下八方面基本要求：①管网应合理分布于整个用水区，线路尽量短，并符合有关规划。②村庄及规模较小的镇可布置成枝状管网，但应考虑将来连成环状管网的可能；规模较大的镇宜布置成环状管网，当允许间断供水时可设计为枝状。③管线宜沿现有道路或规划道路布置。④管道布置应避免穿越有毒、有害、生物性污染或腐蚀性地段，无法避开时应采取防护措施。⑤干管的走向应与给水的主要流向一致，并应以较短距离引向用水大户。⑥地形高差较大时应根据供水水压要求和分压供水的需要，设加压泵站或减压设施。⑦集中供水点应设在取水方便处，寒冷地区尚应有防冻措施。⑧测压表应设在水压最不利用户接管点处。

输水管和配水干管穿越铁路、高速公路、河流、山体时应进行技术经济分析论证，选择经济合理线路；管道（渠）与铁路交叉时应经铁路管理部门同意，穿越河流时应经水利管理部门同意。配水管网应按最高日最高时供水量及设计水压进行水力平差计算，并应分别按以下三种工况和要求进行校核：①发生消防时的流量和消防水压的要求；②最大转输时的流量和水压的要求；③最不利管段发生故障时的事故用水量和设计水压要求。

环状管网水力计算时，水头损失闭合差绝对值，小环应小于0.5m，大环应小于1.0m。生活饮用水管网，严禁与非生活饮用水管网连接，严禁与自备水源供水系统直接连接。配水系统的加压泵站位置应根据供水系统布局，以及地形、地质、防洪、电力、交通、施工和管理等条件综合确定宜靠近用水集中地区。压力输配水管及泵站应考虑水流速度急剧变化时产生的水锤，并采取削减水锤的措施。输配水管（渠）在道路中的埋设位置可按现行国家标准《城市工程管线综合规划规范》（GB 50289）执行。

给水管材及其规格应根据设计内径、设计内水压力、敷设方式、外部荷载、地形、地质、施工及材料供应等条件，满足卫生、受力、耐久等基本要求，通过结构计算和技术经济比较确定，并应遵守以下四方面基本要求：①符合卫生学要求，不污染水质，符合现行国家标准《生活饮用水输配水设备及防护材料的安全性评价标准》（GB/T 17219）的有关规定。②地埋管道宜采用塑料管。③明设管道应选用金属管，不应选用塑料管。④采用钢管时应考虑内外防腐处理，壁厚应根据计算需要的壁厚，另加不小于2mm的腐蚀厚度。

4）安全性。给水工程设施的防洪及排涝等级不应低于所在地区设防的相应等级，并应留有安全裕度。给水工程设施的抗震要求应按现行国家标准《室外给水排水和燃气热力工程抗震设计规范》（GB 50032）执行。给水工程设施的消防应符合现行国家标准《建筑设计防火规范》（GB 50016）的有关规定。给水系统主要工程设施供电等级宜为二级负荷；当不能满足且不得间断时应设置备用动力设施。给水系统中的调蓄总有效容积按需设置宜为给水规模的10%～20%。

2.3.7 分散式供水工程

无条件建造集中式给水系统的地区可采取分散式给水系统。分散式给水系统形式的选择应根据当地的水源、用水要求、地形地质、经济条件等因素，通过技术经济比较确定；在缺水地区可采用雨水收集给水系统，有良好水质的地下水源地区可采用手动泵给水系统等；也可视情况，采取山泉水、截潜水、集蓄水池给水系统。可根据建设条件和用户需要，采取联户供水或按户供水。生活饮用水必须消毒。

2.3.8 其他

全日供水工程的时变化系数与工程规模相关可参照表2-3-2取值；企业日用水时间长且用水量比例较高时，时变化系数可取较低值；企业用水量比例很低或无企业用水量时，时变化系数可取值为2.0～3.0，用水人口多、用水条件好或用水定额高的取较低值。

表2-3-2 全日供水工程的时变化系数

供水规模 w（m^3/d）	$w>5000$	$5000\geqslant w>1000$	$1000\geqslant w\geqslant 200$	$w<200$
时变化系数 K_h	1.6～2.0	1.8～2.2	2.0～2.5	2.3～3.0

延伸阅读

2022年7月，住房城乡建设部联合国家发展改革委发布实施《“十四五”全国城市基

础设施建设规划》(以下简称《规划》)。《规划》提出了“十四五”时期城市基础设施建设的主要目标、重点任务、重大行动和保障措施，以指导各地城市基础设施健康有序发展。

围绕构建系统完备、高效实用、智能绿色、安全可靠的现代化基础设施体系，《规划》提出四方面重点任务：一是推进城市基础设施体系化建设，增强城市安全韧性能力；二是推动城市基础设施共建共享，促进形成区域与城乡协调发展新格局；三是完善城市生态基础设施体系，推动城市绿色低碳发展；四是加快新型城市基础设施建设，推进城市智慧化转型发展。

《规划》以解决人民群众最关心、最直接、最现实的利益问题为立足点，着力补短板、强弱项、提品质、增效益，提出 8 项重大行动。一是城市交通设施体系化与绿色化提升行动。二是城市水系统体系化建设行动。三是城市能源系统安全保障和绿色化提升行动。四是城市环境卫生提升行动。五是城市园林绿化系统提升行动。六是城市基础设施智能化建设行动。七是老旧小区市政配套基础设施补短板行动。八是城市燃气管道等老化更新改造行动。

为切实加强城市基础设施建设、确保工作落地见效，《规划》从落实工作责任、加大政府投入力度、多渠道筹措资金、建立城市基础设施普查归档和体检评估机制、健全法规标准体系、深化市政公用事业改革、积极推进科技创新及应用等方面提出明确要求。

思考题

1. 如何进行城市给水工程规划？
2. 如何进行城市排水工程规划？
3. 如何进行镇村给水工程规划？
4. 试述近年来我国在给水排水规划领域的创新和突破。

第3章　给水排水设计

3.1　镇村给水工程

3.1.1　基本要求

镇村给水工程的设计、施工、质量验收和运行管理应规范化应保障镇村饮用水安全，做到安全可靠、技术适用、经济合理、管理方便。本节内容适用于供水规模不大于5000m^3/d的镇村永久性给水工程，包括1000～5000m^3/d的大型集中给水工程和小于1000m^3/d的小型给水工程。镇村给水工程应符合镇村总体规划，并应布局合理、节约用地、因地制宜、量力而行，实现社会效益、经济效益和环境效益的统一。镇村生活饮用水水源的选择应符合当地水资源规划和管理的要求，并应合理利用水资源，注重节约用水，提高水资源利用效率，加强水资源的保护，确保水资源的可持续利用。镇村给水应优先考虑采用城市给水管网延伸供水的城乡供水一体化模式，或推行镇村集中式供水工程。镇村给水工程的建设应遵循远期规划，近远期结合、以近期为主的原则；近期设计年限宜采用5～10年，远期设计年限宜采用10～20年。镇村给水工程应采用适合当地条件，并通过实践验证的、成熟可靠、管理便利的技术、工艺、材料和设备。镇村给水工程设施应避免建在容易发生洪涝、地质灾害的地带应节约用地、保护耕地。镇村给水工程的设计、施工、质量验收和运行管理应符合国家现行有关标准的规定；地震、湿陷性黄土、多年冻土以及其他特殊地质构造地区建设给水工程时应符合国家现行有关标准的规定。

输水管（渠）是指从水源地到水厂（原水输水）或当水厂距供水区较远时从水厂到配水管网（净水输水）的管（渠）。水处理是指对原水采用物理、化学、生物等方法改变水质的过程。药剂储存量是指考虑药剂消耗与供应、运输等确定的所需储备量。接触滤池是指原水经投药后，不经混凝沉淀（或澄清）池，直接进到同时起凝聚和过滤作用的滤池。慢滤池是指滤速为0.1～0.3m^3/h，采用石英砂滤料，不设冲洗设施，截留物通过刮砂去除的滤池。再生是指离子交换剂或吸附剂失效后，用物理或化学方式使其恢复到原型态交换能力的工艺过程。一体化净水装置是指将絮凝、沉淀（澄清）、过滤等工艺组合的小型净水设备。

3.1.2　给水系统

1）给水系统选择。给水系统的选择应根据当地规划、城乡供水一体化发展、水源条

件、经济水平，在保证供水水质、水量、供水安全的前提下，通过方案比较确定。对于服务范围广或地形起伏大的区域，可采用分区或分压供水；对于饮用水水源紧缺的区域，可采用分质供水。当水源地与供水区域有地形高差可以利用时应优先在地势高处布置净水设施，利用重力向地势较低处供水。无条件建设集中式给水系统的定居点可采用分散式给水系统。生活饮用水的供水水质应符合现行国家标准《生活饮用水卫生标准》（GB 5749）的有关规定。镇村集中式给水工程的供水水压应满足配水管网中用户接管点最小服务水头的要求。

2）常用工艺流程。地表水水源常用工艺流程应合理选择，原水浊度长期不超过20NTU、瞬时不超过60NTU时可采用“原水—混凝—沉淀（澄清）—快滤池—消毒—清水池—用户”“原水—混凝—沉淀（澄清）—超滤—消毒—清水池—用户”和“原水—慢滤池—消毒—清水池—用户”三种工艺流程；原水浊度长期不超过500NTU、瞬时不超过1000NTU时，可采用“原水—混凝—沉淀（澄清）—快滤池—消毒—清水池—用户”和“用水—自然沉淀（粗滤）—慢滤池—消毒—清水池—用户”两种工艺流程；原水浊度长期超过500NTU、瞬时超过5000NTU时，可采用“原水—预沉—混凝—沉淀（澄清）—快滤池—消毒—清水池—用户”的工艺流程；微污染地表水应根据原水水质，通过试验或参照相似水源的已建工程，确定净水工艺，当没有试验条件或无相似工程时，可采用下列三种工艺流程，即“原水—预氧化—常规处理工艺—消毒—清水池—用户”“原水—预氧化—常规处理工艺—活性炭吸附—消毒—清水池—用户”和“原水—预氧化—常规处理工艺—臭氧接触—活性炭吸附—消毒—清水池—用户”。

地下水水源常用工艺流程的选择应符合以下三条要求：①原水水质符合现行国家标准《地下水质量标准》（GB/T 14848）规定的Ⅲ类及以上水质指标时可经消毒，清水池调蓄后直接供水；②当地下水含铁、锰、氟、砷以及含盐量超过现行国家标准《生活饮用水卫生标准》（GB 5749）规定的水质指标限值时应进行处理，工艺流程选择应符合本节后续关于特殊水处理的有关规定；③当地下水浊度超过3NTU，或水质呈微污染状态，净水工艺可参照相关规范规定执行。

3）应急供水。水源存在较高突发污染风险的水厂应考虑应急供水，可采用启动应急水源、调度清水、应急净水等方式优先满足应急供水期间居民基本生活用水的需要。应急水源可采用地下水或地表水，宜优先考虑区域应急原水调度。应急水源水质不宜低于常用水源水质，或采取一定的净水措施后应急供水水质应符合现行国家标准《生活饮用水卫生标准》（GB 5749）的规定。应急净水工艺和运行参数的选择应根据水源突发污染时特征污染物的种类和浓度，通过现场试验确定；在没有试验条件的情况下可参照现行国家标准《室外给水设计标准》（GB 50013）选择合适的应急净水工艺。在没有条件建设应急水源和应急净水设施的水厂可建设原水调蓄池，满足水源突发污染时，水厂应急供水的要求。

3.1.3 设计水量与水质和水压

1）设计水量。镇村设计供水量应由以下七项组成：①生活用水；②公共建筑用水；③工业用水；④畜禽饲养用水；⑤管网漏损水；⑥未预见用水；⑦消防用水。镇村水厂设计规模应按设计年限、规划供水范围内的生活用水、公共建筑用水、工业用水、畜禽饲养用水、管网漏损水量、未预见用水的最高日用水量之和确定；当供水区域内部分采用再生水直接供水时，水厂设计规模应扣除这部分再生水水量。生活用水定额应根据当地经济和社会发展、水资源充沛程度、用水习惯，在现有用水定额的基础上，结合镇村规划和给水专业规划，本着节约用水的原则，综合分析确定；当缺乏实际用水资料的情况下可按表3-1-1选用。表3-1-1中，一区包括湖北、湖南、江西、浙江、福建、广东、广西、海南、上海、江苏、安徽、重庆；二区包括四川、贵州、云南、黑龙江、吉林、辽宁、北京、天津、河北、山西、河南、山东、宁夏、陕西、内蒙古河套以东的地区和甘肃黄河以东的地区；三区包括新疆、青海、西藏、内蒙古河套以西的地区和甘肃黄河以西的地区。

表3-1-1 镇村生活用水定额［L/（人·d)］

分区	集中式给水系统		分散式给水系统	
	最高日	平均日	最高日	平均日
一	100～200	80～160	50～80	30～50
二	50～130	40～90	30～50	20～30
三	50～120	40～80	20～30	10～20

公共建筑用水量应按现行国家标准《建筑给水排水设计标准》（GB 50015）的有关规定执行，也可按生活用水量的8%～25%计算。工业用水量应根据国民经济发展规划、工业类别和规模、生产工艺要求，结合现有工业用水资料分析确定；当缺乏实际用水资料的情况下可按表3-1-2选用，若有其他工业类别时可参照相关工业用水定额选用。畜禽饲养用水量可按表3-1-3选用，表中用水定额未包括卫生清扫用水。

表3-1-2 各类乡镇工业生产用水定额

工业类别	用水定额	工业类别	用水定额
榨油	6～30m^3/t	制砖	7～12m^3/万块
豆制品加工	5～15m^3/t	屠宰	0.3～1.5m^3/头
制糖	15～30m^3/t	制革	0.3～1.5m^3/张
罐头加工	10～40m^3/t	制茶	0.2～0.5m^3/担
酿酒	20～50m^3/t	—	—

表3-1-3 畜禽饲养用水定额

畜禽类别	用水定额	畜禽类别	用水定额
马、驴、骡	40～50L/（头·d)	育肥猪	30～40L/（头·d)
育成牛	50～60L/（头·d)	鸡	0.5～1.0L/（只·d)
奶牛	70～120L/（头·d)	羊	5～10L/（头·d)
母猪	60～90L/（头·d)	鸭	1.0～2.0L/（只·d)

镇村配水管网的基本漏损水量宜按生活用水、公共建筑用水、工业用水、畜禽饲养用水量之和的12%计算；当配水管网的情况符合现行行业标准《城镇供水管网漏损控制及评定标准》（CJJ 92）规定的要求时可对漏损率进行适当调整。未预见水量应根据水量预测时难以预见因素的程度确定宜按生活用水、公共建筑用水、工业用水、畜禽饲养用水、管网漏损水量之和的8%～12%计算。消防用水量、水压及延续时间应符合现行国家标准

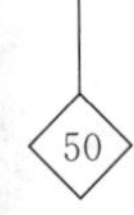

《建筑设计防火规范》(GB 50016) 和《消防给水及消火栓系统技术规范》(GB 50974) 的有关规定；允许间断供水或完全具备消防用水蓄水条件的镇村，在计算供水能力时可不单列消防用水量。镇村供水的日变化系数、时变化系数应根据供水区域的经济发展水平、生活习俗、供水系统布局，结合现状供水曲线和日用水变化的统计数据综合分析确定；当缺乏实际用水资料时供水的日变化系数和时变化系数宜按以下三条规定确定：①日变化系数宜取值为 1.3～1.6，规模较小的供水系统宜取较大值；②全日供水工程的时变化系数可按表 3-1-4 确定，企业日用水时间长且用水量比例较高时，其时变化系数可取较低值；企业用水量比例很低或无企业用水量时，其时变化系数可取值为2.0～3.0，用水人口多且用水条件好或用水定额高的取较低值；③定时供水工程的时变化系数宜取值为 3.0～5.0，日供水时间长、用水人口多的应取较低值。

表 3-1-4 全日供水工程的时变化系数

供水规模 Q (m^3/d)	$1000<Q\leqslant5000$	$200\leqslant Q\leqslant1000$	$Q<200$
时变化系数 K_h	1.8～2.0	2.0～2.3	2.3～3.0

2) 水质。生活饮用水的供水水质应符合现行国家标准《生活饮用水卫生标准》(GB 5749) 的有关规定。

3) 水压。当按直接供水的建筑层数确定给水管网水压时，其用户接管点处的最小服务水头应符合以下三条规定：①单层为 10m；②二层为 12m；③二层以上每增加一层，其服务水头增加 4m。

3.1.4 水源和取水

1) 水源。水源选择必须进行水资源的勘察；所选水源应水质良好，水量充沛，易于保护。水源水质应符合以下两条要求：①采用地下水为生活饮用水水源时，水质应符合国家标准《地下水质量标准》(GB/T 14848) 的规定；采用地表水为生活饮用水水源时，水质应符合国家标准《地表水环境质量标准》(GB 3838) 和《生活饮用水水源水质标准》(CJ 3020) 的要求。②当水源水质不能满足前述要求时应采取相应的净化工艺，使处理后的水质符合现行国家标准《生活饮用水卫生标准》(GB 5749) 的要求。用地下水作为供水水源时，取水量应小于允许开采量；用地表水作为供水水源时，其设计枯水流量的年保证率不小于 90%。单一水源水量不能满足要求时可采取多水源或调蓄等措施；多水源地区，在选择水源时应经技术经济比较确定。

对生活饮用水的水源，必须建立水源保护区；保护区内严禁建设任何可能危害水源水质的设施和一切有碍水源水质的行为；水源保护应符合以下两方面要求：

①地下水水源保护应合规，地下水水源保护区和井的影响半径范围应根据水源地所处的地理位置、水文地质条件、开采方式、开采水量和污染源分布等情况确定，单井保护半径应大于井的影响半径且不小于 50m；在井的影响半径范围内，不应使用工业废水或生活污水灌溉和施用持久性或剧毒的农药，不应修建渗水厕所和污废水渗水坑、堆放废渣和垃圾或铺设污水渠道，不应从事破坏深层土层的活动；雨季时应及时疏导地表积水，防止积水入渗和漫溢到井内；渗渠、大口井等受地表水影响的地下水源，其防护措施应遵照相关规范执行；水源保护区内的土地宜种植具有水源涵养作用的林草或按有机农业的要求进行

农作物种植。

② 地表水水源保护应合规，取水点周围半径100m的水域内，严禁可能污染水源的任何活动，并应设置明显的范围标志和严禁事项的告示牌；取水点上游1000m至下游100m的水域不应排入工业废水和生活污水，其沿岸防护范围内不应堆放废渣、垃圾及设立有毒、有害物品的仓库或堆栈，不得从事有可能污染该段水域水质的活动；以水库、湖泊和池塘为供水水源或作预沉池（调蓄池）的天然池塘、输水明渠. 应遵照相关规范规定执行；以河流为供水水源时，根据实际需要可将取水点上游100m外一定范围的河段划为水源保护区，并严格控制上游污染物排放量；以水库、湖泊和池塘为供水水源时应根据不同情况的需要，将取水点周围部分水域或整个水域及其沿岸划为保护区范围。

2）地下水取水构筑物。地下水取水构筑物位置应根据水文地质条件选择，并应符合以下五方面要求：①位于水质好、不易受污染的富水地段并便于划定保护区；②尽量靠近主要用水地区；③按照地下水流向，在镇村的上游地区；④位于工程地质条件良好的地段，尽量避开地质灾害区和矿产采空区；⑤施工、运行和维修方便。

地下水取水构筑物形式选择应根据水文地质条件，通过技术经济比较确定，并应符合以下五方面规定：①管井适用于含水层厚度大于4m，底板埋藏深度大于8m，井壁管管径宜为200～600mm，井深宜在300m内，管井的结构、过滤器设计应符合现行国家标准《供水管井技术规范》(GB 50296）的有关规定。②大口井适用于含水层厚度为5m左右，底板埋藏深度小于15m；井径宜小于8m，一般采用4m；大口井应就地取材，用砖、石等砌筑，也可采用预制钢筋混凝土井壁沉井法施工。③管井、大口井、辐射井的设计应符合现行国家标准《供水管井技术规范》(GB 50296）和《机井技术规范》(GB/T 50625）的有关规定；规模化集中供水工程应设备用井，备用井数量可按设计取水量的10％～20％确定，且不少于一眼。④渗渠主要用于集取浅层地下水、河流渗透水和潜流水，适用含水层厚度小于5m、渠底埋藏深度小于6m的情况，集水管（渠）断面宜按流速为0.5～0.8m/s、充满度为0.4～0.8计算，内径或短边长度不应小于600mm，管（渠）底最小坡度应大于或等于0.2％，渗渠外侧应做反滤层3～4层，每层200～300mm，最内层滤料的粒径应略大于进水孔孔径；两相邻反滤层的滤料粒径比宜为2～4。⑤泉室适用于泉水露头，流量稳定，覆盖层厚度小于5m，泉室容积视泉涌水量和用水量确定可按最高日用水量的25％～50％计算。

地下水取水构筑物的设计应符合以下五方面要求：①采取防止地面污水渗入的措施；②过滤器有良好的进水条件，结构坚固，抗腐蚀性强，不易堵塞；③大口井、渗渠和泉室应有通风措施；④有测量水位的条件和装置；⑤位于河道附近的地下水取水构筑物应有防冲刷和防淹措施。

3）地表水取水构筑物。地表水取水构筑物的位置应根据以下八方面基本要求，通过技术经济比较确定：①位于村镇上游等水源水质较好的地带；②靠近主流，枯水期有足够的水深；③有良好的工程地质条件，稳定的岸边和河（库、湖等）床；④易防洪，受冲刷、泥沙、漂浮物、冰凌的影响小；⑤靠近主要用水区；⑥符合水源开发利用和整治规划的要求，不影响原有工程的安全和主要功能；⑦符合河道、湖泊、水库整治规划的要求，不得妨碍航运和排洪；⑧施工和运行和管理方便。

地表水取水构筑物的型式应根据设计取水量、水质要求、水源特点、地形、地质、施

工、运行管理等条件，通过技术经济比较确定，河（库、湖等）岸坡较陡、稳定、工程地质条件良好，岸边有足够水深、水位变幅较小、水质较好时可采用岸边式取水构筑物；河（库、湖）岸边平坦、枯水期水深不足或水质不好，而河（库、湖）中心有足够水深、水质较好且床体稳定时可采用河床式取水构筑物；水源水位变幅大但水位涨落速度小于2.0m/h、水流不急、枯水期水深大于1m、冬季无冰凌时可采用缆车或浮船式取水构筑物；在推移质不多的山丘区浅水河流中取水可采用低坝式取水构筑物，在大颗粒推移质较多的山丘区浅水河流中取水可采用底栏栅式取水构筑物；有地形条件时应采取自流引水。

取水构筑物的防洪标准不得低于当地的防洪标准，日供水能力小于1000m^{3}的给水系统的设计洪水重现期不得低于30年；日供水能力不小于1000m^{3}的给水系统的设计洪水重现期不得低于50年；设计枯水位的保证率不应低于90%。地表水取水构筑物应采取防止以下三种情况发生的保护措施：①泥沙、漂浮物、冰凌、冰絮和水生生物的堵塞；②冲刷、淤积、风浪，冰冻层挤压和雷击的破坏；③水上漂浮物和船只的撞击。

在河流（水库、湖泊）中的取水头部最底层进水孔下缘距河床的高度应根据河流的水文和河床混沙特性、河床稳定程度等因素确定；侧面进水孔下缘距河床的距离不宜小于0.5m；顶部的进水孔宜高于河床1.0m。进水孔上缘在设计最低水位下的淹没深度应根据河流水文、冰情和漂浮物等因素通过水力计算确定，且顶部进水时不宜小于0.5m，侧面进水时不宜小于0.3m，虹吸进水时不宜小于1.0m，当水体封冻时可减至0.5m。

取水构筑物进水孔应设置格栅，格栅间净距应根据取水量大小、冰絮和漂浮物等情况确定可采用10～50mm。进水口的过栅流速应符合以下三条规定：①河床式取水构筑物有冰絮时可采用0.1～0.3m/s，无冰絮时可采用0.2～0.6m/s；②岸边式取水构筑物有冰絮时采用0.2～0.6m/s，无冰絮时采用0.4～1.0m/s；③格栅阻塞面积应按25%考虑。

进水自流管（渠）或虹吸管的设计流速可采用1.0～1.5m/s，最小流速不宜小于0.6m/s。取水泵房或闸房的进口地坪设计标高应符合下列两方面规定：①浪高不超过0.5m时不应低于水源最高设计水位加0.5m；②浪高超过0.5m时不应低于水源最高设计水位加浪高再加0.5m，必要时应有防止浪爬高的措施。

3.1.5 泵房

1）基本规则。泵房选址及设置应根据供水系统布局，以及地形、地质、防洪、电力、交通、施工和管理等条件分析确定；取水泵房应满足水厂的设计要求，供水泵房和加压泵房应满足向用户供水的需求。泵房设计应符合节能要求可采取利用地形条件、选用节能高效水泵机组、分压供水等措施。取水泵房和加压泵房离水厂较远时宜采用远程自动控制。可能产生水锤危害的泵房，设计中应进行事故停泵水锤计算；当事故停泵瞬态特征不符合现行国家标准《泵站设计标准》（GB 50265）的规定时应采取防护措施。

2）水泵机组及辅助设施。取水泵房的设计流量和扬程应按以下两方面规定计算：①设计流量应按最高日供水量、水厂自用水量及输水管漏损水量之和除以水厂工作时间计算确定；②扬程应满足达到水厂进水池最高设计水位的要求。

供水泵房的设计流量和扬程应按以下两方面规定计算：①向设有水塔或高位水池等调蓄构筑物的配水管网供水的泵房，设计流量应按最高日供水量除以水厂工作时间确定，扬程应满足泵房设计流量时达到调蓄构筑物最高设计水位的要求；②向无调蓄构筑物的配水管网供水的泵房，设计流量应按最高日最高时流量确定，扬程应满足配水管网中最不利于用户接管点的最小服务水头要求。

水泵机组的选择应符合以下四条规定：①机组应选择运行稳定可靠、节能高效和低噪声的水泵；②水泵经常运行点应选择在高效区，严禁水泵在气蚀条件下运行；③水泵宜采取自灌式吸水，无条件时也可采用真空引水或其他装置自吸引水，小型水泵也可采用吸水底阀；④水泵工作范围变化较大时应经技术经济比较选用设置大小水泵、设置高位调蓄构筑物或设置变频调速装置。

卧式离心泵的安装高程应满足水泵在最低吸水位运行时的允许吸上真空高度的要求，潜水泵在最低设计水位下的淹没深度应符合以下四条规定：①管井中不应小于3m；②大口井、辐射井中不应小于1m；③吸水池中不应小于0.5m；④潜水泵吸水口距水底的距离应根据泥沙淤积情况确定。取水泵房的进水口应设置拦污格栅或格网。

水泵吸水管和出水管应符合以下七方面要求：①吸水管流速宜为0.8～1.2m/s，出水管流速宜为1.0～1.5m/s；②吸水管不宜过长，水平段宜有向水泵方向上升的坡度；③吸水池（井）最高设计水位高于水泵时，吸水管上应设压力真空表和检修阀；④吸水池（井）最高设计水位低于水泵时，吸水管上应设真空表；⑤水泵出水管路上应设压力表、工作阀、缓闭止回阀及检修阀；⑥水泵进、出水管及阀门应安装伸缩节，安装位置应便于水泵、阀门和管路的安装和拆卸，伸缩接头应采用传力式带限位的形式；⑦水泵进、出水管道上的阀门、伸缩节、三通、弯头、堵板等处应根据受力条件设置支撑设施。

当水泵系统输水管路较长或管路高差较大时应采取适当的水锤防护措施，包括水泵出水管上设分阶段关闭的控制阀或缓闭止回阀；防断流水锤时，泵房出水总管起端应安装缓冲关闭的空气阀；必要时可在泵房出水总管安装超压泄压阀或其他水锤消除装置。泵房应设置备用水泵1～2台，且应与所有的工作泵能互为备用。

3）泵房布置。泵房设计应采取采光、通风和防噪声措施。寒冷地区的泵房应有保温或采暖措施。泵房布置应符合以下六方面规定：①泵房主要通道宽度不宜小于1.2m，相邻机组之间、机组与墙壁间的净距不宜小于0.8m，高压配电柜前的通道宽度不应小于2.0m，低压配电柜前的通道宽度不应小于1.5m。②泵房内应设排水沟，地下或半地下式泵房应设集水坑，必要时应设排水泵，地面散水不应回流至吸水池（井）内。③深井泵泵房宜在井口上方屋顶处设吊装孔。④泵房内的起重设备应满足最重吊运设备或部件的吊装要求。⑤泵房地面层标高应高出室外地坪300mm。⑥泵房应至少设一个可搬运最大设备的门。

3.1.6 输配水

1）基本规则。输配水管（渠）线路的选择应符合以下五方面规定：①沿现有或规划道路敷设、缩短管线的长度，避开毒害物污染区及地质断层、滑坡、泥石流等不良地质地段；②减少拆迁、少占良田、少毁植被、保护环境；③充分利用地形条件，优先采用重力输水；④施工、维护方便，节省造价，运行安全可靠；⑤考虑近远期结合和分步实施的可能。

输水管（渠）设计流量的确定应符合以下两方面规定：①从水源至水厂的原水输水管（渠）的设计流量应根据水厂工作时间，按最高日平均时供水量确定，并应包含输水管

（渠）漏损水量和水厂自用水量。②从水厂至配水管网的清水输水管道的设计流量应按最高日最高时用水条件下，由水厂负担的供水量计算确定。

配水管网应按最高日最高时供水量及设计水压进行水力计算。输配水管道的设计流速宜采用经济流速，原水管道的设计流速不宜小于0.6m/s。输水管道可按单管布置，当不得间断供水时可在净水厂或管网内设置一定的事故储水量。向多个镇村输水时，地势较高或较远的镇村可设置加压泵站，采用分压或分区供水。

管网系统布置应符合以下四方面规定：①符合镇村有关建设规划。②规模较小的镇村可布置成树状管网；规模较大的镇村有条件时宜布置成环状管网。③管线宜沿现有道路或规划道路布置；干管布置应以较短的距离引向用水大户。④地形高差较大时应根据供水水压要求和分压供水的需要，在适宜的位置设加压或减压设施。

非生活饮用水管网或自备生活饮用水供水系统，不得与镇村生活饮用水管网直接连接。负有消防给水任务的管道最小管径不应小于100mm，集中居住点室外消火栓的间距不应大于120m，且应符合现行国家标准《建筑设计防火规范》（GB 50016）和《农村防火规范》（GB 50039）的有关规定。

2）水力计算。管道总水头损失宜按式$h_z=h_y+h_j$计算，其中，h_z为管道总水头损失（m）；h_y为管道沿程水头损失（m）；h_j为管道局部水头损失（m）。管道沿程水头损失和局部水头损失宜按以下两方面规定计算：①沿程水头损失可按式$h_y=10.67q\ (L/D)\ C^{1.85}$计算，其中，$h_y$为沿程水头损失（m），$L$为管段长度（m），$D$为管径（m），$q$为流量（m/s），$C$为系数，可按表3-1-5规定取值。②输水管和配水管网的局部水头损失可按其沿程水头损失的5%～10%计算。配水管网水力平差计算宜按相关规范规定执行。

表3-1-5　C值

水管种类	塑料管	新铸铁管和涂水泥砂浆的铸铁管	混凝土管和焊接钢管	旧铸铁管和旧钢管
C值	140	130	120	100

3）管道布置和敷设。给水管道遇到有毒污染区和腐蚀地段时应符合现行国家标准《城镇给水排水技术规范》（GB 50788）的有关规定。集中供水点应设在用水方便处，寒冷地区应采取防冻措施。

输配水管道宜埋地敷设，管道埋设应符合以下四方面规定。①管顶覆土应根据冰冻情况、外部荷载、管材强度、与其他管道交叉等因素确定；非冰冻地区，管顶覆土不宜小于0.7m，在松散岩基上埋设时，管顶覆土不应小于0.5m；寒冷地区，管顶应埋设于冰冻线以下；穿越道路、农田或沿道路铺设时，管顶覆土不宜小于1.0m。②管道应埋设在原状土或夯实土层上，管道周围0.2m范围内应用细土回填；回填土的压实系数不应小于90%；在岩基上埋设管道时应铺设砂垫层；在承载力达不到设计要求的软土地基上埋设管道时应进行基础处理。③当给水管与污水管交叉时，给水管应布置在上方，且接口不得重叠；当给水管敷设在下面时应采用钢管或设钢套管，套管伸出交叉管的长度，每端不应小于3.0m，套管两端应采用防水材料封闭。④给水管道与建筑物、铁路和其他管道的水平净距应根据建筑物基础结构、路面种类、管道埋深、工作压力、管径、管道上附属构筑物大小、卫生安全、施工管理等条件确定；与建筑物基础的水平净距宜大于1.0m，与围墙基础的水平净距宜大于1.0m，与铁路路堤坡脚的水平净距宜大于5.0m，与电力电缆、通信及照明线杆的水平净距宜大于1.0m，与高压电杆支座的水平净距宜大于3.0m，与污水管、燃气管的水平净距宜大于1.5m。

架空或露天管道应设置空气阀、调节管道伸缩设施、保证管道整体稳定性的措施和防止攀爬（包括警示标识）等安全措施，并应根据需要采取防冻保温等措施。穿越河流、沟谷、陡坡等易受洪水或雨水冲刷地段的管道应采取保护措施。承插式管道在垂直或水平方向转弯处支墩的设置应根据管径、转弯角度、设计工作压力和接口摩擦力等因素通过计算确定。

4）管材和附属设施。输配水管材的选择应符合以下四方面规定：①具有一定强度、耐腐蚀性好、能承受所要求的管内外压力；②密性良好，不漏水，不渗水；③内壁光滑；④施工方便可靠。

给水管材及其规格应根据设计工作压力、敷设方式、外部荷载、地形、地质、施工及材料供应等条件确定，并应符合以下五条规定：①应符合国家现行产品标准要求；②埋地管道宜优先选用符合卫生要求的给水塑料管；③选用管材的公称压力应大于设计工作压力；④明设管道宜选用金属管或混凝土管等管材，选用塑料管时应采取相应的防护措施；⑤采用钢管时应进行内外防腐处理，内防腐材料应符合现行国家标准《生活饮用水输配水设备及防护材料的安全性评价标准》（GB/T 17219）的要求。

输水管道在管道敷设凸起点应设空气阀；当坡度小于0.1%时，每隔0.5～1.0km应设空气阀；排气口径宜为管道直径的1/12～1/8，或经水力计算确定；该空气阀应具有在管道水气相间时连续大量排气的功能；在管道敷设低凹处应设泄水阀；泄水阀口径宜为管道直径的1/5～1/3，或经水力计算确定。

向多个镇村输水时，干管和支管上应设检修阀。重力输水管道在地形高差引起的动水压力和静水压力超过敷设管道的公称压力时应在适当位置设减压设施。树状配水管网的末端应设泄水阀；干管上应分段或分区设检修阀，各级支管上应在适宜位置设检修阀。根据镇村具体情况应按现行国家标准《建筑设计防火规范》（GB 50016）和《农村防火规范》（GB 50039）的有关规定设置消火栓。配水管应在水压最不利点处设测压表。室外管道上的空气阀、减压阀、消火栓、闸阀、蝶阀、泄水阀、排空阀、水表等宜设在井内，并应有防冻、防淹措施。

5）调蓄构筑物。调蓄构筑物的形式和位置应根据以下五条规定，通过技术经济比较确定：①清水池宜设在水厂内；②有适宜高地的供水系统宜设置高位水池；③地势平坦的小型水厂可设置水塔；④联片集中供水工程需分压供水时可分设调蓄构筑物，并应与加压泵站前池或减压池相结合；⑤调蓄构筑物应设于工程地质条件良好、环境卫生和便于管理的地段。

调蓄构筑物的有效容积应根据以下两条规定，通过技术经济比较确定：①清水池和高位水池的有效容积可按最高日用水量的20%～30%来设计，水塔的有效容积可按最高日用水量的5%～10%设计；②调蓄构筑物的有效容积尚应满足消毒剂与水接触时间的要求，采用游离氯或二氧化氯消毒的接触时间不应小于30min，采用氯胺消毒的接触时间不应小于120min。

调节容积大于200m^{3}的清水池、高位水池的个数或分格数，不宜少于两个，并能单独

工作和分别泄空。清水池、高位水池应采取保证水流动、避免死角的措施；容积大于50m³时应设导流墙，设置清洗和通气等设施。清水池和高位水池应加盖，周围及顶部宜覆土；在寒冷地区应有防冻措施。

调蓄构筑物进水管、出水管、溢流管、排空管、通气孔、检修孔的设置应符合以下七方面规定：①进水管管径应根据净水构筑物最大设计流量确定，进水管管口宜设在平均水位以下；②出水管管径应根据供水泵房最大流量确定；③溢流管管径不应小于进水管管径，溢流管管口应与最高设计水位持平，池外管口应设网罩；④排空管不宜小于100mm；⑤通气孔应设在水池顶部，管径不宜小于0.15m，出口宜高出覆土0.7～1.2m，并应高低交叉布置；⑥检修孔应便于检修人员进出宜为圆形，直径不宜小于700mm；⑦通气管、溢流管和检修孔应有防止杂物和虫子进入池内的措施。水塔应根据防雷要求设置防雷装置。

3.1.7 水厂总体设计

水厂厂址的选择应符合镇村总体规划，并应根据以下十方面要求综合确定：①供水系统布局合理；②不受洪水与内涝威胁；③有良好的工程地质条件；④有良好的卫生环境，并便于设立防护地带；⑤少拆迁，不占或少占良田；⑥满足水厂近、远期布置需要；⑦施工、运行管理方便；⑧供电安全可靠；⑨地表水水厂的位置宜靠近主要用水区，有沉沙等特殊处理要求时宜在水源附近；⑩地下水水厂的位置应考虑水源地的地点和取水方式宜选择在取水构筑物附近。

水厂的总平面布置应符合以下十一方面规定：①生产构（建）筑物和附属建筑物宜分别集中布置；②生活区宜与生产区分开布置；③分期建设时，近期、远期应协调；④生产附属建筑物的面积及组成应根据水厂规模、工艺流程、监控水平、管理体制和经济条件确定；⑤加药间、消毒间应分别靠近各自的投加点并宜与各自的药剂仓库毗邻，消毒间及其仓库宜设在水厂的下风处并应与值班室、办公区、居住区保持安全距离；⑥滤料、管配件等堆料场所应根据储存、管理等分别设置；⑦厕所、化粪池、污水处理构筑物、渗水井、垃圾堆放场等污染源的位置与生产构（建）筑物的距离应大于10m，不应采用旱厕和渗水厕所，当达不到上述要求时应采取防止污染的措施；⑧水厂应设绿化；⑨应根据需要设置通向各构（建）筑物的车辆或人行道路，并应有雨水排放措施；⑩水厂应设大门和围墙，围墙高度不宜小于2.5m；⑪车行道的宽度、转弯半径和回车道应满足运输、交通等车辆需求。

生产构筑物或装置的布置应符合以下五方面规定：①高程布置应充分利用地形条件，结合地质条件，力求流程通畅、能耗降低、土方平衡。②工艺流程优先采用重力流，并满足水头损失要求。③并联的多组净水构筑物或装置宜平行布置且配水和集水均匀。构筑物或装置间距宜紧凑，但应满足施工、运行、检修和通行的要求。④构筑物或装置间宜设连接通道，条件允许时尽可能采用组合式布置。⑤严寒地区的净水构筑物或装置应建在室内；寒冷地区的净水构筑物或装置应根据当地的气候条件，采取建在室内或加盖的必要措施。

水厂内管（渠）布置应符合以下四方面规定：①应尽可能短且顺直，避免迂回、互相干扰，满足施工、检修、更换的要求；②并联构筑物间的管（渠）应能互相切换；③分期建设的工程应便于管（渠）衔接；④应根据工艺要求，设置必要的阀门和超越管（渠）。

厂区雨水系统宜按重力流设计，必要时可设雨水泵房，降雨重现期宜为2～3年，面积较小的水厂尽可能采用道路排水；生活污水应单独收集和处理。水厂生产废水与排泥水、脱水污泥、生产与生活污水的处置与排放应符合项目环评报告及其批复的要求。出厂水总管应设计量装置，原水总管宜设计量装置。生产构筑物应设置栏杆、防滑梯、检修爬梯、安全护栏等安全设施。水厂建筑物造型宜简洁美观，材料选择适当，并应考虑建筑的群体效果及其与周围环境的协调性。

3.1.8 水处理

1）基本原则。水处理工艺流程的选用与构筑物的组成应根据原水水质、设计规模、处理后水质要求，以及经调查研究或参照相似条件下已有水厂的运行经验，并结合当地条件，通过技术经济比较后确定。水处理构筑物的设计流量应按最高日供水量加水厂自用水量除以水厂工作时间确定；水厂的自用水量应根据原水水质、所采用的处理工艺和构筑物类型等因素，通过计算确定，一般为设计流量的5%～10%。净水构筑物应根据需要设置排泥管、放空管、溢流管或压力冲洗设施等。

2）预处理。自然沉淀应合规，当原水浊度瞬时超过10000NTU时必须设置自然沉淀池，当原水浊度超过500NTU（瞬时超过5000NTU）或供水保证率较低时可将河水引入天然池塘或人工水池进行自然沉淀并兼作贮水池；自然沉淀池的沉淀时间宜为8～12h；自然沉淀池的有效水深宜为1.5～3.0m，超高为0.3m，并应根据清泥方式确定积泥高度。

粗滤应合规，粗滤池宜作为慢滤池的预处理可用于原水浊度低于500NTU，瞬时不超过1000NTU的地表水处理。粗滤池布置形式的选择应根据净水构筑物高程布置和地形条件等因素，通过技术经济比较后确定。竖流粗滤池宜采用二级粗滤、串联，平流粗滤池宜由三个相连通的砾石室组成一体。竖流粗滤池的滤料应按表3-1-6的规定取值应按顺水流方向，粒径由大至小设置。平流粗滤池的滤料应按表3-1-7的规定取值应按顺水流方向，粒径自大至小设置。粗滤池滤速宜为0.3～1.0m/h。竖流粗滤池滤层表面以上的水深宜为0.2～0.3m，超高宜为0.3m。上向流竖流粗滤池底部应设有配水室、排水管，闸阀宜采用快开阀。

表3-1-6 竖流粗滤池滤料组成

砾（卵）石粒径（mm）	8～16	16～32	32～64
厚度（m）	0.30～0.40	0.45～0.50	0.50～0.60

表3-1-7 平流粗滤池滤料的组成与池长

砾（卵）石室	Ⅰ	Ⅱ	Ⅲ
粒径（mm）	64～32	16～32	8～16
池长（m）	2	1	1

预氧化应合规，采用高锰酸钾预氧化时应符合以下三条规定：①高锰酸钾宜在水厂取水口投加，如在水处理流程中投加则其先于其他水处理药剂投加的时间不宜少于3min；②经过高锰酸钾预氧化的水必须通过滤池过滤；③高锰酸钾预氧化的用量应通过试验确

定，并应精确控制，用于去除微量有机污染物、藻类和控制嗅味的高锰酸钾投加量宜采用0.5～1.0mg/L。采用臭氧预氧化时应符合相关规范的有关规定。采用氯预氧化处理工艺时，加氯点和加氯量应合理确定，并应减少消毒副产物的产生。采用生物预氧化时应符合以下三方面规定：①当原水的氨氮、嗅阈值、有机微污染物、藻含量较高时可采用生物预处理；②生物预处理设施前不宜投加除臭氧外的其他氧化剂；③生物预处理的设计应以原水试验的资料为依据，进入生物预处理设施的原水应具有较好的可生物降解性，水温宜高于5℃。

粉末活性炭吸附应合规，原水在短时间内微量有机物污染较严重、具有异嗅异味时可采用粉末活性炭吸附作为应急处理。采用粉末活性炭吸附处理时应符合以下四条规定：①粉末活性炭投加宜根据水处理工艺流程综合考虑确定，粉末活性炭的投加宜符合延长与处理水接触的时间以减小混凝剂或助凝剂对活性炭吸附效果的影响，并避免残余的粉末炭穿透滤床；②粉末活性炭的用量应根据试验确定宜采用5～30mg/L；③炭浆浓度宜采用5%～10%（按质量计算）；④粉末活性炭的储藏、输送和投加车间应有防尘、集尘和防火设施。

3）混凝剂和助凝剂的投配。用于生活饮用水处理的混凝剂或助凝剂产品必须符合现行国家标准《饮用水化学处理剂卫生安全性评价》（GB/T 17218）的有关规定。混凝剂和助凝剂品种的选择及其用量应根据原水混凝沉淀试验结果或参照相似条件下的水厂运行经验等，经综合比较确定。混凝剂宜采用湿式投加，混凝剂的溶解和稀释应按投加量的大小、混凝剂性质，选用水力、机械或压缩空气等搅拌、稀释方式；有条件的水厂宜直接采用液体混凝剂。混凝剂湿式投加时，溶解次数应根据配制条件等因素确定，每日不宜超过一次；混凝剂投加量较小时，溶解池可兼作投药池；投药池应为设备用池。混凝剂投加的溶液浓度宜采用1%～5%（按固体质量计算）。石灰宜制成石灰乳投加，投加浓度不宜超过0.5%（按固体质量计算）。投加混凝剂应设置计量设备；有条件的水厂宜采用计量泵加注。与混凝剂和助凝剂接触的池内壁、设备、管道及地坪应根据混凝剂性质采取相应的防腐措施。加药间应设置在通风良好的地段；室内必须设置通风设备，并采取具有保障工作人员卫生安全的劳动保护措施。加药间宜靠近投药点。加药间的地坪应有排水坡度。混凝剂的贮存量应按当地供应、运输等条件确定宜按最大投加量的15～30d计算。

4）混凝。混合应合规，混合方式可采用水力、机械或水泵混合。混合时间宜为10～60s，最大不应超过2min。混合池的速度梯度（G值）宜为500～1000s^{-1}。混合装置至絮凝池的距离不宜超过120m。

絮凝应合规，絮凝池形式的选择和絮凝时间的采用应根据原水水质情况和相似条件下水厂运行经验确定。絮凝池宜与沉淀池合建。设计机械絮凝池时宜符合以下四条要求：①絮凝时间宜为15～20min；②池内宜设2～3挡搅拌机；③搅拌机的转速应根据桨板边缘处的线速度通过计算确定，线速度宜自第一挡的0.5m/s逐渐变小至末挡的0.2m/s；④池内宜设防止水体短流的设施。

设计折板絮凝地时宜符合以下三方面要求：①絮凝时间宜为12～20min；②絮凝过程中的速度应逐段降低，分段数不宜少于三段，各段的流速宜分别为第一段0.25～0.35m/s、第二段0.15～0.25m/s、第三段0.10～0.15m/s；③折板按竖流设计时可采用平行折板布置，也可采用相对折板布置。

设计波纹板絮凝池时宜符合以下三方面要求：①絮凝时间宜为12～20min；②絮凝过程中的速度应逐段降低，分段数宜为三段，各段的间距和流速宜分别为第一段间距为100mm、流速0.12～0.18m/s，第二段间距为150mm、流速0.09～0.14m/s，第三段间距为200mm、流速0.08～0.12m/s；③波纹板按竖流设计时可采用平行波纹布置，也可采用相对波纹布置。

设计穿孔旋流絮凝池时宜符合以下四方面要求：①絮凝时间宜为15～25min；②絮凝池孔口流速应按由大渐小的变速设计，起始流速宜为0.6～1.0m/s，末端流速宜为0.2～0.3m/s；③每格孔口应作上下对角交叉布置；④每组絮凝池分格数宜为6～12格。

设计网格或栅条絮凝池宜符合以下五方面要求：①絮凝池宜设计成多格竖流式；②絮凝时间宜为12～20min；③前段网格或栅条总数宜为16层以上，中段宜在8层以上，上下层间距宜为60～70cm，末段可不放；④絮凝池单格竖向流速，过栅（过网）和过孔流速应逐段递减，分段数宜分为三段，流速宜分别为单格竖向流速前段和中段0.12～0.14m/s、末段0.10～0.14m/s，网孔或栅孔流速前段0.25～0.30m/s、中段0.22～0.25m/s，各格间的过水孔洞流速前段0.20～0.30m/s、中段0.15～0.20m/s、末段0.10～0.14m/s；⑤絮凝池应有排泥设施。

5）沉淀和澄清。选择沉淀池和澄清池类型时应根据原水水质、设计生产能力、净化后水质要求，并考虑原水水温变化、制水均匀程度，以及是否连续运转等因素结合絮凝池结构形式和当地条件，通过技术经济比较后确定。沉淀池和澄清池的个数或能够单独排空的分格数不宜少于两个。沉淀池和澄清池应考虑配水和集水的均匀性。

竖流沉淀池应合规，竖流沉淀池宜用于浊度长期低于1000NTU的原水。竖流沉淀池宜与絮凝池合建，池数不宜少于两个。竖流沉淀池有效水深宜为3～5m，超高应为0.3m。竖流沉淀池沉淀时间宜为1.5～3.0h。带絮凝池的竖流沉淀池进水管流速宜为1.0～1.2m/s，上升流速宜为0.5～0.6mm/s，出水管流速宜为0.6m/s。竖流沉淀池中心导流筒的高度应为沉淀池圆柱部分高度的8/10～9/10。竖流式沉淀池圆锥斜壁与水平夹角不宜小于45°，底部排泥管直径不应小于150mm。

上向流斜管沉淀池应合规，上向流斜管沉淀池宜用于浊度长期低于1000NTU的原水。斜管沉淀区的上升流速应按相似条件下水厂的运行经验确定宜采用1.3～2.5mm/s。斜管设计可采用以下三方面数据：①管内切圆直径宜为25～35mm；②斜管长度宜为1.0m；③倾角宜为60°。斜管沉淀的清水区高度不宜小于1.0m，底部配水区高度不宜小于1.5m。

水力循环澄清池应合规，水力循环澄清池宜用于浊度长期低于2000NTU，瞬时不超过5000NTU的原水。水力循环澄清池泥渣回流量宜为进水量的2～4倍。清水区的上升流速可采用0.7～0.9mm/s，当原水为低温低浊时上升流速应适当降低，清水区高度可采用2～3m、超高应为0.3m。水力循环澄清池的第二絮凝室有效高度可采用3～4m。喷嘴直径与喉管直径之比可采用1∶3～1∶4；喷嘴流速宜采用6～9m/s，喷嘴水头损失宜为2～5m，喉管流速宜为2.0～3.0m/s。第一絮凝室出口流速可采用50～80mm/s；第二絮凝室进口流速宜采用40～50mm/s。水力循环澄清池总停留时间宜为1～1.5h；第一絮凝室宜为15～30s，第二絮凝室宜为80～100s；进水管流速可采用1～2m/s。水力循环澄清池斜壁与水平面的夹角不应小于45°。水力循环澄清池应设置调节喷嘴与喉管进口间距的专用设施。

机械搅拌澄清池应合规，机械搅拌澄清池宜用于浊度长期低于5000NTU的原水。机械搅拌澄清池清水区的上升流速应按相似条件下水厂的运行经验确定，可采用0.7～1.0mm/s；当处理低温低浊原水时可采用0.5～0.8mm/s。水在机械搅拌池中总停留时间可采用1.2～1.5h；第一絮凝室与第二絮凝室停留时间均宜控制为20～30min。搅拌叶轮提升流量可为进水流量的3～5倍，叶轮直径可为第二絮凝室内径的70%～80%，并应设调整叶轮转速和开启度的装置。

气浮池应合规，气浮池宜用于浊度小于100NTU及含有藻类等密度小的悬浮物质的原水。气浮池接触室的上升流速可采用10～20mm/s，气浮池分离室的向下流速可采用1.5～2.0mm/s。气浮池有效水深不宜超过3m。气浮池溶气罐的溶气压力宜采用0.2～0.4MPa，回流比宜采用5%～10%。溶气释放器的型号及个数应根据单个释放器在选定压力下的出流量及作用范围确定。气浮池宜采用刮渣机排渣。刮渣机的行车速度不宜大于5m/min。

6）过滤。滤池形式的选择应根据设计生产能力、运行管理要求、进出水水质和净水构筑物高程布置等因素，并结合当地条件，通过技术经济比较确定。滤池的分格应根据滤池形式、生产规模、操作运行和维护检修等条件通过技术经济比较确定，不得少于两格。滤料应具有足够的机械强度和抗蚀性能宜采用石英砂、无烟煤等。单层石英砂及双层滤料滤池的滤料层厚度与有效粒径d_{10}之比应大于1000。滤池滤速及滤料组成的选用应根据进水水质、滤后水水质要求，滤池构造等因素，参照相似条件下已有滤池的运行经验确定宜按表3-1-8的规定取值，滤料的相对密度（g/cm^3）为石英砂2.50～2.70、无烟煤1.40～1.60。滤池采用大阻力配水系统时，其承托层宜按表3-1-9采用。滤池采用小阻力配水系统时，其承托层的设计宜按表3-1-10的规定取值。滤池配水系统应根据滤池形式、冲洗方式、单格面积、配水的均匀性等因素确定。大阻力穿孔管配水系统孔眼总面积与滤池面积之比宜为0.20%～0.28%；中阻力滤砖配水系统孔眼总面积与滤池面积之比宜为0.6%～0.8%；小阻力滤头配水系统缝隙总面积与滤池面积之比宜为1.25%～2.00%。大阻力配水系统应按冲洗流量，并根据以下三方面数据通过计算确定，即配水干管（渠）进口处的流速为1.0～1.5m/s，配水支管进口处的流速为1.5～2.0m/s，配水支管孔眼出口流速为5～6m/s；干管（渠）顶上宜设排气管，排出口应在滤池水面以上。单水冲洗滤池的冲洗强度和冲洗时间宜按表3-1-11的规定取值。当采用单层石英砂滤料时，单水冲洗滤池的冲洗周期宜采用12～24h。滤池应有下列管（渠），其管径（断面）宜根据表3-1-12规定的流速通过计算确定。每格滤池宜设取样和测压装置。

表3-1-8　滤池滤速及滤料组成

滤料种类	滤料组成			设计滤速（m/h）
	粒径（mm）	不均匀系数K_{80}	厚度（mm）	
单层细砂滤料	石英砂d_{10}=0.55	<2.0	700	6～8
双层滤料	无烟煤d_{10}=0.85	<2.0	300～400	8～12
	石英砂d_{10}=0.55	<2.0	400	
均匀级配粗砂滤料	石英砂d_{10}=0.9～1.2	<1.4	1200～1500	6～10

表 3-1-9 大阻力配水系统承托层材料、粒径与厚度

层次（自上而下）	材料	粒径（mm）	厚度（mm）
1	砾石	2～4	100
2	砾石	4～8	100
3	砾石	8～16	100
4	砾石	16～32	本层顶面应高出配水系统孔眼 100

表 3-1-10 小阻力配水系统承托层材料、粒径与厚度

配水方式	承托层材料	粒径（mm）	厚度（mm）
滤板	粗砂	1～2	100
格栅	砾石、粗砂	1～2	80
		2～4	70
		4～8	70
		8～16	80
尼龙网	砾石、粗砂	1～2	每层为 50～100
		2～4	
		4～8	

表 3-1-11 水冲洗强度和冲洗时间（水温为 20℃时）

滤料组成	冲洗强度［$L/m^2 \cdot s$］	膨胀率	冲洗时间（min）
单层石英砂滤料	12～15	45%	7～5
双层滤料	13～16	50%	8～6

表 3-1-12 各种管渠的流速

管（渠）名称	进水	出水	冲洗水	排水
流速（m/s）	0.8～1.2	1.0～1.5	2.0～2.5	1.0～1.5

接触滤池应合规，接触滤池宜用于浊度长期低于 20NTU，瞬时不超过 60NTU 的原水。接触滤池采用单层滤料时，滤速宜采用 6～8m/h；采用双层滤料时，滤速宜采用 8～10m/h。接触滤池滤料组成可按本节内容表 3-1-8 的规定取值。接触滤池冲洗前的水头损失宜采用 2～2.5m。接触滤池滤层表面以上水深宜采用 2m。

压力滤池应合规，压力滤池滤料应采用石英砂，粒径宜为 0.6～1.0mm，滤层厚度可为 1.0～1.2m；压力滤池滤速宜为 6～8m/h。压力滤池期终允许水头损失宜为 5～6m。压力滤池可采用立式；当直径大于 3m 时宜采用卧式。压力滤池冲洗强度宜为 15L/（$m^2 \cdot s$），冲洗时间宜为 10min。压力滤池应采用小阻力配水系统可采用管式、滤头或格栅。压力滤池应设排气阀、人孔、排水阀和压力表。

重力式无阀滤池应合规，每格无阀滤池应设单独的进水系统，进水系统应采取防止空气进入滤池的措施。当原水为沉淀池出水时，重力式无阀滤池滤料的设置宜采用单层石英砂滤料；当采用接触过滤时宜采用双层滤料。重力式无阀滤池滤速宜为 6～8m/h。重力式无阀滤池冲洗前的水头损失可为 1.5m。重力式无阀滤池冲洗强度宜为 15L/（$m^2 \cdot s$），

冲洗时间宜为5~6min。重力式无阀滤池过滤室内滤料表面以上的直壁高度应等于冲洗时滤料的最大膨胀高度加保护高度。重力式无阀滤池宜采用小阻力配水系统。无阀滤池的反冲洗虹吸管应设有辅助虹吸设施和强制冲洗装置，并应在虹吸管出口设调节冲洗强度的装置。

快滤池应合规，快滤池滤料可采用单层石英砂滤料或双层滤料。快滤池滤层表面以上的水深宜为1.5~2.0m。快滤池冲洗前的水头损失宜为2.0~2.5m。单层石英砂滤料快滤池宜采用大阻力或中阻力配水系统。快滤池冲洗排水槽的总面积不应大于过滤面积的25%，滤料表面到洗砂排水槽底的距离应等于冲洗时滤层的膨胀高度。快滤池冲洗水的供给可采用冲洗水泵或冲洗水箱；当采用水泵冲洗时，水泵的能力应按单格滤池冲洗水量设计；当采用水箱冲洗时，水箱有效容积应按单格滤池冲洗水量的1.5倍计算。

慢滤池应合规，慢滤池宜用于浊度常年低于60NTU的原水。慢滤池的设计应符合以下五方面规定：①滤料宜采用石英砂，粒径0.3~1.0mm，K_{80}不超过2.0，滤层厚度800~1200mm；②承托层应按表3-1-13的规定取值；③滤速宜为0.1~0.3m/h；④滤层表面以上水深宜为1.2~1.5m；⑤滤池面积小于15m^{2}时的集水系统可不设集水管可采用底沟集水，底沟坡度宜为1%，滤池面积大于15m^{2}时可设穿孔集水管、管内流速宜为0.3~0.5m/s。

表3-1-13　慢滤池承托层组成

卵（砾）石粒径（mm）	厚度（m）	卵（砾）石粒径（mm）	厚度（m）
1~2	50	8—16	100
2~4	100	16~32	100
4~8	100		

7）臭氧与活性炭。臭氧氧化工艺的设置应根据整体净水工艺不同的需求确定，其处理目的为氧化水中可溶性铁、锰、氰化物、硫化物、亚硝酸盐等，强化水的澄清、沉淀和过滤效果，去除水中的色、臭和味，去除水中微量有机污染物，灭活病毒，提高水中溶解氧可将大分子有机物转化为小分子有机物，提高后续活性炭对有机物的吸附去除效能。臭氧净水设施应包括气源装置、臭氧发生装置、臭氧气体输送管道、臭氧接触装置及臭氧尾气消除装置。臭氧接触装置应全密闭，并设置臭氧尾气消除装置。臭氧设计投加量宜根据待处理水的水质状况，结合试验结果或参照相似水质条件下的经验确定，作为预处理的臭氧投加量宜为0.5~1.0mg/L，作为深度处理的臭氧投加量宜为1.0~2.0mg/L；当原水溴化物浓度较高时，臭氧投加量的确定应考虑防止出水溴酸盐超标。所有与臭氧气体或溶解有臭氧的水体接触的材料应耐臭氧腐蚀。臭氧发生装置的气源可采用空气或氧气，氧气的气源装置可采用液氧储罐或制氧机；液氧储罐、制氧站与其他各类建筑的防火距离应符合现行国家标准《氧气站设计规范》（GB 50030）的有关规定。臭氧发生装置应包括臭氧发生器、供电及控制设备、冷却设备及臭氧和氧气泄漏探测及报警设备；臭氧发生装置的产量应满足最大臭氧加注量的要求。臭氧发生器内循环水冷却系统宜包括冷却水泵、热交换器、压力平衡水箱和连接管路；与内循环水冷却系统中热交换器换热的外部冷却水水温不宜高于30℃，外部冷却水源应满足臭氧发生器冷却水水质要求，当外部冷却水水温不能满足要求时，应采取降温措施。臭氧发生装置应设置在室内，室内空间应满足设备安装

维护的要求，室内环境温度宜控制在30℃内，必要时可设空调设备。

臭氧发生间的设置应符合以下三方面规定：①臭氧发生间内应设置每小时换气8～12次的机械通风设备，通风系统应设置高位新鲜空气进口和低位室内空气排至室外高处的排放口；应设置臭氧泄漏低、高检测极限的检测仪和报警设施；车间入口处的室外应放置防护器具、抢救设施和工具箱，并应设置室内照明和通风设备的室外开关。②输送臭氧气体的管道管材应采用316L不锈钢，管道设计流速不宜大于15m/s。③臭氧气体输送管道敷设可采用架空或管沟；在气候炎热地区，设置在室外的臭氧气体管道宜外包绝热材料。臭氧尾气消除可采用电加热分解消除、催化剂接触分解消除或活性炭吸附分解消除等方式，以氧气为气源的臭氧处理设施中的尾气不应采用活性炭消除方式。

8）颗粒活性炭。颗粒活性炭吸附或臭氧—生物活性炭处理工艺可适用于降低水中有机、有毒物质含量或改善色、臭、味等感官指标。颗粒活性炭吸附工艺的设计参数应通过试验或参照相似条件下的运行经验确定。处理设施水量变化大时宜采用下向流固定床式颗粒活性炭吸附池（罐）。下向流颗粒活性炭吸附工艺宜设在过滤之后；当吸附池（罐）后续无进一步除浊工艺时，其进水浊度宜小于0.5NTU。当原水浊度不高和有机污染较轻时可采用颗粒活性炭炭层下增设较厚的砂滤层的方法，形成同时除浊除有机物的炭砂滤池（罐）；采用炭砂滤池（罐）时，其进水浊度宜小于2.0NTU。

活性炭应采用吸附性能好、机械强度高、化学稳定性高、粒径适宜和再生后性能恢复好的煤质颗粒活性炭；活性炭相关指标按现行行业标准《生活饮用水净水厂用煤质活性炭》（CJ/T 345）的规定选择或通过选炭试验确定。下向流颗粒活性炭吸附池（罐）宜符合以下八条要求：①下向流颗粒活性炭吸附池（罐）进水不宜投加氯；②夹气水在进入压力式活性炭吸附罐前需进行脱气处理；③吸附池（罐）空床的接触时间宜采用6～20min；④炭层厚度宜采用1.0～2.5m；⑤空床流速宜为8～20m/h；⑥水反冲洗强度宜采用11～15L/（s·m^2），冲洗历时宜为8～12min；⑦炭层冲洗膨胀率宜采用15%～20%；⑧炭的碘值指标小于600mg/g、亚甲蓝值小于85mg/g时，池中的粒状活性炭应更新或再生。

9）膜处理。镇村给水工程中的膜分离水工艺应根据原水水质、出水水质要求、处理水量、当地条件等因素，通过技术经济比较确定。镇村给水工程的膜处理可采用微滤、超滤、电渗析、纳滤和反渗透等技术。其中，微滤和超滤主要去除水中的微粒和大分子物质如大分子有机物、胶体和细菌等，不能用来脱盐；电渗析、纳滤和反渗透主要去除水中难以用化学和生物方法去除的有机物、无机盐或各种溶解性离子等。

膜处理工艺的主要设计参数应通过试验或根据相似工程的运行经验确定。膜处理系统由工艺系统、电气系统和自控系统组成宜实现全自动运行模式。膜处理系统应对产水流量、跨膜压差等运行参数进行在线检测，能对产水水质进行检测和故障报警。膜处理装置宜具备远程监控功能，能通过远程终端对设备运行参数以及水质参数进行监控。设计膜分离工艺时，设备之间应留有足够的操作维修空间；设备应放置于室内，并应避免阳光直射，室温应保持在1～40℃，严禁安放在多尘、高温、易冻和振动的地方。膜材质应选用化学性能好、无毒、耐腐蚀、抗氧化、耐污染、酸碱度适用范围宽的膜材料，并应符合现行国家标准《生活饮用水输配水设备及防护材料的安全性评价标准》（GB/T 17219）的有关规定。膜处理系统所用的清洗药剂应满足饮用水涉水产品的卫生要求。处理站内排水可采用明渠或地漏。膜分离水处理过程中产生的化学清洗排放水，应根据排放水的水质情况

进行妥善处理，防止形成新的污染。

中空纤维微滤和超滤应合规，根据不同的原水水质和处理目标，给水工程可选用微滤或超滤膜处理工艺与其他工艺组成不同的组合处理工艺；微滤和超滤工艺可替代砂滤工艺。中空纤维微滤和超滤膜的平均孔径不宜大于 0.1μm。进入超滤膜组件的原水水质应符合膜厂商的进水水质要求，运行参数和方式宜通过调试运行后确定。中空纤维微滤、超滤膜处理工艺可采用压力式膜处理工艺或浸没式膜处理工艺。膜处理装置应由预处理系统、膜组件、物理清洗系统和控制系统等组成；膜组件的化学清洗和完整性检测宜由受过专业培训的人员完成。

膜处理装置的正常设计水温与最低设计水温应根据年度水质、水温和供水量的变化特点，经技术经济比较后选定；正常设计水温不宜低于 15℃，最低设计水温不宜低于 2℃。在正常设计水温条件下，膜处理装置的设计产水量应达到设计规模；在最低设计水温条件下，膜处理装置的产水量可低于设计规模，但应满足实际供水量要求。膜处理装置的通量和跨膜压差应满足各种设计工况条件下不大于最大设计通量和最大跨膜压差。膜处理装置中物理清洗系统应包括冲洗水泵、鼓风机（或空压机）、管道与阀门等，气冲洗和水冲洗强度宜按不同产品的建议值并结合水质条件确定，反向水冲洗应采用膜过滤后水。膜处理装置宜布置在室内，如室外布置应加盖或设棚以遮阳。

压力式膜处理装置设计通量宜为 30～80L/(m^2·h)，最大设计通量不宜大于 100L/(m^2·h)；设计跨膜压差宜小于 0.10MPa，最大设计跨膜压差不宜大于 0.20MPa；物理清洗周期不宜小于 30min，清洗历时宜为 1～3min。压力式膜组件可采用内压力式或外压力式中空纤维膜，内压力式中空纤维膜的过滤方式可采用死端过滤或错流过滤，外压力式中空纤维膜应采用死端过滤。

压力式膜处理装置进水系统宜包括吸水池、供水泵、预过滤器、进水管及阀门等，并应符合以下四条规定：①吸水池的有效容积不宜小于最大一台供水泵 30min 的设计水量，并应设溢流设施；②供水泵宜采用变频控制；③预过滤器应设置在供水泵和膜组之间的管路上，预过滤器过滤精度宜为 100～500μm；④如有多个膜组，各个膜组间应配水均匀。压力式膜处理装置的排水宜采用重力排水方式。

浸没式膜处理装置设计通量不宜低于 10L/(m^2·h)，最大设计通量不宜大于 50L/(m^2·h)；设计跨膜压差宜小于 0.05MPa，最大设计跨膜压差不宜大于 0.08MPa；物理清洗周期不宜小于 30min，清洗历时宜为 1～3min。浸没式膜处理装置膜组件宜采用外压力式中空纤维膜，过滤方式采用死端过滤或错流过滤。浸没式膜处理装置内膜组件的布置应满足集水及清洗系统均匀布气、布水的要求，底部应设有排水管和防止底部积泥的措施。浸没式膜处理装置进水系统包括进水管（渠），每个膜池的进水闸（阀）等。浸没式膜处理装置出水系统包括出水管、阀门、出水抽吸泵和出水总管（渠）等，出水方式可采用泵吸出水或虹吸自流出水。浸没式膜处理装置排水系统应包括每个膜池的排水管和闸（阀），以及排水总渠（管）等，实现快速排空。

电渗析应合规，电渗析常用于苦咸水脱盐和去除水中氟离子等。电渗析器的主机型号、流量、级、段和膜对数应根据原水水质、处理水量、出水水质要求等因素进行选择。进入电渗析器的原水水质应符合表 3-1-14 的要求，ED 指手动倒极的电渗析装置，EDR 指自动倒极的电渗析装置。地表水的电渗析系统预处理可采用混凝、沉淀、砂滤、保安过滤等，地下水的预处理可直接采用砂过滤和保安过滤等。电渗析预处理水量 Q 可按式 $Q=(Q_d+Q_n+Q_j)\cdot a$ 计算，其中，Q 为预处理水量（m^3/h）；Q_d 为淡水流量（m^3/h）；Q_n 为浓水流量（m^3/h）；Q_j 为极水流量（m^3/h）；a 为预处理设备的自用水系数，可取1.05～1.10。

电渗析淡水、浓水、极水流量可按以下四条要求设计：①淡水流量根据处理水量确定；②浓水流量可略低于淡水流量，但不得低于2/3的淡水流量；③极水流量可为淡水流量的5%～20%；④根据原水水质情况可选择部分浓水回流以提高水回收率。电极可采用高纯石墨电极、钛涂钌电极和不锈钢电极，严禁采用铅电极。进入电渗析器的水压必须小于0.3MPa；调节浓水和极水的压力宜比淡水小0.01MPa左右；隔室中的流速宜控制在5～25cm/s。电渗析的倒极可采用自动阀门控制或手动倒极方式；自动倒极为频繁倒极，倒极周期宜为10～30min；手动倒极周期宜为2～4h。

表3-1-14　电渗析进水水质指标

指标	限值	指标	限值
浊度	<3NTU（1.5～2.0mm隔板）	锰	<0.1mg/L
	<0.3NTU（0.5～0.9mm隔板）	污染指数	SDI10<5（ED）
耗氧量（CC）	<3mg/L		SDI10<7（EDR）
游离氯	<0.2mg/L	水温	1～40℃
铁	<0.3mg/L	—	—

纳滤和反渗透应合规，纳滤和反渗透一般应用于特殊水质的处理，主要用于去除水中硬度、硫酸盐、砷及氟化物等特殊物质，且对有机物具有显著处理效果。进入纳滤或反渗透膜组件的原水水质应符合表3-1-15的要求。

表3-1-15　纳滤和反渗透进水水质指标

指标	限值	指标	限值
浊度	<1NTU	余氯	<0.1mg/L
膜污染指数（SDI15）	<5	水温	1～40℃
pH	3.0～10.0		

纳滤和反渗透水处理装置主体设备一般由供水泵、预处理、高压泵组、膜元件或膜组件、分离膜外壳、管道阀门和控制系统等组成。纳滤和反渗透水处理装置辅助设备一般由加药系统、化学清洗系统和冲洗系统等组成。进入纳滤和反渗透水处理装置前，对地表水的预处理可采用混凝、沉淀、砂滤等，对地下水的预处理可直接采用砂滤等，也可以采用超滤、微滤等膜法预处理工艺。纳滤和反渗透前续预处理设备水量 Q 可按式 $Q=(Q_d+Q_n)\cdot a$ 计算，其中，Q 为预处理水量（m^3/h）；Q_d 为淡水流量（m^3/h）；Q_n 为浓水流量（m^3/h）；a 为预处理设备的自用水系数，一般取1.05～1.10。应根据原水水质和出水水质要求，采用膜厂商提供的纳滤和反渗透设计软件进行计算，并通过技术经济比较合理选择纳滤和反渗透膜的型号和膜平均通量，综合考虑经济技术因素，选择合理的回收率、系统排列和级数，依据计算结果进行系统配置设计。浓水压力大于2.0MPa的反渗透水处理装置宜配置能量回收装置。纳滤和反渗透膜组件的背压应小于0.05MPa。镇村给水工程纳滤和反渗

透水处理装置主体设备宜采用原水一次通过式系统，当规模较小时，也可以采用浓水循环式系统。纳滤和反渗透水处理装置安装场所、周边空间等条件应同时满足膜组件更换和检修的要求。纳滤和反渗透水处理装置必要时应有防水锤冲击的保护措施。每次装置主体设备停机时应利用装置辅助设备冲洗系统将膜内的浓水冲洗干净。纳滤和反渗透水处理装置的耐压性能应符合设计使用要求，在未装填膜元件的情况下，系统试验压力为设计压力的1.25倍，保压30min，检验系统各连接处有无渗漏和异常变形。防腐性能应符合使用介质的防腐要求。自控系统应控制可靠，并具备安全保护功能。

10）消毒。生活饮用水必须消毒。消毒工艺的选择应依据处理水量、原水水质、出水水质、消毒剂来源、消毒剂运输与储存的安全要求、消毒副产物形成的可能、净水处理工艺等，通过技术经济比较确定；消毒工艺可选择化学消毒、物理消毒以及化学与物理组合消毒；常用的化学消毒工艺包括氯消毒、氯胺消毒、二氧化氯消毒等，物理消毒工艺为紫外线消毒；偏远地区集中式供水装置可采用漂白粉、漂白精等稳定型消毒剂，或采用现场制备二氧化氯、次氯酸钠消毒剂的设备；当采用紫外线消毒作为主消毒工艺时，后续应设置化学消毒设施。消毒剂投加点应根据原水水质、工艺流程和消毒方法等确定，消毒剂宜在滤后单独投加。当原水中有机物和藻类较多时，也可在混凝沉淀前和滤后同时投加。消毒剂的设计投加量宜通过试验或根据相似条件水厂的运行经验按最大用量确定。消毒剂投加系统应有控制投加量的措施和指示瞬时投加量的计量装置应考虑投加设备的备用，有条件时宜采用自动控制投加系统。氯气及游离氯制剂（游离氯）消毒时，出厂水游离余氯含量不应低于0.3mg/L，管网末梢不应低于0.05mg/L；氯胺消毒时，出厂水一氯胺（总氯）不应低于0.5mg/L，管网末端不应低于0.05mg/L；二氧化氯消毒时，二氧化氯不应低于0.1mg/L，管网末端不应低于0.02mg/L。

消毒剂与水的接触时间应符合以下三条规定：①采用游离氯消毒时不应少于30min；②采用氯胺消毒时不应少于120min；③采用二氧化氯消毒时不应少于30min。消毒系统中所有与化学物质接触的设备与器材均应有良好的密封性和耐腐蚀性；向水中投加消毒剂的管道及配件应耐腐蚀宜用无毒塑料管材。消毒剂储存、制备和投加间均应有保持良好通风的设备，每小时换气宜为8～12次，保持良好干燥状态；应设有室内照明和通风设备的室外开关应有相应有效的安全设施，以及放置防毒护具、抢救设施和抢修工具箱等。消毒剂储存、制备和投加间的室内采暖应采用散热器等无明火方式，散热器不应临近储存和投加设备布置。成品购买消毒剂仓库的贮备量应按当地供应、运输等条件确定宜按最大用量的15～30d计算。

液氯消毒或液氯与液氨的氯胺消毒系统设计应包括液氯（液氨）瓶储存、气化、投加和安全等方面；系统设计应符合现行国家标准《氯气安全规程》（GB 11984）的有关规定。氯瓶和氨瓶应分别存放在单独的仓库内，且应与加氯间和加氨间毗连。加氯间和氯库、加氨间和氨库应设置在水厂最小频率风向的上风口，并应与值班室、居住区、公共建筑、集会场所等保持一定安全距离。

漂白粉消毒应设溶药池和溶液池；溶液池宜设两个，池底应设大于2%的坡度，并坡向排渣管，排渣管管径不宜小于50mm，池底应设15%的容积作为贮渣部分；顶部超高应大于0.15m，内壁应作防腐处理。漂白粉溶液池的有效容积宜按一天所需投加的上清液体积计算，上清液浓度应以1%～2%为宜（每升水加10～20g漂白粉）。

二氧化氯应采用化学法现场制备后投加；二氧化氯制备宜采用盐酸还原法。采用二氧化氯消毒时，出水中亚氯酸盐不应超过0.7mg/L、氯酸盐不应超过0.7mg/L。制备二氧化氯的原材料氯酸钠、亚氯酸钠和盐酸等严禁相互接触，如室内储存，必须分别储存在分类的库房内，各个房间应相互隔开，室内应互不连通；氯酸钠、亚氯酸钠室内库房应按防爆建筑要求进行设计。

采用二氧化氯发生器现场制备时，发生器应符合现行行业标准《环境保护产品技术要求 化学法二氧化氯消毒剂发生器》（HJ/T 272）的有关规定。采用次氯酸钠氯消毒时，根据消毒剂来源和消毒剂运输条件的不同可采用商品次氯酸钠溶液或采用次氯酸钠发生器通过电解食用盐现场制备。商品次氯酸钠溶液原液浓度约10%（有效氯）时，储存浓度宜按5%（有效氯）考虑。次氯酸钠可在室内或室外储存，气温较高地区宜设置在室内或室外地下。次氯酸钠现场发生投加系统的设计应采用包括盐水调配、盐水储存、次氯酸钠发生、投加、储存、风机等的成套设备，并应有相应有效的各种安全设施。采用次氯酸钠发生器现场制备时，产品质量应符合现行国家标准《次氯酸钠发生器卫生要求》（GB 28233）的有关规定。次氯酸钠发生器上部应设密封罩收集电解产生的氢气，罩顶应设专用高位通风管直接伸至户外，且出风管口应远离火种、不受雷击；次氯酸钠发生器所在建筑的屋顶不得有吊顶、梁顶无通气孔的下翻梁；次氯酸钠发生器及制成液储存设施的所在房间应设置高位通风的通风设备。

紫外线消毒作为主要消毒工艺时应采用管式消毒设备，紫外线有效剂量不应小于$40mJ/cm^2$；管式消毒设备间的布置需满足紫外供货商设备安装检修要求。

11）一体化净水装置。一体化净水装置主要有以下三个布置原则：①利用地形条件原则，即厂站尽量选择在路边，方便施工、取水和日常运行管理，合理确定供水线路，优化建筑物布置，节约土地资源；②节约投资原则，即应考虑尽可能与现有设施相结合，节省投资；③运行经济原则，即合理确定水源取水方式，线路走向及建筑物布置，降低运行费用。

一体化净水装置可采用重力式或压力式，其净水工艺的选择应根据原水水质、设计规模、出水要求，场地条件、运行方式，通过技术经济比较后确定，并应符合以下两方面规定：①原水浊度长期不超过20NTU、瞬时不超过60NTU的地表水净化可选择接触过滤工艺的净水装置；②原水浊度长期不超过500NTU、瞬时不超过1000NTU的地表水净化可选择絮凝、沉淀、过滤工艺的一体化净水装置，原水浊度长期超过500NTU、瞬时超过5000NTU的地表水处理可在上述处理工艺前增设预沉池。

当给水规模较大时可采用多个一体化净水装置并联运行。一体化净水装置的设计参数应符合相关规范的规定。一体化净水装置的设计生产能力应按最高日供水量加自用水量确定。一体化净水装置应根据工程规模、工艺组合流程、运行管理的要求设置生产控制、运行管理与安全运行所需要的检测仪表和控制装置。一体化净水装置的控制方式可根据业主的需求，选择手动控制、半自动控制或自动控制。压力式一体化净水装置应符合国家压力容器的相关规定。一体化净水装置应设置方便人员操作、维护、检修的构造措施。在炎热地区宜在一体化净水装置上搭建遮阳篷；在寒冷地区应采取防冻措施。一体化净水装置应具有良好的防腐性能，且防腐材料不得影响水质，其合理设计使用年限不应少于15年。

压力式净水装置应设排气阀、安全阀、排水阀及压力表，并应有更换或补充滤料的条

件。压力装置试验压力为设计压力的1.5倍。钢制一体化净水装置的加工应符合现行行业标准《水处理设备 技术条件》(NB/T 10790)和《常压容器 第一部分：钢制焊接常压容器》(NB/T 47003.1)的有关规定。钢制一体化净水装置的焊接接头基本型式和尺寸应符合现行国家标准《气焊、焊条电弧焊、气体保护焊和高能束焊的推荐坡口》(GB/T 985.1)和《埋弧焊的推荐坡口》(GB/T 985.2)的有关规定。钢制一体化净水装置涂装前装置应给予除锈处理，处理后的金属表面应符合现行国家标准《涂覆涂料前钢材表面处理 表面清洁度的目视评定 第1部分：未涂覆过的钢材表面和全面清除原有涂层后的钢材表面的锈蚀等级和处理等级》(GB/T 8923.1)中除锈等级St2级的规定。当相对湿度大于85%时，应停止钢制一体化净水装置的除锈及涂装作业；严禁在雨、雪、雾及风沙等气候条件下露天进行除锈及涂装作业；涂装时环境温度宜为10～30℃。一体化净水装置现场安装基础宜为钢筋混凝土结构，基础表面平整度允许偏差不得大于±10mm；基础设计根据使用条件及地勘报告进行。一体化净水装置的连接管道安装应符合现行国家标准《给水排水管道工程施工及验收规范》(GB 50268)和《工业金属管道工程施工规范》(GB 50235)等规范的有关规定。

3.1.9 特殊水处理

1）地下水除铁和除锰。当生活饮用水的地下水水源中铁、锰含量超过生活饮用水卫生标准规定时，或生产用水中铁、锰含量超过工业用水标准时应进行除铁、除锰处理。

地下水除铁、除锰工艺流程的选择应根据原水水质、处理后水质要求以及相似条件水厂的运行经验，或除铁、除锰试验，通过技术经济比较后确定。当原水中仅二价铁超标时，工艺流程宜采用接触氧化法，工艺流程为“地下水—曝气—接触氧化过程—(消毒剂)—清水池—用户”。地下水同时含铁、锰时，其工艺流程应根据以下五个条件确定：①当原水中二价铁小于5mg/L、二价锰小于0.5mg/L时宜采用单级曝气单级过滤流程，即“地下水—曝气—单级过滤—(消毒剂)—清水池—用户”；②当原水中二价铁大于5mg/L、二价锰大于0.5mg/L时可采用单级曝气单级过滤流程，除铁、除锰滤池滤层应适当加厚，也可采用两级过滤流程，两级过滤流程工艺流程为“地下水—曝气—一级过滤—二级过滤—(消毒剂)—清水池—用户”；③当含铁锰水中伴生氨氮，且氨氮大于1mg/L时宜采用两级曝气两级过滤流程，即“地下水—曝气—一级过滤—曝气—二级过滤—(消毒剂)—清水池—用户”；④当原水中溶解性硅酸盐浓度较高时应通过试验确定处理工艺，必要时可采用如下流程，即“地下水—曝气—一级过滤—曝气—二级过滤—(消毒剂)—清水池—用户”；⑤当原水被有机物污染时，也可采用去除铁锰后再加活性炭吸附的工艺。

曝气装置的选择应根据原水水质、曝气程度及除铁、除锰处理工艺流程等选定；可采用跌水、淋水、喷水、射流曝气、压缩空气、叶轮式表面曝气、板条式曝气塔、接触式曝气塔、机械通风曝气塔等装置。

当采用跌水曝气装置时，可采用1～3级跌水，每级跌水高度宜为0.5～1.0m；跌水堰单宽流量宜为20～50m³/(h·m)，曝气后水中溶解氧应为2～5mg/L。当采用淋水(穿孔管或莲蓬头)曝气装置时，穿孔管上的小孔直径应为4～8mm，孔眼流速应为1.5～2.5m/s，穿孔管距池内水面安装高度应为1.5～2.5m；当采用莲蓬头曝气装置时，每个

莲蓬头服务面积应为1.0～1.5m^2。

当采用喷水曝气装置时，每10m^2集水池面积上宜装设4～6个向上喷出的喷嘴，喷嘴处的工作压力宜采用7m水压。采用射流曝气装置时，其构造应根据工作水的压力、需气量和出口压力等通过计算确定；工作水可采用全部、部分原水或其他压力水。采用压缩空气曝气时，每立方米水的需气量（以L计），一般为原水二价铁含量（以mg/L计）的2～5倍。

当采用板条式曝气塔时，板条层数可采用4～6层，层间净距为400～600mm；当采用接触式曝气塔时，填料层层数可为1～3层，填料采用30～50mm粒径的焦炭块或矿渣，每层填料厚度为300～400mm，层间净距不宜小于600mm。淋水装置、喷水装置、板条式曝气塔和接触式曝气塔的淋水密度可采用5～10m^3/（h·m^2）；淋水装置接触池容积宜按30～40min处理水量计算；接触式曝气塔、机械通风曝气集水池容积宜按15～20min处理水量计算。

采用叶轮表面曝气装置时，曝气池容积可按20～40min处理水量计算，叶轮直径与池长边或直径之比可为1：6～1：8，叶轮外缘线速度可为4～6m/s。

当跌水、淋水、喷水、板条式曝气塔、接触式曝气塔设置在室内时应采取通风措施。

除铁、除锰滤池应合规，除铁、除锰滤池的滤料宜采用天然锰砂或石英砂。滤池的滤料宜采用天然石英砂或锰砂；滤料厚度宜为800～1200mm；滤速宜为5～7m/h；滤料粒径宜符合以下两条规定：①石英砂宜为d_{min}=0.5mm、d_{max}=1.2mm；②锰砂宜为d_{min}=0.6mm、d_{max}=1.2～2.0mm。除铁、除锰滤池宜采用大阻力配水系统，其承托层组成可按相关规范规定选用；当采用锰砂滤料时，承托层顶面两层应改为锰矿石。除铁、除锰滤池冲洗强度、膨胀率和冲洗时间可按表3-1-16采用，表中所列锰砂冲洗强度系按滤料相对密度（g/cm^3）为3.4～3.6，冲洗水温为8℃时的数据。

表3-1-16　除铁、除锰滤池冲洗强度、膨胀率、冲洗时间

滤料种类	滤料粒径（mm）	冲洗方式	冲洗强度[L/（s·m^2）]	膨胀度（%）	冲洗时间（min）
石英砂	0.5～1.2	水冲洗	10～15	30～40	>7
锰砂	0.6～1.2	水冲洗	12～18	30	10～15
锰砂	0.6～1.5	水冲洗	15～18	25	10～15
锰砂	0.6～2.0	水冲洗	15～18	22	10～15

2）除氟。当原水中氟化物含量超过现行国家标准《生活饮用水卫生标准》(GB 5749)的规定时应进行除氟。除氟的方法应根据原水水质、设计规模、当地经济条件等，通过技术经济比较后确定；可采用活性氧化铝吸附法、反渗透法及混凝沉淀法等。除氟过程中产生的废水及泥渣应妥善处理，防止形成新污染源。

活性氧化铝吸附法应合规，活性氧化铝吸附法宜用于含氟量小于10mg/L、悬浮物含量小于5mg/L的原水。活性氧化铝的粒径应为0.5～1.5mm，最大粒径应小于2.5mm，并应有足够的机械强度。活性氧化铝吸附法除氟可采用下列工艺流程（图3-1-1）。

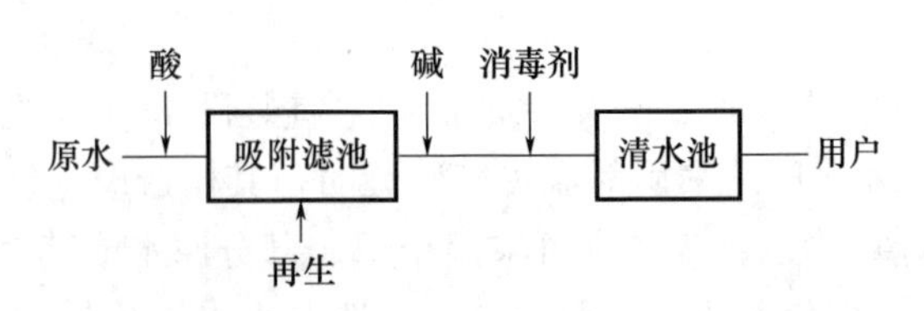

图 3-1-1　活性氧化铝吸附法除氟工艺流程

原水进入吸附滤池前，pH 应调整至 6.0～7.0 可投加硫酸、盐酸或二氧化碳气体；当原水浊度大于 5NTU 或含砂量较高时，应在吸附滤池前进行预处理。当吸附滤池进水 pH 小于 7.0 时宜采用连续运行方式，其空床流速宜为 6～8m/h；流向宜采用自上而下的形式；当吸附滤池进水 pH 大于 7.0 时宜采用间断运行方式，其空床流速宜为 2～3m/h，连续运行时间为 4～6h，间断 4～6h。

吸附滤池的活性氧化铝厚度可按以下两方面规定选用：①当原水含氟量小于 4mg/L 时厚度宜大于 1.5m；②当原水含氟量大于或等于 4mg/L 时厚度宜大于 1.8m，也可采用两个吸附滤池串联运行。

活性氧化铝再生液宜采用硫酸铝溶液，或采用氢氧化钠溶液；再生液浓度和用量应通过试验确定；采用硫酸铝溶液再生时，其浓度宜为 1%～3%；采用氢氧化钠溶液再生时，其浓度宜为 1%。当采用氢氧化钠溶液再生时可采用反冲洗、再生、二次反冲洗、中和四个阶段；当采用硫酸铝再生时可省去中和阶段；首次反冲洗宜采用冲洗强度为 12～16L/（m^2·s），冲洗时间为 10～15min，冲洗膨胀率为 30%～50%；二次反冲洗宜采用冲洗强度为 3～5L/（m^2·s），冲洗时间为 1～3h。

混凝沉淀法应合规，混凝沉淀法宜用于含氟量小于 4mg/L、水温为 7～32℃的原水；投加药剂后水的 pH 应控制在 6.5～7.5。投加的药剂宜选用铝盐；药剂投加量（以 Al^{3+} 计）应通过试验确定宜为原水含氟量的 10～15 倍（质量比）。混凝沉淀法除氟可采用下列工艺流程，即“原水—混合—絮凝—沉淀—过滤—消毒—用户”。沉淀时间应通过试验确定宜为 4h。混合、絮凝和过滤的设计参数应符合相关规范的相关规定。采用多介质过滤法除氟时，吸附滤池空床接触时间宜为 5～10min。

反渗透法应合规，反渗透法除氟工艺宜用于处理氟含量较高的地下水或地表水。反渗透法除氟可采用下列工艺流程，即“原水—保安过滤—反渗透—（消毒剂）—清水池—用户”。反渗透装置的进水水质要求、技术工艺等应按相关规范规定执行。

3）除砷。当生活饮用水的水源中砷含量超过现行国家标准《生活饮用水卫生标准》（GB 5749）的规定时应进行除砷处理。饮用水除砷方法应根据出水水质要求、处理水量、当地经济条件等，通过技术经济比较后确定；可采用铁盐混凝沉淀法、离子交换法、吸附法、反渗透法或低压反渗透（纳滤）法等。对于含砷水的处理应采用氯、臭氧、过氧化氢、高锰酸钾或其他锰化合物确保将水中的 As^{3+} 氧化成 As^{5+} 后再加以去除。除砷过程中产生的浓水或泥渣等应妥善处置，防止形成新污染源。

离子交换法应合规，离子交换法除砷宜用于含砷量小于 0.5mg/L、pH 为 6.5～7.5 的原水；对 pH 不在此范围内的原水应先调节 pH 后，再进行处理。离子交换法除砷可采用下列工艺流程，如图 3-1-2 所示。

离子交换树脂宜选用聚苯乙烯阴离子树脂，接触时间宜为 1.5～3.0min，层高宜为

1m。离子交换树脂的再生宜采用 NaCl 再生法或酸碱再生法；当选用聚苯乙烯树脂时宜采用最低浓度不小于 3%的 NaCl 溶液再生。用 NaCl 溶液再生时，用盐量宜为 87kg/（m^3 树脂），再生树脂可使用 10 次。含砷的废盐溶液可投加 $FeCl_3$ 除砷，投加量宜为每含 1kg As 投加 39kg $FeCl_3$。

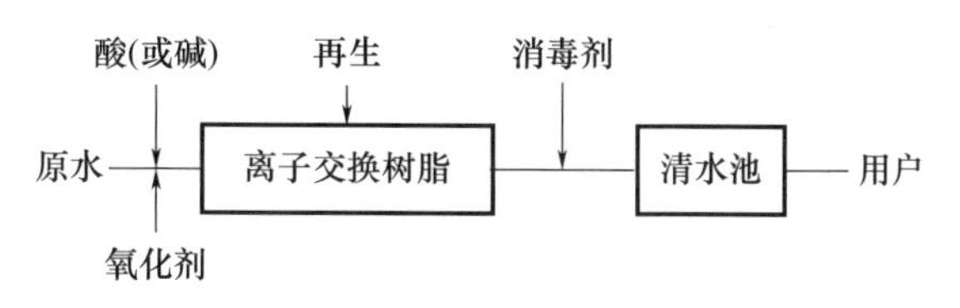

图 3-1-2 离子交换法除砷工艺流程

吸附法应合规，吸附法除砷宜用于含砷量小于 0.5mg/L、pH 为 5.5～6.0 的原水，对 pH 不在此范围内的原水应先调节 pH 后，再进行处理。吸附剂宜选用活性氧化铝或活性炭；再生时可采用 NaOH 或 A1 $(SO_4)_3$ 溶液。吸附法除砷可采用下列工艺流程，如图 3-1-3 所示。

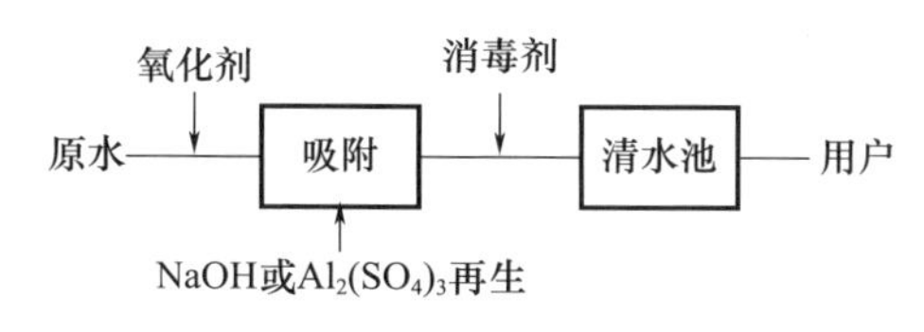

图 3-1-3 吸附法除砷工艺流程

当选用活性氧化铝吸附时，活性氧化铝的粒径应小于 2.5mm 宜为 0.5～1.5mm，层高宜为 1.5m，空床接触时间宜为 5min，空床流速宜为 5～10m/h。当选用活性氧化铝吸附时，可用 1.0mol/L 的 NaOH 溶液再生，所用体积应为 4 倍床体积；用 0.2mol/L 的 H_2SO_4 淋洗，所用体积应为 4 倍床体积；每次再生会损耗 2%的 Al_2O_3。当选用活性炭吸附时，宜采用压力式活性炭吸附器，吸附器的布置形式可采用单柱、多柱并联及多柱串联等布置形式；空床流速宜为 3～10m/h，层高宜为 2～3m，反冲洗强度宜为 4～12L/（m^2 · s），冲洗时间宜为 8～10min。

铁盐混凝沉淀法应合规，铁盐混凝沉淀法除砷宜用于含砷量小于 1mg/L、pH 为 6.5～7.8 的原水，对 pH 不在此范围内的原水应先调节 pH 后，再进行处理；对含有 As^{3+} 的原水应先预氧化后，再处理。铁盐混凝沉淀法除砷可采用下列工艺流程，如图 3-1-4 所示。投加的药剂宜选用聚合硫酸铁、$FeCl_3$ 或 $FeSO_4$。药剂投加量宜为 20～30mg/L 可通过试验确定。沉淀宜选用机械搅拌澄清池，混合时间宜为 1min，混合搅拌转速宜为 100～400r/min；絮凝区水力停留时间宜为 20min。过滤选用多介质过滤器时，滤速宜为 4～6m/h，过滤器反冲洗循环周期宜为 8～24h。过滤可采用多介质过滤器过滤或微滤；选用多介质过滤器过滤时，滤速宜为 4～6m/h，空床接触时间宜为 2～5min；选用微滤过滤时宜选用孔径为 0.2μm 的微滤膜，混凝剂可采用 $FeCl_3$。当地下水砷超标不多、悬浮物浓度较低时可采用预氧化、铁盐微絮凝直接过滤的工艺。

反渗透或低压反渗透（纳滤）法应合规，反渗透或低压反渗透（纳滤）法除砷工艺宜用于处理砷含量较高的地下水或地表水；可根据不同水质，采用反渗透或低压反渗透（纳

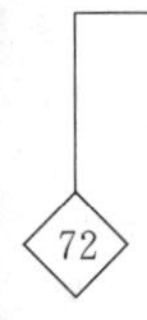

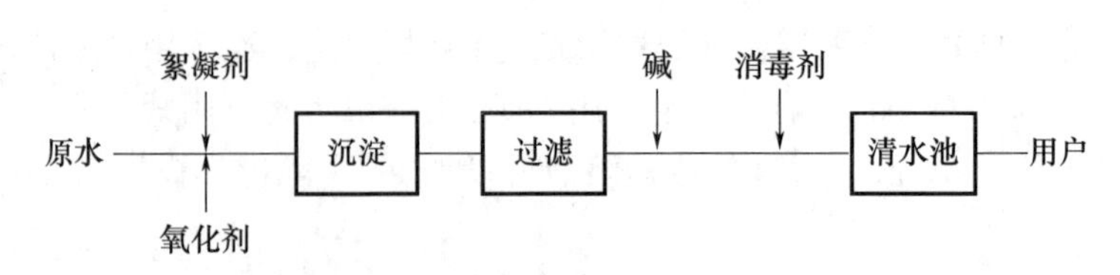

图 3-1-4 铁盐混凝沉淀法除砷工艺流程

滤）。反渗透或低压反渗透（纳滤）法除砷可采用下列工艺流程，即“原水—（氧化剂）—预处理—反渗透—（消毒剂）—清水池—用户”。反渗透或低压反渗透（纳滤）法装置的进水水质要求、技术工艺等宜按相关规范规定执行。

4）苦咸水除盐处理。当原水中溶解性总固体含量超过现行国家标准《生活饮用水卫生标准》（GB 5749）的规定时应进行除盐处理。饮用水除盐处理方法应根据出水水质要求、处理水量、当地条件等，通过技术经济比较后确定；可采用反渗透或低压反渗透（纳滤）法。处理系统中的低压管道应选用食品级塑料管或碳钢衬塑管，高压管道可选用 SS304 或 SS316L 不锈钢管，阀门宜采用食品级塑料阀、不锈钢阀、碳钢衬胶阀等。苦咸水除盐处理过程中产生的废水及泥渣应妥善处理，防止形成新污染源。

反渗透或低压反渗透（纳滤）法应合规，反渗透或低压反渗透（纳滤）法宜用于溶解性总固体含量小于 40000mg/L 的苦咸水。反渗透或低压反渗透（纳滤）法除盐可采用下列工艺流程，即“苦咸水—预处理—保安过滤—反渗透或低压反渗透（纳滤）法—（消毒剂）—清水池—用户”。采用反渗透或低压反渗透（纳滤）装置进行除盐处理时，其进水水质要求、技术工艺等宜按相关规范规定执行。

3.1.10 分散式给水

1）基本规则。分散式给水系统的选择应根据当地的水源用水要求、地形地质、经济条件等因素，通过技术经济比较确定可采用以下三种形式：①雨水收集给水系统；②手动泵给水系统；③山泉水、截潜水、集蓄水池给水系统。分散式给水工程生活饮用水的水质应符合现行国家标准《生活饮用水卫生标准》（GB 5749）的要求。

2）雨水收集给水系统。雨水收集给水系统可采用屋顶集水式或地面集水式，以及两者的结合；供水时可根据实际情况采用联户供水或单户供水。雨水收集给水系统的设计供水规模（年供水量）应根据年生活用水量和年饲养牲畜用水量确定。屋顶集水场的集水面积应按集水部分屋顶的水平投影面积计算，地面集水场集水面积应根据实际有效集水面积计算。集水面积可按式 $F=1000\times Q\times K/q\psi$ 计算，其中，F 为集水面积（m^2），Q 为设计供水规模（m^3/年），K 为面积利用系数（可取 1.2），q 为 10 年一遇的最小降雨量（mm），ψ 为径流利用系数（宜为 0.6～0.9）。

蓄水池容积可按式 $V=M\times Q\times T$ 计算，其中，V 为有效蓄水容积（m^3），M 为容积利用系数（宜为 1.2～1.5），Q 为用水量（m^3/d），T 为非降雨期天数（南方地区宜为 90～120d，北方地区宜为 150～180d）。

集流面的集流能力应与蓄水构筑物的有效容积相配套；集水面面积和蓄水构筑物容积也可按水量平衡计算确定。集流面的坡度应大于 0.2%，并应设汇流槽或汇流管。混凝土集流面应设变形缝，厚度应根据冻胀、地面荷载等因素确定。

单户集雨工程的蓄水构筑物应符合以下六方面要求：①采用集雨效率高的集流场形式，并优先选用屋顶集流面、人工硬化集流面或二者结合的集流面，在湿润和半湿润山区也可利用植被良好的自然坡面集流，供生活饮用水时，集流面宜采用屋顶或在居住地附近无污染的地方建人工硬化集流面并应避开畜禽圈、粪坑、垃圾堆、柴草垛、油污、农药、肥料等污染源，不应采用马路、石棉瓦屋面和茅草屋面作集流面。②采用屋顶集流面和人工硬化集流面时，蓄水构筑物前应设粗滤池；采用自然坡面集流时，蓄水构筑物前应设格栅、沉淀池和粗滤池。③蓄水构筑物应设计成地下式封闭构筑物；当采用水窖时，每户宜设两个；当采用水池时宜分成可独立工作的两格。④蓄水构筑物应采用防渗衬砌结构。⑤应设置进水管、取水口（供水管）、溢流管、排空管、通风管及检修孔，检修孔应高出地面300mm并加盖。⑥寒冷地区最高设计水位应低于冰冻线或采取防冻措施。

公共集雨工程宜布置在村外便于集雨和卫生防护的地段。雨水收集给水系统可安装微型潜水电泵、管道建成自来水系统，也可安装手动泵或使用专用水桶人工取水。

雨水收集给水系统可采用以下三方面简易处理设施：①屋顶集水式雨水收集给水系统可采用简易滤池进行处理；②地面集水式雨水收集给水系统，收集的雨水应进行处理，处理构筑物可选择自然沉淀、粗滤、慢滤等，供电有保证时可采用图3-1-5的处理工艺，供电没有保证时可采用图3-1-6的处理工艺；③蓄水池的水应采取消毒措施。

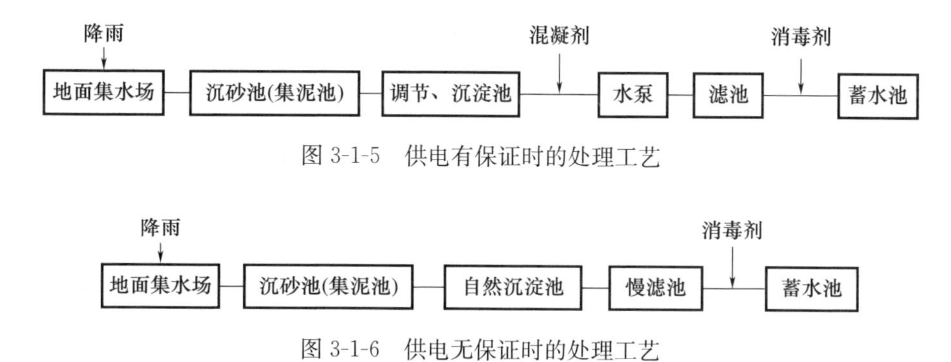

图3-1-5　供电有保证时的处理工艺

图3-1-6　供电无保证时的处理工艺

3）手动泵给水系统。手动泵和真空手动泵给水系统应设有水源井（管井）、井台及手动泵等设施。井位应根据水文地质条件和使用、维护条件选择并应符合以下两条要求：①井位宜选择在水量充沛、水质良好、环境卫生、运输方便、便于施工管理、易于排水、安全可靠的地点；②松散孔隙水分布地区宜选在含水层厚度大、颗粒粗、取水半径小、没有洪涝和滑坡的居住区上游地区，采取裂隙水、岩溶水地区宜选在裂隙、岩溶发育的富水地带。

4）山泉水给水系统。山泉水给水系统应由山泉水水源、引泉池及供水管道组成。引泉池可采用单设引泉池或设集水井的引泉池。引泉池的水源及其泉水类型应经实地勘察，并根据泉水出露的地形、水文地质条件等资料确定。引泉池必须设顶盖封闭，并设通风管；通风管管口宜向下弯曲，管口处宜包扎细网；引泉池进口、人孔孔盖、门槛应高出地面0.1～0.2m；池壁应密封不透水，壁外应用菱苦土夯实封固，菱苦土层厚度宜为0.3～0.5m；引泉池周围应做不透水层，并以一定坡度坡向排水沟。引泉池容积可按最高日用水量的25%～50%计算。引泉池应设置溢流管，溢流管管径应大于出水管管径，出水管距池底宜为0.1～0.2m，池底宜设置排空管。引泉池出水管埋设深度不应小于0.80m，北方地区出水管道必须埋在冰冻线以下0.20m。

5）截潜水给水系统。潜水埋藏较浅、水质较好的山区，截潜水重力式给水系统可采用修建渗渠、集水井收集潜水，经消毒后，利用地形高差经管道重力输送至用户。截取地表流淌山溪水的山溪水重力式给水系统，当水量随季度变化较大时可在适宜地点筑坝蓄水，并设简易净水构筑物，利用地形高差通过管道重力输送至用户；筑坝前应做好水质分析、水文与工程地质调查工作，并应准确计算可供水量，特别是干旱枯水季节的水量。

6）集蓄水池给水系统。集蓄水池给水系统可根据当地实际情况，采用大口井取水或家用水窖式取水。集蓄水池应设置以下四类设施：①通气管、溢流管、人孔等；②集蓄浅层地下水时应设置反滤层；③井口做散水；④有消毒措施。大口井宜采用取水池与蓄水池井室合一形式宜用于有固定水源（裂隙水、渗透水等）处，直径不宜大于 3m，井深宜为 5～8m。家用水窖可分为井式水窖（井窖）和窖式水窖应根据实际情况选用，并应符合以下三条规定：①井式水窖（井窖）的口径为 0.4～0.5m，底径为 1.0～2.0m，窖身直径为 2.0～4.0m，总深度为 6～9m，储水容积为 10～50m^3；②窖式水窖的窖长为 8～10m，窖宽为 2m，窖高为 1.5～2.5m，窖底设置 1∶500 纵坡，并坡向排污管；③窖口均应高出地面 0.1～0.2m，口部设防护盖，地面做散水。

3.1.11 检测与控制

1）基本规则。给水工程检测与控制设计应根据工程规模、工艺流程特点、取水及输配水方式、净水构筑物组成、生产管理运行要求等确定。自动化仪表及控制系统应保证给水系统安全可靠，提高和保障供水水质，且应便于运行，节约成本，改善劳动条件。计算机控制管理系统应满足企业生产经营的科学管理要求，宜兼顾现有、新建及规划发展的要求。计算机控制管理系统应与邻近区域合建管理调度中心，有条件时应纳入区（县）或以上级别控制系统。

2）在线检测。水源在线检测设置应符合以下七方面规定：①河流型水源应检测 pH、浊度、水温、溶解氧、电导率等水质参数，水源易遭受污染时应增加氨氮、耗氧量或其他可实现在线检测的特征污染物等项目。②湖库型水源应检测 pH、电导率、浑浊度、溶解氧、水温、总磷、总氮等水质参数；水体存在富营养化可能时应增加叶绿素 a 等项目；水源易遭受污染时应增加氨氮、耗氧量或其他可实现在线检测的特征污染物等项目。③地下水水源应检测 pH、电导率、浊度等水质参数，当铁、锰、砷、氟化物、硝酸盐或其他指标存在超标现象时应增加色度、溶解氧等项目。④水源存在咸潮影响风险时应增加氯化物检测。⑤对污染风险较高的水源可增加在线生物毒性检测。⑥水源存在重金属污染的风险时应对可能出现的重金属进行在线检测。⑦应对水源水位、取水泵站出水流量和压力在线检测。

水厂在线检测设置应符合以下十方面规定：①应检测进水水压（水位）、流量、浊度、pH、水温、电导率、耗氧量、氨氮等。②每组沉淀池（澄清池）应检测出水浊度，并可根据需要检测池内泥位。③每组滤池应检测出水浊度，并应根据滤池型式及冲洗方式检测水位、水头损失、冲洗流量等相关参数；除铁除锰滤池应检测进水溶解氧、pH。④臭氧制备车间应检测氧气压力、氧气质量和臭氧发生器产出的臭氧浓度、压力与流量，臭氧接触池应检测尾气臭氧浓度和处理后的预臭氧浓度。⑤药剂投加系统检测项目及检测点位置应根据投加药剂性质和控制方式确定。⑥回用水系统应检测水池液位及进水流量。⑦清水

池应检测水位。⑧排泥水处理系统的检测装置应根据系统设计及构筑物布置和操作控制的要求设置。⑨超滤膜过滤的在线检测仪表配置应符合下列规定：进水总管（渠）应配置浊度仪、水温仪及可能需要的其他水质仪；出水总管（渠）应配置浊度仪，且宜配置颗粒计数仪；排水总管宜配置流量仪；冲洗用气或用水总管应配置流量仪及压力仪；每个膜组应配置进水流量仪、跨膜压差检测仪、完整性检测压力仪、出水浊度仪、进水压力仪；每个膜池应配置膜池运行水位液位仪、跨膜压差的液位—压力组合检测仪、完整性检测压力仪、出水浊度仪。⑩出水应检测流量、压力、浊度、pH、余氯等水质参数。

输水系统在线检测内容应根据输水方式、距离等条件确定，并应符合以下两条规定：①长距离输水时，除检测输水起端、分流点、末端流量、压力外，应增加管线中间段检测点；②泵站应检测吸水井水位及水泵进、出水压力和电机工况并应有检测水泵出水流量的措施，真空启动时应检测真空装置的真空度。

机电设备应检测工作与事故状态下的运行参数。配水管网在线检测的设置应符合以下五方面规定：①配水管网在线检测应包括水力和水质状态的检测。②水力检测应根据配水管网的运行和管理要求，选择流量、压力和水位的部分或全部进行在线检测，管网末梢应设置水质监测点。③水质检测应满足配水管网在线监测点设置的要求，在线监测点的数量应符合现行行业标准《城镇供水水质在线监测技术标准》（CJJ/T 271—2017）的有关规定；检测项目至少应包括余氯、浊度，还可根据需要检测 pH、电导率等。④管网水质在线监测频率应满足水质预警的要求，浑浊度及余氯检测频率不宜小于 4 次/h。⑤配水管网检测应纳入供水调度与水质监测系统。

3）控制。数据采集和监控（SCADA）系统应根据规模、控制和节能要求配置，并应能实现取水、输水、水处理过程及配水的自动化控制和现代化管理。应有自控系统故障时，宜手动紧急切换装置；应能保证自控系统故障时，在电动情况下工艺设备正常运行。地下水取水井群及水源地取水泵应根据用水量、出水压力、水质指标控制水泵运行数量；宜采用遥测、遥控系统；应根据当地的各类信号状况、通信距离、带宽要求和运营成本，确定选用移动通信网络或无线电台及光纤通信技术。

净水厂宜优先采用集散型控制系统，条件限制时，自动控制可采用可编程序控制器。对于进水，重力流宜根据流量、压力调节阀门开度进行控制；压力流除应调节进水阀门外还可调节控制上一级泵站水泵运行台数和转速。加药量应根据处理水量、水质与处理后的水质进行控制。对于沉淀池宜根据原水浊度和温度控制排泥时间。对于滤池宜根据滤层压差或出水浊度控制反冲洗周期、反冲洗时间和强度。对于臭氧接触池，宜根据出水余臭氧含量控制臭氧投加量。对于水厂出水，重力流送水时应根据出水流量调节阀门开度控制水量，压力流时应根据出水压力、流量控制送水泵运行台数或调节送水泵转速。配水管网中，二次泵站应根据末端用户或泵站出口管网的压力调节水泵运行台数和转速。

超滤系统应符合以下四方面规定：①膜处理系统的监控系统应包括独立的工艺检测与自动控制子系统。②膜处理系统的自动控制系统应设有向水厂总体监控系统传送运行参数和接收其操作指令。③膜处理系统自动控制系统宜采用可编程控制器（PLC）和集散控制系统（DCS）。④膜系统的进水、出水、物理清洗、化学清洗系统应自动控制；配置预过滤器、真空系统时，也应自动控制。

4）计算机控制及管理系统。计算机控制管理系统应有信息收集、处理、控制、管理

及安全保护功能宜采用信息层、控制层和设备层的三层结构。计算机控制管理系统设计应符合以下四条规定：①应合理配置监控系统的设备层、控制层、管理层；②网络结构及通信速率应根据工程具体情况，经技术经济比较确定；③操作系统及开发工具应稳定运行、易于开发、操作界面方便；④应根据企业需求及相关基础设施，对企业信息化系统作出功能设计。厂级中控室应就近设置电源箱，供电电源应为双回路；直流电源设备应安全、可靠。厂、站控制室的面积应视其使用功能设定，并应考虑今后的发展。

5）监控系统。水厂和泵站的周界宜设电子围栏和视频监控系统。水厂和泵站的重要出入口通道应设置门禁系统。

6）供水信息系统。供水信息系统应满足对整个给水系统的数据实时采集整理、监控整个供水系统、合理和快速调度区域供水及供水企业管理的要求。供水信息系统可作为城镇信息中心的一个子集，与水利、电力、气象、环保、安全、城建、规划等政府部门进行信息互通。

3.1.12 施工与质量验收

1）基本规则。集中式给水工程施工宜通过招投标确定施工单位和监理单位，也可由具有类似工程经验的施工单位和监理单位承担。施工前应编制施工组织设计，包括按规定应编制的专项施工方案，并按审批程序经批准后方可施工。施工过程中应做好隐蔽工程、分项工程和分部工程等中间环节的质量验收，隐蔽工程经验收合格后，方可进行下一道工序施工。应对进场设备和材料按规进行验收或检验，验收或检验不合格的设备和材料不得在工程上进行安装和使用。应对进场设备和材料的验收和检验、设计变更通知、隐蔽工程验收、分项工程质量评定、质量及故障处理、技术洽商等过程进行记录和归集。施工应符合国家及当地省（区、市）有关文明施工、安全、防火、防电击和雷击、防噪声、劳动保护、交通保障、文物及环境保护等法律法规的有关规定。应按施工图纸和施工规范、标准有计划地进行施工；施工过程中确需变更时，按照规定的程序进行报批和执行。构（建）筑物、供水管井、混凝土结构、砌体结构、管道工程、机电设备等施工及验收均应符合国家现行有关标准的规定，水厂变配电系统应通过当地供电部门检测合格。

2）土建工程。基坑开挖时宜采取保护措施，深基坑工程应保持边坡的稳定性、坑底和侧壁渗透的稳定性。地基处理施工期间应对施工邻近设施、构（建）筑物及周围环境的影响进行监测。构（建）筑物基础处理应满足地基承载力和变形要求，并应按有关规定进行基槽验收。土方回填应排除积水、清除杂物，分层铺设时厚度可取200～300mm，并应分层回填夯实；回填土土质、高度与压实系数应符合设计要求；管道沟槽的回填应在管道安装验收合格，并对管道系统进行加固后再回填。钻井时应综合考虑地层岩性，并对设计含水层进行复核应用袭击土球封闭非取水含水层；井身直径不得小于设计井径；沉井过程中应控制每100m的顶角倾斜不超过1.5°；在松散、破碎或水敏性地层中钻井应采用泥浆护壁，井口应加套管；沉井后应及时进行洗井和抽水试验，出水水质和水量应满足设计要求。防渗体和反滤层施工完毕后应对单项工程进行验收；验收合格后应采取措施加以保护。

地表水取水构筑物的施工应做好防洪、土石方堆弃、排水、清淤与导流等，以保证施

工安全；竣工后应及时拆除全部施工设施、清理现场，修复原有护坡、护岸等应按当地规划标准恢复生态环境和植被。如取水头部等有限的施工现场应对施工现场的堆料场地、施工机具安装及作业场地、设备及材料转运通道进行预先规划。水池施工应做好钢筋的绑扎与保护层、防渗层应防止出现变形缝，避免或减少施工冷缝，控制温差引起的裂缝，保证其水密性和耐蚀性；施工完成后，应进行满水试验，满水试验时应无漏水现象，水池实测渗水量不应大于允许渗水量；允许渗水量应按池壁和池底的浸湿总面积计算，钢筋混凝土水池允许渗水量为2L/（m^2·d），砖石砌体水池为3L/（m^2·d）。满水试验合格后应及时进行池壁外的各项工序及土方回填，需覆土的池顶亦应及时均匀对称地进行回填。集蓄水池给水系统井式水窖（井窖的施工应保证土质黏性好、质地坚硬，远离地层裂缝、沟边、沟头、陷穴）必须在前次砂浆凝固后再抹第二层，且应每层一次连续抹完。集蓄水池给水系统窖式水窖（长方形拱顶水窖）施工可用浆砌块石砌筑、M5水泥砂浆抹面，窖壁与窖底应用M8或M10水泥砂浆抹面，厚度为30mm，防渗做法同井窖。

3）安装工程。材料、设备（含附件）到货后，应对照供货合同和设计要求进行及时验收；验收内容主要应包括出厂合格证、性能检测报告、技术指标和质量、外观、颜色、说明书与生产日期等，符合合同及设计要求方可使用。凡与生活饮用水直接接触的设备、管道、附件及其防腐材料、滤料、化学净水剂、净水器等设备材料均应符合卫生安全要求。对批量购置的主要材料应按照有关规定进行见证取样检测。材料设备应按性质合理存放，不应与有毒物质和腐蚀性物质存放在一起；机电设备及钢材应有防雨、防潮措施，塑料管道堆放场地应平整，并应有遮阳措施；对易燃材料应设置警示标志和消防器材。净水设备安装前，应要求生产厂家派专人进行技术交底，安装施工时宜在现场进行技术指导。

管道安装时应按照先室内再室外，先无压管后有压管，有压管让无压管的顺序施工；应将管节的中心及高程逐节调整准确，安装后的管节应进行复测，合格后方可进行下一工序的施工。管道安装应根据管材的特性采取合理的连接方式，使用相应的专用连接工具，接口应不漏水、不破坏其强度，并应按照安装规范和设计要求设置管道支吊架。构（建）筑物管道安装位置的允许偏差及机电设备与金属结构安装位置的允许偏差应符合设计要求。构（建）筑物与室外管道之间、具有振动特性的设备与管道之间、需要进行管阀检修拆检的管阀之间应设柔性接头。供水管道严禁穿过雨污水检查井及与排水管渠，且不应沿雨污水管渠底部平行设置，水平平行设置时，其间距应符合设计要求。

输配水管道安装完成后，应按以下四方面要求进行水压试验：①长距离管道试压应分段进行，每段长度不宜大于1.0km。②管道灌水时应将管道内的气体排除；充满水后应在不大于工作压力条件下充分浸泡；浸泡时间应符合下列规定，即无水泥砂浆衬里的管道不少于24h；有水泥砂浆衬里的金属管和混凝土管不少于48h。③当水压升到管道试验压力（表3-1-17）后应保持恒压10min，检查接口和管身无破损及漏水现象，且实测渗水量不大于表3-1-18规定的允许渗水水量时，方可认为管道安装合格。④当管道长度不大于1km时，在试验压力下10min降压不大于0.05MPa的可认为严密性试验合格。

表 3-1-17 不同管材的试验压力（MPa）

钢材种类	最大工作压力	试验压力
钢管	P	$P+0.5$，且不应小于 0.9
塑料管	P	$1.5P$
铸铁管	$P\leqslant 0.5$	$2P$
	$P>0.5$	$P+0.5$
混凝土管	$P\leqslant 0.6$	$1.5P$
	$P>0.6$	$P+0.3$

表 3-1-18 严密性试验允许渗水量［L/（min·km)］

管道内径（mm）	钢管和塑料管	球墨铸铁管	混凝土管
≤100	0.28	0.70	1.40
125	0.35	0.90	1.56
150	0.42	1.05	1.72
200	0.56	1.40	1.98
250	0.70	1.55	2.22
300	0.85	1.70	2.42

水泵安装前应该复核设备基础平面位置、基础顶面标高、泵座固定地脚螺栓预留孔大小及深度是否符合设计要求且与设备安装条件一致。不同类型水泵的安装应符合设计、验收及设备安装技术要求。

4）调试及试运行。工程按审批的项目全部完成后应进行调试，调试分阶段进行，周期不少于 15～20d；施工、设计、监理和供水管理等单位应共同参与工程的调试工作。调试应按照单机调试、联动调试、带负荷调试的顺序依次进行，调试负荷由低到高逐步增大，各调试阶段经检验合格后方可进行下一阶段的调试。

带负荷调试阶段检验合格后，试运行前应按以下两方面要求进行管道冲洗和消毒：①冲洗水的流速不宜小于 1.0m/s，并应连续冲洗，直至进水和出水的浊度、色度相同为止。②冲洗后的管道应采用氯离子浓度不低于 20mg/L（不锈钢管道氯离子浓度不高于 25mg/L）的消毒水浸泡 24h 后再次冲洗，直至水质检验部门取样化验合格为止。

整个给水系统投入试运行后，定期记录取水、输水、净水、配水等各种构筑物和设备的运行参数，定期检测药剂投加量和各净水构筑物或净水设备的进、出水水质指标，均须达到设计要求。试运行水质检测达标后应定点检测配（供）水管网流量和水压，对出厂水和管网末端水应各进行一次水样全分析，出厂水及管网末端水样水质均须达到设计要求。

5）验收。集中式供水工程应通过竣工验收后，方可投入运行。竣工验收应由建设单位（业主）组织设计单位、施工单位、监理单位、卫生监督部门、建设主管部门及有关单位共同进行。竣工验收应在分项、分部工程符合设计要求并验收合格基础上进行。竣工验收时，建设单位应提供全过程的技术资料。给水工程竣工验收应核实分项工程验收资料、工程建设报告、隐蔽工程验收单、试运行报告、竣工决算报告、竣工图纸、设计变更文件和各种有关技术资料。整体工程验收应对构（建）筑物的位置、高程、坡度、平面尺寸、工艺管道及其附件等的安装位置和数量，进行复验和外观检查。验收时应对供水系统的安全状况和运行现场查看分析，并应检测其供水能力、各净水构筑物或净水设备特殊水质处理的控制指标；供水能力、供水水质均应达到设计要求，工程质量应无安全隐患。竣工验收合格后，建设单位应将有关项目前期、勘测、设计、施工及验收的文件和技术资料归档。

3.1.13　运行管理

1）基本规则。供水单位应规范运营机制，努力提高管理水平，确保安全、优质、低耗供水。供水单位应根据工程具体情况，建立包括水源卫生防护、水质检验、岗位责任、运行操作、安全规程、交接班、维护保养、成本核算、计量收费等运行管理制度和突发事件处理预案，并按制度进行管理。供水单位应按照因事设岗、以岗定员、精简高效的原则合理设置岗位、配备管理人员；管理人员及操作人员应经过岗前培训，熟练掌握其岗位的技术要求，持证上岗。供水单位应取得取水许可证、卫生许可证，运行管理和操作人员应有健康合格证。供水单位应认真填写运行管理日志、做好档案管理、定期向主管部门报告供水情况。供水单位因维修等原因临时停止供水时，应及时通告用户；发生水源水污染或水致传染病等影响群众身体健康的事故时，应及时向主管部门报告，并查明原因、妥善处理。供水单位应定期听取用户意见，并不断总结管理经验，提高管理水平。供水单位应对用户进行用水卫生和节约用水知识宣传。供水单位可参照国家现行行业标准《城镇供水厂运行、维护及安全技术规程》(CJJ 58) 的有关规定，对镇村供水工程进行管理。

2）水质检验。供水单位应根据工程具体情况建立水质检验制度，配备检验人员和检验设备，对原水、出厂水和管网末端水进行水质检验，并应接受当地卫生部门的监督。出厂水和管网末端水水质应符合现行国家标准《生活饮用水卫生标准》(GB 5749) 的要求。水质检验项目和频率应根据原水水质、净水工序、供水规模确定，并不应低于表 3-1-19 的要求。感官性状指标包括浑浊度、肉眼可见物、色、嗅和味；细菌学指标主要包括细菌总数、总大肠菌群，当水源受粪便污染时应增加检测耐热大肠菌群；消毒控制指标采用氯消毒时为游离氯含量，采用氯胺消毒时为总氯含量，采用二氧化氯消毒时为二氧化氯余量，采用其他消毒措施时应检验相应消毒控制指标；特殊检验项目是指水源水中的氟化物、砷、铁、锰、游解性总固体或 CODMn 等超标且有净化要求的项目，出厂水的 CODMn 一般不应超过 3rng/L，特殊情况下不应超过 5rng/L；进行水样全分析时，检验项目可根据当地水质情况和需要，由供水单位与当地卫生部门共同研究确定；水质变化较大时应根据需要适当增加检验项目和检验频率（表 3-1-19）。

表 3-1-19　水质检验项目和检验频率

水样		检测项目	供水单位的实际平均日供水量 Q (m^3/d)		
			$1000<Q\leqslant5000$	$200\leqslant Q\leqslant1000$	$Q<200$
水源水	地下水	感官性状指标、pH	每周 1 次	每月 2 次	每月 1 次
		细菌学指标	每月 2 次	每月 1 次	每月 1 次
		特殊项目	每周 1 次	每月 2 次	每月 2 次
		全分析	每年 1 次	每年 1 次	每年 1 次

续表

水样		检测项目	供水单位的实际平均日供水量 Q（m^3/d）		
			$1000<Q\leqslant 5000$	$200\leqslant Q\leqslant 1000$	$Q<200$
水源水	地表水	感官性状指标、pH	每日1次	每日1次	每日1次
		细菌学指标	每月2次	每月1次	每月1次
		特殊项目	每周1次	每周1次	每周1次
		全分析	每年2次	每年2次	每年2次
出厂水		感官性状指标、pH	每日1次	每日1次	每日1次
		细菌学指标	每日1次	每周1次	每月2次
		消毒控制指标	每日1次	每日1次	每日1次
		特殊项目	每日1次	每日1次	每日1次
		全分析	每年2次	每年2次	每年2次
末端水		感官性状指标、pH	每月2次	每月2次	每月1次
		细菌学指标	每月2次	每月2次	每月1次
		消毒控制指标	每月2次	每月2次	每月1次
		全分析	每年1次	每年1次	视情况而定

原水采样点应布置在取水口附近；管网末端水采样点应设在水质不利的管网末端并按规定设置，即供水人口每万人设一个，供水人口在一万人以下时，不应少于一个，多村连片供水时，每个村不得少于一个。水样采集、保存和水质检验方法应符合现行国家标准《生活饮用水标准检验方法 第2部分：水样的采集与保存》（GB/T 5750.2）的规定，也可采用国家质量监督部门、卫生部门认可的简便方法和简易设备进行检验。供水单位不能检验的项目应委托具有生活饮用水水质检验资质的单位进行检验。当水质发生突变，检验结果超出水质标准限值时，应立即重新测定并增加检验频率；水质检验结果连续超标时应查明原因，并应采取有效措施防止其对人体健康造成危害。水质检验记录应真实、完整、清晰并存档。

3）水源及取水构筑物管理。供水单位应按照国家颁布的《饮用水水源保护区污染防治管理规定》的要求，结合实际情况，配合水行政主管部门合理设置生活饮用水水源保护区，并设置明显标志；应经常巡视，及时处理影响水源安全的问题。地下水和地表水水源保护应符合相关规范的规定。每天应记录水源取水量，水源的水量分配发生矛盾时应优先保证生活用水。任何单位和个人在水源保护区内进行建设活动，均应征得水行政主管部门的批准。水源保护区内的土地宜种植水源保护林草或发展不污染水源水质的农业。地表水取水构筑物管理应符合以下四条要求：①每天应观测取水口水位、水质变化和来水情况；②应及时清理取水口的杂草、浮藻、浮冰等漂浮物，拦污栅前后的水位差不宜超过0.3m；③应定期观测取水口处的水深，并及时清除取水口处的淤泥和水生物；④汛期应防止洪水危害，冬季应防止冰凌危害。

地下水取水构筑物管理应符合以下五方面要求：①应定期观测水源井内的静水位、动水位；当水位、含砂量出现异常时应及时查明原因。②暂时停用或备用的水源井，每隔15～20d应进行一次维护性抽水，运行时间不应少于8h。③应定期量测井深，每半年至少1次；井底淤积较多时应及时清理。④管井的单位降探出水量减少、不能满足要求时应查明原因，并采取洗井等适当措施；渗渠、大口井出水量不能满足要求时应查明原因，必要时应更换或清洗反滤层。⑤集取地表渗透水的取水构筑物，汛期应防范洪涝灾害，汛后应及时清理取水段表面淤积物。

4）净水厂管理。水厂生产区和单独设立的生产构（建）筑物的卫生防护应符合以下两方面要求：①防护范围不应小于其外围30m并应设立明显标志；②防护范围内应保持良好的卫生状况，有条件时应进行绿化美化，不应设置生活居住区、禽畜饲养场、渗水厕所、渗水坑、污水渠道，不得堆放垃圾、粪便、废渣等。

净水厂运行管理和操作人员应掌握本水厂的工艺流程、设计参数，并按设计工况运行；每天应做好水厂取水量、供水量等生产运行参数记录。水厂生产区和单独设立的生产构（建）筑物应采取安全保卫措施。各类生产构（建）筑物和设备应经常保持清洁，厂区应绿化，整洁美观。

药剂（混凝剂、消毒剂）管理应符合以下七方面要求：①应根据处理工艺、水质情况、有关试验和设计要求选择药剂。②药剂质量应符合国家现行有关标准的规定；购置药剂时应向厂家索取产品的卫生许可证、质量合格证及说明书。③药剂应根据其特性和安全要求分类妥善存放应做好入库、出库记录。④药剂仓库和加药间应保持清洁，并应有安全防护措施。⑤运行时应按规定的浓度用清水配置药剂溶液；应根据水质和流量确定加药量，水质和流量变化较大时应及时调整加药量；应在设计投加点按设计投加方式计量投加，并保证药剂与水快速均匀混合，不应漏加和渗漏。⑥每天应经常巡视各类加药系统的运行状况，发现问题应及时处理，并记录各种药剂每天的用量、配置浓度、投加量及加药系统的运行状况进行记录。⑦应不断总结加药经验，在满足净水效果的前提下，合理降低药耗。

计量仪表和器具应按标准进行周期检定。净水构筑物和净水器宜按设计工况运行；应严格控制运行水位（或水压），运行负荷不应超过设计值的15%，定时观测，发现异常应及时处理。各净水构建物（或净水器）的出口应设质量控制点；粗滤池的出水浊度宜小于20NTU，沉淀池或澄清池的出水浊度宜小于5NTU，滤池和净水器的出水浊度宜小于1NTU（2NTU），当出水浊度不能满足要求时，应及时查明原因。预沉池应每天观测其进水的含砂量，定期测量淤积高度，并及时清淤。

慢滤池的运行管理应符合以下五方面要求：①宜24h连续运行，滤速不应超过0.3m/h。②初期应半负荷、低滤速运行，15d后视出水浊度可逐渐增大到设计值。③应定时观测水位和出水流量，及时调整出水堰高度或阀门开启度，以满足设计出水量和滤速的要求；不能满足设计出水量要求时应刮去表面20～50mm的砂层，并把堰口高度恢复到最高点或调整阀门开启度到原位。④当滤层厚度小于700mm时应及时补砂；补砂时应先刮去表面50～100mm的砂层，再补新砂滤料至设计厚度。⑤每隔5年应对滤料和承托层全部翻洗一次。

絮凝池、沉淀池或澄清池的运行管理应符合以下五方面要求：①应经常观测絮凝池的絮体颗粒大小和均匀程度，及时调整混合设备和加药量，并保证絮体颗粒大、密实、均匀、与水分离度大。②应及时排泥，经常检查排泥设备，保持排泥畅通。③藻类繁殖旺盛季节，平流沉淀池应采取除藻措施，防止藻类进入滤池。④斜管（板）沉淀池应定期冲

洗。⑤澄清池应不间断运行，初始运行应符合下列要求：初始水量宜为正常水量的1/2～2/3；初始投药量宜为正常投药量的1～2倍；原水浊度低时，可投加石灰、黏土，以尽快形成活性泥渣；二反应室沉降比达标后，方可减少投药量、增加水量；每次增加水量应间隔进行，每小时增加量不宜超过正常水量的20%。

普通快滤池的冲洗应符合以下四方面要求：①应经常观察滤池的水位，当水头损失为1.5～2.5m或滤后水浊度大于1NTU（2NTU）时，应按设计冲洗强度进行冲洗。②冲洗前应先关闭进水阀，待滤料层表面以上的水深降到200mm时，再关闭出水阀。③冲洗时应先开启冲洗管道上的放气阀，冲洗水阀开启1/4，待残气放完后再逐渐开大冲洗水阀。④冲洗结束时，排水浊度应小于15NTU；重新投入运行时，滤池中的水位应不低于排水槽。

间断运行的快滤池，运行结束后应进行冲洗；冲洗结束后应保持滤料层表面有一定的水深。滤池冲洗后的出水浊度仍不能满足要求时应更换滤料；新装滤料应在含氯量不低于0.3mg/L的溶液中浸泡24h，经检验合格后，冲洗两次以上方可投入使用。反渗透装置启动前应先冲洗管道，冲洗水不得进入反、渗透膜堆；启动时应先打开淡水排放阀，缓慢提升进膜的压力，待在线产水电导率仪表的显示值满足要求后，再向淡水箱供水；停机时应先打开淡水排放阀，缓慢降压后停机。

反渗透装置出现以下四种情况时应进行清洗：①在正常给水压力下，产水量较正常值下降10%～15%；②脱盐率降低10%～15%；③给水压力增加10%～15%；④段间压差明显增加。

反渗透装置应每隔3～4个月，针对不同的污染物选用膜厂商推荐的不同清洗剂对反渗透膜进行清洗；清洗液的温度宜为25～35℃；清洗时应利用清洗装置将清洗溶液以低压、大流量，在膜的高压侧循环，此时膜元件仍装在压力容器内。

清洗反渗透膜元件的步骤应符合以下六方面规定：①应用泵将干净、无游离氯的反渗透产品水从清洗箱（或相应水源）打入压力容器中，并排放几分钟。②应用干净的产品水，在清洗箱中配制成清洗液。③将清洗掖在压力容器中循环1～2h（对于8英寸压力容器，控制流速宜为133～151L/min；对于4英寸压力容器，控制流速宜为34～38L/min）。④清洗完成后应排净清洗箱并进行冲洗，然后向清洗箱中充满干净的产品水以备下一步冲洗。⑤应用泵将干净、无游离氯的产品水从清洗箱（或相应水源）打入压力容器中并排放几分钟。⑥冲洗反渗透系统后，在产品水排放阀打开状态下应运行反渗透系统20～30min，将清洗液冲洗干净。

反渗透系统停止运行5～30d时，应采取短期停运保护方法保护反渗透膜，此时反渗透膜元件仍安装在RO系统的压力容器内，操作的具体步骤应符合以下三条规定：①用给水冲洗反渗透系统，同时应将气体从系统中完全排除；②将压力容器及相关管路充满水后应关闭相关阀门，防止气体进入系统；③应每隔5d按上述方法冲洗一次。

反渗透系统停止运行30d以上时，应采取长期停运保护方法保护反渗透膜，此时反渗透膜元件应仍安装在RO系统的压力容器内，操作的具体步骤应符合以下四方面规定：①应清洗系统中的膜元件。②应用反渗透产品水配制杀菌液，并用杀菌液冲洗反渗透系统；杀菌剂的选用及杀菌液的配制，除可参考膜厂商的技术手册外宜选用1%的亚硫酸氢钠溶液。③用杀菌液完全充满反渗透系统后应关闭相关阀门，使杀菌液保留于系统中。

④应在反渗透系统重新投入使用前，打开产水排放阀，用低压水冲洗系统20min，然后用高压水冲洗系统10min。

反渗透系统保安过滤器的前后压差大于0.1MPa时，应更换滤芯。超滤装置的运行管理应符合以下四方面要求：①超滤膜组件宜每隔1.5～3个月进行化学清洗；②超滤装置的膜丝应至少每半年进行一次完整性检测；③5～30d短期停机应每隔5d进行通水置换超滤膜中的存水，30d以上长期停机应用1%的甲醛溶液保护超滤膜。净水器装置应按照产品说明书的要求进行操作和维护。调蓄构筑物不得超上限或下限水位运行；调蓄构筑物每年应放空清洗，并经消毒合格后，方可再蓄水运行；消毒宜采用氯离子浓度不低于20mg/L的消毒水，消毒完成后应用清水再次冲洗。

消毒设备的管理应符合以下五方面要求：①氯气的使用、贮存、运输和泄漏处置应符合现行国家标准《氯气安全规程》（GB 11984）的规定。②氯（氨）瓶的使用管理应符合《气瓶安全监察规定》的规定。③应经常监视加氯机、次氯酸钠发生器、二氧化氯发生器等消毒设备的运行状态，并做好记录。④液氯消毒间应配备防毒面具和维修工具，并应置于明显、固定位置。⑤运行人员应不断总结消毒剂投加量与出厂水消毒剂余量的关系，经济合理地确定消毒剂投加量。

5）泵房管理。泵房管理应符合国家现行标准《泵站技术管理规程》（GB/T 30948）的有关规定。机泵运行人员应取得低压电工操作合格证，方可上岗。电气设备的操作和维护应符合国家现行标准《电力安全工作规程 发电厂和变电站电气部分》（DL/T 408）的有关规定。应经常巡查机电设备的运行状况，记录仪表读数，观察机组的振动和噪声；发生异常应及时处理。

电动机的运行电压应为额定电压的95%～110%；电动机的电流，除启动过程外，不应超过额定电流；油浸式变压器的上层油温不应超过85℃，水泵轴承温升不应超过35℃；电动机的轴承温度应符合下列两条规定：①滑动轴承不应超过70℃，滚动轴承不应超过95℃。②机电设备应每月保养一次，停止工作的机电设备应每月试运转一次。

离心泵应在泵体内充满水、出水间关闭的状态下启动，并应合理调节出水阀开启度和运行水泵台数，使其在高效区运转；停泵时应先关闭出水阀。除止回阀外，泵站和输配水管线上的各类控制阀应均匀缓慢开启或关闭。水泵工作时，吸水池（或井）水位不应低于最低设计水位。环境温度低于0℃、水泵不工作时应将泵内存水排净。电动机在运行中发生自动掉闸时，应及时查明原因，在未查明原因前不得重新启动。泵房内所有设施、设备均应完好，且都能随时启动正常运行；泵房应保持室内清洁、门窗明亮、通风及照明设施齐备，环境卫生良好。

6）输配水管理。应定期巡查输配水管的漏水、覆土、被占压及附属设施运转等情况，发现问题及时处理。应根据原水含砂量和输水管（渠）运行情况，及时清除输水管（渠）内的淤泥。每天应定时查看高位水池或水塔内的水位及其指示装置，水位应保持在最高、最低设计水位范围内，水位指示装置应工作正常。树状配水管网末端的泄水阀，每月至少应开启一次，排除滞水。对管线中的空气阀，每月至少应检查维护一次，及时更换变形的浮球；严禁在非检修状态下关闭空气阀下的检修阀门。干管上的闸阀每年至少应启闭和维护一次，支管闸阀每两年至少应启闭和维护一次，经常浸泡在水中的闸间每年操作不应少于两次。应经常检查减压阀的运行和振动情况，发现问题应及时维修或更换。

消火栓应保持性能完好，呈随时待用状态。每年应对管道附属设施检修一次，并对钢制外露部分涂刷一次防锈漆。发现管道漏水时应及时维修，更新的管材、管件等应符合国家现行有关标准的规定并应消毒、冲洗。供生活饮用水的配水管道，严禁与非生活饮用水管网和自备供水系统相连接；未经批准不得从配水管网中接管。管道及其附属设备更换和维修后应严格冲洗、消毒。应定期观测配水管网中的测压点压力，每月至少两次。应定期检查供水系统中的水表，不应随意更换水表和移动水表位置。应有完整的输配水管网图应详细注明各类阀井的位置，并及时更新。

7）分散式给水系统管理。供生活饮用水的单户集雨工程的管理应符合以下六方面要求：①集流面上不应有粪便、垃圾、柴垛、肥料、农药瓶、油桶和有油渍的机械等污染物；利用自然坡面集流时，集流坡面上不应施农药和肥料。②雨季中集流面应保持清洁，经常清扫，及时清除汇流槽（汇流管）、沉淀池、粗滤池中的淤泥；不集雨时应封闭蓄水构筑物的进水孔和溢流孔，防止杂物和动物进入。③过滤设施的出水水质达不到要求时应及时清洗或更换过滤设施内的滤料。④应每年清洗一次蓄水构筑物。⑤水窖宜保留深度不小于 200mm 的底水，防止窖底开裂。⑥蓄水构筑物外围 5m 范围内，不应种植根系发达的树木。

供生活饮用水的公共集雨工程的管理应符合以下两条要求：①集流范围内不应从事任何影响集流和污染水质的生产活动；②蓄水构筑物外围 30m 范围内应禁止放牧、洗涤等可能污染水源的活动。

雨水收集场的管理应符合以下四方面要求：①应经常清扫树叶等杂物，保持集水场与集水槽（汇水渠）的清洁卫生。②应定期对地面集水场进行场地防渗保养和维修工作。③地面集水场应用栅栏或篱笆围护，防止闲人或牲畜进入将其破坏；上游宜建截流沟，防止受污染的地表水流入；集水场周围应种树绿化，防止风沙。④采用屋顶集水场时应在每次降雨时排弃初期降水，再将水引入简易净化设施。

手动泵给水系统对水源井的管理应符合以下六方面要求：①出水量、动水位（抽水水位）应能保证手动泵的工作要求；出水量宜为 1.0～1.5m^3/h，深井手动泵动水位水深宜小于 48m，真空手动泵动水位水深宜小于 8m。②应严格按照饮用水源井要求，认真做好非取水层与井口的封闭工作。③井水中的含砂量应小于 20mg/L。④井的使用寿命应保证正常供水 15 年以上；井管直径应比泵体最大部分外径大 50mm，且井径大于 100mm。⑤在保证取水要求的前提下应尽可能降低工程造价。⑥应按有关规定提供水文地质资料与水质资料，并经主管部门核定后方可作为饮用水水源。

手动泵给水系统的管理应符合以下五条要求：①建立乡村级管水组织；②加强技术培训；③建立规章制度；④加强水源的卫生防护和水质监测；⑤加强手动泵及真空手动泵的维护保养。

蓄水构筑物的有效容积系指设计水位以下的容积，蓄水构筑物设计时不应将有效容积与总容积相混淆，总容积应根据有效容积和蓄水构筑物结构形式确定。按照容积利用系数 $M=1.3$，按不同年非降雨期平均天数 T 和不同用水定额 q，计算出人均所需蓄水池容积 V，汇总情况如表 3-1-20 所示。家用水窖可分为井式水窖和窖式水窖，井式水窖（井窖）多为我国西北地区采用的一种地下式贮水构筑物；窖式水窖（长方形拱顶水窖）多为我国西南地区采用的一种地下式贮水构筑物（表 3-1-21）。

表 3-1-20　人均蓄水池容积 V（m^3）

T（d）		90	120	150	180	210	240	270	300
q［L/（人·d）］	15	1.76	2.34	2.93	3.52	4.10	4.68	5.27	5.86
	20	2.34	3.12	3.90	4.68	5.46	6.24	7.02	7.80
	25	2.93	3.90	4.88	5.86	6.83	7.80	8.78	9.76

表 3-1-21　窑式水窖（长方形拱顶水窖）主要尺寸（mm）

底宽 B	净高 H	拱厚 J	墙厚 b	墙基深	底板厚	隔墙厚
2000	1500	350	400	400	150	500
2000	2000	350	500	400	150	600
2000	2000	350	600	400	150	700

3.2　镇村排水工程

3.2.1　宏观要求

镇村排水工程应贯彻海绵城市建设理念，落实乡村振兴战略，实现城乡统筹发展，达到保护环境、防治污染、提高人民健康水平和保障安全的要求。本节内容适用于县级人民政府所在地以外且规划设施服务人口在50000人以下的镇（乡）（简称“镇”）和村的新建、扩建和改建的排水工程的设计、施工、运行和管理。当规划服务人口超过50000人的镇，其规模较大宜按现行国家标准《室外排水设计标准》(GB 500141）的规定执行。

镇村排水工程建设应以改善镇村人居环境为核心，以批准的镇村规划为依据，坚持从实际出发，根据规划年限、镇村规模，综合考虑环境效益和经济效益，正确处理近期和远期的关系，因地制宜采用污染治理和资源利用相结合、工程和生态环境保护措施相结合、集中和分散相结合的建设模式和处理工艺，并达到安全可靠、运行稳定和易于维护的要求。

镇村排水工程建设的基本任务是根据建设工程的要求，对建设工程所需的技术、经济、资源和环境等条件进行综合分析论证，因地制宜，充分利用现有条件和设施，凡是能利用的或经过改造能利用的设施都应加以利用，积极推广易维护、低成本、低能耗的污水处理技术；鼓励采用生态处理工艺，加强生活污水源头减量和尾水回收利用；充分利用现有的化粪池等粪便污水处理设施，强化改厕和农村生活污水处理的有效衔接，采取适当方式对粪便污水进行无害化处理和资源化利用，严禁未经处理的粪便污水直排环境。

镇村排水工程建设应符合国家现行有关标准的规定。现行国家标准《农村生活污水处理工程技术标准》(GB/T 51347）对行政村、自然村和分散农户的生活污水处理工程及分户的改厕和粪便污水处理工程已有明确的规定。位于地震、湿陷性黄土、膨胀土、多年冻土以及其他特殊地区的镇村排水工程建设应符合国家现行相关标准的规定。

集流场是指收集雨水的场地可分为屋面集流场和地面集流场。化粪池是指将粪便污水

分格沉淀，并将污泥进行厌氧消化的小型处理构筑物。圩垸是指有堤垸防御外水的低洼平原，有的地方称为围、圩或垸，统称为圩垸。均化池是指用以减少污水处理设施进水水量波动和水质波动的储水或过水构筑物。人工湿地是指模拟自然湿地原理，由人工建造的利用填料、微生物和植物的物理、化学和生物三重协同作用使污水得到净化的处理设施；按照污水流动方式可分为表面流人工湿地、水平潜流人工湿地和垂直潜流人工湿地；污水处理中常用的是垂直潜流人工湿地。压力收集系统是指利用压力输送污水的系统，本节特指在农户出户管后设置污水提升装置，将单户或相邻几户污水提升进入压力污水管道，排入下游污水收集系统或污水处理设施的污水收集系统。真空收集系统是指系统保持负压状态，真空控制阀打开时，空气进入真空管道，依靠气压差产生挟裹污水的高速气流，以输送污水的系统。

3.2.2 镇（乡）排水

1）基本规则。镇区的排水体制应因地制宜选择；除降雨量少的干旱地区外，新建地区的排水系统应采用分流制；现有合流制排水地区应完善合流污水截流设施，也可结合镇区改造，采用明渠排除雨水。干旱地区，年降雨量较小，如果单独建设雨水管渠，其使用频率较低，考虑镇区的经济条件，在干旱地区可采用合流制排水。现有合流制地区应增加污水截流和处理设施，将现有无序的排水体制逐步完善，对于镇区内部和周边水环境的改善、创造良好的居住环境都是十分必要的。

镇区的雨水系统应符合以下三方面规定：①应因地制宜采用源头减排设施就近入渗、调蓄和收集利用。②超过源头减排设施能力的径流宜由管渠收集后自流排出；地势坡度达到排水要求的地区应采用明渠自然排水；地势平坦、河（湖）水位较高的地区应结合周边农田防洪、除涝和灌溉等要求设置圩垸；地势低洼、雨水难以自排的地区应采用泵排出雨水。③镇区周边宜结合竖向设计预留低洼滞水区域。

镇区的污水系统应符合以下三方面规定：①污水收集系统和污水处理设施应同步规划、同步建设、同步运行；②应按地形条件，分区建立污水收集和处理系统；③处理水排放应符合国家现行有关污水排放标准的规定。

镇区地形条件各异应根据地形条件，合理确定污水收集和处理系统，分散就近收集和处理。污水和合流污水收集输送时，不应采用明渠。输送污水、合流污水的管道应采用耐腐蚀材料，其接口和附属构筑物必须采取相应的防腐蚀措施。新建、改建、扩建工业企业产生的工业废水，不宜排入镇区污水收集和处理系统。排入镇区污水收集和处理系统的专业养殖场污水，其水质应符合国家现行有关污水排放标准的规定。

2）设计水量和设计水质。雨水源头减排设施的设计水量应根据当地海绵城市建设规划相关规定确定，并应明确相应的设计降雨量。雨水管渠的设计重现期应根据汇水地区性质、地形特点和气候特征等因素确定可选用 1～3 年；短期积水（可能引起严重后果的地区）可选用 3～5 年；并应明确相应的设计降雨强度；合流管渠的设计重现期可适当高于同一情况下分流制雨水管渠的设计重现期。

采用推理公式法时，雨水管渠的雨水设计流量应按式 $Q_s=q\Psi F$ 计算，其中，Q_s 为雨水设计流量（L/s），q 为设计暴雨强度［L/（s·hm^2）］，Ψ 为综合径流系数，F 为汇水面积（hm^2）。

设计暴雨强度应按式 $q=167A_1(1+C\lg P)/(t+b)^n$ 计算，其中，q 为设计暴雨强度［L/（s·hm²）］，P 为设计重现期（年），t 为降雨历时（min），A_1、C、b、n 为相关参数（根据统计方法进行计算确定）。具有20年以上自动雨量记录的地区，排水系统设计暴雨强度公式应采用年最大值法。

雨水管渠的降雨历时应按式 $t=t_1+t_2$ 计算，其中，t 为降雨历时（min）；t_1 为地面集水时间（min）应根据汇水距离、地形坡度和地面种类通过计算确定宜采用5～15min；t_2 为管渠内雨水流行时间（min）。

镇区旱流污水设计流量应按式 $Q_{dr}=Q_d+Q_m+Q_u$ 计算，其中，Q_{dr} 为旱季设计流量（L/s）；Q_d 为设计综合生活污水量（L/s）；Q_m 为设计工业废水量（L/s）；Q_u 为入渗地下水量（L/s），在地下水位较高地区应考虑。

镇区设计综合生活污水量应根据实地调查数据确定；当缺乏实地调查数据时，设计污水量可根据人口规模和居民综合生活污水定额确定；综合生活污水定额应根据当地采用的相关用水定额，结合建筑物内部给排水设施水平等因素确定可按当地相关用水定额的70%～90%采用；应统筹考虑镇所辖农村污水的处理需求，农村接入镇污水系统集中处理的水量应根据相关规范的相关规定确定。综合生活污水量总变化系数宜按表3-2-1的规定取值，当污水平均日流量为中间数值时，总变化系数可用内插法求得；当污水平均日流量大于70L/s时总变化系数应按现行国家标准《室外排水设计标准》（GB 50014）采用；当居住区有实际生活污水量变化资料时可按实际数据采用。

表3-2-1　综合生活污水量总变化系数

污水平均日流量（L/s）	3	5	15	30	40	70
总变化系数	3.0	2.8	2.5	2.3	2.2	2.1

合流污水管道的截流倍数 n_0 应根据旱流污水的水质、水量、排放水体的卫生要求、水文、气候、排水区域大小和经济条件等因素经计算确定，一般可选用1～2，特别重要地区的截流倍数宜大于3。镇区生活污水的设计水质宜以实测值为基础分析确定，在无实测资料时可按现行国家标准《室外排水设计标准》（GB 50014）和《农村生活污水处理工程技术标准》（GB/T 51347）采用；专业养殖场污水的设计水质宜调查确定，也可按同类型污水水质资料采用。

3）排水管渠和附属构筑物。排水管渠系统应根据镇规划，充分结合当地条件，统一布置、分期建设；雨水管渠断面尺寸应按远期规划设计流量，污水管道断面应按规划期内的最高日最高时设计流量，按现状水量复核，并考虑镇区远景发展的需要。雨水管渠和合流管道应按满流计算；污水管道应按非满流计算，其最大设计充满度应按表3-2-2的规定取值。管道的最小直径和最小设计坡度宜按表3-2-3的规定取值，管道坡度不能满足上述要求时可酌情减小但应采取防淤、清淤措施。

表3-2-2　最大设计充满度

管径或渠高（mm）	200～300	350～450	500～900
最大设计充满度	0.60	0.70	0.75

表 3-2-3　最小直径和最小设计坡度

类别	位置	最小管径（mm）	最小设计坡度
污水管	在街坊和厂区内	200	0.01
	在街道下	300	0.005
雨水管和合流管	—	300	0.004
雨水口连接管	—	200	0.01

管道宜埋设在非机动车道下；管道的最小覆土深度应根据外部荷载、管材强度和土壤冰冻情况等条件确定；在机动车道下不宜小于 0.7m，在绿化带下或庭院内的管道覆土深度可酌情减小，但不宜小于 0.4m。当采用管道排水时宜采用基础简单、接口方便、施工快捷的管道，并加强对管材质量的控制；除钢筋混凝土管道外，还可采用球墨铸铁管、陶土管和塑料管；位于机动车道下的塑料管其环刚度不宜小于 $8kN/m^2$，位于非机动车道下、绿化带下、庭院内的塑料管其环刚度不宜小于 $4kN/m^2$。直线管段检查井的最大间距宜按表 3-2-4 的规定取值；当采用先进的疏通方法或具备先进的疏通工具时，最大间距可适当加大。污水、合流污水管道和湿陷土、膨胀土、流砂地区的雨水管道及附属构筑物应保证其严密性，并进行严密性试验。检查井宜采用成品井，不得使用实心黏土砖砌检查井；污水和合流污水检查井应进行严密性试验。雨水管道检查井宜设置沉泥槽。

表 3-2-4　直线管段检查井最大间距

管径或渠净高（mm）		200～300	350～450	500～900
检查井最大间距（m）	污水管道	20	30	40
	雨水管道或河流管道	30	40	50

合流制排水系统截流井的溢流水位应在设计洪水位或受纳管道设计水位以上，当不能满足要求时应设置闸门等防倒灌设施；沿河道设置的截流井应设置防止河水倒灌装置；截流井内宜设流量控制设施。随着我国水环境治理力度的加大，对截流设施定量控制的要求越来越高，有条件的地区采用泵截流的方式；也有的地区，采用浮球控制调流阀控制截流量，从而保障系统每个截流井的截流效能得到发挥，避免了大量外来水通过截流井进入污水系统。排水管渠与其他地下管线（或构筑物）水平和垂直的最小净距宜符合现行国家标准《城市工程管线综合规划规范》(GB 50289)、《室外排水设计标准》(GB 50014) 等的有关规定。

4）泵站。污水泵站的设计流量应按泵站进水总管的最高日最高时流量计算确定。雨水泵站的设计流量应按泵站进水总管的设计流量确定。合流污水泵站的设计流量应按相关规范规定计算，泵站后设污水截流装置时应按相关规范规定计算；泵站前设污水截流装置时，雨水部分和污水部分应分别计算，雨水部分 $Q_p=Q_s-n_0(Q_d+Q_m)$，污水部分 $Q_p=(n_0+1)(Q_d+Q_m)$，其中，Q_p 为泵站设计流量（m^3/s），Q_s 为雨水设计流量（m^3/s），n_0 为截流倍数，Q_d 为设计综合生活污水量（m^3/s），Q_m 为设计工业废水量（m^3/s）。

污水泵和合流污水泵的设计扬程应根据设计流量时的集水池水位与出水管渠水位差和水泵管路系统的水头损失及安全水头确定。雨水泵的设计扬程应根据设计流量时的集水池水位与受纳水体平均水位差和水泵管路系统的水头损失确定。排水泵站供电可按三级负荷

等级设计，重要地区的泵站宜按二级负荷等级设计。位于居民区和重要地区的污水泵站，其格栅井和污水散开部分宜设置臭气收集和处理装置。排水泵站宜采用潜水泵；当采用干式泵站时，自然通风条件差的地下式水泵站间应设置机械送排风系统。对远离居民点并有人值守的泵站，宜设置值班室和工作人员的生活设施。排水泵站应设置清洗设施。规模较小、用地紧张、不允许存在地面建筑的情况下可采用一体化预制泵站。

潜水泵站应合规。集水池前宜设置沉砂池和拦截漂浮物的设施，格栅井宜与集水池合建。集水池宜和格栅井合建，其优点为布置紧凑，占地少，起吊设备可共用；合建的集水池宜采用半封闭式，闸门和格栅处敞开，其余部分加盖板封闭，以减少污染。集水池宜由集水坑和配水区等组成。

集水池的设计水位和有效容积应符合以下三条规定：①集水池的最高设计水位对雨水泵站宜为进水管管顶标高，污水泵站宜为进水管充满度对应的标高；②集水池有效容积不应小于单台潜水泵5min的出水量，水泵机组为自动控制时每小时开动水泵不宜超过6次；③集水池的最低水位应满足水泵的最小淹没深度要求。

集水池的最高设计水位和最低设计水位之间的容积为集水池有效容积。污水泵站的潜水泵可现场备用，也可库存备用；水泵台数不大于4台时宜库存备用。集水池可不设通风装置；但检修时应设临时送排风设施，且换气次数不宜小于5次/h。机组外缘和集水池壁的净距应根据设备技术参数确定，并应大于0.2m，两机组外缘之间的净距应大于0.2m。集水池坡向集水坑的坡度不宜小于0.1。集水池上宜采用盖板，盖板上宜设吊装孔、人孔和通风孔。出水管上宜设置防止水流倒灌的装置。集水池上可不设上部建筑，但应考虑设备安装和安全防盗措施。

5）污水处理。镇区污水处理宜根据镇的功能、人口、地形地貌和地质等特点，合理划分排水区域可采用集中处理、分散处理和一体化处理装置相结合的模式。镇区污水的分散处理有两种含义，其一是各镇相对独立的污水处理模式；其二是点源的分散处理，如远离镇区的住宅。镇区污水处理应根据当地经济水平、污染物特征、排放标准和水体环境容量，因地制宜地选择简单、经济、有效的技术措施。污水处理站位置的选择应符合镇规划的要求，并应符合现行国家标准《室外排水设计标准》（GB 50014）的有关规定。

污水处理站的规模应按项目总规模控制并作出分期建设的安排，综合考虑现状水量和排水系统普及程度，合理确定近期规模，并应符合以下三方面规定：①污水处理构筑物的设计流量应按分期建设的情况分别计算；②当污水为自流进入时应按每期的最高日最高时设计流量计算，当污水为提升进入时应按每期工作水泵的最大组合流量校核管渠配水能力；③生物反应池的设计流量应根据生物反应池类型和曝气时间确定，曝气时间较长时设计流量可酌情减少。合流制排水处理构筑物应考虑合流污水水量。各处理构筑物的个（格）数不应少于2个（格），并应按并联设计。

镇区污水处理程度和方法应根据有关国家和地方现行的排放标准、污染物性质、排入地表水域的环境功能和保护目标确定；缺水地区的镇，污水经处理后应再生回用。镇区污水处理工艺应按照实用性、适用性、经济性和可靠性的原则，因地制宜地选择适合当地自然条件、技术水平和经济条件的工艺，并应符合以下四条规定：①镇区污水处理工艺应根据处理规模、水质特性、受纳水体的环境功能、排放标准和当地的实际情况和要求，经全面技术经济比较后确定；②应按环保要求减少臭气和噪声对人居环境的影响；③应切合实

际地确定污水进水水质应详细调查测定污水的现状水质特性、污染物构成，合理分析预测，在水质成分复杂或特殊时应通过试验确定污水处理工艺；④污水站分期建设时宜考虑工艺的连续性，各阶段宜采用同一种工艺。

镇区污水处理站，一般不考虑除臭，但应通过总图布置，减少臭气和噪声对人居环境的影响；镇区污水处理工艺的处理效率应根据采用的处理类别确定，并应符合以下两条规定：①当处理工艺为去除碳污染物或具有硝化作用或污泥稳定时可按表 3-2-5 的规定取值；②当采用稳定塘工艺时其 BOD_5 预期处理效率应为 30%～90%。二级处理的处理效率包括一级处理，一级处理的效率主要是沉淀池的处理效率。镇区污水二级处理应根据污水水质和处理要求合理地设置构筑物；当污水中悬浮物浓度不高或采用氧化沟、序批式活性污泥法工艺时可不设初沉池，当二级生物处理采用生物膜法、序批式活性污泥法工艺、组合式活性污泥法（集生物反应与沉淀于一池）工艺时可不设置二次沉淀池。污水处理站应因地制宜地选择化验项目。污水处理站的供电宜按二级负荷设计，部分辅助设施可按三级负荷等级设计。污水处理站可设再生水处理系统，实现污水资源化，再生水的水质应符合国家现行的水质标准的规定。

表 3-2-5　污水处理站处理效率

处理类别	污泥负荷［$kgBOD_5$/（kgMLSS·d）］	污泥浓度（$kgMLSS/m^3$）	处理效率	
			SS	BOD_5
去除碳污染物	0.20～0.40	2.5～4.5	70%～90%	85%～92%
具有硝化作用	0.10～0.15	2.5～4.5	70%～90%	≥95%
污泥稳定	0.02～0.10	4.0～5.0	70%～90%	≥95%

均化池应合规。污水处理站进水水质或水量变化大时宜设置均化池。均化池在污水处理流程中的位置应根据处理系统的具体情况确定。均化池的容积应根据污水流量变化曲线确定，并应留有余地。均化池应设置冲洗、溢流、放空、防止沉淀、排除漂浮物和泡沫等设施。

生化处理和物化处理技术应合规，应根据去除碳源污染物、脱氮、除磷、好氧污泥稳定等不同要求和外部环境条件选择适宜的生物处理工艺，并应符合以下三条规定：①生物处理宜采用传统活性污泥法、强化生物脱氮除磷活性污泥法、氧化沟、序批式活性污泥法、生物膜法、生物接触氧化法、生物滤池、膜生物反应器等工艺；②处理工艺单元的形式应进行多方案比选，满足实用、经济、运行稳定的要求；③根据可能发生的运行条件，设置不同运行方案。

当采用生物膜法处理工艺时应符合以下三条规定：①生物膜法处理污水可单独应用，也可与其他污水处理工艺组合应用；②污水进行生物膜法处理前宜经沉淀处理；③生物膜法的处理构筑物应根据当地气温和环境等条件，采取防冻、防臭和灭蝇等措施。

当采用生物接触氧化法处理工艺时应符合以下五条规定：①生物接触氧化池应根据进水水质和处理程度确定采用单级和多级接触氧化；②生物接触氧化池前应设置初沉池等预处理设施，以防止填料堵塞；③生物接触氧化池应采用对微生物无毒害、易挂膜、质轻、高强度、抗老化、比表面积大和空隙率高的填料；④生物接触氧化池底部应设排泥和放空设施；⑤生物接触氧化池的五日生化需氧量容积负荷宜根据试验资料确定，无试验资料时

碳氧化宜为 2.0～5.0kgBOD_5/（m^3·d），碳氧化/硝化宜为 0.2～2.0kgBOD_5/（m^3·d）。

当采用曝气生物滤池处理工艺时应符合以下四条规定：①曝气生物滤池的池型可采用上向流或下向流进水方式；②曝气生物滤池根据处理程度不同可分为碳氧化、硝化、后置反硝化或前置反硝化等，碳氧化、硝化和反硝化可在单级曝气生物滤池内完成，也可在多级曝气生物滤池内完成；③曝气生物滤池的滤料应具有强度大、不易磨损、孔隙率高、比表面积大、化学物理稳定性好、易挂膜、生物附着性强、比重小、耐冲洗和不易堵塞的性质；④曝气生物滤池设计参数宜根据实验资料确定，无实验资料时可采用经验数据或按表 3-2-6 取值。

表 3-2-6　曝气生物滤池设计参数

类型	功能	参数	取值
碳氧化曝气生物滤池	降解污水中含碳有机物	滤池表面水力负荷（滤速）[m^3/（m^2·h）]	3.0～6.0
		BOD_5 负荷 [kgBOD_5/（m^3·d）]	2.5～6.0
碳氧化/硝化曝气生物滤池	降解污水中含碳有机物并对氨氮进行部分硝化	滤池表面水力负荷（滤速）[m^3/（m^2·h）]	2.5～4.0
		BOD_5 负荷 [kgBOD_5/（m^3·d）]	1.2～2.0
		硝化负荷 [kgNH_3-N/（m^3·d）]	0.4～0.6
硝化曝气生物滤池	对污水中氨氮进行硝化	滤池表面水力负荷（滤速）[m^3/（m^2·h）]	3.0～12.0
		硝化负荷 [kgNH_3-N/（m^3·d）]	0.6～1.0
前置反硝化生物滤池	利用污水中的碳源对硝态氮进行反硝化	滤池表面水力负荷（滤速）[m^3/（m^2·h）]	8.0～10.0（含回流）
		反硝化负荷 [kgNO_3-N/（m^3·d）]	0.8～1.2
后置反硝化生物滤池	利用外加碳源对硝态氮进行反硝化	滤池表面水力负荷（滤速）[m^3/（m^2·h）]	8.0～12.0
		反硝化负荷 [kgNO_3-N/（m^3·d）]	1.5～3.0

当采用膜生物反应器处理工艺时应符合以下六条规定：①膜生物反应器构型应根据污水的性质、处理规模等选择宜采用浸没式膜生物反应器；当处理规模小于 0.1 万 m^3/d 时，也可采用外置式膜生物反应器。②膜生物反应器处理系统宜设置超细格栅，超细格栅孔径宜为 0.2～1mm 宜设置在沉砂池或初沉池后。③膜生物反应器工艺的主要设计参数宜根据实验资料确定；当无试验资料时可采用类似工程的运行数据。④膜过滤系统应包括膜组件、膜组器、膜池、膜吹扫系统、产水系统、产水辅助系统和膜化学清洗系统等。⑤用于膜生物反应器工程的膜宜为微滤膜或超滤膜；微滤膜孔径宜为 0.1～0.4μm，超滤膜孔径宜为 0.02～0.1μm。⑥用于膜生物反应器工程的膜材料应选择耐受生物降解性能好、抗污染能力强、机械强度高、热稳定性和化学稳定性高及能耐受高浓度化学药剂反复清洗的材料宜为亲水性材料；膜寿命宜大于 5 年。

污水经生物除磷工艺处理后，其出水总磷不能达到要求时，应采用化学除磷工艺处理，并应符合以下三条规定：①化学除磷设计中，药剂的种类、剂量和投加点宜根据试验材料确定；②化学除磷时应考虑产生的污泥量；③化学除磷时，对接触腐蚀性物质的设备和管道应采取防腐蚀措施。

污水深度处理工艺应根据水质目标进行选择，并应符合以下两条规定：①深度处理工艺宜采用混凝、沉淀（澄清、气浮）、过滤（常规过滤、强化氮磷去除过滤）、消毒，必要

时可采用活性碳吸附、膜过滤、臭氧氧化和自然处理等工艺；②工艺处理单元的组合形式应进行多方案比较，满足实用、经济、运行稳定的要求。

污水处理站出水前应设置消毒设施，并应符合以下三条规定：①污水消毒程度应根据污水性质、排放标准或再生水要求确定；②污水消毒方式可采用紫外线消毒、二氧化氯消毒、次氯酸钠消毒、液氯消毒等消毒方式；③消毒设施和有关建筑的设计应符合现行国家标准《室外给水设计标准》（GB 50013）和《室外排水设计标准》（GB 50014）的有关规定。污水回用输配到用户的水管严禁与其他管网连接，输送过程中不得降低和影响其他用水的水质。

人工湿地应合规。当有可供利用的土地和适用的场地条件时，经环境影响评价和技术经济比较后，可采用垂直潜流人工湿地处理工艺。选用人工湿地时，必须考虑当地是否有合适的场地，并应对工程的环境影响、投资、运行费用和效益做全面的分析比较。人工湿地应两组或两组以上并联运行。污水进入人工湿地前应设置相应的预处理构筑物。人工湿地宜由进水管、出水管、透气管、砂砾或岩石填料构成的过滤层、底部不透水层和具有一定净化功能的水生植物组成；透气管宜埋入填料中，其管口应高出填料 300mm。人工湿地倾向出水管的坡度不宜小于 0.01。过滤层宜按一定级配布置填料；当采用垂直潜流时，自上而下填料级配宜为 8～12mm、12～16mm 和 16～40mm；填料高度宜为 0.20～0.30m、0.35～0.50m 和 0.25～0.30m。人工湿地面积应按五日生化需氧量表面有机负荷确定，同时满足表面水力负荷和停留时间的要求；人工湿地的主要设计参数宜根据试验资料确定，在无试验资料时可采用经验数据或按表 3-2-7 的规定取值。

表 3-2-7　人工湿地的主要设计参数

人工湿地类型	表面有机负荷 [g/（m^2·d）]	表面水力负荷 [m^3/（m^2·d）]	水力停留时间 (d)
垂直潜流人工湿地	5～8	<0.5	1～3

稳定塘应合规。有可利用的池塘、沟谷等闲置土地时，经环境影响评价和技术经济比较后可采用稳定塘处理工艺；用作二级处理的稳定塘系统，处理规模不宜大于 5000m^3/d。稳定塘是接近自然的人工生态系统，它具有管理方便、能耗少等优点，但有占地面积大等缺点。

稳定塘占地为活性污泥法二级处理厂用地面积的 13.3～66.7 倍。选用稳定塘时，必须考虑当地是否有足够的土地供利用，并应对工程投资和运行费用做全面的经济比较。我国珠江三角洲地区地少价高，已有废弃稳定塘，建设活性污泥法处理厂的例子。国外稳定塘一般用于处理小水量的污水，如日本因稳定塘占地面积大，不推广应用；英国限定稳定塘用于三级处理；美国 5000 多座稳定塘总共处理污水量为 898.9×104m^3/d，平均 1798m^3/d，仅 135 座大于 3785m^3/d；因此稳定塘的规模不宜大于 5000m^3/d。

塘址为池塘、沟谷时应有排水设施；塘址为沿海滩涂时应考虑潮汐和风浪的影响；稳定塘应设置避免对地下水和周边环境产生污染的设施。污水进稳定塘前应预处理，也可进行沉淀处理。

稳定塘可根据出水水质要求布置为单级塘或多级塘，单级稳定塘应为兼性塘、好氧塘或曝气塘，单级塘应分格并联运行。在污水 BOD_5 大于 300mg/L 时，应在多级塘系统的首端设置厌氧塘。厌氧塘进水口宜设置在距塘底0.6～1.0m处；出水口宜设置在水面下0.6m处，并应位于冰层和浮渣层之下。第一级塘的有效水深不宜小于3m；应设置排泥或清淤设施，并宜分格并联运行。稳定塘系统出水水质，根据受纳水体的不同要求，应符合国家和地方现行有关标准的规定。稳定塘的出水水位应依据当地防洪标准确定。

稳定塘的设计数据应由试验资料确定；当无试验资料时，根据污水水质、处理程度、当地气候和日照等条件可按表3-2-8的规定取值，表中Ⅰ、Ⅱ、Ⅲ区分别适用于年平均气温在8℃以下地区、8～16℃地区和16℃以上地区。

表3-2-8 稳定塘典型设计参数

塘型		BOD_5表面负荷[$kgBOD_5$/（hm^2·d）]			单元塘水力停留时间（d）			有效水深（m）	BOD_5处理效率
		Ⅰ区	Ⅱ区	Ⅲ区	Ⅰ区	Ⅱ区	Ⅲ区		
厌氧塘		200	300	400	3～7	2～5	1～3	3～5	30%～70%
兼性塘		30～50	50～70	70～100	20～30	15～20	5～15	1.2～1.5	60%～80%
好氧塘	常规处理塘	10～20	15～25	20～30	20～30	10～20	3～10	0.5～1.2	60%～80%
	深度处理塘	<10	<10	<10	—	2～5	—	0.5～0.6	40%～60%
曝气塘	部分曝气塘	50～100	100～200	200～300	—	1～3	—	3～5	60%～80%
	完全曝气塘	100～200	200～300	200～400	—	1～15	—	3～5	70%～90%

6）污泥处理。镇区污水处理站产生的污泥宜进行集中处理处置；污泥的处置方式应根据污泥特性、当地自然环境条件、最终出路等因素综合考虑，包括土地利用、建筑材料利用和填埋等。镇区污水处理站宜设置污泥储存设施。镇区污水处理站产生的污泥宜采用重力浓缩、污泥自然干化场、机械脱水等方式处理；重要地区或对环境要求较高地区，重力浓缩宜对臭气采取收集处理。采用污泥机械脱水处理时可将多个污水处理站的污泥进行集中脱水处理，也可设置移动脱水机巡回脱水；污泥处理过程中产生的臭气宜收集处理后达标排放。

污泥干化场应合规。污泥干化场宜用于气候较干燥、有很多土地和环境卫生条件许可的地区。污泥干化场的污泥固体负荷量宜根据污泥性质、年平均气温、降雨量和蒸发量等因素，参照相似地区经验确定。干化场分块数不宜小于3块；围堤高度宜采用0.5～1.0m，顶宽宜采用0.5～0.7m。干化场宜设人工排水层，人工排水层填料可分为两层，每层厚度宜为0.2m，下层应采用粗矿渣、砾石或碎石，上层宜采用细矿渣或砂等。除特殊情况外，排水层下应设不透水层，不透水层坡向排水设施的坡度宜为0.01～0.02。污泥干化场应有排除上层污泥水的设施，上层污泥水应返回污水站处理，不得直接排放。污泥干化场及其附近应设置长期监测地下水质量的设施。

污泥机械脱水应合规。采用机械脱水方式时应符合以下三条规定：①污泥脱水机械的类型应按污泥的脱水性质和脱水要求，经技术经济比较后选用；②脱水后的污泥应设置污泥堆场或污泥料仓储存，污泥堆场或污泥料仓的容量应根据污泥出路和运输条件等确认；③污泥机械脱水间应设置通风设施，每小时换气次数可为8～12次/h。污水在脱水前应加药调理，并应符合以下两条规定：①药剂种类应根据污泥的性质和出路等选用，投加量宜根据试验资料或类似运行经验确定；②污泥加药后应立即混合反应，并进入脱水机。

污泥综合利用应合规。污泥的处置和综合利用应因地制宜；污泥的土地利用应严格控制污泥中和土壤中积累的重金属和其他有毒、有害物质含量；园林绿化利用和农用必须符合现行的有关标准的规定；禁止处理不达标的污泥进入耕地。污泥的土地利用必须符合现行的有关标准的规定。

3.2.3 村排水

1）基本规则。村庄排水应采用雨、污分流制。村庄雨水应就近排放或收集回用，干旱地区应收集回用雨水；雨水渠宜和路边沟结合。村庄生活污水收集系统应包括农户庭院内的户用污水收集系统和农户庭院外的村污水收集系统。提供餐饮服务的农家乐应设置隔油池。村庄居民人均生活污水排放量宜按照相关规范的用水定额并结合当地生活习惯、用水条件和经济发展规划等因素确定，不同来源、不同水质的污水宜分别测算。

村庄污水应结合排水现状、排放要求和地理条件等因素选择收集和处理模式，并应符合以下四方面规定：①有条件且位于城镇污水厂服务范围内的村庄应通过经济技术比较，优先将污水纳入城镇污水厂集中处理。②位于城镇污水厂处理范围外的村庄应根据当地地形条件、村落分布，优先采用村庄集中处理；不便接入集中处理设施的可分户处理。③采用村庄集中污水处理和分户污水处理模式的村庄应执行当地农村污水排放标准，并按照处理后出水的去向确定出水水质标准，以此选择适用的污水处理工艺。④农户散养畜禽污水应收集集中处理并达标排放。

处理后的污泥满足相关标准后应就近利用。分户处理中经化粪池等设施处理后的熟污泥可用作农肥。相邻的多个农村污水处理设施可集中建设一套污泥处理置设施，采用统一收集运输的方式将分散污泥进行中处理处置，处置方式可采好氧堆肥、厌氧堆肥等，堆肥后农用的污泥应符合现行国家标准《城镇污水处理厂污泥泥质》（GB 24188）等标准的相关要求。对于农家乐等经营场所的污水，宜根据季节性水量、水质的波动，进行单独收集、处理和排放。农村非生活污水应单独收集、处理和排放；如需要接入农村生活污水处理系统时，应采取安全有效措施，符合污水接入要求。

2）污水收集系统。户用污水收集系统应合规，粪便污水应与厨房污水和卫生间洗涤洗浴污水分开收集，并应优先考虑资源化利用，厨房污水和卫生间洗涤洗浴污水应排入户外污水管渠。分离收集的尿液经过一段时间的储存和稳定化处理后可直接应用于农田灌溉；也可直接利用尿液中的氮资源生产鸟粪石；还可直接利用尿液中的磷资源生产肥料。分离收集的粪便通过堆肥和添加石灰等杀菌处理后，可应用于农田肥料。混合收集的粪尿可通过生物、物理、化学作用，完成对污染物的降解，最终转化为 CO_2 和水，出水可供冲洗厕所使用。粪便污水应设置化粪池进行处理。收集粪尿的装置应设在室外，并应减少臭气、蚊蝇等对人居环境的影响。构造内无存水弯的卫生器具和生活污水管道或其他可能产生有害气体的排水管道连接时应在排水口下设置存水弯；存水弯的设计应满足现行国家标准《建筑给水排水设计标准》（GB 50015）的规定。对于在庭院内洗涤衣物、杂物等情况，应在庭院内设置污水收集槽，槽顶高出地面 200mm。采用重力收集的户用污水收集管道的设计应符合以下两条规定：①管道最大设计充满度为 0.5；②最小管径和坡度要求应符合表 3-2-9 的规定。

表 3-2-9　户用污水收集系统最小管径和最小设计坡度

管道名称	最小管径	最小设计坡度
厨房污水排水管	DN75	—
厕所污水排水管	DN100	—
出户管	DN150	0.01
化粪池/隔油池出水管	DN150	0.010～0.012

村收集系统应合规。有条件的地区应设置村庄污水收集系统。村庄污水收集系统宜采用重力排水方式，敷设重力管道有困难的地区可采用压力收集系统或真空收集系统，也可采用组合方式。

村庄污水收集系统采用重力排水方式应符合以下三条规定：①污水收集干管最小管径不小于 DN150，最小设计坡度为 0.01，采用暗渠排水时渠底宽度不得小于 300mm；②在室外排水管道交汇处、转弯处、管径或坡度改变处、跌水处及直线管段上每隔一定距离处应设置检查井，检查井宜采用成品井，管道和检查井宜采用柔性连接方式；③村庄污水收集系统还应符合相关规范的相关规定。

村庄污水收集系统采用压力排水方式应符合以下四条规定：①压力收集系统宜包括调节池、污水提升装置、压力管道、压力检查井等；②污水提升装置中应设置碾磨泵、液位控制系统等；③污水提升装置前如设置有化粪池可不设置调节池，且研磨泵可替换为小型潜污泵；④调节池的有效容积不应大于平均日污水量。

村庄污水收集系统采用真空排水方式应符合以下六方面规定：①真空收集系统宜由收集井、真空管道、真空站和真空监控系统等组成。②收集井上方应设置真空启动装置。③室内出户管应采用检查井的形式与收集井相连，检查井和收集井宜合建。④真空启动装置可根据收集井内的液位采用气压感应控制、电磁感应控制和手动控制等方式操作；相应的阀门有真空界面阀、电磁界面阀和手动阀门等。⑤真空排水管道宜按段敷设成波浪形或锯齿状，提升段应采用 45°弯头，提升段之间水平距离不应小于 6m，且不应大于 100m，下段管段的坡度宜采用 0.2%。⑥真空站内应设置污水收集罐、污水泵、真空泵和真空储能罐等，真空泵、污水泵选型和真空储能罐的容积应根据污水流量、平均气水比等参数经过计算确定。

收集井是污水由重力流转向真空流的过渡装置，通常设置于各单体建筑附近，视具体情况每栋建筑可设置一个或多个。收集井的上方设真空启动装置，通过井内污水液位控制真空阀开启。收集井常见结构如图 3-2-1 所示。真空启动装置是系统的起端设备，是决定系统是否正常工作的关键部分，目前使用较多的是气压感应控制，即通过真空界面阀的启闭控制空气的进入。真空排水管道一般按段敷设成波浪形或锯齿状，以便汇集部分污水，用作产生真空时所需要的水封；污水在真空管道中分段接力输送，最终到达排放点；真空干管布置如图 3-2-2 所示。

3）污水处理系统。分户处理设施应合规，根据排水要求，分户处理设施的处理工艺可参考现行国家标准《农村生活污水处理工程技术标准》（GB 51347）的工艺路线选择。化粪池宜用于使用水厕的场合。化粪池宜设置在接户管下游且便于清掏的位置。化粪池可每户单独设置，也可相邻几户集中设置。化粪池应设在室外，其外壁距建筑物外墙不宜小于 5m，并不得影响建筑物基础；如受条件限制设置于机动车道下时，池顶和池壁应按机动车荷载核算。化粪池和饮用水井等取水构筑物的距离不得小于 30m；化粪池池壁和池底应进行防渗漏处理。

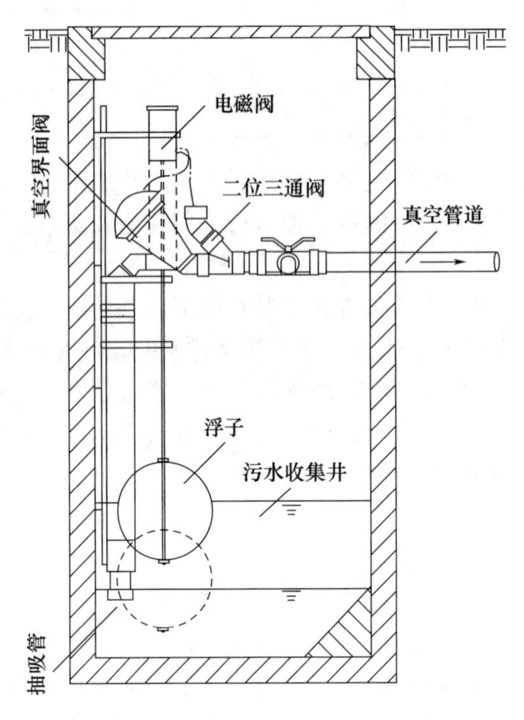

图 3-2-1　浮力启动式污水收集阀井示意

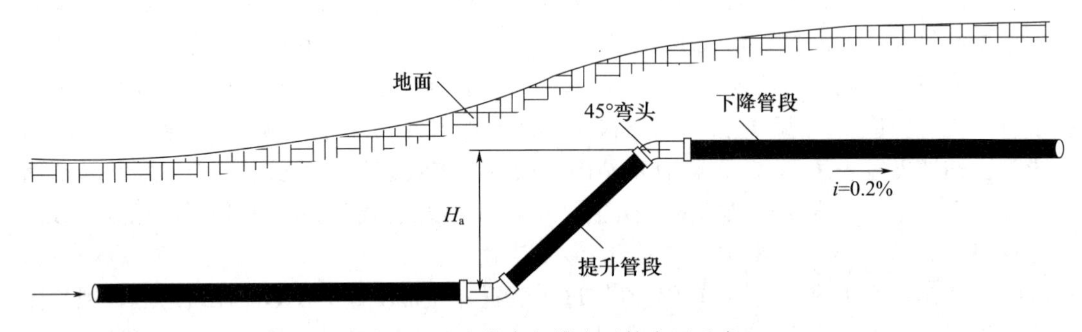

图 3-2-2　室外真空排水干管布置示意

化粪池的构造应符合以下六方面规定：①化粪池的有效深度不宜小于 1.3m，宽度不宜小于 0.75m，长度不宜小于 1.0m，圆形化粪池直径不宜小于 1.0m。②双格化粪池第一格的容量宜为总容量的 75%；三格化粪池第一格的容量宜为总容量的 50%，第二格和第三格宜分别为总容量的 25%。③化粪池格与格、池与连接井之间应设通气孔。④化粪池进出水口应设置连接井，并应与进水管和出水管相连。⑤化粪池进出水口处应设置浮渣挡板。化粪池顶板上应设有人孔和盖板。⑥化粪池的有效容积宜按下式计算：

$$V=V_1+V_2$$

$$V_1=\alpha n q_1 t_1/(24\times1000)$$

$$V_2=\alpha n q_2 t_2/(1-b)(1-d)(1+m)/[1000(1-c)]$$

其中，V 为化粪池的总有效容积（m^3）；V_1 为化粪池的污水区有效容积（m^3）；V_2 为化粪池的污泥区有效容积（m^3）；α 为实际使用化粪池的人数与设计总人数的百分比，按表3-2-10确定；n 为化粪池的设计总人数（人）；q_1 为每人每天生活污水量［L/（人·d)］，当粪便污水和其他生活污水合并流入时为100～170L/（人·d)，当粪便污水单独流入时为20～30L/（人·d)；t_1 为污水在化粪池中的停留时间可取24～36h；q_2 为每人每天污泥量［L/（人·d)］，当粪便污水和其他生活污水合并流入时为0.8L/（人·d)，当粪便污水单独流入时为0.5L/（人·d)；t_2 为化粪池的污泥清掏周期可取90～360d；b 为新鲜污泥含水率（%），取95%；m 为清掏后污泥遗留量（%），取20%；d 为粪便发酵后污泥体积减量（%），取20%；c 为化粪池中浓缩污泥含水率（%），取90%。

一体化小型污水处理设施可每户单独设置，也可相邻几户集中设置。采用人工湿地、稳定塘等生态工艺的应符合相关规范的规定；采用生物接触氧化法为主的工艺应符合现行国家标准《农村生活污水处理工程技术标准》(GB/T 51347）的规定。

表3-2-10 污水化粪池使用人数百分比

建筑物类别	百分比
家庭住宅	100%
村办医院、养老院、幼儿园（有住宿）	100%
企业生活间、办公楼、教学楼	50%

村集中处理设施应合规。集中污水处理站的选址应符合村庄发展规划和有关专项规划的要求，并应符合以下七条规定：①便于污水收集和处理后出水回用和安全排放；②应远离饮用水源地等敏感区域；③应位于当地村民聚居区的夏季主导风向的下风侧；④与村庄建筑物的卫生防护距离不宜小于100m，否则应具有卫生隔离措施；⑤宜位于地势较低的地方，但应有良好的排水条件和防洪排涝能力；⑥节约用地应优先利用闲置的土地；⑦有方便的交通、运输和水电条件。村集中污水处理站宜设置调节池，调节池的容积可根据实际污水量和水质的变化进行计算和校核应不小于0.5d设计水量。

村集中污水处理站应根据污水来源、水量和水质、用地、排放标准、经济条件和运维管理水平等因素选择处理工艺，并应符合现行国家标准的有关规定。应根据饮用水源保护区和水环境功能区的相关要求设置污水处理终端排放口，尾水宜利用村庄周边沟渠、水塘、土地等途径进一步净化后排入受纳水体。村集中处理可采用生物转盘、生物滤池和生物接触氧化技术，有条件的地区也可采用氧化沟、活性污泥法等工艺；应根据现行国家标准《农村生活污水处理工程技术标准》(GB/T 51347）的负荷进行设计。村集中处理可采用稳定塘和人工湿地处理工艺应按照相关规范的要求执行。

4）雨水收集和利用。干旱、半干旱地区的村，雨水宜采用集流场收集，集流场可分为屋面集流场和地面集流场。集流场收集的雨水宜采用水窖贮存，有条件的地区也可在农家房前或田间采用露天敞口池收集贮存雨水。收集的雨水可用于灌溉或杂用；在大气质量较好地区，经加矾沉淀和消毒后可作为饮用水；甘肃省定西市安定区青岚乡大坪村采用水窖贮存的雨水用作饮用水。

3.2.4 检测和控制

1）基本规则。镇村排水工程运行应进行检测和控制，有条件的村镇排水设施应建立远程信息监控系统。镇村排水工程设计应根据工程规模、工艺流程、运行管理和环保监督要求确定检测和控制的内容。检测和控制宜兼顾现有、新建和规划的要求。

2）检测。检测仪表配置应根据工艺流程要求、自动化程度和运行管理要求确定。各处理单元应设置控制和运行管理所需要的检测仪表。镇村排水系统检测仪表设置如下，污水管网的关键节点宜监测液位、流量等相关参数；污水泵站应检测集水池水位、出水水量等相关的参数；污水处理设施应检测进出水量、工艺控制液位、水质等相关的参数；污泥处理设施应检测污泥处理量、药剂消耗量等相关的参数。易产生有毒有害气体的密闭空间必须设置硫化氢（H_2S）浓度检测仪表。镇村排水工程在人员进出且硫化氢易聚集的密闭场所必须配置在线式 H_2S 监测仪和便携式 H_2S 监测仪，监测可能产生的有毒有害气体，并采取防患措施，防止人身伤害事故。

3）自动化控制。自动化控制系统应根据镇村排水工程规模、工艺和运行管理要求等因素确定。镇村排水工程宜采用“少人（无人）值守，远程监控”的控制模式建立自动化控制系统宜设置监控调度中心进行远程的运行监视、控制和管理。自动化系统的设计应符合以下四方面规定：①系统结构宜为信息层、控制层和现场层等三层，形式简单、设备数量少的系统可简化为控制层、现场层的二层结构；②设备应设基本、就地和远控 3 种控制方式；③根据需要设置与上级调度系统的通信接口，并接受上级调度系统的监控、管理；④操作系统应运行稳定、易于开发，操作界面方便。

4）安全防范。镇村排水工程宜设置视频监控系统。根据运行管理需求可设置周界报警系统和门禁系统。排水工程人员进出通道可设置门禁系统，并对出入信息进行记录。

5）智慧排水系统。智慧排水系统应和镇村排水管理机制和管理体系相匹配，并应建成从生产到运行管理的完整系统，设置监控调度中心，建立信息综合管理平台，和其他管理部门信息互通。智慧排水系统应能兼容智慧水务信息构架体系应能无缝接入智慧水务信息平台应和环保、气象、安全、水利等其他部门信息互通。智慧排水系统应能实现镇村区域排水工程设备监控、应急预警、信息发布、移动终端应用、地理信息查询、决策咨询等功能。信息综合管理平台应采取网络信息安全防护措施。

3.2.5 施工和质量验收

1）基本规则。施工前应编制施工组织设计或施工方案，明确施工质量负责人和施工安全负责人，经批准后方可实施。施工中应做好材料设备、隐蔽工程和分项工程等中间环节的质量验收；隐蔽工程应经过验收合格后，方可进行下一道工序施工。管道工程的施工和验收，除应符合现行国家标准《给水排水管道工程施工及验收规范》（GB 50268—2008）的有关规定；混凝土结构工程的施工和验收应符合现行国家标准《混凝土结构工程施工质量验收规范》（GB 50204）的有关规定；砌体结构工程的施工和验收应符合现行国家标准《砌体结构工程施工质量验收规范》（GB 50203）的有关规定；构筑物的施工和验收应符合现行国家标准《给水排水构筑物工程施工及验收规范》（GB 50141）的有关规定。排水工程竣工验收后，建设单位应将有关设计、施工和验收的文件归档。

2）施工。管道的施工应根据土的种类、水文地质情况、施工方法、施工环境、支撑条件、管渠断面尺寸、管渠长度和管渠埋深等情况，选择沟槽的开挖断面；开挖断面可为直槽、梯形槽和混合槽等形式。沟槽开挖应保证基坑和边坡的稳定，并应留足够的施工空间；管渠外壁到沟壁的净距不应小于表3-2-11的规定，当有支撑或槽深大于3m时，最小距离应适当加大。

表3-2-11 管渠外壁到沟壁的最小距离

管径或渠高（mm）	≤300	350～450	500～900
最小距离（mm）	150	200	300

沟槽开挖、管道敷设和回填均应保证基坑不积水和相对干燥。沟槽开挖宜按检查井间距分段进行，敞沟时间不宜过长；管道安装敷设验收合格后，方可回填。具备沟槽回填条件时应及时回填；从槽底至管顶以上0.5m范围内，回填土不得含有有机物、冻土及粒径大于50mm的砖石等硬块；回填料、回填高度及压实系数应符合相关要求。回填应对称进行，除管顶以上0.5m范围内采用薄铺轻夯逐层夯实外，其余宜按200～250mm厚度分层夯实。防渗漏处理和反滤层的施工应作为关键工序进行单项验收；质量验收合格后应注意保护。沟槽或构筑物基坑超过一定深度或邻近有需要保护的建筑物、管道等时应进行基坑设计或施工方案评审。钢筋混凝土构筑物的施工应做好钢筋保护层、变形缝的保护应避免和减少施工冷缝，并控制好温度裂缝应保证其水密性和耐久性。混凝土构件浇筑前，钢筋工程必须验收合格。砌体构筑物的壁与混凝土底板连接时，应使砌体壁嵌入底板20～30mm，或底部200～300mm高度的壁板采用混凝土与底板整体浇筑，连接处混凝土表面拉毛坐浆处理。砌体构筑物的内外壁应做厚度不小于20mm的防水水泥砂浆抹面层，并应两次以上完成。

3）质量验收。对污水管、合流污水管和湿陷性黄土、膨胀土地区的雨水管，在回填土前应按现行国家标准《给水排水管道工程施工及验收规范》（GB 50268）的有关规定进行严密性试验。管渠竣工验收时应核实竣工验收资料，并应进行复验和外观检查；应对以下四类项目作出鉴定并填写竣工验收鉴定书：①管渠的位置和高程；②管渠和附属构筑物的断面尺寸；③外观；④其他。

水池的满水试验应符合下列五条规定：①池体的混凝土或砖石砌体的砂浆已达到设计强度；②现浇钢筋混凝土水池的防水层和防腐层施工及回填土前；③装配式预应力混凝土水池施加预应力后，保护层喷涂前；④砖砌水池防水层施工后；⑤石砌水池勾缝后。

水池的满水试验前应完成以下四方面工作：①将池内清理干净，修补池内外缺欠，临时封堵预留孔洞、预埋管口和进出水口等，检查进水和排水闸阀，不得渗漏；②设置水位观测标尺；③准备现场测定蒸发量的设备；④宜采用清水作为充水水源，做好充水和放水系统的准备工作。

水池的满水试验过程应符合以下八方面规定：①向水池内充水宜分3次进行，第一次充水高度宜为设计水深的1/3，第二次充水至设计水深的2/3，第三次充水至设计水深。②充水时，水位上升速度不宜大于2m/h，相邻两次充水的间隔时间不宜小于24h。③每次充水宜测读24h水位下降值，并应计算渗水量；在充水过程中和充水后应对水池作外观检查；当渗水量过大时应停止充水，待处理后方可继续充水。④充水至设计水位进行渗水量测定时宜采用水位测针和千分表测定水位；水位测针的读数精度宜为0.1mm。⑤测读

水位的初读数与终读数之间的间隔时间宜为 24h。⑥若第一天测定的渗水量符合标准宜再测定一天；若第一天测定的渗水量超过标准，而以后的渗水量逐渐减少，可延长观测时间。⑦现场测量蒸发量的设备可采用直径约为 500mm，高约为 300mm 的敞口钢板水箱，并应设有测定水位的仪表，水箱不得渗漏。⑧水箱宜画定在水池上，水箱中充水深度约为 200mm，测定水池中水位的同时应测定水箱中水位。

水池满水试验时应无渗水现象，混凝土水池的渗水量应小于 2L/（m^2·d)，砌体水池的渗水量应小于 3L/（m^2·d)。水池的渗水量宜按下式计算：

$$q=A_1\ [\ (H_1-H_2)\ -\ (h_1-h_2)\ /A_2$$

其中，q 为渗水量［L/（m^2·d)］；A_1 为水池的水面面积（m^2)；A_2 为水池湿面积（m^2)；H_1 为测定水池水位的初读数（mm)；H_2 为初读后 24h 时测定水池水位的终读数（mm)；h_1 为测定 H_1 时水箱水位读数（mm)；h_2 为测定 H_2 时水箱水位读数（mm)。

水池工程施工完毕后必须竣工验收，竣工验收宜由建设单位组织设计、施工、管理（使用)、质量监督、监理和有关单位联合并行。

水池工程验收的内容应包括以下四项：①底板、池壁、柱、梁和预埋管道的位置、高程、平面尺寸，管件的安装位置和数量；②水池的渗水量；③水池材料的各类强度和等级；④水池四周土的回填夯实和平整情况。

水池管配件工程验收的内容应包括以下三项：①管材、管径、长度、走向、埋深、坡度、连接方式和管线的位置；②管道的密封性，防腐情况；③闸、阀的数量和位置，启闭和密封情况。

小型污水处理设施的验收内容应包括以下四项：①设施的功能配置和主要参数；②设施的土建和基础处理情况；③设备、仪表、管件安装情况；④设施试运行性能指标符合情况。

非标准设施的验收内容应符合以下四条规定：①设施应符合相应的产品标准并按经规定程序批准的图样和设计文件制造；②设施的质量控制应建立质量保证体系，并应符合《质量管理体系 要求》（GB/T 19000）或《质量管理体系 GB/T 19001—2016 应用指南》（GB/T 19002）的相关规定；③设施的安全要求应符合现行国家标准《污水处理设备安全技术规范》（GB/T 28742）的有关规定；④设施的性能要求应符合相关指标要求和环保标准的要求。

3.2.6 运行和维护

镇村排水设施的运行、维护和管理宜采用城乡统筹，组建专业化养护队伍，统一运行、统一维护和统一管理。运行管理单位应建立完善的管理制度和操作规程，建立健全运行、维护和管理资料的记录和保存。完善的管理制度，主要包括安全管理制度、行政管理制度、财务管理制度、奖惩制度、维修岗位责任制度、化验分析岗位责任制度、巡检管理制度等。完善的操作规程，包括各工种操作规程、设备操作规程，危险作业操作规程、事故预防和应急措施等。制定应急预案，并能有效实施；另外，还包括人员持证上岗、养护和维修记录程序、运行记录台账（含电耗药耗、进出水水质、巡查维护信息等)、监测报告、运行信息公开，做好运行记录等。应定期检查和维护排水管道、管道接口和转弯处。应定期检查和清理检查井，井盖开启、损坏或遗失时，应立即采取安全防护措施，并及时更换。应定期对污水处理构筑物及相关设备进行保养、检查和清扫。应定期根据水质水量

特征调整运行参数。运行和维护人员应培训上岗，并定期进行业务学习。排水管渠和泵站的运行、维护和管理应符合国家行业标准《城镇排水管渠与泵站运行、维护及安全技术规程》（CJJ 68—2016）的相关规定。

3.3 给水排水工程构筑物结构设计

3.3.1 宏观要求

给水排水工程构筑物结构设计应贯彻执行国家的技术经济政策，做到安全适用、技术先进、经济合理、确保质量、保护环境。本节内容适用于新建、扩建和改建的城镇公用设施和工业企业中一般给水排水工程构筑物的结构设计；不适用于工业企业中具有特殊要求的给水排水工程构筑物的结构设计。给水排水工程构筑物结构设计应符合国家现行相关标准的规定。

所谓混凝土抗渗等级（Pi）是指龄期28d的混凝土试件，用逐级加压法施加$i\times$0.1MPa水压后满足试验方法标准规定的不渗水指标。混凝土抗冻等级（Fi）是指龄期28d的混凝土试件，用快冻法经过i次冻融循环后，相对动弹性模量下降不超过40%或质量损失不超过5%。作用水头是指构筑物壁（板）计算截面以上的内、外水位差值。壁面温（湿）差是指假定温度沿多层复合壁（板）的每一层材料的厚度方向均按线性变化，根据连续介质热传导理论计算出的壁（板）结构层内、外表面之间的温差。中面温差是指在构筑物施工闭合时的月平均气温与运行阶段壁（板）内侧介质的计算温度之间的温差作用下，根据连续介质热传导理论计算出的壁（板）结构层中心位置处的温度变化值。伸缩缝是指在构筑物上设置的划分结构单元的构造缝，该种缝具有一定的宽度，允许缝两侧的结构发生膨胀或收缩变形。收缩缝是指在构筑物上设置的划分结构单元的构造缝，该缝不留空隙，仅允许缝两侧的结构发生收缩变形。

3.3.2 材料

贮水或水处理构筑物、地下构筑物宜采用混凝土结构；当容量较小且安全等级低于二级时可采用砖石结构。在最冷月平均气温低于−3℃的地区，外露的储水或水处理构筑物不应采用砖砌结构。混凝土、钢筋、砖石砌体、钢材、钢铸件的设计指标应按现行国家标准的有关规定采用。混凝土的热工系数可按表3-3-1采用。

表3-3-1 混凝土的热工系数

系数名称		系数值	适用条件
混凝土线膨胀系数（1/℃）		1×10^{-5}	温度在0～100℃范围内
导热系数［W/（m·K）］	钢筋混凝土墙、板	1.55	两侧表面与室外空气接触
		2.03	一侧表面与室外空气接触，另一侧表面与水接触
		1.74	其他工作条件

续表

系数名称		系数值	适用条件
外表面热交换系数［W/（m^2·K）］	外墙、顶板与室外空气之间	23	冬季
		19	夏季
内表面热交换系数［W/（m^2·K）］	墙面、地面、顶板与室内空气之间	8.7	—
	墙面、地面、顶板与内水之间	∞	—

贮水或水处理构筑物、地下构筑物的砖石砌体材料应符合以下三方面要求：①砖应采用混凝土实心砖或烧结普通砖；②混凝土实心砖应符合现行国家标准《混凝土实心砖》（GB/T 21144）的要求，强度等级不应低于MU20，密度等级应为A级；③烧结普通砖应符合现行国家标准《烧结普通砖》（GB/T 5101）的要求，强度等级不应低于MU15。石材强度等级不应低于MU30，软化系数不应低于0.8。砌筑砂浆应采用水泥砂浆，强度等级不应低于M10。

变形缝材料应符合以下四方面要求：①橡胶止水带的技术性能应符合现行国家标准《高分子防水材料 第2部分：止水带》（GB 18173.2）的有关规定。②金属止水带的化学成分和物理力学性能应符合现行国家标准《铜及铜合金带材》（GB/T 2059）或《不锈钢冷轧钢板和钢带》（GB/T 3280）的有关规定，厚度宜为0.8～1.2mm，拉伸强度不应小于205MPa，铜止水带的断裂伸长率不应小于20%，不锈钢止水带的断裂伸长率不应小于35%。③填缝材料应采用具有适应变形功能的板材。④嵌缝材料应采用聚硫密封胶、聚氨酯密封胶或遇水膨胀橡胶条，其技术性能应分别符合行业标准《聚硫建筑密封胶》（JC/T 483）、《聚氨酯建筑密封胶》（JC/T 482）和现行国家标准《高分子防水材料 第3部分：遇水膨胀橡胶》（GB 18173.3）的有关规定。

3.3.3 结构上的作用

1）作用分类和作用代表值。结构上的作用可分为3类，即永久作用、可变作用和偶然作用。永久作用应包括结构和永久设备的自重、土的竖向压力和侧向压力、地表水或地下水的水压力和浮托力、构筑物内部盛水的水压力、结构的预加应力、地基的不均匀沉降。可变作用应包括楼面和屋面上的活荷载、地面堆积荷载及其产生的侧压力、吊车荷载、雪荷载、风荷载、流水压力、融冰压力、结构构件的温（湿）度变化作用。偶然作用包括爆炸力、撞击力。结构设计时，对不同的作用应采用不同的代表值，对永久作用应采用标准值作为代表值，对可变作用应根据设计要求采用标准值、组合值或准永久值作为代表值。承载能力极限状态设计或正常使用极限状态按标准组合设计时，对可变作用应按规定的作用组合采用其标准值或组合值作为代表值；可变作用的组合值应为可变作用的标准值乘以其组合值系数。正常使用极限状态按准永久组合设计时，对可变作用应采用准永久值作为代表值；可变作用的准永久值，除流水压力外，应为可变作用的标准值乘以其准永久值系数。使结构或构件产生不可忽略的加速度的作用应按动态作用考虑，可将动态作用简化为静态作用乘以动力系数后，按静态作用计算。

2）永久作用标准值。结构自重的标准值可按结构构件的设计尺寸与相应材料单位体积的自重计算确定；对常用材料和构件，其自重可按现行国家标准《建筑结构荷载规范》（GB 50009）的有关规定采用；永久性设备的自重标准值可按该设备的实际自重或铭牌提供的数据采用。直接支承轴流泵电动机的结构构件，设备转动部分的自重及由其传递的轴向力应乘以动力系数后作为标准值；动力系数可取2.0。作用在地下构筑物上的竖向土压力标准值应按下式计算

$$F_{sv,k}=n_s\gamma_s H_s$$

其中，$F_{sv,k}$为竖向土压力标准值，kN/m^2；n_s为竖向土压力系数可取1.0，当构筑物的平面尺寸长宽比大于10时，n_s宜取1.2；γ_s为回填土的重力密度，kN/m^3，地下水位以上可取18，地下水位以下应采用有效重度可取10；H_s为地下构筑物顶板上的覆土高度，m。

作用在开槽施工地下构筑物上的侧向土压力标准值应按下列相关规范规定确定（图3-3-1）。即应按主动土压力计算。当地面平整时，构筑物侧壁上的主动土压力标准值可按相关规范规定计算，即：

地下水位以上为$F_{ep,k}=K_a\gamma_s Z$；

地下水位以下为$F_{ep,k}=K_a[\gamma_s Z_w+10(Z-Z_w)]$。

其中，$F_{ep,k}$为主动土压力标准值，kN/m^2；K_a为回填土的主动土压力系数应根据回填土的抗剪强度确定，当缺乏试验资料时可取1/3；Z为自地面至计算截面处的深度，m；Z_w为自地面至地下水位的距离，m。

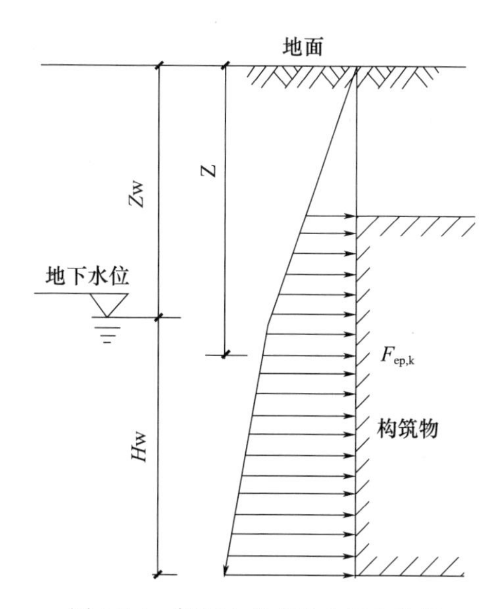

图3-3-1　侧壁上的主动土压力分布

作用在沉井侧壁上的主动土压力标准值可按下式计算：

$$F_{epn,k}=K_{an}[\sum_{i=1}^{n-1}\gamma_{soi}h_i+\gamma_{son}(z_n-\sum_{i=1}^{n-1}h_i)$$

$$K_{an}=\tan^2(45^\circ-\varphi_n/2)-2c_n\tan(45^\circ-\varphi_n/2)/(\bar{\gamma}_{son}z_n)$$

其中，$F_{epn,k}$为第 n 层土层中、距地面 z_n 深度处、沉井侧壁上的主动土压力标准值（kN/m^2）；γ_{soi}为第 i 层土的天然重度（kN/m^3），当位于地下水位以下时应取有效重度；γ_{son}为第 n 层土的天然重度（kN/m^3），当位于地下水位以下时应取有效重度；$\overline{\gamma}_{son}$为计算截面以上各土层的天然重度（当位于地下水位以下时取有效重度）按各土层厚度的加权平均值（kN/m^3）；h_i 为第 i 层土的厚度（m）；z_n 为自地面至计算截面处的深度（m）；K_{an}为第 n 层土的主动土压力系数；φ_n 为第 n 层土的内摩擦角（°）；c_n 为第 n 层土的黏聚力（kPa）。

地表水或地下水对构筑物的水压力标准值应按以下三方面规定确定：①构筑物侧壁上的水压力应按静水压力计算，水的重力密度可取 $10kN/m^3$。②水压力标准值的相应计算水位应根据水文部门或勘察部门提供的数据采用，对于基本组合或标准组合应根据对结构的不利作用效应取 50 年内可能出现的最高或最低水位，最高地表水位的重现期应按构筑物的防洪标准确定，最高地下水位宜综合考虑近期内变化及 50 年内可能的发展趋势确定；对于准永久组合，地表水可采用常年洪水位，地下水可采用平均水位。③作用在构筑物上的浮托力标准值应按最高水位确定，并应按式 $q_{fw,k}=\gamma_w H_{wmax}\eta_{fw}$ 计算，其中，$q_{fw,k}$为构筑物基础底面上的浮托力标准值（kN/m^2）；γ_w 为水的重度（kN/m^3），可取 10；H_{wmax}为地表水或地下水的最高水位至基础底面（不包括垫层）计算部位的距离（m）；η_{fw}为浮托力折减系数，对非岩质地基应取 1.0，对岩石地基应按其破碎程度确定，当基底设置滑动层时应取 1.0。

当构筑物基底位于地表滞水层内，又无排除上层滞水措施时，基础底面上的浮托力仍应按前式计算确定；当构筑物两侧水位不等时基础底面上的浮托力可按沿基底直线变化计算。

构筑物内的水压力应按设计水位的静水压力计算，对给水处理构筑物，水的重度标准值可取 $10kN/m^3$；对污水处理构筑物，水的重度标准值可取（10～10.8）kN/m^3。机械表面曝气池内的设计水位应计入水面波动的影响。

施加在结构构件上的预应力标准值应按预应力钢筋的张拉控制应力值扣除相应张拉工艺的各项预应力损失采用；张拉控制应力值应按现行国家标准《混凝土结构设计规范》（GB 50010）的有关规定确定；预应力损失可按本书第 3.3.7 节计算确定。当对构件做承载能力极限状态计算，预应力为不利作用时，由钢筋松弛和混凝土收缩、徐变引起的预应力损失不应扣除。

地基不均匀沉降引起的永久作用标准值，其沉降量及沉降差应按现行国家标准《建筑地基基础设计规范》（GB 50007）的有关规定计算确定。

3）可变作用标准值、组合值、准永久值。构筑物楼面和屋面（顶盖）的活荷载标准值、组合值系数及其准永久值系数应按表 3-3-2 采用，对水池顶盖尚应根据施工或运行条件验算施工机械设备荷载或运输车辆荷载；对操作平台、泵房等楼面尚应根据实际情况验算设备、运输工具、堆放物料等局部集中荷载；对预制楼梯踏步尚应按集中荷载标准值 1.5kN 验算。吊车荷载、雪荷载、风荷载的标准值、组合值系数及准永久值系数应按现行国家标准《建筑结构荷载规范》（GB 50009）的有关规定采用。

表 3-3-2　构筑物楼面和屋面（顶盖）的活荷载

项序	构筑物部位	活荷载标准值（kN/m^2）	组合值系数 ψ_c	准永久值系数 ψ_q
1	不上人的屋面、储水或水处理构筑物的顶盖	0.5	0.7	0
2	上人屋面或顶盖	2.0	0.7	0.4
3	走道板、操作平台或泵房等楼面	2.0	0.7	0.5
4	楼梯	3.5	0.7	0.3
5	操作平台、楼梯的栏杆	水平向 1.0kN/m	0.7	0

确定水塔风荷载标准值时，整体计算的风载体型系数 μs 应按下列三条规定采用：①倒锥形水箱的风载体型系数应为＋0.7；②圆柱形水箱或支筒的风载体型系数应为＋0.7；③钢筋混凝土构架式支承结构的梁、柱的风载体型系数应为＋1.3。

作用在取水构筑物头部上的流水压力应按以下两方面规定确定（图 3-3-2），即流水压力标准值或准永久值应按下式计算：

$$F_{dw}=n_d K_f \gamma_w v_w^2 A/(2g)$$

其中，F_{dw} 为取水头部上的流水压力（kN）可为标准值（$F_{dw,k}$）或准永久值（$F_{dw,q}$）；n_d 为淹没深度影响系数可按表 3-3-3 采用，对于非淹没式取水头部应取 1.0；K_f 为取水头部的水流力系数可按表 3-3-4 采用；v_w 为水流的平均速度（m/s）；g 为重力加速度（m/s^2）；A 为取水头部的阻水面积（m^2）应计算至最低冲刷线处；表 3-3-3 中，d_0 为取水头部阻水面积中心至水面的距离，H_d 为取水头部最低冲刷线以上的高度。

流水压力的标准值或准永久值的计算水位应根据水文部门提供的数据采用，作用标准值的计算水位应根据对结构的不利作用选取 50 年内可能出现的最高或最低地表水位，最高地表水位的重现期应按防洪标准确定；作用准永久值的计算水位可采用常年洪水位；作用的组合值系数可取 0.7。

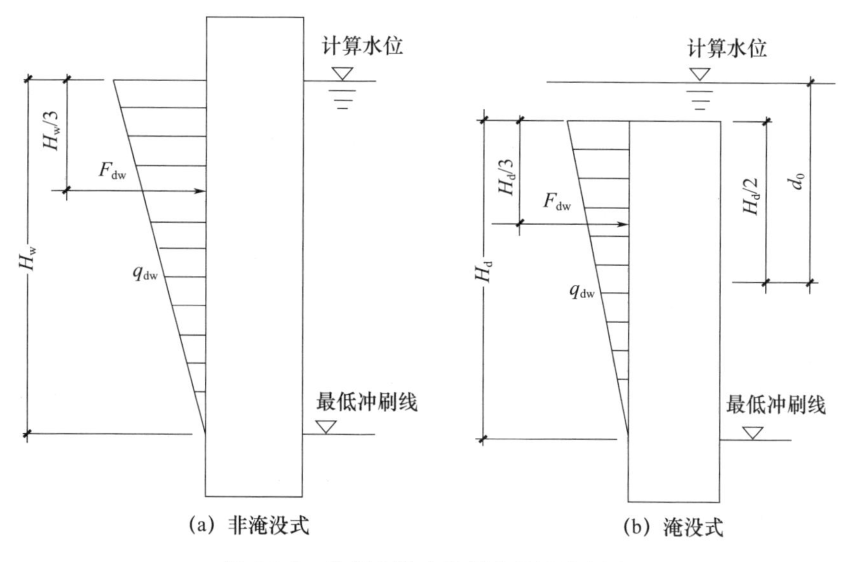

图 3-3-2　作用在取水头部上的流水压力

表 3-3-3　淹没深度影响系数 n_d

d_0/H_d	0.50	1.00	1.50	2.00	2.25	2.50	3.00	3.50	4.00	5.00	≥6.00
n_d	0.70	0.89	0.96	0.99	1.00	0.99	0.99	0.97	0.95	0.88	0.84

表 3-3-4　取水头部的水流力系数 K_f

头部体型	方形	矩形	圆形	尖端形	长圆形
K_f	1.47	1.28	0.78	0.69	0.59

河道内融流冰块作用在取水头部上的压力可按以下三方面规定来确定：①作用在具有竖直边缘头部上的融冰压力标准值可按式 $F_{Ik}=m_h f_I b t_I$ 计算。②作用在具有倾斜破冰凌的头部上的融冰压力标准值可按式 $F_{Iv,k}=f_{Iw}t_I^2$ 和 $f_{Ih,k}=f_{Iw}t_I^2\tan\theta$ 计算：

其中，F_{Ik} 为竖直边缘头部上的融冰压力标准值（kN）；m_h 为取水头部迎水流面的体型系数，方形时可取 1.0，圆形时可取 0.9，尖端形时应按表 3-3-5 采用；f_I 为冰的极限抗压强度（kN/m^2），当初融流冰水位时可取 750；t_I 为冰厚（m），应按实际情况确定；$F_{Iv,k}$ 为竖向融冰压力标准值（kN）；$F_{Ih,k}$ 为水平向融冰压力标准值（kN）；b 为取水头部在设计流冰水位线上的宽度（m）；f_{Iw} 为冰的弯曲抗压极限强度（kN/m^2），可按 $0.7f_I$ 采用；θ 为破冰凌对水平线的倾角（°）。

③融冰压力的组合值系数 ψ_c 可取 0.7，准永久值系数 ψ_q，对东北地区和新疆北部地区可取 0.5；对其他地区可取 0。

表 3-3-5　尖端形取水头部体型系数 m_h

尖端形取水头部迎水流向角度	45°	60°	75°	90°	120°
m_h	0.60	0.65	0.69	0.73	0.81

储水或水处理构筑物的温差（包括湿度变化的当量温差）可按以下四条规定确定：

① 构筑物壁板的壁面温差应按下式计算：

$$\Delta t=(h/\lambda)(T_i-T_e)/(1/\beta_i+1/\beta_e+h/\lambda+h_e/\lambda_e)$$

其中，Δt 为壁板的内、外侧壁面温差（℃）；h 为壁板的结构厚度（m）；h_e 为外保温层的厚度（m）；λ 为壁板的导热系数［W/（m·K）］；λ_e 为外保温层的导热系数［W/（m·K）］；β_i 为内表面热交换系数［W/（m^2·K）］；β_e 为外表面热交换系数［W/（m^2·K）］；T_i 为壁板内侧介质的计算温度（℃），对于盛水构筑物可按年最低月的平均水温采用；T_e 为壁板外侧介质的计算温度（℃），当外侧为大气时可按当地年最低月的统计平均温度采用。

② 构筑物壁板的中面温差应按下式计算：

$$\Delta t_0=T_c-T_c-(1/\beta_e+h/\lambda/2+h_c/\lambda_c)(T_i-T_e)/(1/\beta_i+1/\beta_e+h/\lambda+h_e/\lambda_e)$$

其中，Δt_0 为壁板的中面温差（℃）；T_c 为构筑物施工闭合时的月平均气温（℃）；其余符号含义同前。

③ 暴露在大气中的构筑物壁板的壁面湿度当量温差 Δt 应按 10℃采用。

④ 温（湿）度变化作用的组合值系数 ψ_c 可取 0.9，准永久值系数 ψ_q 宜取 1.0。地面堆积荷载的标准值可取 $10kN/m^2$，其对地下构筑物的侧压力系数可取 1/3；地面堆积荷载及其侧压力的组合值系数 ψ_c 可取 0.7，准永久值系数 ψ_q 可取 0.5。

3.3.4　基本设计原则

1）设计规则。应采用以概率理论为基础的极限状态设计方法，以可靠指标度量结构构件的可靠度；按承载能力极限状态计算时，除对结构整体稳定性验算及地基承载力验算外，均采用分项系数的设计表达式进行设计。采用的极限状态设计方法包括下列两类极限状态，其中的承载能力极限状态应包括对结构构件的承载力（包括压曲失稳）计算、结构整体失稳（滑移及倾覆、上浮）验算、地基承载力验算；正常使用极限状态应包括对需要控制变形的结构构件的变形验算，钢筋混凝土和预应力混凝土构件的应力限值验算，使用上要求不出现裂缝的构件抗裂验算边缘混凝土法向拉应力，使用上需要限制裂缝宽度的验算等。结构内力分析均应按弹性体系计算，不考虑由非弹性变形所产生的塑性内力重分布。对于水池的承载能力极限状态计算和正常使用极限状态验算的作用组合应根据水池型式及运行模式，合理且充分考虑满水试验、使用阶段池内满水、多格水池间隔贮水、池内放空等不同工况；对于预应力水池，尚应考虑空池时预应力张拉阶段以及构件制作、运输、吊装等施工阶段。

水池的作用组合中，关于温（湿）差作用应符合以下两条要求：①壁面温差和湿度当量温差不应同时考虑，应取其较大者；②对于现浇圆形水池及总尺寸或结构单元尺寸超过相关规范规定的伸缩缝或收缩缝最大间距的现浇矩形水池，尚应包括中面温差作用。给水排水工程构筑物结构的承载能力极限状态计算和正常使用极限状态验算，除有特别规定外应按建筑结构设计现行国家标准的有关规定执行。

2）承载能力极限状态计算。对结构构件进行承载力计算时应符合下式：

$$\gamma_0 S_d \leqslant R_d$$

其中，γ_0 为结构重要性系数，对安全等级为一、二、三级时的基本组合应分别取 1.1、1.0、0.9，对偶然组合取 1.0；S_d 为作用组合的效应设计值；R_d 为结构构件的抗力设计值，应按建筑结构设计现行国家标准的有关规定确定。

对持久设计状况和短暂设计状况应采用作用的基本组合；基本组合的效应设计值应按下式中的最不利值确定：

$$S_d = \sum_{i \geqslant 1} \gamma_{G_i} S_{G_{ik}} + \gamma_P S_P + \gamma_L (\gamma_{Q_1} S_{Q_{1k}} + \sum_{j \geqslant 2} \gamma_{Q_j} \psi_{cj} S_{Q_{jk}})$$

其中，$S_{G_{ik}}$ 为第 i 个永久作用标准值的效应；S_P 为预应力标准值的效应；γ_{Gi}、γ_P 分别为第 i 个永久作用、预应力的分项系数，当作用效应对承载力不利时应取 1.3，当作用效应对承载力有利时应取 1.0；$S_{Q_{1k}}$、$S_{Q_{jk}}$ 分别为第 1 个、第 j 个可变作用标准值的效应；γ_{Q_1}、γ_{Q_j} 分别为第 1 个、第 j 个可变作用的分项系数，当作用效应对承载力不利时应取 1.5，当作用效应对承载力有利时应取 0；γ_L 为考虑结构设计工作年限的可变作用调整系数，对于设计工作年限为 5 年、50 年、100 年可分别取 0.9、1.0、1.1；ψ_{cj} 为第 j 个可变作用的组合值系数。需要强调的是，应轮次以各可变作用作为第一可变作用。

对偶然设计状况应采用作用的偶然组合；偶然组合的效应设计值可按相关现行国家标准的有关规定确定。构筑物的稳定性验算应符合以下四条规定：①构筑物的设计稳定性抗力系数 K_s 不应小于表 3-3-6 的规定；②抵抗力只计入永久作用，可变作用和侧壁上的摩擦力不应计入；③抵抗力和滑动力、倾覆力均应采用标准值；④无梁楼盖或框架的地下或半地下构筑物底板应以单柱区格作为计算单元进行局部抗俘稳定验算。对挡土（水）墙、水塔等构筑物基底的地基反力可按直线分布计算；基底不宜出现脱空区。

表 3-3-6　构筑物的设计稳定性抗力系数 K_s

失稳特征	设计稳定性抗力系数 K_s
沿基底或沿齿墙底面连同齿墙间土体滑动	1.30
沿地基内深层滑动（圆弧面滑动）	1.20
倾覆	1.60
上浮	1.05

3）正常使用极限状态验算。结构构件按正常使用极限状态设计时应符合式 $S_d \leqslant C$ 的要求，其中，S_d 为作用组合的效应设计值；C 为对结构构件变形、应力、裂缝宽度等规定的限值。

对于正常使用极限状态，作用标准组合、准永久组合的效应设计值应分别按相关规范规定确定。作用标准组合的效应设计值为：

$$S_d = \sum_{i \geqslant 1} S_{G_{ik}} + S_P + S_{Q_{1k}} + \sum_{j \geqslant 2} \psi_{cj} S_{Q_{jk}}$$

作用准永久组合的效应设计值为：

$$S_d = \sum_{i \geqslant 1} S_{G_{ik}} + S_P + \sum_{j \geqslant 1} S_{Q_{jq}}$$

其中，$S_{Q_{jq}}$ 为第 j 个可变作用准永久值的效应，流水压力的准永久值及其效应应按相关规范规定确定，其余可变作用的准永久值效应应按其准永久值系数 ψ_{qj} 乘以其标准值的效应 $S_{Q_{jk}}$ 确定。需要强调的是，标准组合中应轮次以各可变作用作为第一可变作用。

钢筋混凝土和预应力混凝土结构构件正截面的裂缝控制等级分为下列三级。即一级为严格要求不出现裂缝的构件，在工作阶段标准组合作用下，截面抗裂验算边缘混凝土不应产生拉应力。二级为一般要求不出现裂缝的构件，在工作阶段标准组合作用下，截面抗裂验算边缘混凝土允许出现拉应力，拉应力值不应超过混凝土轴心抗拉强度标准值。三级为允许出现裂缝的构件，在工作阶段准永久组合作用下，构件的最大计算裂缝宽度不超过本节内容规定的限值。

混凝土构件的正截面抗裂验算要求应符合表 3-3-7 的规定。

表 3-3-7　混凝土构件的正截面抗裂验算要求

构件类型	作用组合	裂缝控制等级	备注
圆形水池环向预应力混凝土构件	标准组合	一	—
圆形水池竖向预应力混凝土构件	标准组合	一	三 a～五 c 类环境
		二	一～二 b 类环境
其他预应力混凝土构件	标准组合	二	—
竖向未配置预应力筋的预应力混凝土水池池壁竖向构件	标准组合	二	裂缝控制等级可降为三级，按准永久组合计算
钢筋混凝土构件	标准组合	二	轴心受拉或小偏心受拉
	准永久组合	三	受弯、大偏心受压（拉）

张拉阶段的预应力混凝土构件，其应力限值应符合下式要求：

$$\sigma_{cck} \leqslant 0.6f'_{ck} 且 -\sigma_{ctk} \leqslant f'_{tk}$$

其中，σ_{cck}、σ_{ctk}分别为在自重、预应力和施工荷载标准组合作用下，构件截面边缘的混凝土法向压应力、法向拉应力（N/mm^2），可按相关规范规定计算；f'_{ck}、f'_{tk}分别为与各施工阶段混凝土立方体抗压强度 f'_{cu} 相应的轴心抗压强度标准值、轴心抗拉强度标准值（N/mm^2）。

工作阶段的预应力混凝土构件，其应力限值应符合下式：

$$\sigma_{cck} \leqslant 0.6f_{ck} 且 \sigma_{ccq} \leqslant 0.45f_{ck} 且 -\sigma_{ctk} \leqslant \alpha_{ct} f_{ck}$$

裂缝控制等级为二级的钢筋混凝土构件，其应力限值应符合下式：

$$-\sigma_{ctk} \leqslant \alpha_{ct} f_{ck}$$

其中，$\sigma_{cck(q)}$、σ_{ctk}分别为在工作阶段标准组合（准永久组合）作用下，构件截面边缘的混凝土法向压应力、法向拉应力（N/mm^2），可按相关规范规定计算；f_{ck}、f_{tk}分别为混凝土轴心抗压强度标准值、轴心抗拉强度标准值（N/mm^2）；α_{ct}为混凝土拉应力限制系数，一级裂缝控制等级取0，二级裂缝控制等级取1.0。

预应力混凝土构件或钢筋混凝土构件截面边缘的混凝土法向应力可按下式计算：

$$\sigma_{cck(q)} 或 \sigma_{ctk} = \gamma_{pc}\sigma_{pc} + N_{k(q)}/A_0 \pm M_{k(q)}/W_0$$

其中，σ_{pc}为扣除相应阶段预应力损失后，由预应力在构件抗裂验算边缘产生的混凝土法向应力（N/mm^2）；$N_{k(q)}$、$M_{k(q)}$分别为不包括预应力的标准组合（准永久组合）下计算的轴向力值（N）、弯矩值（N·mm）；A_0 为换算截面面积（mm^2），包括混凝土净截面面积及全部普通钢筋和预应力筋截面面积换算成混凝土的截面面积；W_0 为验算边缘的换算截面弹性抵抗矩（mm^3）；γ_{pc}为预应力标准值调整系数，可按表3-3-8取值。

需要强调的是，上述关系式中，σ_{pc}为压应力时取正值，为拉应力时取负值；$N_{k(q)}$为轴向压力时取正值，为轴向拉力时取负值；$M_{k(q)}$产生的边缘纤维应力为压应力时式中符号取“+”号，为拉应力时式中符号取“−”号。

表3-3-8　预应力标准值调整系数 γ_{pc}

预应力类型	有利	不利
后张法（无黏结）、先张法	0.95	1.05
后张法（有黏结）	0.90	1.10
预应力筋张拉力、伸长值量测值与计算值偏差不超过±1%时	1.00	1.00

裂缝控制等级为三级的钢筋混凝土构件，其裂缝宽度应符合式 $w_{max} \leqslant w_{lim}$ 的要求，其中，w_{max}为构件的最大裂缝宽度计算值（mm），可按3.3.6计算确定；w_{lim}为构件的最大裂缝宽度限值（mm），应按相关规范规定取值。

钢筋混凝土构件的最大裂缝宽度限值应符合以下两方面规定：①对于准永久组合下受弯、大偏心受压（拉）的钢筋混凝土构件，其最大裂缝宽度限值应取式 $w_{lim} = 0.225 - 0.005i_w$ 的计算值及表3-3-9规定值的较小者；②当 $i_w < 5$ 时取 $i_w = 5$，当 $i_w > 35$ 时取 $i_w = 35$，其中，i_w 为最大作用水头与混凝土壁、板厚度之比值。当外水、土或大气具有腐蚀性时，构件外侧最大裂缝宽度限值尚应符合现行国家标准《工业建筑防腐蚀设计标准》（GB 50046）及其他相关标准的有关规定。表3-3-9中，强腐蚀环境下的最大裂缝宽度限值不应大于0.15mm。

表3-3-9 钢筋混凝土构件的最大裂缝宽度限值 w_{lim}

类别	部位	w_{lim} (mm)
水处理构筑物、水池、水塔	给水水质净化处理构筑物	0.25
	给水清水池	0.20
	污水、污泥处理构筑物、水塔的水柜	0.20
	臭氧接触池	0.15
	活性炭滤池	0.15
泵房	储水间，格栅间，雨、污水泵池	0.20
	给水泵房及其他地面以下部分	0.25
取水头部	常水位以下部分	0.25
	常水位以上湿度变化部分	0.20

电机层楼面的支承梁应按作用的准永久组合进行变形计算，其允许挠度应符合式 $w_v \leqslant l_0/750$ 的要求，其中，w_v 为支承梁的允许挠度（mm）；l_0 为支承梁的计算跨度（mm）。

4）耐久性规定。储水或水处理构筑物、地下构筑物的混凝土，其碱骨料反应的预防措施应按现行国家标准《预防混凝土碱骨料反应技术规范》（GB/T 50733）的有关规定执行。在混凝土配制中采用外加剂时应符合现行国家标准《混凝土外加剂应用技术规范》（GB 50119）的有关规定，并应根据试验验证，确定其适用性及相应的掺和量。混凝土用水泥宜采用普通硅酸盐水泥；当处于冻融环境时，不得采用火山灰质硅酸盐水泥和粉煤灰硅酸盐水泥；受侵蚀介质影响的混凝土应根据侵蚀性质选用。贮水或水处理混凝土构筑物的抗渗应以混凝土本身的密实性满足抗渗要求。构筑物混凝土的抗渗等级应按表3-3-10采用。最冷月平均气温低于−3℃的地区，外露的混凝土构筑物的混凝土抗冻等级应按表3-3-11采用。表3-3-11中，气温应根据连续5年以上的实测资料，统计其平均值确定；冻融循环总次数系指一年内气温从3℃以上降至−3℃以下，然后回升至+3℃以上的交替次数；对于地表水取水头部，尚应考虑一年中日平均气温低于−3℃期间，因水位涨落而产生的冻融交替次数，此时水位每涨落一次应按一次冻融计算；最冷月平均气温低于−10℃的地区，当冻融循环总次数远大于100时，可根据实际情况采用更高的抗冻等级；最冷月平均气温低于−20℃的地区，混凝土抗冻等级应根据具体情况研究确定。构筑物混凝土的抗渗等级和抗冻等级应根据试验确定，并应按现行国家标准《普通混凝土长期性能和耐久性能试验方法标准》（GB/T 50082）的有关规定执行。

表3-3-10 混凝土抗渗等级 P*i*

最大作用水头与混凝土壁、板厚度之比值 i_w	抗渗等级 P*i*
≤10	P4
10～30	P6
≥30	P8

表 3-3-11　混凝土抗冻等级 Fi

<table>
<tr><td colspan="2">结构类别</td><td colspan="2">地表水取水头部</td><td>其他</td></tr>
<tr><td colspan="2" rowspan="2">工作条件</td><td colspan="2">冻融循环总次数</td><td rowspan="2">地表水取水头部的水位涨落区以上部位及外露的水池等</td></tr>
<tr><td>≥100</td><td><100</td></tr>
<tr><td rowspan="2">气候条件</td><td>最冷月平均气温低于−10℃</td><td>F300</td><td>F250</td><td>F200</td></tr>
<tr><td>最冷月平均气温在−10～−3℃</td><td>F250</td><td>F200</td><td>F150</td></tr>
</table>

混凝土构筑物的环境类别划分应按下列三方面规定执行：①环境类别划分应符合现行国家标准《混凝土结构设计标准》（GB 50010）的规定。②当构件的一侧表面接触空气，另一侧表面接触水体或湿润土体时，则临空气一侧应按干湿交替环境考虑。③与污水（污泥）接触的环境、与氯离子腐蚀以外的腐蚀性土壤或腐蚀性地表水或地下水接触的环境应根据腐蚀性等级为弱腐蚀、中腐蚀、强腐蚀，分别划分为五 a 类、五 b 类、五 c 类；腐蚀性等级的划分应按现行国家标准《工业建筑防腐蚀设计标准》(GB 50046）的有关规定执行。

构筑物结构混凝土应符合表 3-3-12 的规定。表 3-3-12 适用于设计工作年限为 50 年的混凝土构筑物；设计工作年限为 100 年时，最低混凝土强度等级宜按表中规定提高 10MPa，最大氯离子含量为 0.06%，且不得使用碱活性骨料；对于预应力混凝土结构，最低混凝土强度等级宜按表中规定提高 10MPa，其最大氯离子含量为 0.06%；水溶性氯离子含量即指其占胶凝材料总重量的百分比；五 a 类、五 b 类、五 c 类环境的结构混凝土，当采取表面防腐蚀措施时，最低强度等级可降低 5MPa；素混凝土构件的最低强度等级要求可适当放松，但不应低于 C20；当使用非碱活性骨料时，对混凝土中的碱含量可不作限制。

表 3-3-12　构筑物结构混凝土的耐久性基本要求

<table>
<tr><td>环境类别</td><td>最低强度等级</td><td>最大水胶比</td><td>水溶性氯离子最大含量</td><td>最大碱含量(kg/m³)</td></tr>
<tr><td>一</td><td>C25</td><td>0.50</td><td>0.30%</td><td>不限制</td></tr>
<tr><td>二 a</td><td>C25</td><td>0.50</td><td>0.20%</td><td rowspan="8">3.0</td></tr>
<tr><td>二 b</td><td>C30</td><td>0.50</td><td>0.15%</td></tr>
<tr><td>三 a</td><td>C35</td><td>0.45</td><td>0.10%</td></tr>
<tr><td>三 b</td><td>C40</td><td>0.40</td><td>0.10%</td></tr>
<tr><td>四</td><td>C40</td><td>0.40</td><td>0.10%</td></tr>
<tr><td>五 a</td><td>C35</td><td>0.45</td><td>0.10%</td></tr>
<tr><td>五 b</td><td>C40</td><td>0.40</td><td>0.10%</td></tr>
<tr><td>五 c</td><td>C45</td><td>0.38</td><td>0.08%</td></tr>
</table>

构筑物结构混凝土的胶凝材料用量宜符合表 3-3-13 的规定，当混凝土中加入活性掺和料、高效减水剂时可适当降低胶凝材料用量。配筋混凝土骨料最大粒径宜满足表 3-3-14 的要求。

表 3-3-13　构筑物结构混凝土胶凝材料用量（kg/m^3）

环境类别	一	二 a	二 b	三 a	三 b	四	五 a	五 b	五 c
最小用量	300				320		300	320	—
最大用量	—				—		—	—	450

表 3-3-14　配筋混凝土骨料最大粒径要求（mm）

混凝土保护层最小厚度（mm）		30	35	40
环境分类	一	30	35	40
	二、五	20	25	25
	三、四	15	20	20

5）改变既有构筑物的设计原则。对既有构筑物进行以下四方面改变时，应对其进行评定、验算或重新设计：①延长使用年限；②改变用途、改变工艺流程或内部介质；③改建或扩建；④加固或修复。对既有构筑物进行安全性、适用性、耐久性及抗灾害能力进行评定时应符合现行国家标准《工程结构通用规范》（GB 55001—2021）、《建筑结构可靠性设计统一标准》（GB 50068—2018）及其他相关国家标准的原则要求。

改变既有构筑物时，其结构设计应符合以下五条规定：①应优化结构方案，保证结构的整体稳固性及施工期间既有结构的安全性；②承载能力极限状态计算、正常使用极限状态验算、耐久性设计和构造要求应符合相关规范的规定；③既有结构的材料设计指标应根据实测值确定；④作用的种类、取值和组合可根据相关规范的规定并考虑实际情况确定；⑤设计时应考虑既有结构的实际几何尺寸、实配钢筋、连接构造和已有缺陷。

3.3.5　基本构造要求

1）基本规则。储水或水处理构筑物宜按地下式建造；当按地面式建造时，严寒和寒冷地区宜设置保温设施。混凝土储水或水处理构筑物，除水槽和水塔等高架储水池外，其壁、底板厚度均不宜小于 200mm。构筑物钢筋的混凝土保护层最小厚度（从最外层钢筋的外缘处起）应符合表 3-3-15 的规定。表 3-3-15 适合于设计工作年限为 50 年的混凝土构筑物，对于设计工作年限为 100 年的情况，保护层最小厚度应按表中数值增加 10mm；后张预应力混凝土构件的预应力钢筋保护层厚度从护套或孔道管外缘算起，其保护层厚度尚不应小于护套或孔道管直径的 1/2；当构筑物的构件外表设有水泥砂浆抹面或其他涂料等质量确有保证的保护措施时，表中要求的钢筋的混凝土保护层厚度可酌量减小，但不得低于无腐蚀环境的要求。钢筋混凝土墙（壁）的拐角及与板的交接处宜设置腋角；腋角的边宽不应小于 150mm，并应配置构造钢筋可按墙或板截面内侧较大受力钢筋面积的 50% 采用。

表 3-3-15　混凝土保护层最小厚度（mm）

环境类别	壁、板	梁、柱	基础、底板下层筋
一	20	25	40
二 a	20	25	
二 b	25	30	

续表

环境类别	壁、板	梁、柱	基础、底板下层筋
三 a	30	35	40
三 b	40	45	
四	40	45	
五 a	35	40	
五 b	35	40	
五 c	40	45	

2）变形缝和施工缝。矩形构筑物的长度或宽度较大时，应设置适应温度变化作用的伸缩缝或收缩缝；伸缩缝或收缩缝的最大间距可按表 3-3-16 的规定采用。对于地下式或有保温措施的构筑物应考虑施工条件及温度、湿度环境等因素，外露时间较长时，应按露天条件设置伸缩缝或收缩缝；当有经验时，例如在混凝土中施加可靠的外加剂或浇筑混凝土时设置后浇带，减少其收缩变形，此时构筑物的伸缩缝或收缩缝最大间距可根据经验确定，不受表列数值限制。

表 3-3-16　矩形构筑物的伸缩缝或收缩缝最大间距（m）

地基类别			岩基		土基	
工作条件			露天	地下式或有保温措施	露天	地下式或有保温措施
结构类别	砌体	砖	30	—	40	—
		石	10	—	15	—
	现浇素混凝土		5	8	8	15
	钢筋混凝土	装配整体式	20	30	30	40
		现浇	15	20	20	30

当构筑物的地基土有显著变化或承受的荷载差别较大时，应采用适当的地基处理方法消除不均匀沉降，或设置沉降缝加以分割。构筑物的伸缩缝、收缩缝或沉降缝应做成贯通式，在同一剖面上连同基础或底板断开；伸缩缝的缝宽不宜小于 20mm；收缩缝不留空隙；沉降缝的缝宽不应小于 30mm。

钢筋混凝土构筑物的伸缩缝、收缩缝和沉降缝的构造应符合以下三条要求：①伸缩缝、沉降缝处的防水构造应由止水板材、填缝材料和嵌缝材料组成。②止水板材宜采用橡胶或金属止水带，止水带与构件混凝土表面的距离不宜小于止水带埋入混凝土内的深度，当构件的厚度较小时宜在缝的端部局部加厚，并宜在加厚截面的突缘外侧设置可压缩性板材。③金属止水带的型式和断面宜符合现行行业标准《水工建筑物止水带技术规范》（DL/T 5215）的有关规定。

位于岩石地基上的构筑物，其底板与地基间应设置滑动层构造。混凝土构筑物的施工缝设置应符合以下三条要求：①施工缝宜设置在构件受力较小的截面处；②除需要设置后浇带的情况外，不应设置垂直施工缝；③施工缝构造应符合现行国家标准《地下工程防水技术规范》（GB 50108）的有关规定。

3）钢筋和预埋件。钢筋混凝土构筑物构件的受力钢筋应符合以下两方面规定：①受力钢筋的最小配筋百分率应符合现行国家标准《混凝土结构设计规范》（GB 50010）的有关规定；②受力钢筋宜采用直径较小的钢筋配置，每米宽度的墙、板内受力钢筋不宜少于4根且不宜超过10根。现浇钢筋混凝土矩形构筑物构件的构造钢筋应符合以下两条规定：①当构件的截面厚度不大于500mm时，其内、外侧构造钢筋的配筋率均不应小于0.15%；②当构件的截面厚度大于500mm时，其内、外侧均可按截面厚度500mm配置0.15%的构造钢筋。

钢筋混凝土壁（板）拐角（含丁字相交节点）处的钢筋锚固应符合以下三条要求：①钢筋锚入相邻壁（板）的长度应自相邻壁（板）的内侧表面起算，且不应小于锚固长度。②锚固长度的计算及锚固长度范围内的横向构造钢筋配置应按现行国家标准《混凝土结构设计规范》（GB 50010）的有关规定执行。③与锚固钢筋垂直相接的钢筋可兼作横向构造钢筋，但其直径、间距应满足规范要求。

钢筋的连接应符合以下三条要求：①对处于轴心受拉或小偏心受拉状态的构件，其受力钢筋不应采用绑扎搭接连接；②受力钢筋采用绑扎搭接时，搭接位置应设置在构件受力较小处；③受力钢筋的连接应按现行国家标准《混凝土结构设计规范》（GB 50010）的规定相互错开。钢筋混凝土构筑物上的预埋件应符合现行国家标准《混凝土结构设计规范》（GB 50010）的有关规定；永久性金属预埋件应根据不同腐蚀特征，采取可靠的防腐措施。

4）开孔处加固。钢筋混凝土构筑物的开孔处应按以下五方面规定采取加强措施：①即当开孔的直径或宽度大于300mm但不超过1000mm时，孔口的每侧沿受力钢筋方向应配置加强钢筋，其钢筋截面面积不应小于开孔切断的受力钢筋计算截面面积的75%。②当开孔的直径或宽度大于1000mm但不超过构筑物壁（板）计算跨度的1/4时，可按本条第1款的方法加固，也可采用肋梁加固，肋梁内配筋应按计算确定。③当开孔的直径或宽度大于构筑物壁（板）计算跨度的1/4时宜对孔口设置边梁，梁内配筋应按计算确定。④对矩形孔口的四周尚应加设斜筋，对圆形孔口尚应加设环筋。⑤加固筋两端伸出洞口边的长度均不应小于锚固长度的1.4倍。

砌体构筑物的开孔处应按以下两方面规定采取加强措施：①砖砌体的开孔处宜设置过梁或采用砌筑砖券加强。②砖券厚度，对直径小于1000mm的孔口，不应小于120mm；对直径大于1000mm的孔口，不应小于240mm。石砌体的开孔处宜采用局部浇筑混凝土加强。

3.3.6 钢筋混凝土矩形截面构件处于受弯或大偏心受压（拉）状态时的最大裂缝宽度计算

在准永久组合作用下处于受弯、大偏心受压（拉）状态的钢筋混凝土构件，其最大裂缝宽度可按下式计算：

$$w_{max}=1.8\psi\sigma_{sq}(1.5c+0.11d/\rho_{te})(1+\alpha_1)v/E_s$$

$$\psi=1.1-0.65f_{tk}/(\rho_{te}\sigma_{sq}\alpha_2)$$

$$\rho_{te}=A_s/(0.5bh)$$

受弯、大偏心受压时 $\alpha_1=0$，大偏心受拉时 $\alpha_1=0.28/(1+2e_0/h_0)$，受弯时 $\alpha_2=1.0$，

大偏心受压时 $\alpha_2=1-0.2h_0/e_0$，大偏心受拉时 $\alpha_2=1+0.35h_0/e_0$

其中，w_{max} 为最大裂缝宽度计算值（mm）；ψ 为裂缝间受拉钢筋应变不均匀系数，当 $\psi<0.4$ 时应取0.4，当 $\psi>1.0$ 时应取1.0；σ_{sq} 为按准永久组合计算的钢筋混凝土构件纵向受拉钢筋应力（N/mm^2）；E_s 为钢筋的弹性模量（N/mm^2）；c 为最外层纵向受拉钢筋的混凝土保护层厚度（mm）；d 为纵向受拉钢筋直径（mm），当采用不同直径的钢筋时应取 $4A_s/u$，u 为纵向受拉钢筋截面的总周长（mm）；ρ_{te} 为以有效受拉混凝土截面面积计算的纵向受拉钢筋配筋率；b 为截面计算宽度（mm）；h 为截面计算高度（mm）；h_0 为计算截面的有效高度（mm）；e_0 为纵向力对截面重心的偏心距（mm）；A_s 为受拉钢筋的截面面积（mm^2），对偏心受拉构件应取偏心力一侧的钢筋截面面积；α_1、α_2 为系数；V 为纵向受拉钢筋表面特征系数，对光圆钢筋应取1.0，对带肋钢筋应取0.7；f_{tk} 为混凝土轴心抗拉强度标准值（N/mm^2）。

按准永久组合计算的钢筋混凝土构件纵向受拉钢筋应力可按下式计算：

$$\text{受弯构件}\ \sigma_{sq}=M_q/(0.87A_sh_0)$$

其中，M_q 为在准永久组合作用下，计算截面处的弯矩（N·mm），其余符号含义同前。

$$\text{大偏心受压构件}\ \sigma_{sq}=[M_q-0.35N_q(h_0-0.3e_0)]/(0.87A_sh_0)$$

其中，N_q 为在准永久组合作用下计算截面上的轴向力（N），其余符号含义同前。

$$\text{大偏心受拉构件}\ \sigma_{sq}=[M_q+0.5N_q(h_0-a')]/[A_s(h_0-a')]$$

其中，a' 为位于偏心力一侧的钢筋至截面近侧边缘的距离（mm），其余符号含义同前。

3.3.7　预应力混凝土构件的预应力损失计算

千斤顶张拉（包括无黏结预应力）的预应力钢筋中的预应力损失可按现行国家标准《混凝土结构设计规范》（GB 50010）与现行行业标准《无粘结预应力混凝土结构技术规程》（JGJ 92）的规定计算。绕丝张拉预应力混凝土圆形水池的预应力钢筋在各阶段的预应力损失的组合，按表3-3-17采用。

表3-3-17　各阶段的预应力损失值的组合

预应力损失分批	损失值的组合
混凝土预压前（第一批）的损失	张拉锚具变形损失 σ_{l1}、分批张拉损失 σ_{l5}
混凝土预压后（第二批）的损失	局部压陷损失 σ_{l2}、应力松弛损失 σ_{l3}、收缩徐变损失 σ_{l4}

绕丝张拉圆形水池的预应力钢筋中的预应力损失可按相关规范规定计算，但预应力总损失的取值不应小于150N/mm²。张拉锚具变形引起的预应力损失可按下式计算：

$$\sigma_{l1}=\zeta_s\sigma_{con}(1-e^{-\mu\theta_p})$$

$$\theta_p=\left[-S_l+\sqrt{S_l^2+2aE_s(R_1-\mu S_l)/(\mu\sigma_{con})}\right]/(R_1-\mu S_l)$$

其中，μ 为钢筋与混凝土的摩擦系数可取0.65；θ_p 为锚具变形影响区中钢筋曲线段弧长的中心夹角（弧度）；S_l 为钢筋锚固处至钢筋与池壁接触点的直线长度（mm）；a 为锚具变形值（mm），绕丝张拉一般采用锥形锚夹具可取5mm；R_1 为水池中心至预应力钢筋形心轴的距离（mm）；E_s 为钢筋的弹性模量（N/mm^2）；ζ_s 为预应力损失折减系数，取 $1/(n_1n_2)$，n_1 为每盘钢丝所绕圈数，n_2 为锚固槽的个数。

混凝土局部压陷所引起的预应力损失 σ_{l2} 可按下式计算：

$$\sigma_{l2}=E_s\Delta D/D$$

其中，D 为水池的平均直径（mm）；ΔD 为池壁混凝土的径向局部压陷，可取 2mm。

环向预应力钢筋的应力松弛损失 σ_{l3}，按现行国家标准《混凝土结构设计规范》（GB 50010）的有关规定采用。环向预应力钢筋由于混凝土收缩、徐变引起的预应力损失值 σ_{l4} 可按表 3-3-18 采用。表 3-3-18 中，σ_{pc} 为混凝土的预压应力，此时预应力损失仅考虑混凝土预压前（第一批）的损失；表中 $f'_{cu,k}$ 为施加预应力时混凝土的立方体抗压强度标准值。

环向预应力钢筋由于分批张拉引起的平均预应力损失值 σ_{l5} 可按下式计算：

$$\sigma_{l5}=0.5\alpha_E\mu_y\sigma_{con}$$

其中，μ_y 为环向预应力钢筋的配筋率；α_E 为钢筋弹性模量与混凝土弹性模量之比值。

表 3-3-18　混凝土收缩、徐变引起的预应力损失值（N/mm²）

$\sigma_{pc}/f'_{cu,k}$	0.1	0.2	0.3	0.4	0.5	0.6
σ_{l4}	20	30	40	50	60	90

3.4　给水排水工程管道结构设计

3.4.1　总体要求

给水排水工程管道结构设计应贯彻执行国家的技术经济政策，达到技术先进、经济合理、安全适用、确保质量。本节内容适用于城镇公用设施和工业企业的一般给水排水工程管道的结构设计，不适用于工业企业中具有特殊要求的给水排水工程管道的结构设计。设计时，有关构件截面计算和地基基础设计等应按相应的国家标准的规定执行。建造在地震区、湿陷性黄土、膨胀土等地区的给水排水工程管道结构设计应符合我国现行的有关标准的规定。

管道结构是输送各种介质或安装管道、电缆等各种设施用的封闭通道及其附属设施（管道附件及附属构筑物）构成的空心体结构的统称。埋地管道是指敷设在天然或人工回填地面以下或周围覆盖有一定厚度土体的管道。架空管道是指架设在地面以上的管道，由跨越结构和支承结构（支架、托架等）两部分组成。无压管道是指输送的液体在其自重重力作用下运行的管道，且其管内液体的最高运行液面不超过管道截面内顶。压力管道是输送介质在加压的状态下运行的管道的统称。

刚性管是指主要依靠管体材料强度支承外力的圆管，在外荷载作用下其变形很小，管子的失效是由管壁强度控制的。柔性管是指在外荷载作用下变形显著的圆管；竖向荷载大部分由管子两侧土体所产生的弹性抗力所平衡，管子的失效通常由变形造成，而不是管壁的破坏。半柔性管是指在竖向外荷载作用下变形足以使两侧土体产生弹性抗力的圆管，土的弹性抗力支承相应的竖向荷载，其数值取决于管子的环向刚度与土体弹性模量的比值；管子的结构计算属柔性管范畴。

管道接头是管道上相邻两端管口或管子与管件连接形式的统称；按其连接功能要求有刚性连接，柔性连接等；按管子结构形式有插入式、企口式、套筒式等；按管材材质有焊接、熔接、黏接等。管件是圆形管管端之间各类连接件的统称，如渐缩管、弯头、三通、

四通等，一般按标准规格尺寸制作。

管道附属构筑物是管道系统上设置的安装各种控制输送介质的设施和检查维护用的构筑物的统称，如各种类型的检查井、阀门井、进出水口等，是管道工程的组成部分。止推墩、固定墩是指阻止压力管道上，由内压或温度作用等产生的轴向力引起的管道在水平向和垂直向移动的设施，一般用混凝土浇筑，俗称管道支墩。复合管是用两种或两种以上材料或由不同材质的同种材料组成管壁结构的圆管的统称。

工作压力是指管道系统正常工作状态下所输送介质作用在管内壁的最大运行压力。设计压力是指作用在管内壁的最大瞬时压力，一般采用管道工作压力及残余水锤压力之和。波动压力是指由管道系统中液体的流速发生突然变化所产生的大于工作压力的瞬时压力，亦称水锤压力，通常发生在突然关闭阀门或停泵的情况下。真空压力是指压力运行管道在突然降压导致管道内瞬时真空状态下，由大气压力作用在管外壁的压力。

刚度等级是指圆管在外荷载作用下，用以控制竖向变位所规定的环向弯曲刚度级别指标，是玻璃纤维管、塑料及塑料复合管等管材的主要物理力学性能之一，一般由刚度试验确定。压力等级是指输送介质在最高的工作温度条件下指定的管道工作压力级别。滞后系数是指管两侧回填土随时间延长产生的蠕变作用，使其弹性抗力降低的系数。

刚性接头是指在工作状态下，相邻管端不具备角变位和轴向线位移功能而不出现渗漏的接头，如采用石棉水泥、膨胀水泥砂浆等填料的插入式接头；水泥砂浆抹带、现浇混凝土套环接头等。柔性接头是指在工作状态下，相邻管端允许有一定量的相对角变位和轴向线位移而不出现渗漏的接头；如采用弹性密封圈和弹性填料的插入式接头等。开挖施工、沟槽敷设是指在开挖的沟槽内敷设管道。非开挖施工、隧道法敷设是指在地层内开挖成型的洞内敷设或浇筑管道，有顶管法、盾构法、新奥法、管棚法等。

闭合温差是指管道采用焊接、黏接、熔接类接头，当管道连接成整体时的场地温度与运转后，管内介质温度的最大温度差。

3.4.2　设计的基本原则

给水排水工程管道结构设计应包括以下五方面内容：①管道工程地质条件分析；②管道沟槽设计和地基基础设计；③管道工程运行工况分析；④荷载及荷载作用效应计算；⑤管道工程的结构极限状态设计。

管道工程的结构构造措施应满足管道工程特殊要求的相关结构设计。给水排水工程管道结构设计采用以概率理论为基础的极限状态设计方法，以可靠指标度量结构构件的可靠度，除对管道稳定性验算外，均采用含分项系数的设计表达式进行设计。

管道的结构设计应计算下列两种极限状态：①承载能力极限状态，对应于管道达到最大承载能力，管体或连接件因材料强度超过限值而破坏；管道结构因过量变形而不能继续承载或丧失稳定（如横截面屈曲）；管道结构作为刚体失去平衡（如横向滑移、上浮等）；管道地基丧失承载能力而破坏。②正常使用极限状态，对应于管道结构符合正常使用或耐久性能的某项规定限值，影响正常使用的变形量限值，以及耐久性能的控制开裂或局部裂缝宽度限值等。

在进行管道工程的结构设计时应根据管道结构破坏可能产生后果的严重性，采用不同的安全等级。管道工程结构安全等级的划分应符合表3-4-1的规定。城镇给水排水工程中

地下干管的管道结构设计安全等级不应低于二级。管道工程的结构设计基准期为 50 年；管道工程结构设计使用年限应满足管道工程系统设计的要求；城镇给水排水工程中地下干管的管道结构设计使用年限不应低于 50 年。对于正常运行时管内介质温度超过 40℃的管道工程，不宜采用化学管材。对于自承式跨越架设的管道工程应优先采用整体连接的金属管材，不应采用化学管材。在进行管道工程的结构设计时应对环境影响进行评估，按照国家有关标准规定进行环境类别的划分，应根据不同的环境类别采用相应的结构材料、设计构造、防护措施、施工质量要求等，并应制定结构在使用期间的定期检修和维护制度。

表 3-4-1　管道工程结构的安全等级

安全等级	管道工程类型
一级	未设调蓄设施的单线输水管道工程
二级	除一级、三级以外的管道工程
三级	支线管道工程、临时管道工程

城镇给水中生活饮用水的管道工程，与饮用水直接接触的管道材料应满足《生活饮用水输配水设备及防护材料的安全性评价标准》（GB/T 17219—1998）中的规定。管道工程的结构设计应明确管道工程所采用材料的技术性能指标，提出管材制作和施工安装过程的质量控制要求及竣工验收技术标准。管道工程结构设计应明确适用条件和维护要求，在设计使用年限内，未经技术鉴定或设计确认不得改变。

3.4.3　管道结构上的荷载

1）荷载分类和荷载代表值。管道结构上的作用，按其性质可分为永久荷载和可变荷载两类；永久荷载包括结构自重、土压力（竖向和侧向）、预加应力、管道内水重、管道不均匀沉降；可变荷载包括地面堆积载荷、地面车辆载荷、管道内水压力、管道内真空压力、温度变化作用、地表水或地下水作用；对于架空安装的管道，工程检修荷载、自然环境荷载、撞击荷载均为可变荷载。在进行管道结构设计时，在承载能力极限状态按基本组合设计，或正常使用极限状态按标准组合设计时可变荷载采用荷载的组合值作为荷载代表值；正常使用极限状态按准永久组合设计时，可变荷载采用荷载的准永久值作为荷载代表值。可变荷载组合值应为可变荷载标准值乘以荷载组合系数；可变荷载准永久值应为可变荷载标准值乘以荷载的准永久值系数。环境影响可分为永久影响、可变影响和偶然影响；埋地管道周围地下水和土质对管道材料的腐蚀作用，以及管道内输送介质的腐蚀作用是永久影响；管道结构设计中通过环境对结构的影响程度的分级进行定性描述，并在设计中采取相应的技术措施。

2）永久荷载标准值。管道结构设计中自重的荷载标准值可按结构体设计尺寸与材料单位体积的自重计算确定；单位自重可取其平均值。在进行管道结构设计中自重的荷载标准值计算时，材料的重力密度可按《建筑结构荷载规范》（GB 50009—2012）的相关规定取值；对于重力密度变异较大的材料，自重标准值应根据对结构的不利或有利状态，分别取上限值或下限值。作用在埋地管道上的竖向土压力，其标准值应根据管道类型、敷设条件和施工方法按本章第 3.4.7 节确定。

作用在埋地刚性管道上的侧向土压力（图 3-4-1），其标准值的确定应符合以下四方面规定：①侧向土压力应按主动土压力计算。侧向土压力沿圆形管道管侧的分布可视作均匀分布，其计算值可按管道中心处确定。对埋设在地下水位以上的管道，其侧向土压力可按下式计算：

$$F_{ep,k}=K_a\gamma_s Z$$

其中，$F_{ep,k}$为管侧土的压力标准值（kN/m²）；K_a 为主动土压力系数，应根据土的抗剪强度确定，当缺乏实验数据时对砂类土或粉土可取1/3、对黏性土可取1/4～1/3；γ_s 为管侧土的重力密度（kN/m³），一般可取18kN/m³；Z 为自地面至计算截面处的深度（m），对圆形管道可取自地面至管中心处的深度。

对埋置在地下水位以下的管道，管体上的侧向压力应为主动土压力与地下水静水压力之和；此时，侧向土压力可按下式计算：

$$F_{ep,k}=K_a\left[\gamma_s Z_w+\gamma'_s(Z-Z_w)\right]$$

其中，γ'_s 为地下水位以下管侧土的有效重度（kN/m³），可按10kN/m³采用；Z_w 为自地面至地下水位的距离（m）。

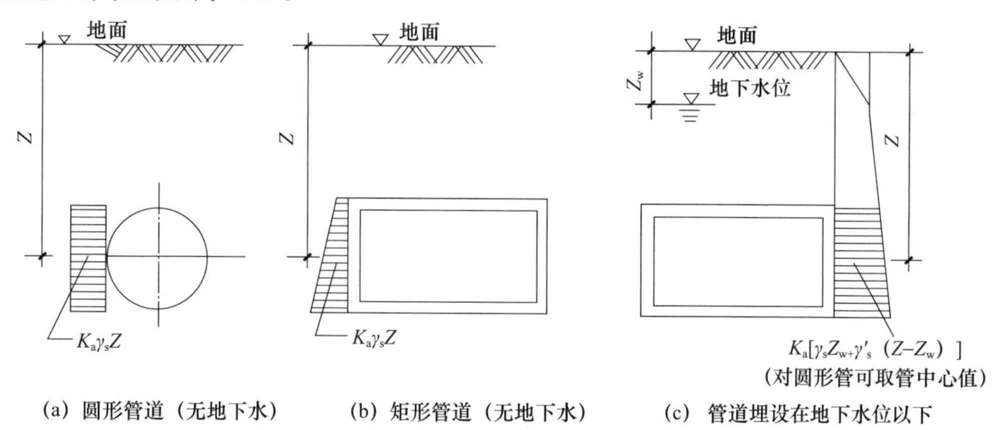

图3-4-1　作用在管道上的侧向压力

管周外压力分布如图3-4-2所示。

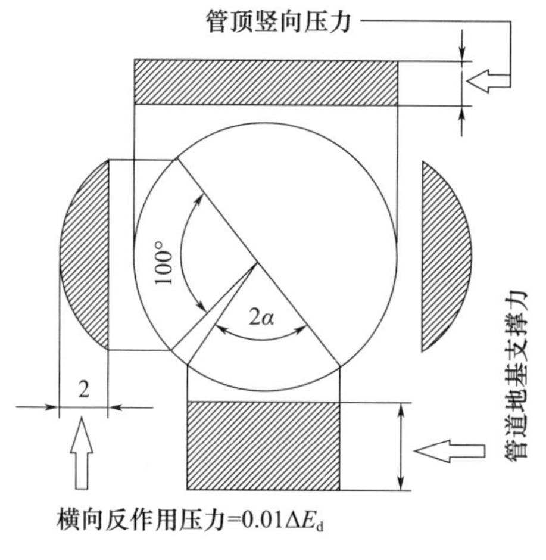

图3-4-2　管周外压力分布

作用在埋地柔性圆形管道上的侧向土压力，其标准值的确定应符合以下两方面规定：①侧向土压力应按管道与管周土体的变形协调，取相应土体的弹性抗力值。②侧向土压力沿圆形管道管侧的分布可视作曲线分布，分布范围为中心角 $2\alpha=100°$；其侧向土压力最大值可按管道中心水平处确定，管周土体的压缩变形量可取管道竖向挠曲变形量的 1/2。

预应力筋的有效预应力标准值应为预应力筋的张拉控制应力值扣除相应张拉工艺的各项应力损失；预应力筋的张拉控制应力值应按现行国家标准《混凝土结构设计规范》（GB 50010）的有关规定确定。对敷设在地基上有显著变化段的管道，需计算地基不均匀沉降，其标准值应按现行国家标准《建筑地基基础设计规范》（GB 50007）的有关规定计算确定。

3）可变荷载标准值、准永久值系数。地面均布载荷标准值可取 $10kN/m^3$ 计算；其准永久值系数可取 $\psi_q=0.5$。地面车辆载荷对地下管道的影响作用，其标准值可按本书第 3.4.8 节确定；其准永久值系数应取 $\psi_q=0.6$。对于架空管道，作用在管道上的施工安装荷载及检修荷载作用标准值可按表 3-4-2 采用，其准永久值系数可取 $\psi_q=0.2$。压力管道内的静水压力标准值应取设计内水压力值计算，其标准值应根据管道材质及运行工作内水压力按表 3-4-3 的规定采用；相应准永久值系数 $\psi_q=0.7$，但不得小于工作压力。表 3-4-3 中，工业企业中低压运行的管道，其管道水锤压力可取工作压力的 0.25 倍，但不得小于 $0.4F_{wk}$；混凝土管包括钢筋混凝土管、预应力混凝土管、预应力钢筒混凝土管；热塑性化学管材包括硬聚氯乙烯圆管（PVC-U）、聚乙烯圆管（PE）等，热固性化学管材包括玻璃纤维增强塑料管（GRP、FRP）等；铸铁管包括普通灰口铸铁管、球墨铸铁管、未经退火处理的球态铸铁管等；当管道上没有可靠的调压装置时，设计内水压力可按具体情况确定。压力管道水压试验的试验压力值见表 3-4-4。

表 3-4-2　施工安装和检修荷载作用标准值

管径（mm）	＜200	200～500	500
作用标准值（kN/m）	0.7	1.0	2.0

表 3-4-3　压力管道内的设计内水压力标准值

管道类别	工作内水压力 F_{wk}（MPa）	设计内水压力 $F_{wd,k}$（MPa）
钢管/钢塑复合压力管	F_{wk}	$F_{wk}+0.5\geqslant0.9$
铸铁管	$F_{wk}\leqslant0.5$	$2F_{wk}$
	$F_{wk}>0.5$	$F_{wk}+0.5$
混凝土管	$F_{wk}\leqslant0.6$	$1.5F_{wk}$
	$F_{wk}>0.6$	$F_{wk}+0.3$
现浇钢筋混凝土管涵	F_{wk}	$1.5F_{wk}$
热固性化学管材	F_{wk}	$1.4F_{wk}$
热塑性化学管材	F_{wk}	$1.5F_{wk}$

表 3-4-4　压力管道水压试验的试验压力（MPa）

管道类别	工作压力 P	试验压力
钢管	P	$P+0.5$，且不小于 0.9
铸铁管	$P\leqslant 0.5$	$2P$
	$P>0.5$	$P+0.5$
预（自）应力混凝土管、预应力钢套筒混凝土管	$P\leqslant 0.6$	$1.5P$
	$P>0.6$	$P+0.3$
现浇钢筋混凝土管渠	$P\geqslant 0.1$	$1.5P$
化学管材	$P\geqslant 0.1$	$1.5P$，且不小于 0.8

埋设在地表水或地下水以下的管道应计算作用在管道上的静水压力（包括浮托力），相应的设计水位应根据勘探部门和水文部门提供的数据采用；其标准值及准永久值系数 ψ_q 的确定应符合以下三方面规定：①地表水的静水压力水位宜按设计频率 1%采用；相应准永久值系数，当按设计频率 1%最高洪水位计算时可取常年洪水位与最高洪水位的比值。②地下水的静水压力水位应综合考虑近期内变化的统计数据及设计基准期内发展趋势的变化综合分析，确定其可能出现的最高及最低水位；应根据对结构的作用效应选用最高或最低水位，当采用最高水位时，相应的准永久值系数可取平均水位与最高水位的比值，当采用最低水位时，相应的准永久值系数应取 1.0 计算。③地表水或地下水的重度标准值可取 10kN/m^3 计算。

压力管道在运行过程中可能出现的真空压力 F_v，其标准值可取 0.05MPa 计算，相应的准永久值系数可取 $\psi_q=0$。对埋地管道采用焊接、黏结或熔接连接时，其闭合温度作用的标准值可按±25℃温差采用，相应的准永久值系数可取 $\psi_q=1.0$ 计算。对架空管道，当采用焊接、黏结或熔接连接时，其闭合温度作用的标准值可按具体工况条件确定，相应的准永久值系数可取 $\psi_q=0.5$ 计算。露天架空管道上的风载荷和雪载荷，其标准值及准永久值系数应按现行国家标准《建筑结构荷载规范》（GB 50009）的有关规定确定。

3.4.4　管道结构计算

1）基本规则。管道的结构设计应包括管体、管座（管道基础）及连接构造；对埋地管道应包括管周各部位回填土的密实度设计要求。管道荷载作用均应按截面形心对称布置；对管道结构的内力分析均应按管道为弹性体系计算，不考虑由非弹性变形所引起的塑性内力重分布。

管道结构的计算分析模型应按以下两条原则确定：①对于埋地矩形或拱形管道结构，均应按刚性管道设计；②当其净宽大于 3.0m 时，均按管道结构与地基土共同作用的模型进行静力计算。对于埋地圆形管道结构，应根据管道结构刚度与管周土体刚度的比值 a_s，判别其为刚性管道还是柔性管道，以此确定管道结构的计算模型；当 $a_s\geqslant 1$ 时，应按刚性管道计算；当 $a_s<1$ 时，应按柔性管道计算。

圆形管道结构与管周土体刚度的比值 a_s 可按下式确定：

$$a_s=E_p\,(t/r_0)^3/E_d$$

其中，E_p 为管材的弹性模量（MPa）；E_d 为管侧土的变形综合模量（MPa），应由试

验确定，如无试验数据时可按本章第 3.4.6 节采用；t 为圆形管道的管壁厚度（mm）；r_0 为圆形管道结构的计算半径（mm），即自管中心至管壁中线的距离。

当管顶作用均布压力 p 时，如不计管自重，则可得管顶的变位为：

$$\Delta p=p\ (2r_0)\ r_0^3/\ (12E_pI_p)\ =p\ (2r_0)\ r_0^3/\ (E_pt^3)$$

在相同压力下，管周土体在管顶处的变位为：

$$\Delta s=q\ (2r_0)\ /E_d$$

其中，r_0 为圆形管道结构的计算半径（mm）；E_p 为管材的弹性模量（MPa）；E_d 为管侧土的变形综合模量（MPa）；t 为圆形管道的管壁厚度（mm）。

在埋地管道结构设计计算中，刚性管道的管壁环向轴力应计入外压荷载产生的作用效应。对刚性管道而言，管道结构设计应满足承载能力极限状态的截面强度计算，以及正常使用极限状态的裂缝宽度验算；对柔性管道而言，管道结构设计应满足承载力极限状态的截面强度计算、截面稳定验算，以及正常使用极限状态的管道变形验算，即管道结构承载能力极限状态的截面强度计算，当管材采用各向同性单一材料时，除应采用纵向与环向应力值分别验算外，还应采用纵向和环向组合应力值验算；当管材采用各向异性复合材料时，应采用纵向与环向应力值分别验算。

2）承载能力极限状态计算。管道结构按承载能力极限状态进行强度计算时，应采用作用效应的基本组合；结构上的各项作用均应采用作用设计值；作用设计值应为作用代表值与作用分项系数的乘积。管道结构的强度计算应采用下列极限状态计算表达式：

$$\gamma_0 S_d \leqslant R_d$$

其中，γ_0 为管道的重要性系数，应根据表 3-4-5 的规定采用；S_d 为荷载作用效应的基本组合设计值；R_d 为管道结构的抗力强度设计值。

表 3-4-5　管道的重要性系数 γ_0

安全等级	一级	二级	三级
重要性系数 γ_0	1.1	1.0	0.9

荷载作用效应的基本组合设计值应按下式确定：

$$S=\sum_{i=1}^{m}\gamma_{Gi}C_{Gi}G_{ik}+\gamma_{Q1}\gamma_{L1}C_{Q1}Q_{1k}+\psi_c\sum_{j=2}^{n}\gamma_{Qj}\gamma_{Lj}C_{Qj}Q_{jk}$$

其中，G_{ik}为第 i 个永久荷载作用标准值；C_{Gi}为第 i 个永久荷载作用的作用效应系数；γ_{Gi}为第 i 个永久作用的分项系数；Q_{1k}为第 1 个可变荷载作用标准值，该作用应为地下水或地表水产生的压力；Q_{jk}为第 j 个可变荷载作用标准值；γ_{L1}、γ_{Lj}分别为第 1 个和第 j 个关于结构设计使用年限的荷载调整系数应按有关规定采用，对设计使用年限与设计基准期相同的结构应取 γ_L 为 1.0；C_{Q1}、C_{Qj}分别为第 1 个和第 j 个可变荷载作用的作用效应系数；ψ_c 为可变荷载作用的组合值系数。需要强调的是，作用效应系数为结构在作用下产生的效应（如内力、应力等），其与该作用的比值可按力学方法确定。

管道结构强度标准值、设计值的确定应符合以下两方面要求：①对钢管道、砌体结构管道、钢筋混凝土管道，材料强度标准值和设计值应按相应的现行钢结构设计、砌体结构设计、混凝土结构设计方面的规范确定。②对各种材料和相应的成型工艺制作的圆形管道，材料强度标准值应按相应的产品行业标准采用；对尚无制定行业标准的新产品，则应由制造厂方提供，并应附有可靠的技术鉴定证明；材料性能的设计值应按式 $f_d=f_k/\gamma_m$ 确定，其中，f_d 为材料性能的设计值；f_k 为材料性能的标准值；γ_m 为材料性能的分项系数。

永久作用的分项系数应按以下两方面规定采用：①当作用效应对结构不利时，除结构自重应取 1.20，其余各项作用均应取 1.27 计算；②当作用效应对结构有利时，均应取 1.0 计算。可变作用的分项系数应按以下两方面规定采用：①对可变作用中的地表水或地下水压力，其分项系数应取 1.27；②对可变作用中的地面载荷、车辆载荷、温度变化、管道设计内水压力、真空压力，其分项系数应取 1.40。可变作用的组合系数 ψ_c 应采用 $\psi_c=0.90$ 计算。结构设计使用年限的荷载调整系数应按表 3-4-6 采用，对设计使用年限为 25 年的结构构件，γ_L 应按各种材料结构设计规范的规定采用。

表 3-4-6 管道结构设计使用年限的荷载调整系数 γ_L

结构的设计使用年限/年	5	50	100
γ_L	0.9	1.0	1.1

对管道结构承载能力极限状态的强度验算应根据不同管道材料和管道连接方式，并满足 $\gamma_0\sigma_\theta\leqslant f_d$、$\gamma_0\sigma_x\leqslant f_d$、$\gamma_0\sigma\leqslant f_d$ 的要求，其中，σ_θ 为管壁截面由基本组合作用产生的最大环向应力（N/mm^2）；σ_x 为管壁截面由基本组合作用产生的最大纵向应力（N/mm^2）；σ 为管壁截面由基本组合作用产生的最大组合折算应力（N/mm^2）。

对管道结构的管壁截面进行强度计算时，当管材采用各向同性单一材料时应符合以下两方面要求：①对沿线采用柔性接口连接的管道，计算管壁截面强度时应验算在基本组合作用下，环向内力所产生的应力。②对沿线采用焊接、黏结或熔接连接的管道，以及设有刚度较大压环约束的管道，计算管道截面强度时，除应验算在基本组合作用下的环向内力外，应验算管壁的纵向内力，并核算环向与纵向内力的组合折算应力。

对管道结构的管壁截面进行强度计算时，当管材采用各向异性复合材料时应同时验算在基本组合作用下的环向内力和纵向内力所产生的应力。管壁截面的环向内力所产生的应力应按式 $\sigma_\theta=\eta(\sigma_p+\alpha_f r_c\sigma_m)$ 计算，其中，σ_p 为管壁环向轴力产生的截面环向应力（N/mm^2）；σ_m 为管壁环向弯矩产生的环向应力（N/mm^2）；η 为应力折算系数可取 0.9；r_c 为圆形压力管道的内压回圆系数，$r_c=1-F_{wk}/3$；α_f 为管壁材料的抗拉强度设计值与抗弯强度设计值之比。

管壁截面的纵向内力所产生的应力应按式 $\sigma_x=\nu_p\sigma_\theta\pm\psi_c\gamma_Q\alpha E_p\Delta T+\sigma_\Delta$ 计算，其中，υ_p 为管道材料的泊松比；ψ_c 为可变荷载的组合系数可取 0.9；α 为管道材料的线膨胀系数；ΔT 为管道的闭合温差；σ_Δ 为地基沉降不均匀引起的纵向应力（N/mm^2），可按弹性地基上的长梁计算确定。

管壁截面由环向与纵向内力作用下的组合折算应力可按式 $\sigma_i=\sqrt{\sigma_{\theta i}{}^2+\sigma_{xi}{}^2-\sigma_{\theta i}\sigma_{xi}+3\tau^2}$ 计算，其中，σ_i 为管壁 i 截面处的折算应力（N/mm^2）；$\sigma_{\theta i}$ 为管壁 i 截面处由基本组合作用产生的环向应力（N/mm^2）；σ_{xi} 为管壁 i 截面处由基本组合作用产生的纵向应力（N/mm^2）；τ 为管壁截面的剪应力（N/mm^2）。

对埋设在地表水或地下水以下的管道应根据设计条件计算管道结构的整体抗浮稳定；计算时各项作用均应取标准值，并应满足抗浮稳定性抗力系数 K_f 不低于 1.10。

对埋地柔性管道应根据各项作用的不利组合，计算管壁截面的环向稳定性；计算时各项作用均应取标准值；并应符合式 $F_{cr,k} \geqslant K_s (F_{sv,k}+q_{vk}+F_{vk})$ 的要求，其中，$F_{cr,k}$为管壁截面失稳的临界压力标准值（N/mm^2）；$F_{sv,k}$为管顶的竖向土压力标准值（N/mm^2）；q_{vk}为地面车辆轮压传递到管顶处的竖向压力标准值（N/mm^2）；F_{vk}为管内真空压力标准值（N/mm^2）；K_s 为环向稳定性抗力系数可取 2.0。

埋地柔性圆形管道的管壁截面为受压屈曲时，管壁截面失稳的临界压力标准值可按式 $F_{cr,k}=2E_p (n^2-1) (t/D_0)^3 / (1-\upsilon_p^2) +E_d/ [2 (n^2-1) (1+\upsilon_s^2)]$ 计算，其中，$F_{cr,k}$为管壁截面失稳的临界压力标准值，N/mm^2；υ_p 为管材的泊松比；υ_s 为管侧回填土的泊松比；D_0 为管道的计算直径（mm），可取管壁中线距离；n 为管壁失稳时的折绉波数，其取值应使 $F_{cr,k}$为最小值，并为大于等于 2.0 的整数。

对非整体连接的管道，在其敷设方向改变处应作抗滑稳定验算，抗滑稳定应按以下四条规定验算：①对各项作用均取标准值计算；②对稳定有利的作用，只计入永久荷载作用（包括有永久荷载作用形成的摩阻力）；③对沿滑动方向一侧的土压力可按被动土压力计算；④抗滑验算的稳定性抗力系数 K_s 不应小于 1.5。

被动土压力标准值可按式 $F_{pk}=\gamma_s Z\tan^2 (45°+\varphi/2)$ 计算，其中，φ 为土的内摩擦角，应根据试验确定，当无试验数据时可取 30°计算。

3）正常使用极限状态验算。管道结构的正常使用极限状态计算，包括变形、抗裂度和裂缝开展宽度，并应控制其计算值不超过相应的规定值。

柔性管道的变形允许值应符合以下四条要求：①采用水泥砂浆等刚性材料作为防腐内衬的金属管道，在组合作用下的最大竖向变形不应超过 $0.03D_0$；②采用延性良好的防腐涂料作为内衬的金属管道，在组合作用下的最大竖向变形不应超过 $0.04D_0$；③热塑性塑料化学管材管道，在组合作用下的最大竖向变形不应超过 $0.05D_0$；④热固性塑料化学管材管道，在满足极限承载能力条件下，最大竖向变形不应超过 $0.05D_0$。

对于刚性管道，其钢筋混凝土结构构件在准永久组合作用下，计算截面的受力状态处于受弯、大偏心受压或大偏心受拉时，截面允许出现的最大裂缝宽度不应大于 0.2mm，且应满足管道环境类别对耐久性的工程要求。对于刚性管道，其钢筋混凝土结构构件在标准组合作用下，计算截面的受力状态处于轴向受拉或小偏心受拉时，截面设计应按不允许裂缝出现控制。结构构件按正常使用极限状态验算时，荷载作用效应均应采用荷载作用的代表值计算。

对钢筋混凝土结构的构件截面按控制裂缝出现设计时，以及预应力混凝土结构的构件截面裂缝控制验算应按荷载作用效应的标准组合计算；作用效应的标准组合设计值应按式 $S_d = S(\sum_{i\geqslant 1} G_{ik} + P + Q_{ik} + \sum_{j>1} \psi_{cj} Q_{jk})$ 确定，各个符号含义同前。

对钢筋混凝土结构构件按控制裂缝开展宽度设计时应按准永久组合作用计算；作用效应的准永久组合设计值应按式 $S_d = S(\sum_{i\geqslant 1} G_{ik} + P + \sum_{j\geqslant 1} \psi_{qj} Q_{jk})$ 确定，其中，ψ_{qj}为相应 j 项可变作用的准永久值系数应按相关规范的有关规定采用；其余符号含义同前。

对柔性圆形管道在组合作用下的变形应按准永久组合计算，并应按式 $w_{d,max} = D_L K_d D_0^3 (F_{sv,k}+\psi_q F_{vk}) / (8E_p I_p+0.061E_d D_0^3)$ 计算其变形量，其中，$w_{d,max}$为管道在组合作用下的最大竖向变形（mm），并应符合相关规范的要求；D_L 为变形滞后效应系数可取1.00～1.50计算；K_d为管道变形系数应按管的敷设基础中心角确定，对土弧基础，当中心角为90°、120°时分别可采用0.096、0.089；$F_{sv,k}$为每延米管道上管顶的竖向压力标准值（N/mm），可按本章第3.4.7节计算；F_{vk}为地面车辆轮压传递到管顶处的竖向压力标准值（N/mm），可按本章第3.4.8节计算；I_p为管壁的单位长度截面惯性矩（mm^4/mm）。

对于平管或折管架空敷设管道，管道平面内挠度不应大于$L/250$（L为水平段长度）；对于弧形拱架空敷设管道可不验算管道挠度。

3.4.5 基本构造要求

对圆形管道的接口宜采用柔性连接，当条件限制时，管道沿线应根据地基土质情况适当配置柔性连接接口；对敷设在地震区的管道，应根据相应的抗震设计规范要求执行。对于柔性接口连接的管道，采用接口转角改变管道敷设方向时，单个接口可用转角值不得大于接口允许转角的1/2，且设计验算转角不得大于管材接口最大允许转角。采用柔性接口连接的埋地管道宜采用土弧基础或砂基础铺设；对于采用混凝土基础的刚性管道，混凝土基础应在适当的接口位置设置变形缝，变形缝的间距应根据接口设计转角要求确定。对于埋地柔性管道宜采用土弧基础或砂基础铺设；对于架空铺设或采用混凝土基础的柔性管道，管道与基础之间应采取构造措施，满足管道变形与支架或基础变形协调。对于埋地管道，管道地基应满足管道安装施工要求，管道设计应采取工程措施避免施工扰动地基，对于施工扰动的土体应按《建筑地基处理技术规范》（JGJ 79—2012）有关规定进行换填处理。对沿线采用焊接、黏结或熔接连接的管道，管道接口连接强度应不低于相应管材的力学性能。

对现浇钢筋混凝土矩形管道、混合结构矩形管道，沿线应设置变形缝；变形缝应贯穿全截面，缝距不宜超过25m；变形缝处应设置防水措施（如止水带、密封材料）。需要强调的是，当积累有可靠实践经验，在混凝土配置及养护等方面具有相应的技术措施时，变形缝间距可适当加大。

对预应力钢筋混凝土圆管应施加纵向预加应力，其值不应低于相应环向有效预加应力的20%。现浇矩形钢筋混凝土管道和混合结构管道中的钢筋混凝土构件，混凝土强度等级应满足耐久性设计要求，且不应小于表3-4-7的规定。现浇矩形钢筋混凝土管道和混合结构管道中的钢筋混凝土构件，其各部位最外层钢筋的净保护层厚度，不应小于表3-4-8的规定。表3-4-8中，底板下应设有混凝土垫层；当地下水有浸蚀性时，顶板上层及侧壁外侧筋的净保护层厚度尚应按浸蚀等级予以加厚；构件内分布钢筋的混凝土净保护层厚度不应小于20mm。

表3-4-7 最低混凝土强度等级

	钢筋混凝土构件	预应力钢筋混凝土
给水、雨水	C25	C40
污水、河流	C30	C40

表 3-4-8 钢筋的净保护层最小厚度

	顶板		侧壁		底板	
	上层	下层	内侧	外侧	上层	下层
给水、雨水	30	30	30	30	30	40
污水、河流	30	40	40	35	40	40

对于厂制成品的钢筋混凝土或预应力混凝土圆管，其钢筋的净保护层厚度，当壁厚为不大于 100mm 时不应小于 12mm；当壁厚大于 100mm 时不应小于 20mm。对矩形管道（涵）的钢筋混凝土构件，其纵向钢筋的总配筋量不宜低于 0.3%的配筋率；当其位于软弱地基上时，其顶、底板纵向钢筋的配筋量应适当增加。矩形钢筋混凝土压力管道的顶、底板与侧墙连接处宜设置腋角，并配置与受力筋相同直径的斜筋，斜筋的截面面积可为受力钢筋截面面积的 50%。管道各部位的现浇钢筋混凝土构件，其混凝土抗渗性能应符合表 3-4-9 要求的抗渗等级，抗渗标号 Si 的定义系指龄期为 28d 的混凝土试件，施加 $i\times10^2$ kPa 水压后满足不渗水指标。厂制混凝土压力管道的抗渗性能应满足在设计内水压力作用下不渗水。砌体结构的抗渗应设置可靠的构造措施满足在使用条件下的不渗水。在最冷月平均气温低于−3℃的地区，露明敷设的管道和排水管道的进、出口处应有不少于 10m 的管道，不得采用砖石砌体。在最冷月平均气温低于−3℃的地区，露明敷设的钢筋混凝土管道应具有良好的抗冻性能，其混凝土的抗冻等级不应低于 F200。需要强调的是，混凝土的抗冻等级 F_i 系指龄期为 28d 的混凝土试件经冻融循环 i 次作用后，其强度降低不超过 25%，质量损失不超过 5%；冻融循环次数是指从+3℃以上降低至−3℃以下，然后回升至+3℃以上的交替次数。混凝土中的碱含量最大值应符合《预防混凝土碱骨料反应技术规范》（GB/T 50733—2011）的规定。

表 3-4-9 混凝土抗渗等级

最大作用水头与构件厚度比值	≤10	10～30	≥30
混凝土抗渗等级	S4	S6	S8

钢管管壁的设计厚度应根据计算需要的厚度另加腐蚀构造厚度；此项构造厚度不应小于 2mm。铸铁管的设计厚度应根据计算需要的厚度另加腐蚀构造和加工公差厚度可按式 $e_{nom}=t+(2.3+0.001DN)$ 采用，其中，e_{nom} 为铸铁管的产品公称壁厚（mm）；t 为设计计算壁厚（mm）。管道内外壁防腐做法应满足国家现行有关标准的规定。

埋地管道的回填土应按区域分层压实，其压实系数 λ_c 应符合以下三方面规定：①对圆形柔性管道弧形土基敷设时，管底垫层的压实系数应根据设计要求采用，控制在0.85～0.90；相应管两侧（包括腋部）的压实系数不应低于 0.90～0.95。②对圆形刚性管道和矩形管道，其两侧回填土的压实系数不应低于 0.90。③对管顶以上的回填土，其压实系数应根据地面要求确定，且不低于 0.90；当修筑道路时应满足路基的要求。对于采取拔除式基坑支护的沟槽开挖管道工程应在管道沟槽回填完成后进行支护竖向构件的拆除，并应有效填充原构件空间，不得扰动管周沟槽回填土体。

对于非开挖的管道工程，在管道敷设就位后，应采用水泥砂浆对管壁外与原状土体之间的泥浆或空间进行置换填充。

3.4.6 管侧回填土的综合变形模量

管侧土的综合变形模量应根据管侧回填土的土质、压实密度和基槽两侧原状土的土质、综合评价确定。管侧土的综合变形模量 E_d 可按下式计算：

$$E_d = \zeta \cdot E_e$$

$$\zeta = 1/\left[a_1 + a_2\ (E_e/E_n)\right]$$

其中，E_e 为管侧回填土在要求压实密度时相应的变形模量（MPa），应根据试验确定，当确乏试验数据时可参照表3-4-10采用；E_n 为基槽两侧原状土的变形模量（MPa），应根据试验确定，当确乏试验数据时可参照表3-4-10采用；ζ 为综合修正系数；a_1、a_2 分别为与 B_r（管中心处槽宽）和 D_1（管外径）的比值有关的计算参数可按表3-4-11确定。表3-4-10中数值适用于10m以内覆土，当覆土超过10m时，表中数值偏低；回填土的变形模量 E_e 可按要求的压实系数采用；表3-4-10中的压实系数指设计要求回填土压实后的干密度与该土在相同压实能量下的最大干密度的比值；基槽两侧原状土的变形模量 E_n 可按标准贯入试验的锤击数确定；W_L 为黏性土的液限；砂粒系指粒径为0.075～2.0mm的土。对于填埋式敷设的管道，当 $B_r/D_1>5$ 时应取 $\zeta=1.0$ 计算；此时 B_r 应为管中心处按设计要求达到的压实密度的填土宽度。

表3-4-10 管侧回填土和槽侧原状土的变形模量

回填土压实系数		0.85	0.90	0.95	1.00
标贯数 N		$4<N\leqslant14$	$14<N\leqslant24$	$24<N\leqslant50$	$N>50$
土的类别	砾石、碎石	5	7	10	20
	砂砾、砂卵石、细粒土含量不大于12%	3	5	7	14
	砂砾、砂卵石、细粒土含量大于12%	1	3	5	10
	黏性土或粉土（$W_L<50\%$）砂粒含量大于25%	1	3	5	10
	黏性土或粉土（$W_L<50\%$）砂粒含量小于25%		1	3	7

表3-4-11 计算参数 a_1 及 a_2

B_r/D_1	1.5	2.0	2.5	3.0	4.0	5.0
a_1	0.252	0.435	0.572	0.680	0.838	0.948
a_2	0.748	0.565	0.428	0.320	0.162	0.052

3.4.7 管顶竖向土压力标准值的确定

埋地管道的管顶竖向土压力标准值应根据管道的敷设条件和施工方法分别计算确定。

对埋设在地面以下的刚性管道，管顶竖向土压力可按以下两方面规定计算：①当设计地面高于原状地面，管顶竖向土压力标准值应按式 $F_{sv,k}=C_c\gamma_s H_s B_c$ 计算，其中，$F_{sv,k}$ 为每延米管道上管顶的竖向土压力标准值（kN/m）；C_c 为填埋式土压力系数，与 H_s/B_c、管底地基土及回填土的力学性能有关，一般可取1.20～1.40计算；γ_s 为回填土的重力密

度（kN/m^3）；H_s 为管顶至设计地面的覆土高度（m）；B_c 为管道的外缘宽度（m），当为圆管时应以管外径 D_1 替代。②对于设计地面开槽施工的管道，管顶竖向土压力标准值可按式 $F_{sv,k}=C_d\gamma_s H_s B_c$ 计算，其中，C_d 为开槽施工土压力系数，与开槽宽度有关，一般可取 1.2 计算；其余符号含义同前。

对不开槽、顶进施工的管道，管顶竖向土压力标准值可按下式计算：

$$F_{sv,k}=C_j\gamma_s B_t D_1$$

$$B_t=D_1\ [1+\tan(45°-\varphi/2)]$$

$$C_j=[1-\exp(-2K_a\mu H_s/B_t)]/(2K_a\mu)$$

其中，C_j 为不开槽施工土压力系数；B_t 为管顶上部土层压力传递至管顶处的影响宽度（m）；$K_a\mu$ 为管顶以上原状土的主动土压力系数和内摩擦系数的乘积，对一般土质系数可取 0.19；φ 为管侧土的内摩擦角，如无试验数据时可取 $\varphi=30°$计算。

对开槽敷设的埋地柔性管道，管顶的竖向土压力标准值应按式 $W_{ck}=\gamma_s H_s \mathrm{D}_1$ 计算，各个符号含义同前。

3.4.8 地面车辆载荷对管道作用标准值的计算方法

地面车辆载荷对管道的作用，包括地面行驶的各种车辆，其载重等级、规格形式应根据地面运行要求确定。

地面车辆载荷传递到埋地管道顶部的竖向压力标准值可按以下三种方法确定：①单个轮压传递到管道顶部的竖向压力标准值可按式 $q_{vk}=\mu_d Q_{vi,k}/[(a_i+1.4H)(b_i+1.4H)]$ 计算（图 3-4-3），其中，q_{vk}为轮压传递到管顶处的竖向压力标准值（kN/m）；$Q_{vi,k}$为车辆的 i 个车轮承担的单个轮压标准值（kN）；a_i 为 i 个车轮的着地分布长度（m）；b_i 为 i 个车轮的着地分布宽度（m）；H 为自车行地面自管顶的深度（m）；μ_d 为动力系数，可按表 3-4-12采用。②两个以上单排轮压综合影响传递到管道顶部的竖向压力标准值可按式 $q_{vk}=\mu_d n Q_{vi,k}/[(a_i+1.4H)(nb_i+\sum_{j=1}^{n-1}d_{bj}+1.4H)]$ 计算（图 3-4-4），其中，n 为车轮的总数量；d_{bj} 为沿车轮着地分布宽度方向，相邻两个车轮间的净距（m）。多排轮压综合影响传递到管道顶部的竖向压力标准值，可按式 $q_{vk}=\mu_d\sum_{i=1}^{n}Q_{vi,k}/[(\sum_{i=1}^{m_a}a_i++\sum_{j=1}^{m_a-1}d_{aj}+1.4H)(\sum_{i=1}^{m_b}b_i++\sum_{j=1}^{m_b-1}d_{bj}+1.4H)]$ 计算，其中，m_a 为沿车轮着地分布宽度方向的车轮排数；m_b 为沿车轮着地分布长度方向的车轮排数；d_{aj}为沿车轮着地分布长度方向相邻两个车轮间的净距（m）。

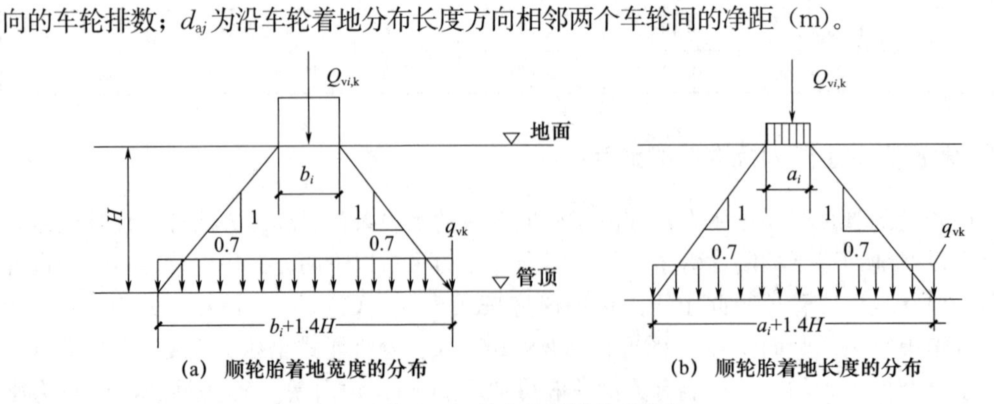

(a) 顺轮胎着地宽度的分布　(b) 顺轮胎着地长度的分布

图 3-4-3　单个轮压的传递分布

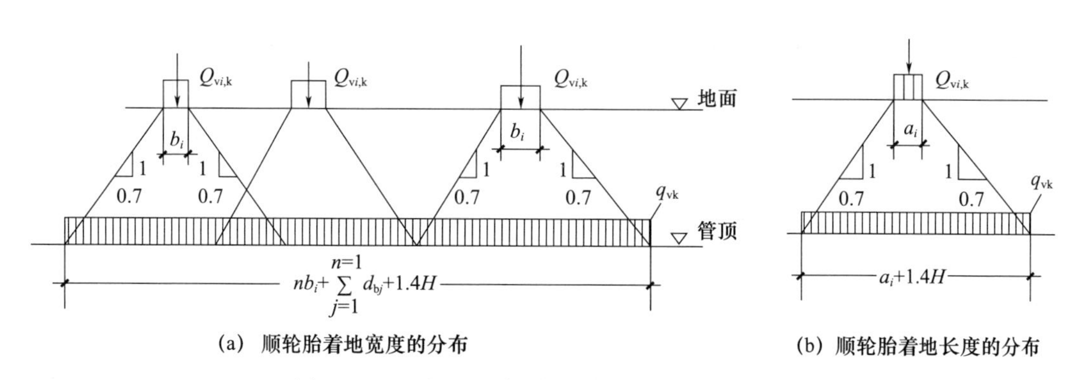

(a) 顺轮胎着地宽度的分布　　(b) 顺轮胎着地长度的分布

图 3-4-4　两个以上单排轮压综合影响的传递分布

表 3-4-12　动力系数 μ_d

地面在管顶（m）	0.25	0.30	0.40	0.50	0.60	0.70
动力系数 μ_d	1.30	1.25	1.20	1.15	1.05	1.00

当刚性管为整体式结构时，地面车辆荷载的影响应考虑结构的整体作用，此时作用在管道上的竖向压力标准值可按式 $q_{ve,k}=q_{vk}L_p/L_c$ 计算（图 3-4-5），其中，$q_{ve,k}$ 为考虑管道整体作用时管道上的竖向压力（kN/m）；L_p 为轮压传递到管顶处沿管道纵向的影响长度（m）；L_c 为管道纵向承受轮压影响的有效长度（m），对圆形管道可取 $L_c=L_p+1.5D_1$，对矩形管道可取 $L_c=L_p+2H_p$，H_p 为管道高度（m）。

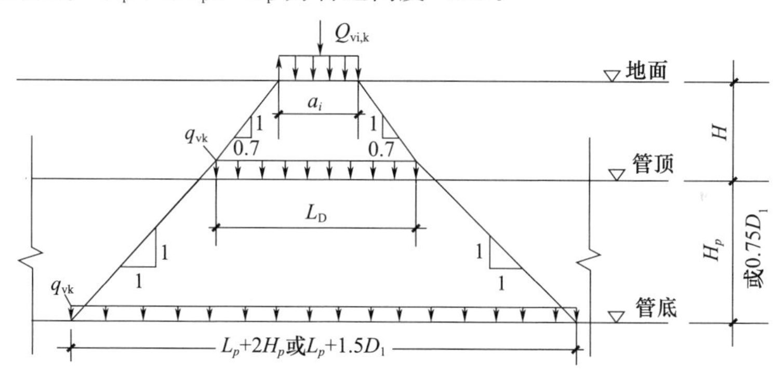

图 3-4-5　考虑结构整体作用时车辆载荷的竖向压力传递分布

当地面设有刚性混凝土地面时，一般可不计地面车轮压对下部埋设管道的影响，但应计算路基施工时运料车辆和碾压机械的轮压作用影响，计算公式同前。地面运行车辆的载重、车轮布局、运行排列等规定应按行业标准《公路桥涵设计通用规范》（JTGD 60—2015）的规定采用。

延伸阅读

全国水利工程供水能力超 9000 亿立方米

（来源：《人民日报》2024 年 3 月 15 日第 1 版）

本报北京 3 月 14 日电（记者李晓晴）记者 14 日从国家水安全保障进展成效新闻发布

会上获悉：全国水利工程供水能力超9000亿立方米，“南北调配、东西互济”的水资源配置格局初步形成。

重点领域节水取得实效。2023年全国规模以上工业用水重复利用率达93%以上，城市公共供水管网漏损率下降到10%以内。非常规水利用量210亿立方米，是10年前利用量的3.5倍。

加快推进灌区建设。2014年以来，新增改善灌溉面积约3.6亿亩，新增高效节水灌溉面积约1.5亿亩，耕地灌溉率达55%；全国耕地灌溉面积由9.68亿亩增加到10.55亿亩。下一步，将谋划建设改造一批节水型、生态型灌区。

推进农村供水高质量发展。农村自来水普及率达到90%。计划到今年底，农村自来水普及率提升到92%，规模化供水工程覆盖农村人口比例提高到63%。

强化河湖库管理保护。推动河湖管理范围划界，划定133万公里河流、2057个湖泊的管控边界。七大流域重要河湖岸线保护与利用规划全部批复实施。完成7280条河湖的健康评价，逐河逐湖建立健康档案，滚动编制实施“一河一策”方案7万多个。

下一步，水利部将组织各地编制农村供水高质量发展规划；深入推进水利投融资改革，协同推进水价、用水权市场化交易、水利工程管理体制等方面改革；完善地下水超采治理与管理保护长效机制，促进生态保护和高质量发展。

思考题

1. 镇村给水工程有哪些基本要求？
2. 镇村排水工程有哪些基本要求？
3. 如何进行给水排水工程构筑物的结构设计？
4. 如何进行给水排水工程管道的结构设计？
5. 试述近年来我国在给水排水设计领域的创新和突破。

第4章 燃气工程设计

4.1 宏观要求

城镇燃气工程设计应符合安全生产、保证供应、经济合理和保护环境的要求。本章内容适用于向城市、乡镇或居民点供给居民生活、商业、工业企业生产、采暖通风和空调等各类用户作燃料用的新建、扩建或改建的城镇燃气工程设计。本章内容不适用于城镇燃气门站前的长距离输气管道工程。

本章内容不适用于工业企业自建供生产工艺用且燃气质量不符合相关规范质量要求的燃气工程设计，但自建供生产工艺用且燃气质量符合相关规范要求的燃气工程设计可按本章内容执行。工业企业内部自供燃气给居民使用时，供居民使用的燃气质量和工程设计应按本章内容执行。本章内容不适用于海洋和内河轮船、铁路车辆、汽车等运输工具上的燃气装置设计。

城镇燃气工程设计应在不断总结生产、建设经验和科学实验的基础上积极采用行之有效的新工艺、新技术、新材料和新设备，做到技术先进、经济合理。城镇燃气工程规划设计应遵循我国的能源政策，根据城镇总体规划进行设计并应与城镇的能源规划、环保规划、消防规划等相结合。城镇燃气工程设计应符合国家现行的有关标准的规定。

城镇燃气是指从城市、乡镇或居民点中的地区性气源点，通过输配系统供给居民生活、商业、工业企业生产、采暖通风和空调等各类用户公用性质且符合相关规范燃气质量要求的可燃气体。城镇燃气一般包括天然气、液化石油气和人工煤气。人工煤气（简称“煤气”）指以固体、液体或气体（包括煤、重油、轻油、液体石油气、天然气等）为原料经转化制得的，且符合现行国家标准《人工煤气》（GB/T 13612）质量要求的可燃气体。居民生活用气是指用于居民家庭炊事及制备热水等的燃气。商业用气是指用于商业用户（含公共建筑用户）生产和生活的燃气。基准气是指代表某种燃气的标准气体。加臭剂是一种具有强烈气味的有机化合物或混合物；当将其加入很低的浓度的燃气中，会使燃气有一种特殊的、令人不愉快的警示性臭味，以便泄漏的燃气在达到其爆炸下限20%或达到对人体允许的有害浓度时，即被察觉。直立炉是指武德式连续式直立炭化炉。自由膨胀序数是表示煤的黏结性的指标。葛金指数是表示煤的结焦性的指标。罗加指数是表示煤的黏结能力的指标。

煤的化学反应性是表示在一定温度下，煤与二氧化碳相互作用，将二氧化碳还原成一

氧化碳的反应能力的指标，是我国评价气化用煤的质量指标之一。煤的热稳定性是指煤块在高温作用下（燃烧或气化）保持原来粒度的性质（即对热的稳定程度）的指标，是我国评价块煤质量指标之一。气焦是焦炭的一种，其质量低于冶金焦或铸造焦，直立炉所生产的焦一般称为气焦，当焦炉大量配入气煤时，所产生的低质的焦炭也是气焦。电气滤清器（电捕焦油器）是指用高压直流电除去煤气中焦油和灰尘的设备。调峰气是指为了平衡用气量高峰，供作调峰手段使用的辅助性气源和储气。计算月是指一年中逐月平均的日用气量中出现最大值的月份。月高峰系数是指计算月的平均日用气量和年的日平均用气量之比。日高峰系数是指计算月中的日最大用气量和该月日平均用气量之比。小时高峰系数是指计算月中最大用气量日的小时最大用气量和该日平均小时用气量之比。

低压储气罐是指工作压力（表压）在10kPa以下，依靠容积变化储存燃气的储气罐，分为湿式储气罐和干式储气罐两种。高压储气罐是指工作压力（表压）大于0.4MPa，依靠压力变化储存燃气的储气罐；又称为固定容积储气罐。调压装置是将较高燃气压力降至所需的较低压力调压单元总称，包括调压器及其附属设备。调压站是将调压装置放置于专用的调压建筑物或构筑物中，承担用气压力的调节，包括调压装置及调压室的建筑物或构筑物等。调压箱（调压柜）是指将调压装置放置于专用箱体，设于用气建筑物附近，承担用气压力的调节，包括调压装置和箱体，悬挂式和地下式箱称为调压箱，落地式箱又称为调压柜。

重要的公共建筑是指性质重要、人员密集，发生火灾后损失大、影响大、伤亡大的公共建筑物，如省市级以上的机关办公楼、电子计算机中心、通信中心及体育馆、影剧院、百货大楼等。用气建筑的毗连建筑物是指与用气建筑物紧密相连又不属于同一个建筑结构整体的建筑物。单独用户是指主要有一个专用用气点的用气单位，如锅炉房、食堂或车间等。

压缩天然气是指压缩到压力大于或等于10MPa且不大于25MPa的天然气。压缩天然气加气站是指由高、中压输气管道或气田的集气处理站等引入天然气，经净化、计量、压缩并向气瓶车或气瓶组充装压缩天然气的站场。压缩天然气气瓶车是指由多个压缩天然气瓶组合并固定在汽车挂车底盘上，具有压缩天然气加（卸）气系统和安全防护及安全放散等的设施。压缩天然气瓶组是指具有压缩天然气加（卸）气系统和安全防护及安全放散等设施，固定在瓶筐上的多个压缩天然气瓶组合。压缩天然气储配站是指具有将槽车、槽船运输的压缩天然气进行卸气、加热、调压、储存、计量、加臭，并送入城镇燃气输配管道功能的站场。压缩天然气瓶组供应站是指采用压缩天然气气瓶组作为储气设施，具有将压缩天然气卸气、调压、计量和加臭，并送入城镇燃气输配管道功能的设施。

液化石油气供应基地是指城镇液化石油气储存站、储配站和灌装站的统称。液化石油气储存站是指储存液化石油气，并将其输送给灌装站、气化站和混气站的液化石油气储存站场。液化石油气灌装站是指进行液化石油气灌装作业的站场。液化石油气储配站是指兼具液化石油气储存站和灌装站全部功能的站场。液化石油气气化站是指配置储存和气化装置，将液态液化石油气转换为气态液化石油气，并向用户供气的生产设施。液化石油气混气站是指配置储存、气化和混气装置，将液态液化石油气转换为气态液化石油气后，与空气或其他可燃气体按一定比例混合配制成混合气，并向用户供气的生产设施。

液化石油气-空气混合气是指将气态液化石油气与空气按一定比例混合配制成符合城

镇燃气质量要求的燃气。全压力式储罐是指在常温和较高压力下盛装液化石油气的储罐。半冷冻式储罐是指在较低温度和较低压力下盛装液化石油气的储罐。全冷冻式储罐是指在低温和常压下盛装液化石油气的储罐。瓶组气化站是指配置两个以上 15kg、两个或两个以上 50kg 气瓶，采用自然或强制气化方式将液态液化石油气转换为气态液化石油气后，向用户供气的生产设施。液化石油气瓶装供应站是指经营和储存液化石油气气瓶的场所。液化天然气是指液化状况下的无色流体，其主要组分为甲烷。液化天然气气化站是指具有将槽车或槽船运输的液化天然气进行卸气、储存、气化、调压、计量和加臭，并送入城镇燃气输配管道功能的站场，又称为液化天然气卫星站。

引入管是指室外配气支管与用户室内燃气进口管总阀门（当无总阀门时，指距室内地面 1m 高处）之间的管道。管道暗埋是指管道直接埋设在墙体、地面内。管道暗封是指管道敷设在管道井、吊顶、管沟、装饰层内。钎焊是一个接合金属的过程，在焊接时作为填充金属（钎料），是熔化的有色金属，它通过毛细管作用被吸入要被连接的两个部件表面之间的狭小空间中，钎焊可分为硬钎焊和软钎焊。

4.2 用气量和燃气质量

4.2.1 用气量

设计用气量应根据当地供气原则和条件确定，包括下列各种用气量，即居民生活用气量、商业用气量、工业企业生产用气量、采暖通风和空调用气量、燃气汽车用气量、其他气量；当电站采用城镇燃气发电或供热时，应包括电站用气量。各种用户的燃气设计用气量应根据燃气发展规划和用气量指标确定。居民生活和商业的用气量指标应根据当地居民生活和商业用气量的统计数据分析确定。工业企业生产的用气量可根据实际燃料消耗量折算，或按同行业的用气量指标分析确定。采暖通风和空调用气量指标可按国家现行标准《城镇供热管网设计标准》（CJJ/T 34）或当地建筑物耗热量指标确定。燃气汽车用气量指标应根据当地燃气汽车种类、车型和使用量的统计数据分析确定；当缺乏用气量的实际统计资料时，可按已有燃气汽车城镇的用气量指标分析确定。

4.2.2 燃气质量

城镇燃气质量指标应符合以下两方面要求：①城镇燃气（应按基准气分类）的发热量和组分的波动应符合城镇燃气互换的要求；②城镇燃气偏离基准气的波动范围宜按现行国家标准《城市燃气分类和基本特性》（GB/T 13611）的规定采用，并应适当留有余地。

采用不同种类的燃气做城镇燃气除应符合相关规范规定外，还应分别符合以下四方面的规定：①天然气发热量、总硫和硫化氢含量、水露点指标应符合现行国家标准《天然气》（GB 17820—2018）的一类气或二类气的规定；在天然气交接点的压力和温度条件下，天然气的烃露点应比最低环境温度低 5℃；天然气中不应有固态、液态或胶状物质。②液化石油气质量指标应符合现行国家标准《液化石油气》（GB 11174）的规定。③人工煤气质量指标应符合现行国家标准《人工煤气》（GB/T 13612）的规定。④液化石油气与

空气的混合气作主气源时，液化石油气的体积分数应高于其爆炸上限的 2 倍，且混合气的露点温度应低于管道外壁温度 5℃；硫化氢含量不应大于 $20mg/m^3$。

城镇燃气应具有可以察觉的臭味，燃气中加臭剂的最小量应符合以下三方面规定：①无毒燃气泄漏到空气中，达到爆炸下限的 20％时应能察觉。②有毒燃气泄漏到空气中，达到对人体允许的有害浓度时应能察觉。③对于以一氧化碳为有毒成分的燃气，空气中一氧化碳含量达到 0.02％（体积分数）时应能被察觉。

城镇燃气加臭剂应符合以下五方面要求：①加臭剂和燃气混合在一起后应具有特殊的臭味；②加臭剂不应对人体、管道或与其接触的材料有害；③加臭剂的燃烧产物不应对人体呼吸有害，并不应腐蚀或伤害与此燃烧产物经常接触的材料；④加臭剂溶解于水的程度（质量分数）不应大于 2.5％；加臭剂应有在空气中能被察觉的加臭剂含量指标。

4.3 制气

4.3.1 基本规则

本节适用于煤的干馏制气、煤的气化制气与重、轻油催化裂解制气及天然气改制等工程设计。各制气炉型和台数的选择应根据制气原料的品种，供气规模及各种产品的市场需要，按不同炉型的特点，经技术经济比较后确定。制气车间主要生产场所爆炸和火灾危险区域等级划分应符合本书第 4.10.1 节的规定。制气车间的“三废”处理要求除应符合国家现行有关标准的规定。各类制气炉型及其辅助设施的场地布置应符合现行国家标准《工业企业总平面设计规范》（GB 50187）的规定。

4.3.2 煤的干馏制气

煤的干馏炉装炉煤的质量指标应符合相关规范要求。对直立炉，挥发分（干基）＞25％；坩埚膨胀序数为 11/2～4；葛金指数为 F～G1；灰分（干基）＜25％；粒度＜50mm（其中小于 10mm 的含量应小于 75％）；生产铁合金焦时应选用低灰分、弱黏结的块煤，灰分（干基）＜10％、粒度为 15～50mm、热稳定性（TS）＞60％；生产电石焦时应采用灰分小于 10％的煤种，粒度要求与直立炉装炉煤粒度相同；当装炉煤质量不符合上述要求时应做工业性的单炉试验。对焦炉，挥发分（干基）为 24％～32％；胶质层指数（Y）为 13～20mm；焦块最终收缩度（X）为 28～33mm；黏结指数为 58～72；水分＜10％；灰分（干基）≤11％；硫分（干基）＜1％；粒度（＜3mm 的含量）为 75％～80％；以上指标仅给出范围，最终指标应按配煤试验结果确定；采用焦炉炼制气焦时，其灰分（干基）可小于 16％；采用焦炉炼制冶金焦或铸造焦时应按焦炭的质量要求决定配煤的质量指标。

采用直立炉制气的煤准备流程应设破碎和配煤装置；采用焦炉制气的煤准备宜采取先配煤后粉碎流程。原料煤的装卸和倒运应采用机械化运输设备；卸煤设备的能力应按日用煤量、供煤不均衡程度和供煤协议的卸煤时间确定。储煤场地的操作容量应根据来煤方式不同宜按 10～40d 的用煤量确定；其操作容量系数宜取 65％～70％。

配煤槽和粉碎机室的设计应符合以下五方面要求：①配煤槽总容量应根据日用煤量和

允许的检修时间等因素确定；②配煤槽的个数应根据采用的煤种数和配煤比等因素确定；③在粉碎装置前，必须设置电磁分离器；④粉碎机室必须设置除尘装置和其他防尘措施，室内含尘量应小于 10mg/m³，排入室外大气中的粉尘最高允许浓度标准为 150mg/m³；⑤粉碎机应采用隔声、消声、吸声、减振以及综合控制噪声等措施，生产车间及作业场所的噪声 A 声级不得超过 90dB。

煤准备流程的各胶带运输机及其相连的运转设备之间应设连锁集中控制装置。每座直立炉顶层的储煤仓总容量宜按 36h 用煤量来计算；辅助煤箱的总容量应按 2h 用煤量来计算；储焦仓的总容量宜按一次加满四门炭化室的装焦量计算；焦炉的储煤塔宜按两座炉共用一个储煤塔设计，其总容量应按 12～16h 用煤量来计算。煤干馏的主要产品的产率指标可按表 4-3-1 采用，其中，直立炉煤气其低热值为 16.3MJ/m³；焦炉煤气其低热值为 17.9MJ/m³；直立炉水分按 7%的煤计；焦炉按干煤计。

表 4-3-1　煤干馏的主要产品的产率指标

主要产品名称	直立炉	焦炉
煤气	350～380m³/t	320～340m³/t
全焦	71%～74%	72%～76%
焦油	3.3%～3.7%	3.2%～3.7%
硫铵	0.9%	1.0%
粗苯	0.8%	1.00%

焦炉的加热煤气系统宜采用复热式。煤干馏炉的加热煤气宜采用发生炉（含两段发生炉）或高炉煤气；发生炉煤气热值应符合现行国家标准《发生炉煤气站设计规范》（GB 50195）的规定；煤干馏炉的耗热量指标宜按表 4-3-2 选用，其中，直立炉的指标系按炭化室长度为 2.1m 炉型所耗发生炉热煤气计算；焦炉的指标系按炭化室有效容积大于 20m³ 炉型所耗冷煤气计算；水分按 7%的煤来计算。

表 4-3-2　煤干馏炉的耗热量指标［kJ/kg（煤）］

加热煤气种类	焦炉	直立炉	适用范围
焦炉煤气	2340	—	作为计算生产消耗用
发生炉煤气	2640	3010	
焦炉煤气	2570	—	作为计算加热系统设备用
发生炉煤气	2850	—	

加热煤气管道的设计应符合以下五方面要求：①焦炉采用发生炉煤气加热时，加热煤气管道上宜设置混入回炉煤气装置；当焦炉采用回炉煤气加热时，加热煤气管道上宜设置煤气预热器。②应设置压力自动调节装置和流量计。③必须设置低压报警信号装置，其取压点应设在压力自动调节装置的蝶阀前的总管上；管道末端应设爆破膜。④应设置蒸汽清扫和水封装置。⑤加热煤气的总管的敷设宜采用架空方式。

直立炉、焦炉桥管上必须设置低压氨水喷洒装置；直立炉的荒煤气管或焦炉集气管上必须设置煤气放散管，放散管出口应设点火燃烧装置；焦炉上升管盖及桥管与水封阀承插处应采用水封装置。炉顶荒煤气管应设压力自动调节装置；调节阀前必须设置氨水喷洒设

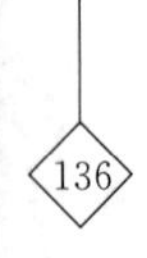

施；调节蝶阀与煤气鼓风机室应有联系信号和自控装置。直立炉炉顶捣炉与炉底放焦之间应有联系信号；焦炉的推焦车、拦焦车、熄焦车的电机车之间宜设置可靠的连锁装置以及熄焦车控制推焦杆的事故刹车装置。焦炉宜设上升管隔热装置和高压氨水消烟加煤装置。

氨水喷洒系统的设计应符合以下四方面要求：①低压氨水的喷洒压力，不应低于0.15MPa；氨水的总耗用量指标应按直立炉 $4m^3/t$（煤）、焦炉 $6\sim8m^3/t$（煤）选用。②直立炉的氨水总管应布置成环形。③低压氨水应设事故用水管。④焦炉消烟装煤用高压氨水的总耗用量为低压氨水总耗用量的3.4%～3.6%，其喷洒压力应按1.5～2.7MPa设计；直立炉水分按7%的煤计；焦炉按干煤计。

直立炉废热锅炉的设置应符合以下五条规定：①每座直立炉的废热锅炉应设置在废气总管附近；②废热锅炉的废气进口温度宜取800～900℃，废气出口温度宜取200℃；③废热锅炉宜设置一台备用；④废热锅炉应有清灰与检修的空间；⑤废热锅炉的引风机应采取防振措施。

直立炉排焦和熄焦系统的设计应符合以下五方面要求：①直立炉应采用连续的水熄焦，熄焦水的总管应布置成环形；熄焦水应循环使用，其用水量宜按 $3\sim4m^3/t$（水分为7%的煤）计算。②排焦传动装置应采用调速电机控制。③排焦箱的容量宜按4h的排焦量计算；采用弱黏结性煤时，排焦箱上应设排焦控制器。④排焦门的启闭宜采用机械化装置。⑤排出的焦炭运出车间前，应有大于80s的沥水时间。

焦炉可采用湿法熄焦和干法熄焦两种方式：当采用湿法熄焦时，应设自动控制装置在熄焦塔内应设置捕尘装置；熄焦水应循环使用，其用水量宜按 $2m^3/t$（干煤）计算，熄焦时间为90～120s；粉焦沉淀池的有效容积应保证熄焦水有足够的沉淀时间，清除粉焦沉淀池内的粉焦应采用机械化设施；大型焦化厂有条件的应采用干法熄焦装置。当熄焦使用生化尾水时，其水质应符合以下列三条要求：①酚含量≤0.5mg/L；②氰化物 CN^- 含量≤0.5mg/L；③化学需氧量（COD）≈350mg/L。焦炉的焦台设计宜符合以下四条要求：①每两座焦炉宜设置一个焦台；②焦台的宽度宜为炭化室高度的2倍；③焦台上焦炭的停留时间不宜小于30min；④焦台的水平倾角宜为28°。

焦炭处理系统宜设置筛焦楼及其储焦场地或储焦设施；筛焦楼内应设有除尘通风设施；焦炭筛分设施宜按筛分后的粒度大于40mm、40～25mm、25～10mm和小于10mm，共四级设计；生产冶金、铸造焦时焦炭筛分设施宜增加大于60m或80mm的一级，生产铁合金焦时焦炭筛分设施宜增加10～5mm和小于5mm两级。

筛焦楼内储焦仓总容量的确定应符合下列两条要求：①直立炉的储焦仓宜按10～12h产焦量计算；②焦炉的储焦仓宜按6～8h产焦量计算。储焦场的地面应做人工地坪并应设排水设施。独立炼焦制气厂储焦场的操作容量宜按焦炭销售运输方式不同采用15～20d产焦量。自产的中、小块气焦宜用于生产发生炉煤气；自产的大块气焦宜用于生产水煤气。

4.3.3 煤的气化制气

本节适用于以下五种炉型的煤的气化制气：煤气发生炉、两段煤气发生炉、水煤气发生炉、两段水煤气发生炉、流化床水煤气炉。煤气发生炉、两段煤气发生炉为连续气化炉，水煤气发生炉、两段水煤气发生炉、流化床水煤气炉为循环气化炉；鲁奇高压气化炉不包括在本章内容内。煤的气化制气宜作为人工煤气气源厂的辅助（加热）和掺混用气源；当作为城市的主气源时必须采取有效措施使煤气组分中一氧化碳含量和煤气热值等达到现行国家标准《人工煤气》（GB/T 13612）质量标准。气化用煤的主要质量指标宜符合表 4-3-3 的规定，发生炉入炉的无烟煤或焦炭，粒度可放宽选用相邻两级；两段煤气发生炉、两段水煤气发生炉用煤粒度限使用其中的一级。

表 4-3-3　气化用煤主要质量指标

指标项目		煤气发生炉	两段煤气发生炉	水煤气发生炉	两段水煤气发生炉	流化床水煤气炉
粒度（mm）	无烟煤	6～13，13～25，25～50	—	25～100	—	0～13（其中 1 以下＜10%）
	烟煤	—	20～40，25～50，30～60	—	20～40，25～50，30～60	
	焦炭	6～10，10～25，25～40	—	25～100	—	13%～15%
质量指标	灰分（干基）	＜35%（气焦）	＜25%（烟煤）	＜33%（气焦）	25%（烟煤）	—
		＜24%（无烟煤）	—	＜24%（无烟煤）	—	＜35%（各种煤）
	热稳定性（TS）+6	＞60%	＞60%	＞60%	＞60%	＞45%
	抗碎强度（粒度大于 25mm）	＞60%	＞60%	＞60%	＞60%	—
	灰熔点（ST）	＞1200℃（冷煤气）	＞1250℃	＞1300℃	＞1250℃	＞1200℃
		＞1250℃（热煤气）	—	—	—	—
	全硫（干基）	＜1%	＜1%	＜1%	＜1%	＜1%
	挥发分（干基）	—	＞20%	＜9%	＞20%	—
	罗加指数（R. I）	—	≤20	—	≤20	＜45
	自由膨胀序数（F. S. I）	—	≤2	—	≤2	—
	煤的化学反应性（a）	—	—	—	—	＞30%（1000℃时）

煤场的储煤量应根据煤源的远近、供应的不均衡性和交通运输方式等条件确定宜采用 10～30d 的用煤量；当作为辅助、调峰气源使用本厂焦炭时，宜小于 1d 的用焦量。当气化炉按三班制工作时，储煤斗的有效储量应符合表 4-3-4 的要求，备煤系统不宜按三班制工作，用煤量应按设计产量计算。煤气化后的灰渣宜采用机械化处理措施并进行综合利用。

表 4-3-4　储煤斗的有效储量

备煤系统工作班制	一班工作	两班工作
储煤斗的有效储量	20～22h 气化炉用煤量	14～16h 气化炉用煤量

煤气化炉煤气低热值应符合以下五条规定：①煤气发生炉不应小于 5MJ/m^3；②两段发生炉，上段煤气不应小于 6.7MJ/m^3，下段煤气不应大于 5.44MJ/m^3；③水煤气发生炉不应小于 10MJ/m^3；④两段水煤气发生炉，上段煤气不应小于 13.5M/m^3，下段煤气不应大于 10.8MJ/m^3；⑤流化床水煤气炉宜为 9.4～11.3MJ/m^3。

气化炉吨煤产气率指标应根据选用的煤气发生炉的炉型、煤种、粒度等因素应综合考虑后确定；对曾用于气化的煤种应采用其平均产气率指标，对未曾用于气化的煤种应根据其气化试验报告的产气率确定，当缺乏条件时可按表 4-3-5 选用。

表 4-3-5　气化炉煤气产气率指标

原料	产气率（m^3/t）（干基）					
	煤气发生炉	两段煤气发生炉	水煤气发生炉	两段水煤气发生炉	流化床水煤气炉	灰分含量
无烟煤	3000～3400	—	1500～1700	—	—	15%～25%
烟煤	—	2600～3000	—	800～1100		18%～25%
焦炭	3100～3400	—	1500～1650	—	900～1000	13%～21%
气焦	2600～3000	—	1300～1500	—		25%～35%

气化炉组工作台数每 1～4 台宜另设一台为备用。水煤气发生炉、两段水煤气发生炉，每三台宜编为一组；流化床水煤气炉每二台宜编为一组；合用一套煤气冷却系统和废气处理及鼓风设备。循环气化炉的煤气缓冲罐宜采用直立式低压储气罐，其容积宜为 0.5～1 倍的煤气小时产气量。循环气化炉的蒸汽系统中应设置蒸汽蓄能器，并宜设有备用的蒸汽系统。煤气排送机和空气鼓风机的并联工作台数不宜超过三台，并应另设一台备用。作为加热和掺混用的气化炉冷煤气温度宜小于 35℃，其灰尘和液态焦油等杂质含量应小于 20mg/m^3；气化炉热煤气至用气设备前温度不应低于 350℃，其灰尘含量应小于 300mg/m^3。采用无烟煤或焦炭作原料的气化炉，煤气系统中的电气滤清器应设有冲洗装置或能连续形成水膜的湿式装置。煤气的冷却宜采用直接冷却；冷却用水和洗涤用水应采用封闭循环系统；冷循环水进口温度不宜大于 28℃，热循环水进口温度不宜小于 55℃。废热锅炉和生产蒸汽的水夹套，其给水水质应符合现行的国家标准《工业锅炉水质》（GB/T 1576）中关于锅壳锅炉水质标准的规定。当水夹套中水温小于或等于 100℃时，给水水质应符合现行的国家标准《工业锅炉水质》（GB/T 1576）中关于热水锅炉水质标准的规定。煤气净化设备、废热锅炉及管道应设放散管和吹扫管接头，其位置应能使设备内的介质吹净；当净化设备相联处无隔断装置时可仅在较高的设备上装设放散管；设备和煤气管道放散管的接管上应设取样嘴。

放散管管口高度应符合以下两条要求：①高出管道和设备及其走台 4m，并距地面高度不小于 10m；②厂房内或距厂房 10m 以内的煤气管道和设备上的放散管管口应高出厂房顶 4m。煤气系统中应设置可靠的隔断煤气装置，并应设置相应的操作平台。在电气滤

清器上必须装有爆破阀；洗涤塔上宜设有爆破阀，其装设位置应符合以下三条要求：①装在设备薄弱处或易受爆破气浪直接冲击的位置；②离操作面的净空高度小于2m时应设有防护措施；③爆破阀的泄压口不应正对建筑物的门或窗。厂区煤气管道与空气管道应架空敷设；热煤气管道上应设有清灰装置。空气总管末端应设有爆破膜；煤气排送机前的低压煤气总管上应设爆破阀或泄压水封。煤气设备水封的高度，不应小于表4-3-6的规定，发生炉煤气钟罩阀的放散水封的有效高度应等于煤气发生炉出口最大工作压力（以Pa表示）乘0.1加50mm。

表4-3-6 煤气设备水封有效高度

最大工作压力（Pa）	水封的有效高度（mm）
<3000	最大工作压力（以Pa表示）×0.1+150，但不得小于250
3000～10000	最大工作压力（以Pa表示）×0.1×1.5
>l0000	最大工作压力（以Pa表示）×0.1+500

生产系统的仪表和自动控制装置的设置应符合以下十四条规定：①宜设置空气、蒸汽、给水和煤气等介质的计量装置；②宜设置气化炉进口空气压力检测仪表；③宜设置循环气化炉鼓风机的压力、温度测量仪表；④宜设置连续气化炉进口饱和空气温度及其自动调节；⑤宜设置气化炉进口蒸汽和出口煤气的温度及压力检测仪表；⑥宜设置两段炉上段出口煤气温度自动调节；⑦应设置汽包水位自动调节；⑧设置循环气化炉的缓冲气罐的高、低位限位器分别与自动控制机和煤气排送机连锁装置，并应设报警装置；⑨应设置循环气化炉的高压水罐压力与自动控制机连锁装置，并应设报警装置；⑩应设置连续气化炉的煤气排送机（或热煤气直接用户如直立炉的引风机）与空气总管压力或空气鼓风机连锁装置，并应设报警装置；⑪应设置当煤气中含氧量大于1%（体积）或电气滤清器的绝缘箱温度低于规定值、或电气滤清器出口煤气压力下降到规定值时，能立即切断高压电源装置，并应设报警装置；⑫应设置连续气化炉的低压煤气总管压力与煤气排送机连锁装置并应设报警装置；⑬应设置气化炉的加煤的自动控制、除灰加煤的相互连锁及报警装置；⑭循环气化系统应设置自动程序控制装置。

4.3.4 重油低压间歇循环催化裂解制气

重油制气用原料油的质量宜符合以下四条要求：①碳氢比（质量）<7.5；②残炭含量<12%（质量分数）；③开口闪点>120℃；④密度900～970kg/m³。原料重油的储存量宜按15～20d的用油量计算，原料重油的储罐数量不应少于两个。重油低压间歇循环制气应采用催化裂解工艺，其炉型宜采用三筒炉。

重油低压间歇循环催化裂解制气工艺主要设计参数宜符合以下八条要求：①反应器液体空间速度0.60～0.65m³/（m³·h）；②反应器内催化剂层高度0.6～0.7m；③燃烧室热强度5000～7000MJ/（m³·h）；④加热油用量占总用油量比例小于16%；⑤过程蒸汽量与制气油量的比值为1.0～1.2（质量比）；⑥循环时间8min；⑦每吨重油的催化裂解产品产率可按下列指标采用，即煤气为1100～1200m³（低热值按21MJ/m³计）、粗苯为6%～8%、焦油为15%左右；⑧选用含镍量为3%～7%的镍系催化剂。

重油间歇循环催化裂解装置的烟气系统应设置废热回收和除尘设备。重油间歇循环催

化裂解装置的蒸汽系统应设置蒸汽蓄能器。每两台重油制气炉应编为一组，合用一套冷却系统和鼓风设备；冷却系统和鼓风设备的能力应按一台炉的瞬时流量计算。煤气冷却宜采用间接式冷却设备或直接一间接一直接三段冷却流程；冷却后的燃气温度不应大于35℃，冷却水应循环使用。

空气鼓风机的选择应符合以下四条要求：①风量应按空气瞬时最大用量确定；②风压应按油制气炉加热期的空气废气系统阻力和废气出口压力之和确定；③每1～2组炉应设置一台备用的空气鼓风机；④空气鼓风机应有减振和消声措施。

油泵的选择应符合以下三条要求：①流量应按瞬时最大用量确定；②压力应按输油系统的阻力和喷嘴的要求压力之和确定；③每1～3台油泵应另设一台备用。输油系统应设置中间油罐，其容量宜按1d的用油量确定。煤气系统应设置缓冲罐，其容量宜按0.5～1.0h的产气量确定；缓冲气罐的水槽应设置集油、排油装置。在炉体与空气系统连接管上应采取防止炉内燃气窜入空气管道的措施并应设防爆装置。油制气炉宜露天布置，主烟囱和副烟囱高出油制气炉炉顶高度不应小于4m。控制室不应与空气鼓风机室布置在同一建筑物内；控制室应布置在油制气区的夏季最大频率风向的上风侧。油水分离池应布置在油制气区的夏季最小频率风向的上风侧；对油水分离池及焦油沟应采取减少挥发性气体散发的措施。重油制气厂应设污水处理装置；污水排放应符合现行国家标准《污水综合排放标准》（GB 8978）的规定。

自动控制装置的程序控制系统设计应符合以下四条要求：①能手动和自动切换操作；②能调节循环周期和阶段百分比；③设置循环中各阶段比例和阀门动作的指示信号；④主要阀门应设置检查和连锁装置，在发生故障时应有显示和报警信号并能恢复到安全状态。

自动控制装置的传动系统设计应符合以下三条要求：①传动系统的形式应根据程序控制系统的形式和本地区具体条件确定；②应设置储能设备；③传动系统的控制阀、自动阀和其他附件的选用或设计应能适应工艺生产的特点。

4.3.5 轻油低压间歇循环催化裂解制气

轻油制气用的原料为轻质石脑油，质量宜符合以下六方面要求：①相对密度为（20℃）0.65～0.69；②初馏点>30℃、终馏点<130℃；③直链烷烃含量>80%（体积分数），芳香烃含量<5%（体积分数），烯烃含量<1%（体积分数）；④总硫含量为1×10^{-4}（质量分数），铅含量1×10^{-7}（质量分数）；⑤碳氢比（质量）为5～5.4；⑥高热值为47.3～48.1MJ/kg。原料石脑油储存应采用内浮顶式油罐，储罐数量不应少于两个，原料油的储存量宜按15～20d的用油量计算。轻油低压间歇循环催化裂解制气装置宜采用双筒炉和顺流式流程；加热室宜设置两个主火焰监视器，燃烧室应采取防止爆燃的措施。轻油低压间歇循环催化裂解制气工艺主要设计参数宜符合以下七条要求：①反应器液体空间速度为0.6～0.9m^3/（m^3·h）；②反应器内催化剂高度为0.8～1.0m；③加热油用量与制气用油量比例小于29/100；④过程蒸汽量与制气油量的比值为1.5～1.6（质量比），有C0变换时比值增加为1.8～2.2（质量比）；⑤循环时间为2～5min；⑥每吨轻油的催化裂解煤气产率为2400～2500m（低热值按15.32～14.70MI/m^3计）；⑦催化剂采用镍系催化剂。

制气工艺宜采用C0变换方案，两台制气炉合用一台变换设备。轻油制气增热流程宜采用轻质石脑油热增热方案，增热程度宜限制在比燃气烃露点低5℃。轻油制气炉应设置

废热回收设备，进行 C0 变换时，应另设置废热回收设备。轻油制气炉应设置蒸汽蓄能器，不宜设置生产用汽锅炉。每两台轻油制气炉应编为一组，合用一套冷却系统和鼓风设备；冷却系统和鼓风设备的能力应按瞬时最大流量计算。煤气冷却宜采用直接式冷却设备；冷却后的燃气温度不宜大于 35℃，冷却水应循环使用。空气鼓风机的选择应符合相关规范的要求，宜选用自产蒸汽来驱动透平风机，空气鼓风机入口宜设空气过滤装置。原料泵的选择应符合相关规范的要求宜设置断流保护装置及连锁。

轻油制气炉宜设置防爆装置，在炉体与空气系统连接管上应采用防止炉内燃气窜入空气管道的措施并应设防爆装置。轻油制气炉应露天布置，烟囱高出制气炉炉顶高度不应小于 4m。控制室不应与空气鼓风机布置在同一建筑物内。轻油制气厂可不设工业废水处理装置。自动控制装置的程序控制系统设计应符合相关规范的要求，宜采用全冗余控制系统，且宜设置手动紧急停车装置。自动控制装置的传动系统设计应符合相关规范的要求。

4.3.6 液化石油气低压间歇循环催化裂解制气

液化石油气制气用的原料宜符合相关规范的规定，其中不饱和烃含量应小于 15%（体积分数）。原料液化石油气储存宜采用高压球罐，球罐数量不应小于两个，储存量宜按 15～20d 的用气量计算。液化石油气低压间歇循环催化裂解制气工艺主要设计参数宜符合以下七条要求：①反应器液体空间速度 0.6～0.9m^3/（m^3·h）；②反应器内催化剂高度 0.8～1.0m；③加热油用量与制气用油量比例小于 29/100；④过程蒸汽量与制气油量之比为 1.5～1.6（质量比），有 C0 变换时，比值增加为 1.8～2.2（质量比）；⑤循环时间为 2～5min；⑥每吨液化石油气的催化裂解煤气产率为 2400～2500m（低热值按 15.32～14.70MJ/m^3 计算）；⑦催化剂采用镍系催化剂。

液化石油气宜采用液态进料，开关阀宜设置在喷枪前端。制气工艺中 C0 变换工艺的设计应符合相关规范的要求。制气炉后应设置废热回收设备，选择 C0 变换时，在制气后和变换后均应设置废热回收设备。液化石油气制气炉应设置蒸汽蓄能器，不宜设置生产用汽锅炉。冷却系统和鼓风设备的设计应符合相关规范的要求，煤气冷却设备的设计应符合相关规范的要求，空气鼓风机的选择应符合相关规范的要求。原料泵的选择应符合相关规范的要求。炉子系统防爆设施的设计应符合相关规范的要求。制气炉的露天布置应符合相关规范的要求。控制室不应与空气鼓风机室布置在同一建筑物内。液化石油气催化裂解制气厂可不设工业废水处理装置。自动控制装置的程序控制系统设计应符合相关规范的要求。自动控制装置的传动系统设计应符合相关规范的要求。

4.3.7 天然气低压间歇循环催化改制制气

天然气改制制气用的天然气质量应符合现行国家标准《天然气》（GB 17820）二类气的技术指标。在各个循环操作阶段，天然气进炉总管压力的波动值宜小于 0.01MPa。天然气低压间歇循环催化改制制气装置宜采用双筒炉和顺流式流程。天然气低压间歇循环催化改制制气工艺主要设计参数宜符合以下六条要求：①反应器内改制用天然气空间速度 500～600m^3/（m^3·h）；②反应器内催化剂高度 0.8～1.2m；③加热用天然气用量与制气用天然气用量比例小于 29/100；④过程蒸汽量与改制用天然气量的比值为 1.5～1.6（质量比）；⑤循环时间 2～5min；⑥每千立方米天然气的催化改制煤气产率对改制炉出口煤气为 2650～2540m³（高热值按 12.56～13.06MJ/m³ 计）。

天然气改制煤气增热流程宜采用天然气掺混方案，增热程度应根据煤气热值、葛金指数和燃烧势的要求确定。天然气改制炉应设置废热回收设备。天然气改制炉应设置蒸汽蓄热器不宜设置生产用汽锅炉。冷却系统和鼓风设备的设计应符合本相关规范的要求；天然气改制流程中的冷却设备的设计应符合相关规范的要求；空气鼓风机的选择应符合相关规范的要求。天然气改制炉宜设置防爆装置并应符合相关规范的要求。天然气改制炉的露天布置应符合相关规范的要求。控制室不应与空气鼓风机布置在同一建筑物内。天然气改制厂可不设工业废水处理装置。自动控制装置的程序控制系统设计应符合相关规范的要求。自动控制装置的传动系统设计应符合相关规范的要求。

4.3.8 调峰

气源厂应具有调峰能力，调峰气量应与外部调峰能力相配合，并应根据燃气输配要求确定；在选定主气源炉型时，应留有一定余量的产气能力以满足用气高峰负荷需要。调峰装置必须具有快开、快停能力，调度灵活，投产后质量稳定。气源厂的原料和产品的储量应满足用气高峰负荷的需要。气源厂设计时，各类管线的口径应考虑用气高峰时的处理量和通过量；混合前、后的出厂煤气，均应设置煤气计量装置。气源厂应设置调度室。季节性调峰出厂燃气组分宜符合现行国家标准《城市燃气分类和基本特性》(GB/T 13611) 的规定。

4.4 净化

4.4.1 基本规则

本节适用于煤干馏制气的净化工艺设计，煤炭气化制气及重油裂解制气的净化工艺设计可参照采用。煤气净化工艺的选择应根据煤气的种类、用途、处理量和煤气中杂质的含量，并结合当地条件和煤气掺混情况等因素，经技术经济方案比较后确定。煤气净化主要有煤气冷凝冷却、煤气排送、焦油雾脱除、氨脱除、粗苯吸收、萘最终脱除、硫化氢及氰化氢脱除、一氧化碳变换及煤气脱水等工艺；各工段的排列顺序可根据不同的工艺需要来确定。煤气净化设备的能力应按小时最大煤气处理量和其相应的杂质含量确定。煤气净化装置的设计应做到当净化设备检修和清洗时，出厂煤气中杂质含量仍能符合现行的国家标准《人工煤气》(GB/T 13612) 的规定。煤气净化工艺设计应与化工产品回收设计相结合。煤气净化车间主要生产场所爆炸和火灾危险区域等级应符合本书第 4.10.2 节的规定。煤气净化工艺的设计应充分考虑废水、废气、废渣及噪声的处理，符合国家现行有关标准的规定，并应防止对环境造成二次污染。煤气净化车间应提高计算机自动监测控制系统水平，降低劳动强度。

4.4.2 煤气的冷凝冷却

煤气的冷凝冷却宜采用间接式冷凝冷却工艺；也可采用先间接式冷凝冷却，后直接式

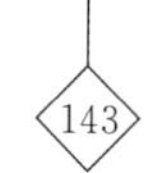

冷凝冷却工艺。间接式冷凝冷却工艺的设计宜符合以下四方面要求：①煤气经冷凝冷却后的温度，当采用半直接法回收氨以制取硫铵时宜低于35℃，当采用洗涤法回收氨时宜低于25℃；②冷却水宜循环使用，对水质宜进行稳定处理；③初冷器台数的设置原则，当其中一台检修时，其余各台仍能满足煤气冷凝冷却的要求；④采用轻质焦油除去管壁上的萘。直接式冷凝冷却工艺的设计宜符合以下三条要求：①煤气经冷却后的温度低于35℃；②开始生产及补充用冷却水的总硬度小于0.02mmol/L；③洗涤水循环使用。

焦油氨水分离系统的工艺设计应符合以下四方面要求：①煤气的冷凝冷却为直接式冷凝冷却工艺时，初冷器排出的焦油氨水和荒煤气管排出的焦油氨水宜采用分别澄清分离系统。②煤气的冷凝冷却为间接式冷凝冷却工艺时，初冷器排出的焦油氨水和荒煤气管排出的焦油氨水的处理；当脱氨为硫酸吸收法时，可采用混合澄清分离系统，当脱氨为水洗涤法时，可采用分别澄清分离系统。③剩余氨水应除油后再进行溶剂萃取脱酚和蒸氨。④焦油氨水分离系统的排放气应设置处理装置。

4.4.3 煤气排送

煤气鼓风机的选择应符合以下三条要求：①风量应按小时最大煤气处理量确定；②风压应按煤气系统的最大阻力和煤气罐的最高压力的总和确定；③煤气鼓风机的并联工作台数不宜超过三台，每1～3台宜另设一台备用。离心式鼓风机宜设置调速装置。

煤气循环管的设置应符合以下两方面要求：①当采用离心式鼓风机时，必须在鼓风机的出口煤气总管至初冷器前的煤气总管间设置大循环管；数台风机并联时宜在鼓风机的进出口煤气总管间设置小循环管；当设有调速装置且风机转速的变化能适应输气量的变化时可不设小循环管。②当采用容积式鼓风机时，每台鼓风机进出口的煤气管道上必须设置旁通管；当采用数台风机并联时，应在风机出口的煤气总管至初冷器前的煤气总管间设置大循环管，并应在风机的进出口煤气总管间设置小循环管。

用电动机带动的煤气鼓风机，其供电系统应符合现行的国家标准《供配电系统设计规范》(GB 50052)的“二级负荷”设计的规定，电动机应采取防爆措施。离心式鼓风机应设有必要的连锁和信号装置。

鼓风机的布置应符合以下八方面要求：①鼓风机房安装高度应能保证进口煤气管道内冷凝液排出通畅；当采用离心式鼓风机时鼓风机进口煤气的冷凝液排出口与水封槽满流口中心高差不应小于2.5m（以水柱表示）。②鼓风机机组之间和鼓风机与墙之间的通道宽度应根据鼓风机的型号、操作和检修的需要等因素确定。③鼓风机机组的安装位置应能使鼓风机前阻力最小，并使各台初冷器阻力均匀。④鼓风机房宜设置起重设备。⑤鼓风机应设置单独的仪表操作间；仪表操作间可毗邻鼓风机房的外墙设置，但应用耐火极限不低于3h的非燃烧体实墙隔开，并应设置能观察鼓风机运转的隔声耐火玻璃窗。⑥离心鼓风机用的油站宜布置在底层，楼板面上留出检修孔或安装孔；油站的安装高度应满足鼓风机主油泵的吸油高度；鼓风机应设置事故供油装置。⑦鼓风机房应设煤气泄漏报警及事故通风设备。⑧鼓风机房应做不发火花地面。

4.4.4 焦油雾的脱除

煤气中焦油雾的脱除设备宜采用电捕焦油器；电捕焦油器不得少于两台并应并联设

置。电捕焦油器设计应符合以下三条要求：①电捕焦油器应设置泄爆装置、放散管和蒸汽管，负压回收流程可不设泄爆装置；②电捕焦油器宜设有煤气含氧量的自动测量仪；③当干馏煤气中含氧量大于1%（体积分数）时应进行自动报警，当含氧量达到2%或电捕焦油器的绝缘箱温度低于规定值时，应有能立即切断电源的措施。

4.4.5 硫酸吸收法氨的脱除

采用硫酸吸收进行氨的脱除和回收时宜采用半直接法，当采用饱和器时，其设计应符合以下五条要求：①煤气预热器的煤气出口温度宜为60～80℃；②煤气在饱和器环形断面内的流速应为0.7～0.9m/s；③饱和器出口煤气中含氨量应小于30mg/m³；④循环母液的小时流量不应小于饱和器内母液容积的三倍；⑤氨水中的酚宜回收，酚的回收可在蒸氨工艺前进行，蒸氨后的废氨水中含氨量应小于300mg/L。

硫铵工段布置应符合以下四条要求：①硫铵工段可由硫铵、吡啶、蒸氨和酸碱储槽等组成，其布置应考虑运输方便；②硫铵工段应设置现场分析台；③吡啶操作室应与硫铵操作室分开布置可用楼梯间隔开；④蒸氨设备宜露天布置并布置在吡啶装置一侧。

饱和器机组布置宜符合以下四条要求：①饱和器中心与主厂房外墙的距离应根据饱和器直径确定并宜符合表4-4-1的规定；②饱和器中心间的最小距离应根据饱和器直径确定并宜符合表4-4-2的规定；③饱和器锥形底与防腐地坪的垂直距离应大于400mm；④泵宜露天布置。

表4-4-1 饱和器中心与主厂房外墙的距离

饱和器直径（mm）	6250	5500	4500	3000	2000
饱和器中心与主厂房外墙距离（m）	>12	>10	7～10		

表4-4-2 饱和器中心间的最小距离

饱和器直径（mm）	6250	5500	4500	3000
饱和器中心距（m）	12	10	9	7

离心干燥系统设备的布置宜符合以下两方面要求：①硫铵操作室的楼层标高应满足下列要求，包括由结晶槽至离心机母液能顺利自流、离心机分离出母液能自流入饱和器；②两台连续式离心机的中心距不宜小于4m。蒸氨和吡啶系统的设计应符合以下两条要求：①吡啶生产应负压操作；②各溶液的流向应保证自流。硫铵系统设备的选用和设置应符合以下四条要求：①饱和器机组必须设置备品，其备品率为50%～100%；②硫铵系统宜设置两个母液储槽；③硫铵结晶的分离应采用耐腐蚀的连续离心机并应设置备品；④硫铵系统必须设置粉尘捕集器。设备和管道中硫酸浓度小于75%时，应采取防腐蚀措施。离心机室的墙裙、各操作室的地面、饱和器机组母液储槽的周围地坪和可能接触腐蚀性介质的地方均应采取防腐蚀措施。对酸焦油、废酸液等应分别处理。

4.4.6 水洗涤法氨的脱除

煤气进入洗氨塔前应脱除焦油雾和萘，进入洗氨塔的煤气含萘量应小于500mg/m³。洗氨塔出口煤气含氨量应小于100mg/m³。洗氨塔出口煤气温度宜为25～27℃。新洗涤水

的温度应低于25℃，总硬度不宜大于0.02mmol/L。

水洗涤法脱氨的设计宜符合以下五方面要求：①洗涤塔不得少于两台并应串联设置；②两相邻塔间净距不宜小于2.5m，当塔径超过5m时塔间净距宜取塔径的一半，当采用多段循环洗涤塔时塔间净距不宜小于4m；③洗涤泵房与塔群间净距不宜小于5m；④蒸氨和黄血盐系统除泵、离心机和碱、铁刨花、黄血盐等储存库外，其余均宜露天布置；⑤当采用废氨水洗氨时废氨水冷却器宜设置为洗涤部分。富氨水必须妥善处理，不得造成二次污染。

4.4.7 煤气最终冷却

煤气最终冷却宜采用间接式冷却。煤气经最终冷却后其温度宜低于27℃。当煤气最终冷却采用横管式间接式冷却时其设计应符合以下三条要求：①煤气在管间宜自上向下流动，冷却水在管内宜自下向上流动，在煤气侧宜有清除管壁上萘的设施；②横管内冷却水可分为两段，其下段水入口温度宜低于20℃；③冷却器煤气出口处宜设捕雾装置。

4.4.8 粗苯的吸收

煤气中粗苯的吸收宜采用溶剂常压吸收法。吸收粗苯用的洗油宜采用焦油洗油。洗油循环量应按煤气中粗苯含量和洗油的种类等因素确定，循环洗油中含萘量宜小于5%。采用不同类型的洗苯塔时应符合以下三条要求：①当采用木格填料塔时不应少于两台并应串联设置；②当采用钢板网填料塔或塑料填料塔时宜采用两台并宜串联设置；③当煤气流量比较稳定时可采用筛板塔。洗苯塔的设计参数应符合以下三条要求：①对木格填料塔，煤气在木格间有效截面的流速宜取1.6～1.8m/s，吸收面积宜按1.0～1.1m^2/（m^3·h）（煤气）计算；②对钢板网填料塔，煤气的空塔流速宜取0.9～1.1m/s，吸收面积宜按0.6～0.7m^2/（m^3·h）（煤气）计算；③对筛板塔，煤气的空塔流速宜取1.2～2.5m/s，每块湿板的阻力宜取200Pa。系统必须设置相应的粗苯蒸馏装置。所有粗苯储槽的放散管皆应装设呼吸阀。

4.4.9 萘的最终脱除

萘的最终脱除宜采用溶剂常压吸收法。洗萘用的溶剂宜采用直馏轻柴油或低萘焦油洗油。最终洗萘塔宜采用填料塔可不做设备用。最终洗萘塔宜分为两段，第一段可采用循环溶剂喷淋，第二段应采用新鲜溶剂喷淋并设定时定量控制装置。当进入最终洗萘塔的煤气中，萘含量小于400mg/m^3和温度低于30℃时，最终洗萘塔的设计参数宜符合以下两条要求：①煤气的空塔流速0.65～0.75m/s；②吸收面积按大于0.35m^2/（m^3·h）（煤气）计算。

4.4.10 湿法脱硫

以煤或重油为原料所产生的人工煤气的脱硫脱氰宜采用氧化再生法。氧化再生法的脱硫液应选用硫容量大、副反应小、再生性能好、无毒和原料来源比较方便的脱硫液。当采用氧化再生法脱硫时，煤气进入脱硫装置前应脱除油雾；当采用氨型的氧化再生法脱硫时，脱硫装置应设在氨的脱除装置前。当采用蒽醌二磺酸钠法常压脱硫时，其吸收部分的

设计应符合以下五条要求：①脱硫液的硫容量应根据煤气中硫化氢的含量并按照相似条件下的运行经验或试验资料确定，当无资料时可取 0.20～0.25kg（硫）/m^3（溶液）；②脱硫塔宜采用木格填料塔或塑料填料塔；③煤气在木格填料塔内空塔流速宜取 0.5m/s；④脱硫液在反应槽内停留时间宜取 8～10min；⑤脱硫塔台数的设置原则应合规应在操作塔检修时，出厂煤气中硫化氢含量仍能符合现行的国家标准《人工煤气》(GB/T 13612)的规定。

蒽醌二磺酸钠法常压脱硫再生设备宜采用高塔式或喷射再生槽式。当采用高塔式再生设备时，其设计应符合以下四条要求：①再生塔吹风强度宜取 100～130m^3/（m^2·h），空气耗量可按 9～13m^3/kg（硫）计算；②脱硫液在再生塔内停留时间宜取 25～30min；③再生塔液位调节器的升降控制器宜设在硫泡沫槽处；④宜设置专用的空气压缩机，入塔的空气应除油。当采用喷射再生设备时其设计宜符合以下两条要求：①再生槽吹风强度宜取 80～145m^3/（m^2·h），空气消耗量可按 3.5～4.0m^3/m^3（溶液）计算；②脱硫液在再生槽内停留时间宜取 6～10min。脱硫液加热器的设置位置应符合以下两方面要求：①当采用高塔式再生时加热器宜位于富液泵与再生塔之间；②当采用喷射再生槽时加热器宜位于贫液泵与脱硫塔之间。

蒽醌二磺酸钠法常压脱硫中硫黄回收部分的设计应符合以下三条要求：①硫泡沫槽不应少于两台并轮流使用，硫泡沫槽内应设有搅拌装置和蒸汽加热装置；②硫黄成品种类的选择应根据煤气种类、硫黄产量并结合当地条件确定；③当生产熔融硫时可采用硫膏在熔硫釜中脱水工艺，熔硫釜宜采用夹套罐式蒸汽加热，硫渣和废液应分别回收集中处理并应设废气净化装置。事故槽的容量应按系统中存液量大的单台设备容量设计。煤气脱硫脱氰溶液系统中副产品回收设备的设置应按煤气种类及脱硫副反应的特点进行设计。

4.4.11 常压氧化铁法脱硫

脱硫剂可选择成型脱硫剂，也可选用藻铁矿、钢厂赤泥、铸铁屑或与铸铁屑有同样性能的铁屑，藻铁矿脱硫剂中活性氧化铁含量宜大于 15%，当采用铸铁屑或铁屑时必须经氧化处理，配制脱硫剂使用的疏松剂宜采用木屑。常压氧化铁法脱硫设备可采用箱式或塔式。

当采用箱式常压氧化铁法时，其设计应符合以下六方面要求：①当煤气通过脱硫设备时，流速宜取 7～11mm/s；当进口煤气中硫化氢含量小于 1.0g/m^3 时其流速可适当提高。②煤气与脱硫剂的接触时间宜取 130～200s。③每层脱硫剂的厚度宜取 0.3～0.8m。④氧化铁法脱硫剂需用量不应小于式 $V=1637\sqrt{C_S}/(f\cdot\rho)$ 的计算值，其中，V 为每小时 1000m^3 煤气所需脱硫剂的容积（m^3）；C_S 为煤气中硫化氢含量（体积分数）；f 为新脱硫剂中活性氧化铁含量，可取 15%～18%；ρ 为新脱硫剂密度（t/m^3），当采用藻铁矿或铸铁屑脱硫剂时可取 0.8～0.9。⑤常压氧化铁法脱硫设备的操作设计温度可取 25～35℃，每个脱硫设备应设置蒸汽注入装置，寒冷地区的脱硫设备应有保温措施。⑥每组脱硫箱（或塔）宜设一个备用，连通每个脱硫箱间的煤气管道的布置应能依次向后轮换输气。

脱硫箱宜采用高架式。箱式和塔式脱硫装置，其脱硫剂的装卸应采用机械设备。常压氧化铁法脱硫设备应设有煤气安全泄压装置。常压氧化铁法脱硫工段应设有配制和堆放脱硫剂的场地，场地应采用混凝土地坪。脱硫剂采用箱内再生时，掺空气后煤气中含氧量应由煤气中硫化氢含量确定，但出箱时煤气中含氧量应小于 2%（体积分数）。

4.4.12 一氧化碳的变换

本节适用于城镇煤气制气厂中对两段炉煤气、水煤气、半水煤气、发生炉煤气及其混合气体等人工煤气降低煤气中一氧化碳含量的工艺设计。煤气一氧化碳变换可根据气质情况选择全部变换或部分变换工艺。煤气的一氧化碳变换工艺宜采用常压变换工艺流程，根据煤气工艺生产情况也可采用加压变换工艺流程，用于进行一氧化碳变换的煤气应为经过净化处理后的煤气，以及进行一氧化碳变换的煤气应进行煤气含氧量监测，煤气中含氧量（体积分数）不应大于0.5%；当煤气中含氧量达0.5%～1.0%时应减量生产，当含氧量大于1%时应停车置换。变换炉的设计应力求做到触媒能得到最有效的利用，结构简单、阻力小、热损失小、蒸汽耗量低。一氧化碳变换反应宜采用中温变换，中温变换反应温度宜为380～520℃。

一氧化碳变换工艺的主要设计参数宜符合以下十一条要求：①饱和塔入塔热水与出塔煤气的温度差宜为3～5℃；②出饱和塔煤气的饱和度宜为70%～90%；③饱和塔进、出水温度宜为85～65℃；④热水塔进、出水温度宜为65～80℃；⑤触媒层温度宜为350～500℃；⑥进变换炉蒸汽与煤气比宜为0.8～1.1（体积分数）；⑦变换炉进口煤气温度宜为320～400℃；⑧进变换炉煤气中氧气含量应不高于0.5%；⑨饱和塔、热水塔循环水杂质含量应不高于5×10^{-4}；⑩一氧化碳变换系统总阻力宜不大于0.02MPa；⑪一氧化碳变换率宜为85%～95%。

常压变换系统中热水塔应叠放在饱和塔上。一氧化碳变换工艺所用热水应采用封闭循环系统。一氧化碳变换系统宜设预腐蚀器除酸。循环水量应保证完成最大限度地传递热量应满足喷淋密度的要求，并应使设备结构和运行费用经济合理。一氧化碳变换炉、热水循环泵及冷却水泵宜设置为一开一备。变换炉内触媒宜分为三段装填。一氧化碳变换工艺过程中所产生的热量应进行回收。一氧化碳工艺生产过程应设置必要的自动监控系统。一氧化碳变换炉应设置超温报警及连锁控制。

4.4.13 煤气脱水

煤气脱水宜采用冷冻法进行脱水。煤气脱水工段宜设在压送工段后。煤气脱水宜采用间接换热工艺。工艺过程中的冷量应进行充分回收。煤气脱水后的露点温度应低于最冷月地面下1m处平均地温为3～5℃。换热器的结构设计应易于清理内部杂质。制冷机组应选用变频机组。煤气冷凝水应集中处理。

4.4.14 放散和液封

严禁在厂房内放散煤气和有害气体。设备和管道上的放散管管口高度应符合以下两条要求：①当放散管直径大于150mm时，放散管管口应高出厂房顶面、煤气管道、设备和走台4m以上；②当放散管直径小于或等于150mm时，放散管管口应高出厂房顶面、煤气管道、设备和走台2.5m以上。煤气系统中液封槽液封高度应符合以下三条要求：①煤气鼓风机出口处应为鼓风机全压（单位以Pa）乘0.1加500mm；②硫铵工段满流槽内的液封高度和水封槽内液封高度应满足煤气鼓风机全压（单位以Pa）乘0.1要求；③其余处均应为最大操作压力（单位为Pa）乘0.1加500mm。煤气系统液封槽的补水口严禁与供水管道直接相接。

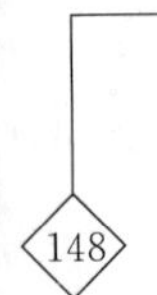

4.5 燃气输配系统

4.5.1 基本规则

本节适用于压力不大于4.0MPa（表压）的城镇燃气（不包括液态燃气）室外输配工程的设计。城镇燃气输配系统一般由门站、燃气管网、储气设施、调压设施、管理设施、监控系统等组成，城镇燃气输配系统设计应符合城镇燃气总体规划；在可行性研究的基础上做到远、近期结合，以近期为主，并经技术经济比较后确定合理的方案。城镇燃气输配系统压力级制的选择，以及门站、储配站、调压站、燃气干管的布置应根据燃气供应来源、用户的用气量及其分布、地形地貌、管材设备供应条件、施工和运行等因素，经过多方案比较，择优选取技术经济合理、安全可靠的方案；城镇燃气干管的布置应根据用户用量及其分布，全面规划，并宜按逐步形成环状管网供气进行设计。采用天然气作气源时，城镇燃气逐月、逐日的用气不均匀性的平衡应由气源方（即供气方）统筹调度解决；需气方对城镇燃气用户应做好用气量的预测，在各类用户全年的综合用气负荷资料的基础上，制定逐月、逐日用气量计划。

在平衡城镇燃气逐月、逐日的用气不均匀性基础上，平衡城镇燃气逐小时的用气不均匀性，城镇燃气输配系统尚应具有合理的调峰供气措施并应符合以下三方面要求：①城镇燃气输配系统的调峰气总容量应根据计算月平均日用气总量、气源的可调量大小、供气和用气不均匀情况和运行经验等因素综合确定。②确定城镇燃气输配系统的调峰气总容量时应充分利用气源的可调量（如主气源的可调节供气能力和输气干线的调峰能力等）；采用天然气做气源时，平衡小时的用气不均所需调峰气量宜由供气方解决，不足时由城镇燃气输配系统解决。③储气方式的选择应因地制宜，经方案比较，择优选取技术经济合理、安全可靠的方案；对来气压力较高的天然气输配系统宜采用管道储气的方式。

城镇燃气管道的设计压力（P）分为七级，并应符合表4-5-1的要求。燃气输配系统各种压力级别的燃气管道之间应通过调压装置相连；当有可能超过最大允许工作压力时应设置防止管道超压的安全保护设备。

表4-5-1　城镇燃气管道设计压力（表压）分级

名称	高压燃气管道		次高压燃气管道		中压燃气管道		低压燃气管道
	A	B	A	B	A	B	
压力(MPa)	$2.5<P\leqslant4.0$	$1.6<P\leqslant2.5$	$0.8<P\leqslant1.6$	$0.4<P\leqslant0.8$	$0.2<P\leqslant0.4$	$0.01\leqslant P\leqslant0.2$	$P<0.01$

4.5.2 燃气管道计算流量和水力计算

城镇燃气管道的计算流量应按计算月的小时最大用气量计算，该小时最大用气量应根据所有用户燃气用气量的变化叠加后确定；独立居民小区和庭院燃气支管的计算流量宜按相关规范规定执行。居民生活和商业用户燃气小时计算流量（0℃和101.325kPa）宜按下式计算：

$$Q_h = Q_a / n$$

$$n = 365 \times 24 / (K_m K_d K_h)$$

其中，Q_h 为燃气小时计算流量（m^3/h）；Q_a 为年燃气用量（m^3/a）；n 为年燃气最大负荷利用小时数（h）；K_m 为月高峰系数，计算月的日平均用气量和年的日平均用气量之比；K_d 为日高峰系数，计算月中的日最大用气量和该月日平均用气量之比；K_h 为小时高峰系数，计算月中最大用气量日的小时最大用气量和该日小时平均用气量之比。

居民生活和商业用户用气的高峰系数应根据该城镇各类用户燃气用量（或燃料用量）的变化情况，编制成月、日、小时用气负荷资料，经分析研究确定；工业企业和燃气汽车用户燃气小时计算流量宜按每个独立用户生产的特点和燃气用量（或燃料用量）的变化情况，编制成月、日、小时用气负荷资料确定。采暖通风和空调所需燃气小时计算流量可按国家现行的标准《城镇供热管网设计标准》（CJJ/T 34）有关热负荷规定并考虑燃气采暖通风和空调的热效率折算确定。

低压燃气管道单位长度的摩擦阻力损失应按下式计算：

$$\Delta P / l = 6.26 \times 10^7 \lambda Q^2 \rho T / (d^5 T_0)$$

其中，ΔP 为燃气管道摩擦阻力损失（Pa）；λ 为燃气管道摩擦阻力系数，宜按相关规范和本书第4.10.3节计算；l 为燃气管道的计算长度（m）；Q 为燃气管道的计算流量（m^3/h）；d 为管道内径（mm）；ρ 为燃气密度（kg/m^3）；T 为设计中所采用的燃气温度（K）；T_0 为273.15K。

高压、次高压和中压燃气管道的单位长度摩擦阻力损失应按下式计算：

$$(P_1^2 - P_2^2) / L = 1.27 \times 10^{10} \lambda Q^2 \rho T Z / (d^5 T_0)$$

$$1/\sqrt{\lambda} = -2\lg \left[K / (3.7d) + 2.51 / (Re\sqrt{\lambda}) \right]$$

其中，P_1 为燃气管道起点的压力（绝对压力，kPa）；P_2 为燃气管道终点的压力（绝对压力，kPa）；Z 为压缩因子，当燃气压力小于1.2MPa（表压）时，Z 取1；L 为燃气管道的计算长度（km）；λ 为燃气管道摩擦阻力系数；K 为管壁内表面的当量绝对粗糙度（mm）；Re 为雷诺数（无量纲）。

需要强调的是，当燃气管道的摩擦阻力系数采用手算时，宜采用本书第4.10.3节中的公式计算。室外燃气管道的局部阻力损失可按燃气管道摩擦阻力损失的5%～10%进行计算。城镇燃气低压管道从调压站到最远燃具管道允许阻力损失可按下式计算：

$$\Delta P_d = 0.75 P_n + 150$$

其中，ΔP_d 为从调压站到最远燃具的管道允许阻力损失（Pa），含室内燃气管道允许阻力损失，室内燃气管道允许阻力损失应按相关规范规定确定；P_n 为低压燃具的额定压力（Pa）。

4.5.3 压力不大于1.6MPa的室外燃气管道

中压和低压燃气管道宜采用聚乙烯管、机械接口球墨铸铁管、钢管或钢骨架聚乙烯塑料复合管并应符合以下四方面要求：①聚乙烯燃气管道应符合现行国家标准《燃气用埋地聚乙烯（PE）管道系统 第1部分：总则》（GB/T 15558.1）和《燃气用埋地聚乙烯（PE）管道系统 第2部分：管材》（GB/T 15558.2）的规定；②机械接口球墨铸铁管道应符合现行国家标准《水及燃气用球墨铸铁管、管件和附件》（GB/T 13295）的规定；③钢管采用焊接钢管、镀锌钢管或无缝钢管时应分别符合现行国家标准《低压流体输送用焊接钢管》(GB/T 3091)、《输送流体用无缝钢管》(GB/T 8163)的规定;④钢骨架聚乙烯塑料复合管道应符合现行国家标准《燃气用钢骨架聚乙烯塑料复合管及管件》(CJ/T 125)和《燃气用钢骨架聚乙烯塑料复合管件》(CJ/T 126)的规定。次高压燃气管道应采用钢管,其管材和附件应符合相关规范的要求;地下次高压B燃气管道也可采用钢号Q235B焊接钢管并应符合现行国家标准《低压流体输送用焊接钢管》(GB/T 3091)的规定;次高压钢质燃气管道直管段计算壁厚应按相关规范计算确定,最小公称壁厚不应小于表4-5-2的规定。

表4-5-2 钢质燃气管道最小公称壁厚

钢管公称直径DN(mm)	DN100~150	DN200~300	DN350~450	DN500~550
公称壁厚(mm)	4	4.8	5.2	6.4
钢管公称直径DN(mm)	DN600~700	DN750~900	DN950~1000	DN1050
公称壁厚(mm)	7.1	7.9	8.7	9.5

地下燃气管道不得从建筑物和大型构筑物(不包括架空的建筑物和大型构筑物)的下面穿越;地下燃气管道与建筑物、构筑物或相邻管道之间的水平和垂直净距不应小于表4-5-3和表4-5-4的规定。当次高压燃气管道压力与表中数不相同时可采用直线方程内插法确定水平净距。如受地形限制不能满足表4-5-3和表4-5-4时,经与有关部门协商,采取有效的安全防护措施后,表4-5-3和表4-5-4规定的净距均可适当缩小,但低压管道不应影响建(构)筑物和相邻管道基础的稳固性,中压管道距建筑物基础不应小于0.5m且距建筑物外墙面不应小于1m,次高压燃气管道距建筑物外墙面不应小于3.0m;其中当对次高压A燃气管道采取有效的安全防护措施或当管道壁厚不小于9.5mm时,管道距建筑物外墙面不应小于6.5m,当管壁厚度不小于11.9mm时,管道距建筑物外墙面不应小于3.0m。表4-5-3和表4-5-4规定,除地下燃气管道与热力管的净距不适于聚乙烯燃气管道和钢骨架聚乙烯塑料复合管外,其他规定均适用于聚乙烯燃气管道和钢骨架聚乙烯塑料复合管道;聚乙烯燃气管道与热力管道的净距应按国家现行标准《聚乙烯燃气管道工程技术规程》(CJJ 63)执行。地下燃气管道与电杆(塔)基础之间的水平净距还应满足相关规范中地下燃气管道与交流电力线接地体的净距规定。

表4-5-3 地下燃气管道与建筑物、构筑物或相邻管道之间的水平净距(m)

项目		地下燃气管道压力(MPa)				
		低压<0.01	中压		次高压	
			B≤0.2	A≤0.4	B0.8	A1.6
建筑物	基础	0.7	1.0	1.5	—	—
	外墙面(出地面处)	—	—	—	5	13.5
给水管		0.5	0.5	0.5	1	1.5
污水、雨水排水管		1	1.2	1.2	1.5	2.0
电力电缆(含电车电缆)	直埋	0.5	0.5	0.5	1	1.5
	在导管内	1.0	1	1	1.0	1.5

续表

项目		地下燃气管道压力（MPa）				
		低压<0.01	中压		次高压	
			B≤0.2	A≤0.4	B0.8	A1.6
通信电缆	直埋	0.5	0.5	0.5	1	1.5
	在导管内	1	1	1.0	1	1.5
其他燃气管道	DN≤300m	0.4	0.4	0.4	0.4	0.4
	DN>300mm	0.5	0.5	0.5	0.5	0.5
热力管	直埋	1.0	1	1	1.5	2
	在管沟内（至外壁）	1	1.5	1.5	2.0	4.0
电杆（塔）的基础	≤35kV	1	1	1	1	1
	>35kV	2.0	2.0	2	5	5
通信照明电杆（至电杆中心）		1	1	1	1.0	1
铁路路堤坡脚		5	5	5	5	5
有轨电车钢轨		2	2	2	2	2.0
街树（至树中心）		0.75	0.75	0.75	1.2	1.2

表 4-5-4 地下燃气管道与构筑物或相邻管道之间垂直净距（m）

项目		地下燃气管道（当有套管时，以套管计）
给水管、排水管或其他燃气管道		0.15
热力管、热力管的管沟底（或顶）		0.15
电缆	直埋	0.5
	在导管内	0.15
铁路（轨底）		1.2
有轨电车（轨底）		1

地下燃气管道埋设的最小覆土厚度（路面至管顶）应符合以下四条要求：①埋设在机动车道下时不得小于0.9m；②埋设在非机动车车道（含人行道）下时不得小于0.6m；③埋设在机动车不可能到达的地方时不得小于0.3m；④埋设在水田下时不得小于0.8m。当不能满足上述规定时应采取有效的安全防护措施。输送湿燃气的燃气管道应埋设在土壤冰冻线以下，燃气管道坡向凝水缸的坡度不宜小于0.003。地下燃气管道的基础宜为原土层，凡可能引起管道不均匀沉降的地段其基础应进行处理。地下燃气管道不得在堆积易燃、易爆材料和具有腐蚀性液体的场地下面穿越，并不宜与其他管道或电缆同沟敷设；当需要同沟敷设时必须采取有效的安全防护措施。地下燃气管道从排水管（沟）、热力管沟、隧道及其他各种用途沟槽内穿过时应将燃气管道敷设于套管内，套管伸出构筑物外壁不应小于表4-5-3中燃气管道与该构筑物的水平净距，套管两端应采用柔性的防腐、防水材料密封。

燃气管道穿越铁路、高速公路、电车轨道或城镇主要干道时应符合以下要求。即穿越铁路或高速公路的燃气管道应加套管；当燃气管道采用定向钻穿越并取得铁路或高速公路

部门同意时可不加套管。穿越铁路的燃气管道的套管应符合以下五条要求：①套管埋设的深度应合规，铁路轨底至套管顶不应小于 1.20m 并应符合铁路管理部门的要求；②套管宜采用钢管或钢筋混凝土管；③套管内径应比燃气管道外径大 100mm 以上；④套管两端与燃气管的间隙应采用柔性的防腐、防水材料密封，其一端应装设检漏管；⑤套管端部距路堤坡脚外的距离不应小于 2.0m。燃气管道穿越电车轨道或城镇主要干道时宜敷设在套管或管沟内；穿越高速公路的燃气管道的套管、穿越电车轨道或城镇主要干道的燃气管道的套管或管沟应符合以下两条要求：①套管内径应比燃气管道外径大 100mm 以上，套管或管沟两端应密封，在重要地段的套管或管沟端部宜安装检漏管；②套管或管沟端部距电车道边轨不应小于 2.0m，距道路边缘不应小于 1.0m。燃气管道宜垂直穿越铁路、高速公路、电车轨道或城镇主要干道。

燃气管道通过河流时，可采用穿越河底或采用管桥跨越的形式；当条件许可时可利用道路桥梁跨越河流并应符合以下三方面要求：①随桥梁跨越河流的燃气管道，其管道的输送压力不应大于 0.4MPa。②当燃气管道随桥梁敷设或采用管桥跨越河流时必须采取安全防护措施。③燃气管道随桥梁敷设宜采取下列安全防护措施，即敷设于桥梁上的燃气管道应采用加厚的无缝钢管或焊接钢管尽量减少焊缝，对焊缝进行 100%无损探伤；跨越通航河流的燃气管道管底标高应符合通航净空的要求，管架外侧应设置护桩；在确定管道位置时，与随桥敷设的其他管道的间距应符合现行国家标准《工业企业煤气安全规程》（GB 6222）支架敷管的有关规定；管道应设置必要的补偿和减振措施；对管道应做较高等级的防腐保护，对于采用阴极保护的埋地钢管与随桥管道之间应设置绝缘装置；跨越河流的燃气管道的支座（架）应采用不燃烧材料制作。

燃气管道穿越河底时应符合以下四条要求：①燃气管道宜采用钢管；②燃气管道至河床的覆土厚度应根据水流冲刷条件及规划河床确定，对不通航河流不应小于 0.5m，对通航的河流不应小于 1.0m，还应考虑疏浚和投锚深度；③稳管措施应根据计算确定；④在埋设燃气管道位置的河流两岸上、下游应设立标志。穿越或跨越重要河流的燃气管道，在河流两岸均应设置阀门。在次高压、中压燃气干管上应设置分段阀门并应在阀门两侧设置放散管，在燃气支管的起点处应设置阀门。地下燃气管道上的检测管、凝水缸的排水管、水封阀和阀门，均应设置护罩或护井。

室外架空的燃气管道可沿建筑物外墙或支柱敷设并应符合以下三方面要求：①中压和低压燃气管道可沿建筑耐火等级不低于二级的住宅或公共建筑的外墙敷设，次高压 B、中压和低压燃气管道可沿建筑耐火等级不低于二级的丁、戊类生产厂房的外墙敷设；②沿建筑物外墙的燃气管道距住宅或公共建筑物中不应敷设燃气管道的房间门、窗洞口的净距应合规，中压管道不应小于 0.5m、低压管道不应小于 0.3m，燃气管道距生产厂房建筑物门、窗洞口的净距不限；③架空燃气管道与铁路、道路、其他管线交叉时的垂直净距不应小于表 4-5-5 的规定。

厂区内部的燃气管道，在保证安全的情况下，管底至道路路面的垂直净距可取 4.5m，管底至铁路轨顶的垂直净距可取 5.5m，在车辆和人行道以外的地区可在从地面到管底高度不小于 0.35m 的低支柱上敷设燃气管道；电气机车铁路除外；架空电力线与燃气管道的交叉垂直净距尚应考虑导线的最大垂度；输送湿燃气的管道应采取排水措施，在寒冷地区还应采取保温措施，燃气管道坡向凝水缸的坡度不宜小于 0.003；工业企业内燃气管道

沿支柱敷设时应符合现行国家标准《工业企业煤气安全规程》(GB 6222)的规定。

表4-5-5 架空燃气管道与铁路、道路、其他管线交叉时的垂直净距(m)

建筑物和管线名称	铁路轨顶	城市道路路面	厂区道路路面	人行道路路面	架空电力线电压			其他管道管径	
					3kV以下	3～10kV	35～66kV	≤300mm	>300mm
燃气管道下	6	5.5	5.0	2.2	—	—	—	同管道直径,但不小于0.10	0.3
燃气管道上	—	—	—	—	1.5	3	4	同左	0.3

4.5.4 压力大于1.6MPa的室外燃气管道

本部分适用于压力大于1.6MPa(表压)但不大于4.0MPa(表压)的城镇燃气(不包括液态燃气)室外管道工程的设计。城镇燃气管道通过的地区应按沿线建筑物的密集程度划分为4个管道地区等级,并依据管道地区等级作出相应的管道设计。

城镇燃气管道地区等级的划分应符合下列规定:沿管道中心线两侧各200m范围内,任意划分为1.6km长并能包括最多供人居住的独立建筑物数量的地段,作为地区分级单元;在多单元住宅建筑物内,每个独立住宅单元按一个供人居住的独立建筑物计算。管道地区等级应根据地区分级单元内建筑物的密集程度划分并应符合以下四条规定:①一级地区有12个或12个以下供人居住的独立建筑物;②二级地区有12个以上,80个以下供人居住的独立建筑物;③三级地区为介于二级和四级之间的中间地区,有80个或80个以上供人居住的独立建筑物但不够四级地区条件的地区、工业区或距人员聚集的室外场所90m内铺设管线的区域;④四级地区为4层或4层以上的建筑物(不计地下室层数)普遍且占多数、交通频繁、地下设施多的城市中心城区(或镇的中心区域等)。二、三、四级地区的长度应按以下两条规定调整:①四级地区垂直于管道的边界线距最近地上4层或4层以上建筑物不应小于200m;②二、三级地区垂直于管道的边界线距该级地区最近建筑物不应小于200m。确定城镇燃气管道地区等级宜按城市规划为该地区的今后发展留有余地。

高压燃气管道采用的钢管和管道附件材料应符合以下六方面要求:①燃气管道所用钢管、管道附件材料的选择应根据管道的使用条件(设计压力、温度、介质特性、使用地区等)、材料的焊接性能等因素,经技术经济比较后确定。②燃气管道选用的钢管应符合现行国家标准《石油天然气工业 管线输运系统用钢管》(GB/T 9711)(L175级钢管除外)和《输送流体用无缝钢管》(GB/T 8163)的规定,或符合不低于上述三项标准相应技术要求的其他钢管标准;三级和四级地区高压燃气管道材料钢级不应低于L245。③燃气管道所采用的钢管和管道附件应根据选用的材料、管径、壁厚、介质特性、使用温度及施工环境温度等因素,对材料提出冲击试验和(或)落锤撕裂试验要求。④当管道附件与管道采用焊接连接时,两者材质应相同或相近。⑤管道附件中所用的锻件应符合国家现行标准《承压设备用碳素钢和合金钢锻件》(NB/T 47008)、《低温承压设备用合金钢锻件》(NB/T 47009)的有关规定。管道附件不得采用螺旋焊缝钢管制作,严禁采用铸铁制作。

燃气管道强度设计应根据管段所处地区等级和运行条件，按可能同时出现的永久荷载和可变荷载的组合进行设计；当管道位于地震设防烈度 7 度及 7 度以上地区时，应考虑管道所承受的地震荷载。钢质燃气管道直管段计算壁厚应按式 $\delta = PD/(2\sigma_s \varphi F)$ 计算，计算所得到的厚度应按钢管标准规格向上选取钢管的公称壁厚，最小公称壁厚不应小于表 4-5-2 的规定，其中，δ 为钢管计算壁厚（mm）；P 为设计压力（MPa）；D 为钢管外径（mm）；σ_s 为钢管的最低屈服强度（MPa）；F 为强度设计系数，按表 4-5-6 和表 4-5-7 选取；φ 为焊缝系数，当采用相关规范规定的钢管标准时取 1.0。

对于采用经冷加工后又经加热处理的钢管，当加热温度高于 320℃（焊接除外）或采用经过冷加工或热处理的钢管煨弯成弯管时，则在计算该钢管或弯管壁厚时，其屈服强度应取该管材最低屈服强度（σ_s）的 75%。城镇燃气管道的强度设计系数（F）应符合表 4-5-6的规定。穿越铁路、公路和人员聚集场所的管道及门站、储配站、调压站内管道的强度设计系数应符合表 4-5-7 的规定。

表 4-5-6　城镇燃气管道的强度设计系数

地区等级	一级地区	二级地区	三级地区	四级地区
强度设计系数 F	0.72	0.60	0.40	0.30

表 4-5-7　穿越铁路、公路和人员聚集场所的管道及门站、储配站、调压站内管道的强度设计系数 F

<table>
<tr><th rowspan="2">管道及管段</th><th colspan="4">地区等级</th></tr>
<tr><th>一</th><th>二</th><th>三</th><th>四</th></tr>
<tr><td>有套管穿越Ⅲ、Ⅳ级公路的管道</td><td>0.72</td><td>0.6</td><td rowspan="5">0.4</td><td rowspan="5">0.3</td></tr>
<tr><td>无套管穿越Ⅲ、Ⅳ级公路的管道</td><td>0.6</td><td>0.5</td></tr>
<tr><td>有套管穿越Ⅰ、Ⅱ级公路、高速公路、铁路的管道</td><td>0.6</td><td>0.6</td></tr>
<tr><td>门站、储配站、调压站内管道及其上、下游各 200m 管道，截断阀室管道及其上、下游各 50m 管道（其距离从站和阀室边界线起算）</td><td>0.5</td><td>0.5</td></tr>
<tr><td>人员聚集场所的管道</td><td>0.4</td><td>0.4</td></tr>
</table>

以下五方面计算或要求应符合现行国家标准《输气管道工程设计规范》（GB 50251）的相应规定：①受约束的埋地直管段轴向应力计算和轴向应力与环向应力组合的当量应力校核；②受内压和温差共同作用下弯头的组合应力计算；③管道附件与没有轴向约束的直管段连接时的热膨胀强度校核；④弯头和弯管的管壁厚度计算；⑤燃气管道径向稳定校核。

一级或二级地区地下燃气管道与建筑物之间的水平净距不应小于表 4-5-8 的规定；当燃气管道强度设计系数不大于 0.4 时，一级或二级地区地下燃气管道与建筑物之间的水平净距可按表 4-5-9 确定。水平净距是指管道外壁到建筑物出地面处外墙面的距离，建筑物是指平常有人的建筑物。当燃气管道压力与表中数不相同时可采用直线方程内插法确定水平净距。

表 4-5-8　一级或二级地区地下燃气管道与建筑物之间的水平净距（m）

燃气管道公称直径 DN（mm）	地下燃气管道压力（MPa）		
	1.61	2.5	4
900<DN≤1050	53	60	70
750<DN≤900	40	47	57
600<DN≤750	31	37	45
450<DN≤600	24	28	35
300<DN≤450	19	23	28
150<DN≤300	14	18	22
DN≤150	11	13	15

三级地区地下燃气管道与建筑物之间的水平净距不应小于表 4-5-9 的规定；当对燃气管道采取有效的保护措施时，δ<9.5mm 的燃气管道也可采用表中 B 列的水平净距。水平净距是指管道外壁到建筑物出地面处外墙面的距离，建筑物是指平常有人的建筑物。当燃气管道压力与表中数不相同时可采用直线方程内插法确定水平净距。

表 4-5-9　三级地区地下燃气管道与建筑物之间的水平净距（m）

燃气管道公称直径和壁厚 δ（mm）		A 所有管径 δ<9.5	B 所有管径 9.5<δ<11.9	C 所有管径 δ≥11.9
地下燃气管道压力（MPa）	1.61	13.5	6.5	3.0
	2.5	15	7.5	5.0
	4	17.0	9.0	8

高压地下燃气管道与构筑物或相邻管道之间的水平和垂直净距不应小于表 4-5-3 和表 4-5-4 中次高压 A 的规定，但高压 A 和高压 B 地下燃气管道与铁路路堤坡脚的水平净距分别不应小于 8m 和 6m，与有轨电车钢轨的水平净距分别不应小于 4m 和 3m；当达不到上述净距要求时，采取有效的防护措施后净距可适当缩小。四级地区地下燃气管道输配压力不宜大于 1.6MPa（表压），其设计应遵守相关规范的有关规定；四级地区地下燃气管道输配压力不应大于 4.0MPa（表压）。

高压燃气管道的布置应符合以下三方面要求：①高压燃气管道不宜进入四级地区。当受条件限制需要进入或通过四级地区时，高压 A 地下燃气管道与建筑物外墙面之间的水平净距不应小于 30m，当管壁厚度 δ≥9.5mm 或对燃气管道采取有效的保护措施时不应小于 15m；高压 B 地下燃气管道与建筑物外墙面之间的水平净距不应小于 16m，当管壁厚度 δ≥9.5mm 或对燃气管道采取有效的保护措施时不应小于 10m；管道分段阀门应采用遥控或自动控制。②高压燃气管道不应通过军事设施、易燃易爆仓库、国家重点文物保护单位的安全保护区、飞机场、火车站、海（河）港码头；当受条件限制管道必须在上述所列区域内通过时，必须采取安全防护措施。③高压燃气管道宜采用埋地方式敷设，当个别地段需要采用架空敷设时必须采取安全防护措施。

当管道安全评估中危险性分析证明可能发生事故的次数和结果合理时，可采用与表 4-5-8、表 4-5-9 和相关规范规定的不同的净距，并采用与表 4-5-6、表 4-5-7 不同的强度

设计系数（*F*）。

焊接支管连接口的补强应符合以下四方面规定：①补强的结构形式可采用增加主管道或支管道壁厚或同时增加主、支管道壁厚、或三通、或拔制扳边式接口的整体补强形式，也可采用补强圈补强的局部补强形式。②当支管道公称直径大于或等于1/2主管道公称直径时应采用三通。③支管道的公称直径小于或等于50mm时，可不作补强计算。④开孔削弱部分按等面积补强，其结构和数值计算应符合现行国家标准《输气管道工程设计规范》(GB 50251）的相应规定，且主管道和支管道的连接焊缝应保证全焊透，其角焊缝腰高应大于或等于1/3的支管道壁厚且不小于6mm；补强圈的形状应与主管道相符并与主管道紧密贴合，焊接和热处理时补强圈上应开一排气孔，管道使用期间应将排气孔堵死，补强圈宜按国家现行标准《补强圈》(JB/T 4736—2002）选用。

燃气管道附件的设计和选用应符合以下七方面规定：①管件的设计和选用应符合国家现行标准《钢制对焊管件 类型与参数》(GB 12459)、《钢制对焊管件 技术规范》(GB/T 13401)、《钢制法兰管件》(GB/T 17185)、《钢制对焊管件规范》(SY/T 0510）和《油气输送用钢制感应加热弯管》(SY/T 5257）等有关标准的规定。②管法兰的选用应符合国家现行标准《钢制管法兰 第1部分：PN系列》(GB/T 9124.1)、《钢制管法兰 第2部分：Class系列》(GB/T 9124.2)、《大直径钢制管法兰》(GB/T 13402）或《钢制法兰、垫片、紧固件》(HG/T 20592）的规定；法兰、垫片和紧固件应考虑介质特性配套选用。③绝缘法兰、绝缘接头的设计应符合国家现行标准《绝缘接头与绝缘法兰设计技术规范》(SY/T 0516）的规定。④非标钢制异径接头、凸形封头和平封头的设计可参照现行国家标准《压力容器》(GB 150.1～150.4）的有关规定。⑤除对焊管件外的焊接预制单体（如集气管、清管器接收筒等），若其所用材料、焊缝及检验不同于本章内容所列要求时，可参照现行国家标准《压力容器》(GB 150.1～150.4）进行设计、制造和检验。⑥管道与管件的管端焊接接头形式宜符合现行国家标准《输气管道工程设计规范》(GB 50251）的有关规定。⑦用于改变管道走向的弯头、弯管应符合现行国家标准《输气管道工程设计规范》(GB 50251）的有关规定，且弯曲后的弯管其外侧减薄处厚度应不小于相关规范计算得到的计算厚度。

燃气管道阀门的设置应符合以下四条要求：①在高压燃气干管上应设置分段阀门，分段阀门的最大间距对以四级地区为主的管段不应大于8km、以三级地区为主的管段不应大于13km、以二级地区为主的管段不应大于24km、以一级地区为主的管段不应大于32km；②在高压燃气支管的起点处应设置阀门；③燃气管道阀门的选用应符合国家现行有关标准并应选择适用于燃气介质的阀门；④在防火区内关键部位使用的阀门应具有耐火性能，需要通过清管器或电子检管器的阀门应选用全通径阀门。

高压燃气管道及管件设计应考虑日后清管或电子检管的需要，并宜预留安装电子检管器收发装置的位置。埋地管线的锚固件应符合以下两方面要求：①埋地管线上弯管或迂回管处产生的纵向力必须由弯管处的锚固件、土壤摩阻或管子中的纵向应力加以抵消；②若弯管处不用锚固件则靠近推力起源点处的管子接头处应设计成能承受纵向拉力，若接头未采取此种措施则应加装适用的拉杆或拉条。高压燃气管道的地基、埋设的最小覆土厚度、穿越铁路和电车轨道、穿越高速公路和城镇主要干道、通过河流的形式和要求等应符合相关规范的有关规定。市区外地下高压燃气管道沿线应设置里程桩、转角桩、交叉和警示牌等永久性标志，市区内地下高压燃气管道应设立管位警示标志，在距管顶不小于500mm处应埋设警示带。

4.5.5 门站和储配站

本节适用于城镇燃气输配系统中，接受气源来气并进行净化、加臭、储存、控制供气压力、气量分配、计量和气质检测的门站和储配站的工程设计。门站和储配站站址选择应符合以下七方面要求：①站址应符合城镇总体规划的要求；②站址应具有适宜的地形、工程地质、供电、给水排水和通信等条件；③门站和储配站应少占农田、节约用地并注意与城镇景观等协调；④门站站址应结合长输管线位置确定；⑤根据输配系统具体情况，储配站与门站可合建；⑥储配站内的储气罐与站外的建（构）筑物的防火间距应符合现行国家标准《建筑设计防火规范》（GB 50016）的有关规定；⑦站内露天燃气工艺装置与站外建（构）筑物的防火间距应符合甲类生产厂房与厂外建（构）筑物的防火间距的要求。

储配站内的储气罐与站内的建（构）筑物的防火间距应符合表4-5-10的规定，低压湿式储气罐与站内的建（构）筑物的防火间距应按表4-5-10确定；低压干式储气罐与站内的建（构）筑物的防火间距，当可燃气体的密度比空气大时应按表4-5-10增加25%，比空气小或等于时可按表4-5-10确定；固定容积储气罐与站内的建（构）筑物的防火间距应按表4-5-10的规定执行，总容积按其几何容积（m^3）和设计压力（绝对压力，102kPa）的乘积计算；低压湿式或干式储气罐的水封室、油泵房和电梯间等附属设施与该储罐的间距按工艺要求确定；露天燃气工艺装置与储气罐的间距按工艺要求确定。

表4-5-10 储气罐与站内的建（构）筑物的防火间距（m）

储气罐总容积（m^3）	≤1000	>1000～≤10000	>10000～≤50000	>50000～≤200000	>200000
明火、散发火花地点	20	25	30	35	40
调压室、压缩机室、计量室	10	12	15	20	25
控制室、变配电室、汽车库等辅助建筑	12	15	20	25	30
机修间、燃气锅炉房	15	20	25	30	35
办公、生活建筑	18	20	25	30	35
消防泵房、消防水池取水口	20				
站内道路（路边）	10	10	10	10	10
围墙	15	15	15	15	18

储气罐或罐区之间的防火间距应符合以下五方面要求：①湿式储气罐之间、干式储气罐之间、湿式储气罐与干式储气罐之间的防火间距，不应小于相邻较大罐的半径；②固定容积储气罐之间的防火间距不应小于相邻较大罐直径的2/3；③固定容积储气罐与低压湿式或干式储气罐之间的防火间距不应小于相邻较大罐的半径；④数个固定容积储气罐的总容积大于200000m^3时应分组布置，组与组之间的防火间距对卧式储罐不应小于相邻较大罐长度的一半，球形储罐不应小于相邻较大罐的直径且不应小于20.0m；⑤储气罐与液化

石油气罐之间的防火间的距应符合现行国家标准《建筑设计防火规范》(GB 50016) 的有关规定。

门站和储配站总平面布置应符合以下四方面要求：①总平面应分区布置，即分为生产区（包括储罐区、调压计量区、加压区等）和辅助区。②站内的各建构筑物之间及与站外建（构）筑物之间的防火间距应符合现行国家标准《建筑设计防火规范》(GB 50016) 的有关规定，站内建筑物的耐火等级不应低于现行国家标准《建筑设计防火规范》(GB 50016)“二级”的规定。③站内露天工艺装置区边缘距明火或散发火花地点不应小于 20m，距办公、生活建筑不应小于 18m，距围墙不应小于 10m，与站内生产建筑的间距按工艺要求确定。④储配站生产区应设置环形消防车通道，消防车通道宽度不应小于 3.5m。

当燃气无臭味或臭味不足时，门站或储配站内应设置加臭装置，加臭量应符合相关规范的有关规定。门站和储配站的工艺设计应符合以下九条要求：①功能应满足输配系统输气调度和调峰的要求；②站内应根据输配系统调度要求分组设置计量和调压装置，装置前应设过滤器，门站进站总管上宜设置分离器；③调压装置应根据燃气流量、压力降等工艺条件确定设置加热装置；④站内计量调压装置和加压设备应根据工作环境要求露天或在厂房内布置，在寒冷或风沙地区宜采用全封闭式厂房；⑤进出站管线应设置切断阀门和绝缘法兰；⑥储配站内进罐管线上宜设置控制进罐压力和流量的调节装置；⑦当长输管道采用清管工艺时，其清管器的接收装置宜设置在门站内；⑧站内管道上应根据系统要求设置安全保护及放散装置；⑨站内设备、仪表、管道等安装的水平间距和标高均应便于观察、操作和维修。

站内宜设置自动化控制系统，并宜作为输配系统的数据采集监控系统的远端站。站内燃气计量和气质的检验应符合以下两条要求：①站内设置的计量仪表应符合表 4-5-11 的规定，表中“+”代表不应设置；②宜设置测定燃气组分、发热量、密度、湿度和各项有害杂质含量的仪表。

表 4-5-11　站内设置的计量仪表

进出站参数	功能		
	指示	记录	累计
流量	+	+	+
压力	+	+	
温度	+	+	

燃气储存设施的设计应符合以下四条要求：①储配站所建储罐容积应根据输配系统所需储气总容量、管网系统的调度平衡和气体混配要求确定；②储配站的储气方式及储罐形式应根据燃气进站压力、供气规模、输配管网压力等因素，经技术经济比较后确定；③确定储罐单体或单组容积时应考虑储罐检修期间供气系统的调度平衡；④储罐区宜设有排水设施。

低压储气罐的工艺设计应符合以下八条要求：①低压储气罐宜分别设置燃气进、出气管，各管应设置关闭性能良好的切断装置，并宜设置水封阀，水封阀的有效高度应取设计工作压力（单位为 Pa）乘以 0.1 加 500mm，燃气进、出气管的设计应能适应气罐地基沉降引起的变形；②低压储气罐应设储气量指示器，储气量指示器应具有显示储量及可调节的高低限位声、光报警装置；③储气罐高度超越当地有关的规定时应设高度障碍标志；④湿式储气罐的水封高度应经过计算后确定；⑤寒冷地区湿式储气罐的水封应设有防冻措施；⑥干式储气罐密封系统，必须能够可靠地连续运行；⑦干式储气罐应设置紧急放散装置；⑧干式储气罐应配有检修通道，稀油密封干式储气罐外部应设置检修电梯。

高压储气罐工艺设计应符合以下七方面要求：①高压储气罐宜分别设置燃气进、出气管，不需要起混气作用的高压储气罐，其进、出气管也可合为一条；燃气进、出气管的设计宜进行柔性计算。②高压储气罐应分别设置安全阀、放散管和排污管。③高压储气罐应设置压力检测装置。④高压储气罐宜减少接管开孔数量。⑤高压储气罐宜设置检修排空装置。⑥当高压储气罐罐区设置检修用集中放散装置时，集中放散装置的放散管与站外建（构）筑物的防火间距不应小于表 4-5-12 的规定；集中放散装置的放散管与站内建（构）筑物的防火间距不应小于表 4-5-13 的规定；放散管管口高度应高出距其 25m 内的建（构）筑物 2m 以上且不得小于 10m。⑦集中放散装置宜设置在站内全年最小频率风向的上风侧。

表 4-5-12　集中放散装置的放散管与站外建（构）筑物的防火间距

项目		防火间距（m）
明火、散发火花地点		30
民用建筑		25
甲、乙类液体储罐，易燃材料堆场		25
室外变、配电站		30
甲、乙类物品库房，甲、乙类生产厂房		25
其他厂房		20
铁路（中心线）		40
公路、道路（路边）	高速，Ⅰ、Ⅱ级，城市快速	15
	其他	10
架空电力线（中心线）	＞380V	2.0 倍杆高
	≤380V	1.5 倍杆高
架空通信线（中心线）	国家Ⅰ、Ⅱ级	1.5 倍杆高
	其他	1.5 倍杆高

表 4-5-13　集中放散装置的放散管与站内建（构）筑物的防火间距

项目	防火间距（m）
明火、散发火花地点	30
办公、生活建筑	25
可燃气体储气罐	20
室外变、配电站	30
调压室、压缩机室、计量室及工艺装置区	20
控制室、配电室、汽车库、机修间和其他辅助建筑	25
燃气锅炉房	25
消防泵房、消防水池取水口	20
站内道路（路边）	2
围墙	2

站内工艺管道应采用钢管，燃气管道设计压力大于0.4MPa时其管材性能应分别符合现行国家标准《石油天然气工业 管线输送系统用钢管》(GB/T 9711)、《输送流体用无缝钢管》(GB/T 8163)的规定，设计压力不大于0.4MPa时其管材性能应符合现行国家标准《低压流体输送用焊接钢管》(GB/T 3091)的规定；阀门等管道附件的压力级别不应小于管道设计压力。

燃气加压设备的选型应符合以下四方面要求：①储配站燃气加压设备应结合输配系统总体设计采用的工艺流程、设计负荷、排气压力及调度要求确定。②加压设备应根据吸排气压力、排气量选择机型，所选用的设备应便于操作维护、安全可靠并符合节能、高效、低振和低噪声的要求。③加压设备的排气能力应按厂方提供的实测值为依据，站内加压设备的形式应一致，加压设备的规格应满足运行调度要求并不宜多于两种。④储配站内装机总台数不宜过多，每1～5台压缩机宜另设一台备用。

压缩机室的工艺设计应符合以下七方面要求：①压缩机宜按独立机组配置进、出气管及阀门、旁通、冷却器、安全放散、供油和供水等各项辅助设施。②压缩机的进、出气管道宜采用地下直埋或管沟敷设，并宜采取减振降噪措施。③管道设计应设有能满足投产置换，正常生产维修和安全保护所必需的附属设备。④压缩机及其附属设备的布置应符合下列要求，即压缩机宜采取单排布置；压缩机之间及压缩机与墙壁之间的净距不宜小于1.5m；重要通道的宽度不宜小于2m；机组的联轴器及皮带传动装置应采取安全防护措施；高出地面2m以上的检修部位应设置移动或可拆卸式的维修平台或扶梯；维修平台及地坑周围应设防护栏杆。⑤压缩机室宜根据设备情况设置检修用起吊设备。⑥当压缩机采用燃气为动力时其设计应符合现行国家标准《输气管道工程设计规范》(GB 50251)和《石油天然气工程设计防火规范》(GB 50183)的有关规定。⑦压缩机组前必须设有紧急停车按钮。

压缩机的控制室宜设在主厂房一侧的中部或主厂房的一端，控制室与压缩机室之间应设有能观察各台设备运转的隔声耐火玻璃窗。储配站控制室内的二次检测仪表及操作调节装置宜按表4-5-14规定设置，表中“+”表示应设置。压缩机室、调压计量室等具有爆炸危险的生产用房应符合现行国家标准《建筑设计防火规范》(GB 50016)的“甲类生产厂房”设计的规定。

表4-5-14 储配站控制室内二次检测仪表及调节装置

参数名称		现场显示	控制室		
			显示	记录或累计	报警连锁
压缩机室进气管压力			+	−	+
压缩机室出气管压力			+	+	−
机组	吸气压力吸气温度 排气压力排气温度	+	−	−	−
		+	−	−	−
		+	+	−	+
		+	−	−	−

续表

参数名称		现场显示	控制室		
			显示	记录或累计	报警连锁
压缩机室	供电电压电流功率因数功率	—	+	—	—
		—	+	—	—
		—	+	—	—
		—	+	—	—
机组	电压电流功率因数功率	+	+	—	—
		+	+	—	—
		—	+	—	—
		—	+	—	—
压缩机室	供水温度供水压力	—	+	—	—
		—	+	—	+
机组	供水温度回水温度水流状态	+	—	—	—
		+	—	—	—
		+	+	—	—
润滑油	供油压力供油温度回油温度	+	—	—	+
		+	—	—	—
		+	—	—	—
电机防爆通风系统排风压力		—	+	—	+

门站和储配站内的消防设施设计应符合现行国家标准《建筑设计防火规范》（GB 50016）的规定，并符合以下六方面要求：①储配站在同一时间内的火灾次数应按一次考虑，储罐区的消防用水量不应小于表4-5-15的规定，固定容积的可燃气体储罐以组为单位，总容积按其几何容积（m^3）和设计压力（绝对压力，102kPa）的乘积计算。②当设置消防水池时，消防水池的容量应按火灾延续时间3h计算确定；当火灾情况下能保证连续向消防水池补水时，其容量可减去火灾延续时间内的补水量。③储配站内消防给水管网应采用环形管网，其给水干管不应少于两条；当其中一条发生故障时，其余的进水管应能满足消防用水总量的供给要求。④站内室外消火栓宜选用地上式消火栓。门站的工艺装置区可不设消防给水系统。门站和储配站内建筑物灭火器的配置应符合现行国家标准《建筑灭火器配置设计规范》（GB 50140）的有关规定；储配站内储罐区应配置干粉灭火器，配置数量按储罐台数每台设置两个；每组相对独立的调压计量等工艺装置区应配置干粉灭火器，数量不少于两个；干粉灭火器指8kg手提式干粉灭火器；根据场所危险程度可设置部分35kg手推式干粉灭火器。⑤门站和储配站供电系统设计应符合现行国家标准《供配电系统设计规范》（GB 50052）的“二级负荷”的规定。⑥门站和储配站电气防爆设计符合以下要求：站内爆炸危险场所的电力装置设计应符合现行国家标准《爆炸危险环境电力装置设计规范》（GB 50058）的规定；其爆炸危险区域等级和范围的划分宜符合本书第4.10.4节的规定；站内爆炸危险厂房和装置区内应装设燃气浓度检测报警装置。

表 4-5-15 储罐区的消防用水量

储罐容积（m^3）	＞500～≤10000	＞10000～≤50000	＞50000～≤1000000	＞100000～≤200000	＞200000
消防用水量（L/s）	15	20	25	30	35

储气罐和压缩机室、调压计量室等具有爆炸危险的生产用房应有防雷接地设施，其设计应符合现行国家标准《建筑物防雷设计规范》（GB 50057）的“第二类防雷建筑物”的规定。门站和储配站的静电接地设计应符合国家现行标准《化工企业静电接地设计规程》（HG/T 20675）的规定。门站和储配站边界的噪声应符合现行国家标准《工业企业厂界环境噪声排放标准》（GB 12348）的规定。

4.5.6 调压站与调压装置

本部分适用于城镇燃气输配系统中不同压力级别管道之间连接的调压站、调压箱（或柜）和调压装置的设计。调压装置的设置应符合以下六方面要求：①自然条件和周围环境许可时宜设置在露天但应设置围墙、护栏或车挡；②设置在地上单独的调压箱（悬挂式）内时对居民和商业用户燃气进口压力不应大于 0.4MPa，对工业用户（包括锅炉房）燃气进口压力不应大于 0.8MPa；③设置在地上单独的调压柜（落地式）内时对居民、商业用户和工业用户（包括锅炉房）燃气进口压力不宜大于 1.6MPa；④设置在地上单独的建筑物内时应符合相关规范的要求；⑤当受到地上条件限制且调压装置进口压力不大于 0.4MPa 时，可设置在地下单独的建筑物内或地下单独的箱体内并应符合相关规范的要求；⑥液化石油气和相对密度大于 0.75 燃气的调压装置不得设于地下室、半地下室内和地下单独的箱体内。

调压站（含调压柜）与其他建筑物、构筑物的水平净距应符合表 4-5-16 的规定，当调压装置露天设置时则指距离装置的边缘；当建筑物（含重要公共建筑）的某外墙为无门、窗洞口的实体墙，且建筑物耐火等级不低于二级时，燃气进口压力级别为中压 A 或中压 B 的调压柜一侧或两侧（非平行）可贴靠上述外墙设置；当达不到表中净距要求时，可采取有效措施可适当缩小净距。

表 4-5-16 调压站（含调压柜）与其他建筑物、构筑物水平净距（m）

设置形式	调压装置入口燃气压力级制	建筑物外墙面	重要公共建筑、一类高层民用建筑	铁路（中心线）	城镇道路	公共电力变配电柜
地上单独建筑	高压（A）	18	30.0	25	5	6
	高压（B）	13	25.0	20.0	4	6
	次高压（A）	9	18	15	3	4
	次高压（B）	6	12	10	3	4
	中压（A）	6	12	10	2	4
	中压（B）	6	12	10	2	4
调压柜	次高压（A）	7	14	12	2	4
	次高压（B）	4	8	8	2	4
	中压（A）	4	8	8.0	1	4
	中压（B）	4	8	8	1	4

续表

设置形式	调压装置入口燃气压力级制	建筑物外墙面	重要公共建筑、一类高层民用建筑	铁路（中心线）	城镇道路	公共电力变配电柜
地下单独建筑	中压（A）	3	6	6.0		3
	中压（B）	3	6.0	6		3
地下调压箱	中压（A）	3.0	6.0	6.0		3
	中压（B）	3	6.0	6.0		3

地上调压箱和调压柜的设置应符合以下四方面要求：①调压箱（悬挂式）应合规，调压箱的箱底距地坪的高度宜为1.0～1.2m可安装在用气建筑物的外墙壁上或悬挂于专用的支架上，当安装在用气建筑物的外墙上时调压器进出口管径不宜大于DN50；②调压箱到建筑物的门、窗或其他通向室内的孔槽的水平净距应符合相关规范规定，当调压器进口燃气压力不大于0.4MPa时不应小于1.5m，当调压器进口燃气压力大于0.4MPa时不应小于3.0m，调压箱不应安装在建筑物的窗下和阳台下的墙上及室内通风机进风口墙上；③安装调压箱的墙体应为永久性的实体墙，其建筑物耐火等级不应低于二级；④调压箱上应有自然通风孔。

调压柜（落地式）应合规，调压柜应单独设置在牢固的基础上且柜底距地坪高度宜为0.30m；距其他建筑物、构筑物的水平净距应符合表4-5-16的规定；体积大于1.5m^{3}的调压柜应有爆炸泄压口，爆炸泄压口不应小于上盖或最大柜壁面积的50%（以较大者为准），爆炸泄压口宜设在上盖上，通风口面积可包括在计算爆炸泄压口面积内；调压柜上应有自然通风口，其设置应符合相关规范要求，当燃气相对密度大于0.75时应在柜体上、下各设1%柜底面积通风口且调压柜四周应设护栏，当燃气相对密度不大于0.75时可仅在柜体上部设4%柜底面积通风口且调压柜四周宜设护栏。调压箱（或柜）的安装位置应能满足调压器安全装置的安装要求。调压箱（或柜）的安装位置应使调压箱（或柜）不被碰撞，在开箱（或柜）作业时不影响交通。

地下调压箱的设置应符合以下五条要求：①地下调压箱不宜设置在城镇道路下，距其他建筑物、构筑物的水平净距应符合表4-5-16的规定；②地下调压箱上应有自然通风口，其设置应符合相关规范规定；③安装地下调压箱的位置应能满足调压器安全装置的安装要求；④地下调压箱设计应方便检修；⑤地下调压箱应有防腐保护。

单独用户的专用调压装置除按相关规范规定设置外，可按下列形式设置并应符合以下四方面要求：①当商业用户调压装置进口压力不大于0.4MPa，或工业用户（包括锅炉）调压装置进口压力不大于0.8MPa时，可设置在用气建筑物专用单层毗连建筑物内，该建筑物与相邻建筑应用无门窗和洞口的防火墙隔开且与其他建筑物、构筑物水平净距应符合表4-5-16的规定；该建筑物耐火等级不应低于二级并应具有轻型结构屋顶爆炸泄压口及向外开启的门窗；②地面应采用撞击时不会产生火花的材料；③室内通风换气次数每小时不应小于两次；④室内电气、照明装置应符合现行的国家标准《爆炸危险环境电力装置设计规范》（GB 50058）的“1区”设计的规定。

当调压装置进口压力不大于0.2MPa时，可设置在公共建筑的顶层房间内，房间应靠建筑外墙且不应布置在人员密集房间的上面或贴邻并满足相关规范要求；房间内应设有连续通风装置并能保证通风换气次数每小时少于三次；房间内应设置燃气浓度检测监控仪表

及声、光报警装置，该装置应与通风设施和紧急切断阀连锁并将信号引入该建筑物监控室；调压装置应设有超压自动切断保护装置；室外进口管道应设有阀门并能在地面操作；调压装置和燃气管道应采用钢管焊接和法兰连接。

当调压装置进口压力不大于 0.4MPa，且调压器进出口管径不大于 DN100 时，可设置在用气建筑物的平屋顶上，但应符合下列三个条件：①应在屋顶承重结构受力允许的条件下且该建筑物耐火等级不应低于二级；②建筑物应有通向屋顶的楼梯；③调压箱、柜（或露天调压装置）与建筑物烟囱的水平净距不应小于 5m。

当调压装置进口压力不大于 0.4MPa 时，可设置在生产车间、锅炉房和其他工业生产用气房间内，或当调压装置进口压力不大于 0.8MPa 时可设置在独立、单层建筑的生产车间或锅炉房内，但应符合以下四个条件：①应满足相关规范要求；②调压器进出口管径不应大于 DN80；③调压装置宜设不燃烧体护栏；④调压装置除在室内设进口阀门外，还应在室外引入管上设置阀门。需要强调的是，当调压器进出口管径大于 DM0 时，应将调压装置设置在用气建筑物的专用单层房间内，其设计应符合相关规范的要求。

调压箱（柜）或调压站的噪声应符合现行国家标准《声环境质量标准》（GB 3096）的规定。设置调压器场所的环境温度应符合下列两方面要求：①当输送干燃气时，无采暖的调压器的环境温度应能保证调压器的活动部件正常工作；②当输送湿燃气时无防冻措施的调压器的环境温度应高于 0℃，当输送液化石油气时其环境温度应大于液化石油气的露点。调压器的选择应符合以下三条要求：①调压器应能满足进口燃气的最高、最低压力的要求；②调压器的压力差应根据调压器前燃气管道的最低设计压力与调压器后燃气管道的设计压力之差值确定；③调压器的计算流量应按该调压器所承担的管网小时最大输送量的 1.2 倍来确定。

调压站（或调压箱或调压柜）的工艺设计应符合以下八方面要求：①连接未成环低压管网的区域调压站和供连续生产使用的用户调压装置宜设置备用调压器，其他情况下的调压器可不设备用；调压器的燃气进、出口管道之间应设旁通管，用户调压箱（悬挂式）可不设旁通管。②高压和次高压燃气调压站室外进、出口管道上必须设置阀门；中压燃气调压站室外进口管道上应设置阀门。③调压站室外进、出口管道上阀门距调压站的距离应合规，当为地上单独建筑时不宜小于 10m，当为毗连建筑物时不宜小于 5m；当为调压柜时不宜小于 5m；当为露天调压装置时不宜小于 10m；当通向调压站的支管阀门距调压站小于 100m 时，室外支管阀门与调压站进口阀门可合为一个。④在调压器燃气入口处应安装过滤器。⑤在调压器燃气入口（或出口）处应设防止燃气出口压力过高的安全保护装置，当调压器本身带有安全保护装置时可不设。⑥调压器的安全保护装置宜选用人工复位型，安全保护（放散或切断）装置必须设定启动压力值并具有足够的能力，启动压力应根据工艺要求确定，当工艺无特殊要求时应符合下列要求，即当调压器出口为低压时启动压力应使与低压管道直接相连的燃气用具处于安全工作压力以内；当调压器出口压力小于 0.08MPa 时，启动压力不应超过出口工作压力上限的 50%；当调压器出口压力等于或大于 0.08MPa 但不大于 0.4MPa 时启动压力不应超过出口工作压力上限 0.04MPa；当调压器出口压力大于 0.4MPa 时启动压力不应超过出口工作压力上限的 10%。⑦调压站放散管管口应高出其屋檐 1.0m 以上，调压柜的安全放散管管口距地面的高度不应小于 4m，

设置在建筑物墙上的调压箱的安全放散管管口应高出该建筑物屋檐1.0m，地下调压站和地下调压箱的安全放散管管口也应按地上调压柜安全放散管管口的规定设置；清洗管道吹扫用的放散管、指挥器的放散管与安全水封放散管属于同一工作压力时允许将它们连接在同一放散管上。⑧调压站内调压器及过滤器前后均应设置指示式压力表，调压器后应设置自动记录式压力仪表。

地上调压站内调压器的布置应符合以下两条要求：①调压器的水平安装高度应便于维护检修；②平行布置两台以上的调压器时，相邻调压器外缘净距、调压器与墙面之间的净距和室内主要通道的宽度均宜大于0.8m。

地上调压站的建筑物设计应符合以下九方面要求：①建筑物耐火等级不应低于二级；②调压室与毗连房间之间应用实体隔墙隔开且其设计应符合下列要求，即隔墙厚度不应小于24cm且应两面抹灰，隔墙内不得设置烟道和通风设备且调压室的其他墙壁也不得设有烟道，隔墙有管道通过时应采用填料密封或将墙洞用混凝土等材料填实；③调压室及其他有漏气危险的房间应采取自然通风措施，换气次数每小时不应小于2次；④城镇无人值守的燃气调压室电气防爆等级应符合现行国家标准《爆炸危险环境电力装置设计规范》(GB 50058)“1区”设计的规定（本书第4.10.4节）；⑤调压室内的地面应采用撞击时不会产生火花的材料；⑥调压室应有泄压措施并应符合现行国家标准《建筑设计防火规范》(GB 50016）的有关规定；⑦调压室的门、窗应向外开启，窗应设防护栏和防护网；⑧重要调压站宜设保护围墙；⑨设于空旷地带的调压站或采用高架遥测天线的调压站应单独设置避雷装置，其接地电阻值应小于10Ω。

燃气调压站采暖应根据气象条件、燃气性质、控制测量仪表结构和人员工作的需要等因素确定。当需要采暖时，严禁在调压室内用明火采暖，但可采用集中供热或在调压站内设置燃气、电气采暖系统，其设计应符合以下四条要求：①燃气采暖锅炉可设在与调压器室毗连的房间内，调压器室的门、窗与锅炉室的门、窗不应设置在建筑的同一侧；②采暖系统宜采用热水循环式，采暖锅炉烟囱排烟温度严禁高于300℃，烟囱出口与燃气安全放散管出口的水平距离应大于5m；③燃气采暖锅炉应有熄火保护装置或设专人值班管理；④采用防爆式电气采暖装置时可对调压器室或单体设备用电加热采暖，电采暖设备的外壳温度不得高于115℃，电采暖设备应与调压设备绝缘。

地下调压站的建筑物设计应符合以下六条要求：①室内净高不应低于2m；②宜采用混凝土整体浇筑结构；③必须采取防水措施，在寒冷地区应采取防寒措施；④调压室顶盖上必须设置两个呈对角位置的人孔，孔盖应能防止地表水浸入；⑤室内地面应采用撞击时不产生火花的材料，并应在一侧人孔下的地坪设置集水坑；⑥调压室顶盖应采用混凝土整体浇筑。当调压站内、外燃气管道为绝缘连接时，调压器及其附属设备必须接地，接地电阻应小于100Ω。

4.5.7 钢质燃气管道和储罐的防腐

钢质燃气管道和储罐必须进行外防腐，其防腐设计应符合国家现行标准《城镇燃气埋地钢质管道腐蚀控制技术规程》(CJJ 95）和《钢质管道外腐蚀控制规范》(GB/T 21447)、《钢质石油储罐防腐蚀工程技术标准》(GB/T 50393）的有关规定。地下燃气管道防腐设计必须考虑土壤电阻率，对高、中压输气干管宜沿燃气管道途经地段选点测定其土壤电阻

率应根据土壤的腐蚀性、管道的重要程度及所经地段的地质、环境条件确定其防腐等级。地下燃气管道的外防腐涂层的种类，根据工程的具体情况可选用石油沥青、聚乙烯防腐胶带、环氧煤沥青、聚乙烯防腐层、氯磺化聚乙烯、环氧粉末喷涂等，当选用上述涂层时应符合国家现行有关标准的规定。采用涂层保护埋地敷设的钢质燃气干管宜同时采用阴极保护；市区外埋地敷设的燃气干管，当采用阴极保护时宜采用强制电流方式，并应符合国家现行标准《埋地钢质管道阴极保护技术规范》（GB/T 21448）的有关规定；市区内埋地敷设的燃气干管，当采用阴极保护时宜采用牺牲阳极法，并应符合国家现行标准《埋地钢质管道阴极保护技术规范》（GB/T 21448）的有关规定。地下燃气管道与交流电力线接地体的净距不应小于表4-5-17的规定。

表4-5-17　地下燃气管道与交流电力线接地体的净距（m）

电压等级（kV）	10	35	110	220
铁塔或电杆接地体	1	3	5	10
电站或变电所接地体	5	10	15	30

4.5.8　监控及数据采集

城市燃气输配系统宜设置监控及数据采集系统。监控及数据采集系统应采用电子计算机系统为基础的装备和技术。监控及数据采集系统应采用分级结构。监控及数据采集系统应设主站、远端站；主站应设在燃气企业调度服务部门，并宜与城市公用数据库连接；远端站宜设置在区域调压站、专用调压站、管网压力监测点、储配站、门站和气源厂等。根据监控及数据采集系统拓扑结构设计的需求，在等级系统中，可在主站与远端站之间设置通信或其他功能的分级站。

监控及数据采集系统的信息传输介质及方式应根据当地通信系统条件、系统规模和特点、地理环境，经全面的技术经济比较后确定。信息传输宜采用城市公共数据通信网络。监控及数据采集系统所选用的设备、器件、材料和仪表应选用通用性产品。监控及数据采集系统的布线和接口设计应符合国家现行有关标准的规定，并具有通用性、兼容性和可扩性。监控及数据采集系统的硬件和软件应有较高可靠性，并应设置系统自身诊断功能，关键设备应采用冗余技术。监控及数据采集系统宜配备实时瞬态模拟软件，软件应满足系统进行调度优化、泄漏检测定位、工况预测、存量分析、负荷预测及调度员培训等功能。监控及数据采集系统远端站应具有数据采集和通信功能，并对需要进行控制或调节的对象应有对选定的参数或操作进行控制或调节的功能。

主站系统设计应具有良好的人机对话功能，宜满足及时调整参数或处理紧急情况的需要。远端站数据采集等工作信息的类型和数量应按实际需要合理确定。设置监控和数据采集设备的建筑应符合现行国家标准《计算站场地技术要求》（GB 2887）和《数据中心设计规范》（GB 50174）及《防静电活动地板通用规范》（SJ/T 10796）的有关规定。监控及数据采集系统的主站机房应设置可靠性较高的不间断电源设备及其备用设备。远端站的防爆、防护应符合所在地点防爆、防护的相关要求。

4.6　压缩天然气供应

4.6.1　基本规则

本节适用于下列工作压力不大于 25.0MPa（表压）的城镇压缩天然气供应工程设计，包括压缩天然气加气站、压缩天然气储配站、压缩天然气瓶组供气站。压缩天然气的质量应符合现行国家标准《车用压缩天然气》（GB 18047）的规定。压缩天然气可采用汽车载运气瓶组或气瓶车运输，也可采用船载运输。

4.6.2　压缩天然气加气站

压缩天然气加气站站址的选择应符合以下两条要求：①压缩天然气加气站宜靠近气源并应具有适宜的交通、供电、给水排水、通信及工程地质条件；②在城镇区域内建设的压缩天然气加气站站址应符合城镇总体规划的要求。压缩天然气加气站与天然气储配站合建时，站内的天然气储罐与气瓶车固定车位的防火间距不应小于表 4-6-1 的规定，储罐总容积按表 4-5-10 计算；气瓶车在固定车位最大储气总容积（m^3）为在固定车位储气的各气瓶车总几何容积（m^3）与其最高储气压力（绝对压力 102kPa）乘积之和，并除以压缩因子；天然气储罐与气瓶车固定车位的防火间距除应符合本表规定外，还不应小于较大罐的直径。压缩天然气加气站与天然气储配站的合建站，当天然气储罐区设置检修用集中放散装置时，集中放散装置的放散管与站内、外建（构）筑物的防火间距不应小于相关规定，集中放散装置的放散管与气瓶车固定车位的防火间距不应小于 20m。气瓶车固定车位与站外建（构）筑物的防火间距不应小于表 4-6-2 的规定，气瓶车在固定车位最大储气总容积按表 4-6-1 计算；气瓶车在固定车位储气总几何容积不大于 $18m^3$ 且最大储气总容积不大于 $4500m^3$ 时应符合现行国家标准《汽车加油加气加氢站技术标准》（GB 50156）的规定。

表 4-6-1　天然气储罐与气瓶车固定车位的防火间距（m）

储罐总容积（m^3）	≤50000	＞50000
气瓶车固定车位最大储气容积≤$10000m^3$	12.0	15.0
$10000m^3$＜气瓶车固定车位最大储气容积≤$30000m^3$	15.0	20.0

表 4-6-2　气瓶车固定车位与站外建（构）筑物的防火间距（m）

气瓶车在固定车位最大储气总容积（m^3）			＞4500～≤10000	＞10000～≤30000
明火、散发火花地点，室外变、配电站			25.0	30.0
重要公共建筑物			50.0	60.0
民用建筑			25.0	30.0
甲、乙、丙类液体储罐，易燃材料堆场，甲类物品库房			25.0	30.0
其他建筑	耐火等级	一、二级	15.0	20.0
		三级	20.0	25.0
		四级	25.0	30.0

续表

气瓶车在固定车位最大储气总容积（m^3）		>4500～≤10000	>10000～≤30000
铁路中心线		40.0	
公路、道路（路边）	高速，Ⅰ、Ⅱ级，城市快速	20.0	
	其他	15.0	
架空电力线（中心线）		1.5倍杆高	
架空通信线（中心线）	Ⅰ、Ⅱ级	20.0	
	其他	1.5倍杆高	

气瓶车固定车位与站内建（构）筑物的防火间距不应小于表4-6-3的规定，气瓶车在固定车位最大储气总容积按本章内容表4-6-1计算；变、配电室、仪表室、燃气热水炉室、值班室、门卫等用房的建筑耐火等级不应低于现行国家标准《建筑设计防火规范》（GB 50016）中“二级”规定；露天的燃气工艺装置与气瓶车固定车位的间距可按工艺要求确定；气瓶车在固定车位储气总几何容积不大于18m^3且最大储气总容积不大于4500m^3时应符合现行国家标准《汽车加油加气加氢站技术标准》（GB 50156）的规定。

表4-6-3　气瓶车固定车位与站内建（构）筑物的防火间距（m）

气瓶车在固定车位最大储气总容积（m^3）		>4500～≤10000	>10000～≤30000
明火、散发火花地点		25.0	30.0
压缩机室、调压室、计量室		10.0	12.0
变、配电室、仪表室、燃气热水炉室、值班室、门卫		15.0	20.0
办公、生活建筑		20.0	25.0
消防泵房、消防水池取水口		20.0	
站内道路（路边）	主要	10.0	
	次要	5.0	
围墙		6.0	10.0

站内应设置气瓶车固定车位，每个气瓶车的固定车位宽度不应小于4.5m，长度宜为气瓶车长度，在固定车位场地上应标有各车位明显的边界线，每台车位宜对应一个加气嘴，在固定车位前应留有足够的回车场地。气瓶车应停靠在固定车位处，并应采取固定措施，在充气作业中严禁移动。气瓶车在固定车位最大储气总容积不应大于30000m^3。加气柱宜设在固定车位附近，距固定车位2～3m；加气柱距站内天然气储罐不应小于12m，距围墙不应小于6m，距压缩机室、调压室、计量室不应小于6m，距燃气热水炉室不应小于12m。压缩天然气加气站的设计规模应根据用户的需求量与天然气气源的稳定供气能力确定。当进站天然气硫化氢含量超过相关规定时应进行脱硫，当进站天然气水量超过相关规定时应进行脱水；天然气脱硫和脱水装置设计应符合现行国家标准《汽车加油加气加氢站技术标准》（GB 50156）的有关规定。进入压缩机的天然气含尘量不应大于5mg/m^3，微尘直径应小于10μm；当天然气含尘量和微尘直径超过规定值时，应进行除尘净化。进入压缩机的天然气质量应符合选用的压缩机的有关要求。在压缩机前应设置缓冲罐，天然气在缓冲罐内停留的时间不宜小于10s。压缩天然气加气站总平面应分区布置，即分为生产

区和辅助区；压缩天然气加气站宜设两个对外出入口。

进压缩天然气加气站的天然气管道上应设切断阀，当气源为城市高、中压输配管道时，还应在切断阀后设安全阀，切断阀和安全阀应符合以下三条要求：①切断阀应设置在事故情况下便于操作的安全地点；②安全阀应为全启封闭式弹簧安全阀，其开启压力应为站外天然气输配管道最高工作压力；③安全阀采用集中放散时应符合相关规范的规定。

压缩天然气系统的设计压力应根据工艺条件确定且不应小于该系统最高工作压力的1.1倍；向压缩天然气储配站和压缩天然气瓶组供气站运送压缩天然气的气瓶车和气瓶组，在充装温度为20℃时，充装压力不应大于20.0MPa（表压）。天然气压缩机应根据进站天然气压力、脱水工艺及设计规模进行选型，型号宜选择一致，并应有备用机组；压缩机排气压力不应大于25.0MPa（表压）；多台并联运行的压缩机单台排气量应按公称容积流量的80%～85%进行计算。压缩机动力宜选用电动机，也可选用天然气发动机。天然气压缩机应根据环境和气候条件露天设置或设置于单层建筑物内，也可采用橇装设备；压缩机宜单排布置，压缩机室主要通道宽度不宜小于1.5m。压缩机前总管中天然气流速不宜大于15m/s。压缩机进口管道上应设置手动和电动（或气动）控制阀门；压缩机出口管道上应设置安全阀、止回阀和手动切断阀；出口安全阀的泄放能力不应小于压缩机的安全泄放量，安全阀放散管管口应高出建筑物2m以上且距地面不应小于5m。从压缩机轴承等处泄漏的天然气应汇总后由管道引至室外放散，放散管管口的设置应符合相关规范的规定。压缩机组的运行管理宜采用计算机控制装置。

压缩机应设有自动和手动停车装置，各级排气温度大于限定值时应报警并人工停车；在发生以下四种情况之一时，应报警并自动停车：①各级吸、排气压力不符合规定值；②冷却水（或风冷鼓风机）压力和温度不符合规定值；③润滑油压力、温度和油箱液位不符合规定值；④压缩机电机过载。压缩机卸载排气宜通过缓冲罐回收并引入进站天然气管道内。

从压缩机排出的冷凝液处理应符合以下四条规定：①严禁直接排入下水道；②采用压缩机前脱水工艺时应在每台压缩机前排出冷凝液的管路上设置压力平衡阀和止回阀，冷凝液汇入总管后应引至室外储罐，储罐的设计压力应为冷凝系统最高工作压力的1.2倍；③采用压缩机后脱水或中段脱水工艺时应设置在压缩机运行中能自动排出冷凝液的设施，冷凝液汇总后应引至室外密闭水封塔，释放气放散管管口的设置应符合相关规范，塔底冷凝水应集中处理；④从冷却器、分离器等排出的冷凝液应按相关规范处理。

压缩天然气加气站检测和控制调节装置宜按表4-6-4规定设置，表中“+”表示应设置。压缩天然气加气站天然气系统的设计应符合相关规范的有关规定。

表4-6-4　压缩天然气加气站检测和控制调节装置

参数名称		现场显示	控制室		
			显示	记录或累计	报警连锁
天然气进站压力		+	+	+	—
天然气进站流量			+	+	—
压缩机室	调压器出口压力	+	+	+	—
	过滤器出口压力	+	+	+	—

续表

参数名称		现场显示	控制室		
			显示	记录或累计	报警连锁
压缩机室	压缩机吸气总管压力	—	+	—	—
	压缩机排气总管压力	+	+	—	—
	冷却水：供水压力	+	+	+	—
	供水温度	+	+	+	+
	回水温度	+	+	+	+
	润滑油：供油压力	+	+	+	—
	供油温度	+	+	—	—
	回油温度	+	+	—	—
	供电：电压	+	+	—	—
	电流	—	+	—	—
	功率因数	—	+	—	—
	功率	—	+	—	—
压缩机组	压缩机各级：吸气、排气压力	+	+	—	+
	排气温度	+	+	—	+（手动）
	冷却水：供水压力	+	+	—	+
	供水温度	+	+	—	+
	回水温度	+	+	—	+
	润滑油：供油压力	+	+	—	+
	供油温度	+	+	—	—
	回油温度	+	+	—	+
脱水装置	出口总管压力	+	+	+	—
	加热用气：压力	+	+	—	+
	温度	—	—	+	—
	排气温度	+	+	—	—

4.6.3 压缩天然气储配站

压缩天然气储配站站址选择应符合以下三条要求：①符合城镇总体规划的要求；②应具有适宜的地形、工程地质、交通、供电、给水排水及通信条件；③少占农田、节约用地并注意与城市景观协调。压缩天然气储配站的设计规模应根据城镇各类天然气用户的总用气量和供应本站的压缩天然气加气站供气能力及气瓶车的运输条件等确定。

压缩天然气储配站的天然气总储气量应根据气源、运输和气候等条件确定但不应小于本站计算月平均日供气量的 1.5 倍；压缩天然气储配站的天然气总储气量包括停靠在站内固定车位的压缩天然气气瓶车的总储气量，当储配站天然气总储气量大于 30000m^3 时，除采用气瓶车储气外，还应建天然气储罐等其他储气设施；有补充或替代气源时可按工艺条件确定。

压缩天然气储配站内天然气储罐与站外建（构）筑物的防火间距应符合现行国家标准

《建筑设计防火规范》(GB 50016) 的规定；站内露天天然气工艺装置与站外建（构）筑物的防火间距按甲类生产厂房与厂外建（构）筑物的防火间距执行。压缩天然气储配站内天然气储罐与站内建（构）筑物的防火间距应符合相关规范的规定。天然气储罐或罐区之间的防火间距应符合相关规范的规定。当天然气储罐区设置检修用集中放散装置时，集中放散装置的放散管与站内、外建（构）筑物的防火间距应符合相关规范的规定。

气瓶车固定车位与站外建（构）筑物的防火间距应符合相关规范的规定。气瓶车固定车位与站内建（构）筑物的防火间距应符合相关规范的规定。气瓶车固定车位的设置和气瓶车的停靠应符合相关规范的规定；卸气柱的设置应符合相关规范中有关加气柱的规定。压缩天然气储配站总平面应分区布置，即分为生产区和辅助区；压缩天然气储配站宜设两个对外出入口。当压缩天然气储配站与液化石油气混气站合建时，站内天然气储罐及固定车位与液化石油气储罐的防火间距应符合现行国家标准《建筑设计防火规范》(GB 50016) 的规定。压缩天然气系统的设计压力应符合相关规范的规定。

压缩天然气应根据工艺要求分级调压并应符合以下五条要求：①在一级调压器进口管道上应设置快速切断阀；②调压系统应根据工艺要求设置自动切断和安全放散装置；③在压缩天然气调压过程中应根据工艺条件确定对调压器前压缩天然气进行加热，加热量应能保证设备、管道及附件正常运行，加热介质管道或设备应设超压泄放装置；④在一级调压器进口管道上宜设置过滤器；⑤各级调压器系统安全阀的安全放散管宜汇总至集中放散管，集中放散管管口的设置应符合相关规范的规定。通过城市天然气输配管道向各类用户供应的天然气，当其无臭味或臭味不足时应在压缩天然气储配站内进行加臭，加臭量应符合相关规范的规定。压缩天然气储配站的天然气系统应符合相关规范的有关规定。

4.6.4 压缩天然气瓶组供气站

瓶组供气站的规模应符合以下两条要求：①气瓶组最大储气总容积不应大于 $1000m^3$，气瓶组总几何容积不应大于 $4m^3$；②气瓶组储气总容积应按 1.5 倍计算月平均日供气量确定，气瓶组最大储气总容积为各气瓶组总几何容积 (m^3) 与其最高储气压力（绝对压力 102kPa）乘积之和并除以压缩因子。压缩天然气瓶组供气站宜设置在供气小区边缘，供气规模不宜大于 1000 户。气瓶组应在站内固定地点设置；气瓶组及天然气放散管管口、调压装置至明火散发火花的地点和建（构）筑物的防火间距不应小于表 4-6-5 的规定，表以外的其他建（构）筑物的防火间距应符合国家现行标准《汽车用燃气加气加氢站技术标准》(GB 50156) 中天然气加气站三级站的规定。气瓶组可与调压计量装置设置在一起。气瓶组的气瓶应符合国家有关现行标准的规定。气瓶组供气站的调压应符合相关规范的规定。

表 4-6-5 气瓶组及天然气放散管管口、调压装置至明火散发火花的地点和建（构）筑物的防火间距（m）

名称		气瓶组	天然气放散管管口	调压装置
明火、散发火花地点		25	25	25
民用建筑、燃气热水炉间		18	18	12
重要公共建筑、一类高层民用建筑		30	30	24
道路（路边）	主要	10	10	10
	次要	5	5	5

4.6.5 管道及附件

压缩天然气管道应采用高压无缝钢管；其技术性能应符合现行国家标准《高压锅炉用无缝钢管》（GB/T 5310）、《流体输送用不锈钢无缝钢管》（GB/T 14976）或《高压化肥设备用无缝钢管》（GB 6479）的规定。钢管外径大于28mm时压缩天然气管道宜采用焊接连接，管道与设备、阀门的连接宜采用法兰连接，小于或等于28mm的压缩天然气管道及其与设备、阀门的连接可采用双卡套接头、法兰或锥管螺纹连接，双卡套接头应符合现行国家标准《卡套式管接头技术条件》（GB/T 3765）的规定，管接头的复合密封材料和垫片应适应天然气的要求。压缩天然气系统的管道、管件、设备与阀门的设计压力或压力级别不应小于系统的设计压力，其材质应与天然气介质相适应。压缩天然气加气柱和卸气柱的加气、卸气软管应采用耐天然气腐蚀的气体承压软管，软管的长度不应大于6.0m、有效作用半径不应小于2.5m。室外压缩天然气管道宜采用埋地敷设，其管顶距地面的埋深不应小于0.6m，冰冻地区应敷设在冰冻线以下；当管道采用支架敷设时应符合相关规定；埋地管道防腐设计应符合相关规定。室内压缩天然气管道宜采用管沟敷设，管底与管沟底的净距不应小于0.2m，管沟应用干砂填充并应设活动门与通风口，室外管沟盖板应按通行重载汽车负荷设计。站内天然气管道的设计应符合有关规定。

4.6.6 建筑物和生产辅助设施

压缩天然气加气站、压缩天然气储配站和压缩天然气瓶组供气站的生产厂房及其他附属建筑物的耐火等级不应低于二级。在地震烈度为7度或7度以上地区建设的压缩天然气加气站、压缩天然气储配站和压缩天然气瓶组供气站的建（构）筑物抗震设计应符合现行国家标准《构筑物抗震设计标准》（GB 50191）和《建筑物抗震设计规范》（GB/T 50011）的有关规定。站内具有爆炸危险的封闭式建筑应采取良好的通风措施，在非采暖地区宜采用敞开式或半敞开式建筑。压缩天然气加气站、压缩天然气储配站在同一时间内的火灾次数应按一次考虑，消防用水量按储罐区及气瓶车固定车位（总储气容积按储罐区储气总容积与气瓶车在固定车位最大储气容积之和计算）的一次消防用水量确定。压缩天然气加气站、压缩天然气储配站内的消防设施设计应符合现行国家标准《建筑设计防火规范》（GB 50016）的规定并应符合其他相关规范。压缩天然气加气站、压缩天然气储配站的废油水、洗罐水等应回收集中处理。压缩天然气加气站的供电系统设计应符合现行国家标准《供配电系统设计规范》（GB 50052）"三级负荷"的规定，但站内消防水泵用电应为"二级负荷"。压缩天然气储配站的供电系统设计应符合现行国家标准《供配电系统设计规范》（GB 50052）"二级负荷"的规定。压缩天然气加气站、压缩天然气储配站和压缩天然气瓶组供气站站内爆炸危险场所和生产用房的电气防爆、防雷和静电接地设计及站边界的噪声控制应符合相关规定。压缩天然气加气站、压缩天然气储配站和压缩天然气瓶组供气站应设置燃气浓度检测报警系统，燃气浓度检测报警器的报警浓度应取天然气爆炸下限的20％（体积分数），燃气浓度检测报警器及其报警装置的选用和安装应符合国家现行标准《石油化工可燃气体和有毒气体检测报警设计标准》（GB/T 50493）的规定。

4.7　液化石油气供应

4.7.1　基本规则

本节适用于下列液化石油气供应工程设计，即液态液化石油气运输工程；液化石油气供应基地，包括储存站、储配站和灌装站；液化石油气气化站、混气站、瓶组气化站；瓶装液化石油气供应站；液化石油气用户。本节介绍不适用于下列液化石油气工程和装置设计，即炼油厂、石油化工厂、油气田、天然气气体处理装置的液化石油气加工、储存、灌装和运输工程；液化石油气全冷冻式储存、灌装和运输工程［液化石油气供应基地的全冷冻式储罐与基地外建（构）筑物的防火间距除外］；海洋和内河的液化石油气运输；轮船、铁路车辆和汽车上使用的液化石油气装置。

4.7.2　液态液化石油气运输

液态液化石油气由生产厂或供应基地至接收站可采用管道、铁路槽车、汽车槽车或槽船运输，运输方式的选择应经技术经济比较后确定，在条件接近时宜优先采用管道输送。液态液化石油气输送管道应按设计压力（P）分为 3 级，并应符合表 4-7-1 的规定。

输送液态液化石油气管道的设计压力应高于管道系统起点的最高工作压力，管道系统起点最高工作压力可按下式计算：

$$P_q = H + P_s$$

其中，P_q 为管道系统起点最高工作压力（MPa）；H 为所需泵的扬程（MPa）；P_s 为始端储罐最高工作温度下的液化石油气饱和蒸气压力（MPa）。

液态液化石油气采用管道输送时，泵的扬程应大于下式计算值：

$$H_j = \Delta P_z + \Delta P_Y + \Delta H$$

其中，H_j 为泵的计算扬程（MPa）；ΔP_z 为管道总阻力损失，可取 1.05～1.10 倍管道摩擦阻力损失（MPa）；ΔP_Y 为管道终点进罐余压（MPa），可取 0.2～0.3MPa；ΔH 为管道终、起点高程差引起的附加压力（MPa）。

液态液化石油气在管道输送过程中，沿途任何一点的压力都必须高于其输送温度下的饱和蒸气压力。

表 4-7-1　液态液化石油气输送管道设计压力（表压）分级

管道级别	Ⅰ级	Ⅱ级	Ⅲ级
设计压力（MPa）	$P>4.0$	$1.6<P\leqslant 4.0$	$P\leqslant 1.6$

液态液化石油气管道摩擦阻力损失应按下式计算：

$$\Delta P = 10^{-6}\lambda L u^2 \rho / (2d)$$

其中，ΔP 为管道摩擦阻力损失（MPa）；L 为管道计算长度（m）；u 为液态液化石油气在管道中的平均流速（m/s）；d 为管道内径（m）；ρ 为平均输送温度下的液态液化石油气密度（kg/m^3）；λ 为管道的摩擦阻力系数宜按相关规范规定计算；平均输送温度可取管道中心埋深处，最冷月的平均地温。

液态液化石油气在管道内的平均流速应经技术经济比较后确定可取0.8～1.4m/s，最大不应超过3m/s。液态液化石油气输送管线不得穿越居住区、村镇和公共建筑群等人员集聚的地区。液态液化石油气管道宜采用埋地敷设，其埋设深度应在土壤冰冻线以下，且应符合相关规范的有关规定。

地下液态液化石油气管道与建（构）筑物或相邻管道之间的水平净距和垂直净距不应小于表4-7-2和表4-7-3的规定；当因客观条件达不到表4-7-2规定时可按相关规范的有关规定降低管道强度设计系数、增加管道壁厚和采取有效的安全保护措施后水平净距可适当减小，特殊建（构）筑物的水平净距应从其划定的边界线算起，当地下液态液化石油气管道或相邻地下管道中的防腐采用外加电流阴极保护时，两相邻地下管道（缆线）之间的水平净距尚应符合国家现行标准《钢质管道外腐蚀控制规范》（GB/T 21447）、《钢质石油储罐防腐蚀工程技术标准》（GB/T 50393）的有关规定；地下液化石油气管道与排水管（沟）或其他有沟的管道交叉时，交叉处应加套管，地下液化石油气管道与铁路、高速公路、Ⅰ级或Ⅱ级公路交叉时，应符合相关规范的有关规定。

表4-7-2　地下液态液化石油气管道与建（构）筑物或相邻管道之间的水平净距（m）

管道级别		Ⅰ级	Ⅱ级	Ⅲ级
特殊建（构）筑物（军事设施、易燃易爆物品仓库、国家重点文物保护单位、飞机场、火车站和码头等）		100		
居民区、村镇、重要公共建筑		50	40	25
一般建（构）筑物		25	15	10
给水管		1.5	1.5	1.5
污水、雨水排水管		2	2	2
热力管	直埋	2	2	2
	在管沟内（至外壁）	4	4	4
其他燃料管道		2	2	2
埋地电缆	电力线（中心线）	2	2	2
	通信线（中心线）	2	2	2
电杆（塔）的基础	35kV	2	2	2
	＞35kV	5	5	5
通信照明电杆（至电杆中心）		2	2	2
公路、道路（路边）	高速，Ⅰ、Ⅱ级，城市快速	10	10	10
	其他	5	5	5
铁路（中心线）	国家线	25	25	25
	企业专用线	10	10	10
树木（至树中心）		2	2	2

表 4-7-3　地下液态液化石油气管道与构筑物或地下管道之间的垂直净距（m）

项目		地下液态液化石油气管道 （当有套管时，以套管计）
给水管，污水、雨水排水管（沟）		0.20
热力管、热力管的管沟底（或顶）		0.20
其他燃料管道		0.20
通信线、电力线	直埋	0.50
	在导管内	0.25
铁路（轨底）		1.20
有轨电车（轨底）		1.00
公路、道路（路面）		0.90

液态液化石油气输送管道通过的地区应按其沿线建筑密集程度划分为四个地区等级，地区等级的划分和管道强度设计系数选取、管道及其附件的设计应符合相关规范的有关规定。在以下三类地点液态液化石油气输送管道应设置阀门，即起、终点和分支点，穿越铁路国家线、高速公路、Ⅰ级或Ⅱ级公路、城市快速路和大型河流两侧，管道沿线每隔约5000m 处；管道分段阀门之间应设置放散阀，其放散管管口距地面不应小于 2.5m。液态液化石油气管道上的阀门不宜设置在地下阀门井内；如明确需要设置，井内应填满干砂。液态液化石油气输送管道采用地上敷设时除应符合本节管道埋地敷设的有关规定外，应采取有效的安全措施；地上管道两端应设置阀门；两阀门之间应设置管道安全阀，其放散管的管口距地面不应小于 2.5m。地下液态液化石油气管道的防腐应符合相关规定。液态液化石油气输送管线沿途应设置里程桩、转角桩、交叉桩和警示牌等永久性标志。液化石油气铁路罐车和汽车槽车应符合国家现行标准《液化气体铁路罐车技术条件》（GB/T 10478）和《液化石油气汽车槽车技术条件》（HG/T 3143）的规定。

4.7.3　液化石油气供应基地

液化石油气供应基地按其功能可分为储存站、储配站和灌装站。液化石油气供应基地的规模应以城镇燃气专业规划为依据，按其供应用户类别、户数和用气量指标等因素确定。液化石油气供应基地的储罐设计总容量宜根据其规模、气源情况、运输方式和运距等因素确定。液化石油气供应基地储罐设计总容量超过 3000m^3 时宜将储罐分别设置在储存站和灌装站；灌装站的储罐设计容量宜取 1 周左右的计算月平均日供应量，其余为储存站的储罐设计容量；储罐设计总容量小于 3000m^3 时可将储罐全部设置在储配站。液化石油气供应基地的布局应符合城市总体规划的要求，且应远离城市居住区、村镇、学校、影剧院、体育馆等人员集聚的场所。液化石油气供应基地的站址宜选择在所在地区全年最小频率风向的上风侧，且应是地势平坦、开阔、不易积存液化石油气的地段；同时应避开地震带、地基沉陷和废弃矿井等地段。液化石油气供应基地的全压力式储罐与基地外建（构）筑物、堆场的防火间距不应小于表 4-7-4 的规定，防火间距应按本表储罐总容积或单罐容积较大者确定，间距的计算应以储罐外壁为准；居住区、村镇系指 1000 人或 300 户以上者，以下者按表 4-7-4 中的民用建筑执行；当地下储罐单罐容积小于或等于 50m^3 且总容积小于或等于400m³时，其防火间距可按表4-7-4减少50%；表4-7-4规定外的其他建（构）筑物的防火间距应按现行国家标准《建筑设计防火规范》（GB 50016）执行。半冷冻式储罐与基地外建（构）筑物的防火间距可按表4-7-4的规定执行。液化石油气供应基地的全冷冻式储罐与基地外建（构）筑物、堆场的防火间距不应小于表4-7-5的规定，表4-7-5所指的储罐为单罐容积大于5000m³且设有防液堤的全冷冻式液化石油气储罐，当单罐容积等于或小于5000m³时，其防火间距可按表4-7-6中总容积相对应的全压力式液化石油气储罐的规定执行；居住区、村镇系指1000人或300户以上者，以下者按表4-7-5民用建筑执行；与表4-7-5规定以外的其他建（构）筑物的防火间距应按现行国家标准《建筑设计防火规范》（GB 50016）执行；间距的计算应以储罐外壁为准。

表4-7-4　液化石油气供应基地的全压力式储罐与基地外建（构）筑物、堆场的防火间距（m）

<table>
<tr><td colspan="3">总容积（m³）</td><td>≤50</td><td>>50～≤200</td><td>>200～≤500</td><td>>500～≤1000</td><td>>1000～≤2500</td><td>>2500～≤5000</td><td>>5000</td></tr>
<tr><td colspan="3">单罐容积（m³）</td><td>≤20</td><td>≤50</td><td>≤100</td><td>≤200</td><td>≤400</td><td>≤1000</td><td>—</td></tr>
<tr><td colspan="3">居住区、村镇和学校、影剧院、体育馆等重要公共建筑［最外侧建（构）筑物外墙］</td><td>45</td><td>50</td><td>70</td><td>90</td><td>110</td><td>130</td><td>150</td></tr>
<tr><td colspan="3">工业企业［最外侧建（构）筑物外墙］</td><td>27</td><td>30</td><td>35</td><td>40</td><td>50</td><td>60</td><td>75</td></tr>
<tr><td colspan="3">明火、散发火花地点和室外变、配电站</td><td>45</td><td>50</td><td>55</td><td>60</td><td>70</td><td>80</td><td>120</td></tr>
<tr><td colspan="3">民用建筑，甲、乙类液体储罐，甲、乙类生产厂房，甲、乙类物品仓库，稻草等易燃材料堆场</td><td>40</td><td>45</td><td>50</td><td>55</td><td>65</td><td>75</td><td>100</td></tr>
<tr><td colspan="3">丙类液体储罐，可燃气体储罐，丙、丁类生产厂房，丙、丁类物品仓库</td><td>32</td><td>35</td><td>40</td><td>45</td><td>55</td><td>65</td><td>80</td></tr>
<tr><td colspan="3">助燃气体储罐、木材等可燃材料堆场</td><td>27</td><td>30</td><td>35</td><td>40</td><td>50</td><td>60</td><td>75</td></tr>
<tr><td rowspan="3">其他建筑</td><td rowspan="3">耐火等级</td><td>一、二级</td><td>18</td><td>20</td><td>22</td><td>25</td><td>30</td><td>40</td><td>50</td></tr>
<tr><td>三级</td><td>22</td><td>25</td><td>27</td><td>30</td><td>40</td><td>50</td><td>60</td></tr>
<tr><td>四级</td><td>27</td><td>30</td><td>35</td><td>40</td><td>50</td><td>60</td><td>75</td></tr>
<tr><td rowspan="2">铁路（中心线）</td><td colspan="2">国家线</td><td>60</td><td colspan="2">70</td><td colspan="2">80</td><td colspan="2">100</td></tr>
<tr><td colspan="2">企业专用线</td><td>25</td><td colspan="2">30</td><td colspan="2">35</td><td colspan="2">40</td></tr>
<tr><td rowspan="2">公路、道路（路边）</td><td colspan="2">高速，Ⅰ、Ⅱ级，城市快速</td><td>20</td><td colspan="5">25</td><td>30</td></tr>
<tr><td colspan="2">其他</td><td>15</td><td colspan="5">20</td><td>25</td></tr>
<tr><td colspan="3">架空电力线（中心线）</td><td colspan="4">1.5倍杆高</td><td colspan="3">1.5倍杆高，但35kV以上架空电力线不应小于40</td></tr>
<tr><td rowspan="2">架空通信线（中心线）</td><td colspan="2">Ⅰ、Ⅱ级</td><td colspan="2">30</td><td colspan="5">40</td></tr>
<tr><td colspan="2">其他</td><td colspan="7">1.5倍杆高</td></tr>
</table>

表 4-7-5 液化石油气供应基地的全冷冻式储罐与基地外建（构）筑物、堆场的防火间距（m）

<table>
<tr><th colspan="3">项目</th><th>间距</th></tr>
<tr><td colspan="3">明火、散发火花地点和室外变配电站</td><td>120</td></tr>
<tr><td colspan="3">居住区、村镇和学校、影剧院、体育场等重要公共建筑［最外侧建（构）筑物外墙］</td><td>150</td></tr>
<tr><td colspan="3">工业企业［最外侧建（构）筑物外墙］</td><td>75</td></tr>
<tr><td colspan="3">甲、乙类液体储罐，甲、乙类生产厂房，甲、乙类物品仓库，稻草等易燃材料堆场</td><td>100</td></tr>
<tr><td colspan="3">丙类液体储罐可燃气体储罐，丙、丁类生产厂房，丙、丁类物品仓库</td><td>80</td></tr>
<tr><td colspan="3">助燃气体储罐、可燃材料堆场</td><td>75</td></tr>
<tr><td colspan="3">民用建筑</td><td>100</td></tr>
<tr><td rowspan="3">其他建筑</td><td rowspan="3">耐火等级</td><td>一级、二级</td><td>50</td></tr>
<tr><td>三级</td><td>60</td></tr>
<tr><td>四级</td><td>75</td></tr>
<tr><td colspan="2" rowspan="2">铁路（中心线）</td><td>国家线</td><td>100</td></tr>
<tr><td>企业专用线</td><td>40</td></tr>
<tr><td colspan="2">公路、道路</td><td>高速，Ⅰ、Ⅱ级，城市快速</td><td>30</td></tr>
<tr><td colspan="2">（路边）</td><td>其他</td><td>25</td></tr>
<tr><td colspan="3">架空电力线（中心线）</td><td>1.5倍杆高，但35kV以上架空电力线应大于40</td></tr>
<tr><td colspan="2" rowspan="2">架空通信线（中心线）</td><td>Ⅰ、Ⅱ级</td><td>40</td></tr>
<tr><td>其他</td><td>1.5倍杆高</td></tr>
</table>

液化石油气供应基地的储罐与基地内建（构）筑物的防火间距应符合以下三条规定：①全压力式储罐的防火间距不应小于表 4-7-6 的规定，半冷冻式储罐的防火间距可按表 4-7-6的规定执行，全冷冻式储罐与基地内道路和围墙的防火间距可按表 4-7-6 的规定执行；②防火间距应按表 4-7-6 总容积或单罐容积较大者确定，间距的计算应以储罐外壁为准；③地下储罐单罐容积小于或等于 50m^3 且总容积小于或等于 400m^3 时，其防火间距可按表 4-7-6 减少 50%；与规定外的其他建（构）筑物的防火间距应按现行国家标准《建筑设计防火规范》（GB 50016）执行。

表 4-7-6 液化石油气供应基地的全压力式储罐与基地内建（构）筑物的防火间距（m）

总容积（m^3）	≤50	>50～≤200	>200～≤500	>500～≤1000	>1000～≤2500	>2500～≤5000	>5000
单罐容积（m^3）	≤20	≤50	≤100	≤200	≤400	≤1000	—
明火、散发火花地点	45	50	55	60	70	80	120
办公、生活建筑	25	30	35	40	50	60	75
灌瓶间、瓶库、压缩机室、仪表间、值班室	18	20	22	25	30	35	40

续表

<table>
<tr><td colspan="2">总容积（m³）</td><td>≤50</td><td>>50～≤200</td><td>>200～≤500</td><td>>500～≤1000</td><td>>1000～≤2500</td><td>>2500～≤5000</td><td>>5000</td></tr>
<tr><td colspan="2">单罐容积（m³）</td><td>≤20</td><td>≤50</td><td>≤100</td><td>≤200</td><td>≤400</td><td>≤1000</td><td>—</td></tr>
<tr><td colspan="2">汽车槽车库、汽车槽车装卸台柱（装卸口）、汽车衡及其计量室、门卫</td><td>18</td><td>20</td><td>22</td><td>25</td><td colspan="2">30</td><td>40</td></tr>
<tr><td colspan="2">铁路槽车装卸线（中心线）</td><td colspan="2">—</td><td colspan="4">20</td><td>30</td></tr>
<tr><td colspan="2">空压机室、变配电室、柴油发电机房、新瓶库、真空泵房、库房</td><td>18</td><td>20</td><td>22</td><td>25</td><td>30</td><td>35</td><td>40</td></tr>
<tr><td colspan="2">汽车库、机修间</td><td>25</td><td>30</td><td colspan="2">35</td><td colspan="2">40</td><td>50</td></tr>
<tr><td colspan="2">消防泵房、消防水池（罐）取水口</td><td colspan="4">40</td><td colspan="2">50</td><td>60</td></tr>
<tr><td rowspan="2">站内道路（路边）</td><td>主要</td><td>10</td><td colspan="5">15</td><td>20</td></tr>
<tr><td>次要</td><td>5</td><td colspan="5">10</td><td>15</td></tr>
<tr><td colspan="2">围墙</td><td>15</td><td colspan="5">20</td><td>25</td></tr>
</table>

全冷冻式液化石油气储罐与全压力式液化石油气储罐不得设置在同一罐区内，两类储罐之间的防火间距不应小于相邻较大储罐的直径且不应小于35m。液化石油气供应基地总平面必须分区布置，即分为生产区（包括储罐区和灌装区）和辅助区；生产区宜布置在站区全年最小频率风向的上风侧或上侧风侧；灌瓶间的气瓶装卸平台前应有较宽敞的汽车回车场地。液化石油气供应基地的生产区应设置高度不低于2m的不燃烧体实体围墙；辅助区可设置不燃烧体非实体围墙。液化石油气供应基地的生产区应设置环形消防车道，消防车道宽度不应小于4m，当储罐总容积小于500m³ 时，可设置尽头式消防车道和面积不应小于12m×12m的回车场。液化石油气供应基地的生产区和辅助区至少应各设置一个对外出入口；当液化石油气储罐总容积超过1000m³ 时，生产区应设置两个对外出入口，其间距不应小于50m；对外出入口宽度不应小于4m。液化石油气供应基地的生产区内严禁设置地下和半地下建（构）筑物（寒冷地区的地下式消火栓和储罐区的排水管、沟除外）；生产区内的地下管（缆）沟必须填满干砂。基地内铁路引入线和铁路槽车装卸线的设计应符合现行国家标准《Ⅲ、Ⅳ级铁路设计规范》（GB 50012）的有关规定；供应基地内的铁路槽车装卸线应设计成直线，其终点距铁路槽车端部不应小于20m，并应设置具有明显标志的车挡。铁路槽车装卸栈桥应采用不燃烧材料建造，其长度可取铁路槽车装卸车位数与车身长度的乘积，宽度不宜小于1.2m，两端应设置宽度不小于0.8m的斜梯。铁路槽车装卸栈桥上的液化石油气装卸鹤管应设置便于操作的机械吊装设施。

全压力式液化石油气储罐不应少于两台，其储罐区的布置应符合以下六条要求：①地上储罐之间的净距不应小于相邻较大罐的直径；②数个储罐的总容积超过3000m³ 时应分组布置，组与组之间相邻储罐的净距不应小于20m；③组内储罐宜采用单排布置；④储罐组四周应设置高度为1m的不燃烧体实体防护墙；⑤储罐与防护墙的净距对球形储罐不宜小于其半径，卧式储罐不宜小于其直径，操作侧不宜小于3.0m；⑥防护墙内储罐超过四台时，至少应设置两个过梯且应分开布置。

地上储罐应设置钢梯平台，其设计宜符合以下两条要求：①卧式储罐组宜设置联合钢梯平台，当组内储罐超过四台时宜设置两个斜梯；②球形储罐组宜设置联合钢梯平台。地下储罐宜设置在钢筋混凝土槽内，槽内应填充砂；储罐罐顶与槽盖内壁净距不宜小于0.4m；各储罐之间宜设置隔墙，储罐与隔墙和槽壁之间的净距不宜小于0.9m。

液化石油气储罐与所属泵房的间距不应小于15m；当泵房面向储罐一侧的外墙采用无门窗洞口的防火墙时其间距可减少至6m，液化石油气泵露天设置在储罐区内时，泵与储罐之间的距离不限。液态液化石油气泵的安装高度应保证不使其发生气蚀，并采取防止振动的措施。液态液化石油气泵进、出口管段上阀门及附件的设置应符合以下三条要求：①泵进、出口管应设置操作阀和放气阀；②泵进口管应设置过滤器；③泵出口管应设置止回阀，并宜设置液相安全回流阀。灌瓶间和瓶库与站外建（构）筑物之间的防火间距应按现行国家标准《建筑设计防火规范》（GB 50016）中甲类储存物品仓库的规定执行。灌瓶间和瓶库与站内建（构）筑物的防火间距不应小于表4-7-7的规定，总存瓶量应按实瓶存放个数和单瓶充装质量的乘积计算；瓶库与灌瓶间之间的距离不限；计算月平均日灌瓶量小于700瓶的灌瓶站，其压缩机室与灌瓶间可合建成一幢建筑物，但其间应采用无门、窗洞口的防火墙隔开；当计算月平均日灌瓶量小于700瓶时，汽车槽车装卸柱可附设在灌瓶间或压缩机室山墙的一侧，山墙应是无门、窗洞口的防火墙。

表4-7-7 灌瓶间和瓶库与站内建（构）筑物的防火间距（m）

总存瓶量（t）		≤10	>10～≤30	>30
明火、散发火花地点		25	30	40
办公、生活建筑		20	25	30
铁路槽车装卸线（中心线）		20	25	30
汽车槽车库、汽车槽车装卸台柱（装卸口）、汽车衡及其计量室、门卫		15	18	20
压缩机室、仪表间、值班室		12	15	18
空压机室、变配电室、柴油发电机房		15	18	20
机修间、汽车库		25	30	40
新瓶库、真空泵房、备件库等非明火建筑		12	15	18
消防泵房、消防水池（罐）取水口		25	30	
站内道路（路边）	主要	10		
	次要	5		
围墙		10	15	

灌瓶间内气瓶存放量宜取1～2d的计算月平均日供应量，当总存瓶量（实瓶）超过3000瓶时宜另外设置瓶库，灌瓶间和瓶库内的气瓶应按实瓶区、空瓶区分组布置。采用自动化、半自动化灌装和机械化运瓶的灌瓶作业线上应设置灌瓶质量复检装置，且应设置检漏装置或采取检漏措施；采用手动灌瓶作业时应设置检斤秤，并应采取检漏措施。储配站和灌装站应设置残液倒空和回收装置。供应基地内液化石油气压缩机设置台数不宜少于两台。

液化石油气压缩机进、出口管道上阀门及附件的设置应符合以下四条要求：①进、出口应设置阀门；②进口应设置过滤器；③出口应设置止回阀和安全阀；④进、出口管之间应设置旁通管及旁通阀。液化石油气压缩机室的布置宜符合以下三条要求：①压缩机机组间的净距不宜小于1.5m；②机组操作侧与内墙的净距不宜小于2.0m，其余各侧与内墙的净距不宜小于1.2m；③气相阀门组宜设置在与储罐、设备及管道连接方便和便于操作的地点。

液化石油气汽车槽车库与汽车槽车装卸台柱之间的距离不应小于6m；当邻向装卸台柱一侧的汽车槽车库山墙采用无门、窗洞口的防火墙时，其间距不限。汽车槽车装卸台柱的装卸接头应采用与汽车槽车配套的快装接头，其接头与装卸管之间应设置阀门。装卸管上宜设置拉断阀。液化石油气储配站和灌装站宜配置备用气瓶，其数量可取总供应户数的2%左右。新瓶库和真空泵房应设置在辅助区；新瓶和检修后的气瓶首次灌瓶前应将其抽至80kPa真空度以上。

使用液化石油气或残液作燃料的锅炉房，其附属储罐设计总容积不大于10m^{3}时，可设置在独立的储罐室内，并应符合以下三条规定：①储罐室与锅炉房之间的防火间距不应小于12m，且面向锅炉房一侧的外墙应采用无门、窗洞口的防火墙；②储罐室与站内其他建（构）筑物之间的防火间距不应小于15m；③储罐室内储罐的布置可按相关规范的规定执行。设置非直火式气化器的气化间可与储罐室毗连，但其间应采用无门、窗洞口的防火墙。

4.7.4 气化站和混气站

液化石油气气化站和混气站的储罐设计总容量应符合以下两方面要求：①由液化石油气生产厂供气时，其储罐设计总容量宜根据供气规模、气源情况、运输方式和运距等因素确定；②由液化石油气供应基地供气时其储罐设计总容量可按计算月平均日3d左右的用气量计算确定。气化站和混气站站址的选择宜按相关规范的规定执行。

气化站和混气站的液化石油气储罐与站外建（构）筑物的防火间距应符合以下两方面要求：①总容积等于或小于50m^{3}且单罐容积等于或小于20m^{3}的储罐与站外建（构）筑物的防火间距不应小于表4-7-8的规定；防火间距应按本表总容积或单罐容积较大者确定，间距的计算应以储罐外壁为准；居住区、村镇系指1000人或300户以上者，以下者按表4-7-8中的民用建筑执行；当采用地下储罐时其防火间距可按本表减少50%；与本表规定以外的其他建（构）筑物的防火间距应按现行国家标准《建筑设计防火规范》（GB 50016）执行；气化装置气化能力不大于150kg/h的瓶组气化混气站的瓶组间、气化混气间与建（构）筑物的防火间距可按相关规范执行。总容积大于50m^{3}或单罐容积大于20m^{3}的储罐与站外建（构）筑物的防火间距不应小于相关规范的规定。

表4-7-8 气化站和混气站的液化石油气储罐与站外建（构）筑物的防火间距（m）

总容积（m^3）	≤10	>10～≤30	>30～≤50
单罐容积（m^3）	—	—	≤20
居民区、村镇和学校、影剧院、体育馆等重要公共建筑，一类高层民用建筑［最外侧建（构）筑物外墙］	30	35	45
工业企业［最外侧建（构）筑物外墙］	22	25	27

续表

总容积/m³			≤10	>10～≤30	>30～≤50
单罐容积（m³）			—	—	≤20
明火、散发火花地点和室外变配电站			30	35	45
民用建筑，甲、乙类液体储罐，甲、乙类生产厂房，甲、乙类物品库房，稻草等易燃材料堆场			27	32	40
丙类液体储罐，可燃气体储罐，丙、丁类生产厂房，丙、丁类物品库房			25	27	32
助燃气体储罐、木材等可燃材料堆场			22	25	27
其他建筑	耐火等级	一、二级	12	15	18
		三级	18	20	22
		四级	22	25	27
铁路（中心线）		国家线	40	50	60
		企业专用线	25		
公路、道路（路边）		高速，Ⅰ、Ⅱ级，城市快速	20		
		其他	15		
架空电力线（中心线）			1.5倍杆高		
架空通信线（中心线）			1.5倍杆高		

气化站和混气站的液化石油气储罐站内建（构）筑物的防火间距不应小于表4-7-9的规定，防火间距应按表4-7-9中总容积或单罐容积较大者来确定，间距的计算应以储罐外壁为准；地下储罐单罐容积小于或等于50m³且总容积小于或等于400m³时，其防火间距可按本表减少50%；表4-7-9规定以外的其他建（构）筑物的防火间距应按现行国家标准《建筑设计防火规范》（GB 50016）执行；燃气热水炉间是指室内设置微正压室燃式燃气热水炉的建筑，当设置其他燃烧方式的燃气热水炉时，其防火间距不应小于30m；与空温式气化器的防火间距，从地上储罐区的防护墙或地下储罐室外侧算起不应小于4m。

表4-7-9　气化站和混气站的液化石油气储罐与站内建（构）筑物的防火间距（m）

总容积（m³）	≤10	>10～≤30	>30～≤50	>50～≤200	>200～≤500	>500～≤1000	>1000
单罐容积（m³）	—	—	≤20	≤50	≤100	≤200	—
明火、散发火花地点	30	35	45	50	55	60	70
办公、生活建筑	18	20	25	30	35	40	50
气化间、混气间、压缩机室、仪表间、值班室	12	15	18	20	22	25	30
汽车槽车库、汽车槽车装卸台柱（装卸口）、汽车衡及其计量室、门卫	15		18	20	22	25	30
铁路槽车装卸线（中心线）	—				20		
燃气热水炉间、空压机室、变配电室、柴油发电机房、库房	15		18	20	22	25	30

续表

总容积（m³）		≤10	>10～≤30	>30～≤50	>50～≤200	>200～≤500	>500～≤1000	>1000
单罐容积（m³）		—	—	≤20	≤50	≤100	≤200	—
汽车库、机修间		25			30	35		40
消防泵房、消防水池（罐）取水口		30		40				50
站内道路（路边）	主要	10			15			
	次要	5			10			
围墙		15			20			

液化石油气气化站和混气站总平面应按功能分区进行布置，即分为生产区（储罐区、气化、混气区）和辅助区；生产区宜布置在站区全年最小频率风向的上风侧或上侧风侧。液化石油气气化站和混气站的生产区应设置高度不低于2m的不燃烧体实体围墙；辅助区可设置不燃烧体非实体围墙；储罐总容积等于或小于$50m^3$的气化站和混气站，其生产区与辅助区之间可不设置分区隔墙。液化石油气气化站和混气站内消防车道、对外出入口的设置应符合相关规定。液化石油气气化站和混气站内铁路引入线、铁路槽车装卸线和铁路槽车装卸栈桥的设计应符合相关规范的规定。气化站和混气站的液化石油气储罐不应少于两台，液化石油气储罐和储罐区的布置应符合相关规范的规定。

工业企业内液化石油气气化站的储罐总容积不大于$10m^3$时，可设置在独立建筑物内并应符合以下四条要求：①储罐之间及储罐与外墙的净距均不应小于相邻较大罐的半径且不应小于1m；②储罐室与相邻厂房之间的防火间距不应小于表4-7-10的规定；③储罐室与相邻厂房的室外设备之间的防火间距不应小于12m；④设置非直火式气化器的气化间可与储罐室毗连，但应采用无门、窗洞口的防火墙隔开。

气化间、混气间与站外建（构）筑物之间的防火间距应符合现行国家标准《建筑设计防火规范》(GB 50016)中甲类厂房的规定。气化间、混气间与站内建（构）筑物的防火间距不应小于表4-7-11的规定，空温式气化器的防火间距可按本表规定执行；压缩机室可与气化间、混气间合建成一幢建筑物，但应采用无门、窗洞口的防火墙隔开；燃气热水炉间的门不得面向气化间、混气间，柴油发电机伸向室外的排烟管管口不得面向具有火灾爆炸危险的建（构）筑物一侧；燃气热水炉间是指室内设置微正压室燃式燃气热水炉的建筑，当采用其他燃烧方式的热水炉时，其防火间距不应小于25m。

表4-7-10　总容积不大于$10m^3$的储罐室与相邻厂房之间的防火间距

相邻厂房的耐火等级	一、二级	三级
防火间距（m）	12	14

表4-7-11　气化间、混气间与站内建（构）筑物的防火间距

项目	防火间距（m）
明火、散发火花地点	25
办公、生活建筑	18
铁路槽车装卸线（中心线）	20

续表

项目		防火间距（m）
汽车槽车库、汽车槽车装卸台柱（装卸口）、汽车衡及其计量室、门卫		15
压缩机室、仪表间、值班室		12
空压机室、燃气热水炉间、变配电室、柴油发电机房、库房		15
汽车库、机修间		20
消防泵房、消防水池（罐）取水口		25
站内道路（路边）	主要	10
	次要	5
围墙		10

液化石油气储罐总容积等于或小于100m的气化站、混气站，其汽车槽车装卸柱可设置在压缩机室山墙一侧，其山墙应是无门、窗洞口的防火墙。液化石油气汽车槽车库和汽车槽车装卸台柱之间的防火间距可按相关规范规定执行。燃气热水炉间与压缩机室、汽车槽车库和汽车槽车装卸台柱之间的防火间距不应小于15m。气化、混气装置的总供气能力应根据高峰小时用气量确定；当设有足够的储气设施时，其总供气能力可根据计算月最大日平均小时用气量确定。气化、混气装置配置台数不应少于两台，且至少应有一台备用。

气化间、混气间可合建成一幢建筑物，气化、混气装置亦可设置在同一房间内。气化间的布置宜符合以下三条要求：①气化器之间的净距不宜小于0.8m；②气化器操作侧与内墙之间的净距不宜小于1.2m；③气化器其余各侧与内墙的净距不宜小于0.8m。混气间的布置宜符合以下三条要求：①混合器之间的净距不宜小于0.8m；②混合器操作侧与内墙的净距不宜小于1.2m；③混合器其余各侧与内墙的净距不宜小于0.8m。调压、计量装置可设置在气化间或混气间内。

液化石油气可与空气或其他可燃气体混合配制成所需要的混合气，混气系统的工艺设计应符合以下四方面要求：①液化石油气与空气的混合气体中，液化石油气的体积百分含量必须高于其爆炸上限的两倍。②混合气作为城镇燃气主气源时，燃气质量应符合相关规范的规定；作为调峰气源、补充气源和代用其他气源时应与主气源或代用气源具有良好的燃烧互换性。③混气系统中应设置当参与混合的任何一种气体突然中断或液化石油气体积百分含量接近爆炸上限的两倍时，能自动报警并切断气源的安全连锁装置。④混气装置的出口总管上应设置检测混合气热值的取样管；其热值仪宜与混气装置连锁并能实时调节其混气比例。

热值仪应靠近取样点设置在混气间内的专用隔间或附属房间内并应符合以下四条要求：①热值仪间应设有直接通向室外的门，且与混气间之间的隔墙应是无门、窗洞口的防火墙；②采取可靠的通风措施，使其室内可燃气体浓度低于其爆炸下限的20%；③热值仪间与混气间门、窗之间的距离不应小于6m；④热值仪间的室内地面应比室外地面高出0.6m。采用管道供应气态液化石油气或液化石油气与其他气体的混合气时，其露点应比管道外壁温度低5℃以上。

4.7.5 瓶组气化站

瓶组气化站气瓶的配置数量宜符合以下三方面要求：①采用强制气化方式供气时，瓶

组气瓶的配置数量可按1～2d的计算月最大日用气量确定。②采用自然气化方式供气时，瓶组宜由使用瓶组和备用瓶组组成；使用瓶组的气瓶配置数量应根据高峰用气时间内平均小时用气量、高峰用气持续时间和高峰用气时间内单瓶小时自然气化能力计算确定。③备用瓶组的气瓶配置数量宜与使用瓶组的气瓶配置数量相同；当供气户数较少时，备用瓶组可采用临时供气瓶组代替。

当采用自然气化方式供气且瓶组气化站配置气瓶的总容积小于1m³时，瓶组间可设置在与建筑物（住宅、重要公共建筑和高层民用建筑除外）外墙毗连的单层专用房间内并应符合以下五条要求：①建筑物耐火等级不应低于二级；②应通风良好并设有直通室外的门；③与其他房间相邻的墙应为无门、窗洞口的防火墙；④应配置燃气浓度检测报警器；⑤室温不应高于45℃且不低于0℃。当瓶组间独立设置且面向相邻建筑的外墙为无门、窗洞口的防火墙时其防火间距不限。

当瓶组气化站配置气瓶的总容积超过1m³时应将其设置在高度不低于2.2m的独立瓶组间内，独立瓶组间与建（构）筑物的防火间距不应小于表4-7-12的规定，气瓶总容积应按配置气瓶个数与单瓶几何容积的乘积计算；当瓶组间的气瓶总容积大于4m³时，宜采用储罐，其防火间距按相关规定执行；瓶组间、气化间与值班室的防火间距不限，当两者毗连时应采用无门、窗洞口的防火墙隔开。

表4-7-12　独立瓶组间与建（构）筑物的防火间距（m）

气瓶总容积（m³）		≤2	>2～≤4
明火、散发火花地点		25	30
民用建筑		8	10
重要公共建筑、一类高层民用建筑		15	20
道路（路边）	主要	10	
	次要	5	

瓶组气化站的瓶组间不得设置在地下室和半地下室内。瓶组气化站的气化间宜与瓶组间合建一幢建筑，两者间的隔墙不得开门窗洞口，且隔墙耐火极限不应低于3h；瓶组间、气化间与建（构）筑物的防火间距应按相关规定执行。设置在露天的空温式气化器与瓶组间的防火间距不限，与明火、散发火花地点和其他建（构）筑物的防火间距可按气瓶总容积小于或等于2m的一档的规定执行。瓶组气化站的四周宜设置非实体围墙，其底部实体部分高度不应低于0.6m；围墙应采用不燃烧材料。气化装置的总供气能力应根据高峰小时用气量确定；气化装置的配置台数不应少于两台，且应有一台备用。

4.7.6　瓶装液化石油气供应站

瓶装液化石油气供应站应按其气瓶总容积V分为三级，并应符合表4-7-13的规定，气瓶总容积按实瓶个数和单瓶几何容积的乘积计算。Ⅰ、Ⅱ级液化石油气瓶装供应站的瓶库宜采用敞开或半敞开式建筑；瓶库内的气瓶应分区存放，即分为实瓶区和空瓶区。Ⅰ级瓶装供应站出入口一侧的围墙可设置高度不低于2m的不燃烧体非实体围墙，其底部实体部分高度不应低于0.6m，其余各侧应设置高度不低于2m的不燃烧体实体围墙；Ⅱ级瓶装液化石油气供应站的四周宜设置非实体围墙，其底部实体部分高度不应低于0.6m，围墙应采用不燃烧材料。Ⅰ、Ⅱ级瓶装供应站的瓶库与站外建（构）筑物的防火间距不应小于表4-7-14的规定，气瓶总容积按实瓶个数与单瓶几何容积的乘积计算。Ⅰ级瓶装液化石油气供应站的瓶库与修理间或生活、办公用房的防火间距不应小于10m；管理室可与瓶库的空瓶区侧毗连，但应采用无门、窗洞口的防火墙隔开。Ⅱ级瓶装液化石油气供应站由瓶库和营业室组成；两者宜合建成一幢建筑，其间应采用无门、窗洞口的防火墙隔开。

Ⅲ级瓶装液化石油气供应站可将瓶库设置在与建筑物（住宅、重要公共建筑和高层民用建筑除外）外墙毗连的单层专用房间并应符合以下八条要求：①房间的设置应符合相关规范的规定；②室内地面的面层应是撞击时不发生火花的面层；③相邻房间应是非明火、散发火花地点；④照明灯具和开关应采用防爆型；⑤配置燃气浓度检测报警器；⑥至少应配置8kg干粉灭火器2具；⑦与道路的防火间距应符合Ⅱ级瓶装供应站的规定；⑧非营业时间瓶库内存有液化石油气气瓶时，应有人值班。

表4-7-13 装液化石油气供应站的分级

名称	Ⅰ级站	Ⅱ级站	Ⅲ级站
气瓶总容积 V（m^3）	$6<V\leqslant 20$	$1<V\leqslant 6$	$V\leqslant 1$

表4-7-14 Ⅰ、Ⅱ级瓶装供应站的瓶库与站外建（构）筑物的防火间距（m）

站名		Ⅰ级站		Ⅱ级站	
气瓶总容积（m^3）		$>10\sim\leqslant 20$	$>6\sim\leqslant 10$	$>3\sim\leqslant 6$	$>1\sim\leqslant 3$
明火、散发火花地点		35	30	25	20
民用建筑		15	10	8	6
重要公共建筑、一类高层民用建筑		25	20	15	12
道路（路边）	主要	10		8	
	次要	5		5	

4.7.7 用户

居民用户使用的液化石油气气瓶应设置在符合相关规范规定的非居住房间内，且室温不应高于45℃。居民用户室内液化石油气气瓶的布置应符合以下三条要求：①气瓶不得设置在地下室、半地下室或通风不良的场所；②气瓶与燃具的净距不应小于0.5m；③气瓶与散热器的净距不应小于1m，当散热器设置隔热板时可减少到0.5m。单户居民用户使用的气瓶设置在室外时宜设置在贴邻建筑物外墙的专用小室内。商业用户使用的气瓶组严禁与燃气燃烧器具布置在同一房间内，瓶组间的设置应符合相关规定。

4.7.8 管道及附件、储罐、容器和检测仪表

液态液化石油气管道和设计压力大于0.4MPa的气态液化石油气管道应采用钢号10、20的无缝钢管，并应符合现行国家标准《输送流体用无缝钢管》（GB/T 8163）的规定或符合不低于上述标准相应技术要求的其他钢管标准的规定；设计压力不大于0.4MPa的气态液化石油气、气态液化石油气与其他气体的混合气管道可采用钢号Q235B的焊接钢管，并应符合现行国家标准《低压流体输送用焊接钢管》（GB/T 3091）的规定。液化石油气

站内管道宜采用焊接连接，管道与储罐、容器、设备及阀门可采用法兰或螺纹连接。液态液化石油气输送管道和站内液化石油气储罐、容器、设备、管道上配置的阀门及附件的公称压力（等级）应高于其设计压力。液化石油气储罐、容器、设备和管道上严禁采用灰口铸铁阀门及附件，在寒冷地区应采用钢质阀门及附件，设计压力不大于 0.4MPa 的气态液化石油气、气态液化石油气与其他气体的混合气管道上设置的阀门和附件除外，寒冷地区是指最冷月平均最低气温小于或等于－10℃的地区。液化石油气管道系统上采用耐油胶管时，最高允许工作压力不应小于 6.4MPa。站内室外液化石油气管道宜采用单排低支架敷设，其管底与地面的净距宜为 0.3m；跨越道路采用支架敷设时其管底与地面的净距不应小于 4.5m；管道埋地敷设时应符合相关规定。液化石油气储罐、容器及附件材料的选择和设计应符合现行国家标准《压力容器》（GB 150.1～150.4）、《钢制球形储罐》（GB/T 12337）和《固定式压力容器安全技术监察规程》（TSG 21）的规定。液化石油气储罐的设计压力和设计温度应符合国家现行《固定式压力容器安全技术监察规程》（TSG 21）的规定。

液化石油气储罐最大设计允许充装质量应按式 $G=0.9\rho V_h$ 计算，其中，G 为最大设计允许充装质量（kg）；ρ 为 40℃时液态液化石油气密度（kg/m^3）；V_h 为储罐的几何容积（m^3）；采用地下储罐时液化石油气密度可按当地最高地温计算。液化石油气储罐第一道管法兰、垫片和紧固件的配置应符合国家现行《固定式压力容器安全技术监察规程》（TSG 21）的规定。

液化石油气储罐接管上安全阀件的配置应符合以下四条要求：①必须设置安全阀和检修用的放散管；②液相进口管必须设置止回阀；③储罐容积大于或等于 $50m^3$ 时其液相出口管和气相管必须设置紧急切断阀，储罐容积大于 $20m^3$ 但小于 $50m^3$ 时宜设置紧急切断阀；④排污管应设置两道阀门，其间应采用短管连接并应采取防冻措施。液化石油气储罐安全阀的设置应符合以下四条要求：①必须选用弹簧封闭全启式，其开启压力不应大于储罐设计压力，安全阀的最小排气截面面积的计算应符合国家现行《固定式压力容器安全技术监察规程》（TSG 21）的规定；②容积为 $100m^3$ 或 $100m^3$ 以上的储罐应设置两个或两个以上的安全阀；③安全阀应设置放散管。其管径不应小于安全阀的出口管径，地上储罐安全阀放散管管口应高出储罐操作平台 2m 以上且应高出地面 5m 以上，地下储罐安全阀放散管管口应高出地面 2.5m 以上；④安全阀与储罐之间应装设阀门且阀口应全开并应铅封或锁定，当储罐设置两个或两个以上的安全阀时，其中一个安全阀的开启压力应按前述规定执行、其余安全阀的开启压力可适当提高，但不得超过储罐设计压力的 1.05 倍。储罐检修用放散管的管口高度应符合相关规定。

液化石油气气液分离器、缓冲罐和气化器可设置弹簧封闭式安全阀；安全阀应设置放散管，当上述容器设置在露天时，其管口高度应符合相关规范的规定，设置在室内时其管口应高出屋面 2m 以上。液化石油气储罐仪表的设置应符合以下四条要求：①必须设置就地指示的液位计、压力表；②就地指示液位计宜采用能直接观测储罐全液位的液位计；③容积大于 $100m^3$ 的储罐应设置远传显示的液位计和压力表且应设置液位上、下限报警装置和压力上限报警装置；④宜设置温度计。液化石油气气液分离器和容积式气化器等应设置直观式液位计和压力表。液化石油气泵、压缩机、气化、混气和调压，以及计量装置的进、出口应设置压力表。爆炸危险场所应设置燃气浓度检测报警器，报警器应设在值班

室或仪表间等有值班人员的场所；检测报警系统的设计应符合国家现行标准《石油化工可燃气体和有毒气体检测报警设计标准》（GB/T 50493）的有关规定；瓶组气化站和瓶装液化石油气供应站可采用手提式燃气浓度检测报警器；报警器的报警浓度值应取其可燃气体爆炸下限的20%。地下液化石油气储罐外壁除采用防腐层保护外，应采用牺牲阳极保护设计，地下液化石油气储罐牺牲阳极保护设计应符合国家现行标准《埋地钢质管道阴极保护设计规范》（GB/T 21448）的规定。

4.7.9　建（构）筑物的防火、防爆和抗震

具有爆炸危险的建（构）筑物的防火、防爆设计应符合以下四条要求：①建筑物耐火等级不应低于二级；②门、窗应向外开；③封闭式建筑应采取泄压措施，其设计应符合现行国家标准《建筑设计防火规范》（GB 50016）的有关规定；④地面面层应采用撞击时不产生火花的材料，其技术要求应符合现行国家标准《建筑地面工程施工质量验收规范》（GB 50209）的规定。

具有爆炸危险的封闭式建筑应采取良好的通风措施，事故通风量每小时换气不应少于12次；当采用自然通风时，其通风口总面积按每平方米房屋地面面积不应少于300cm^{2}计算确定；通风口不应少于两个并应靠近地面设置。非采暖地区的灌瓶间及附属瓶库、汽车槽车库、瓶装供应站的瓶库等宜采用敞开或半敞开式建筑。具有爆炸危险的建筑，其承重结构应采用钢筋混凝土或钢框架、排架结构；钢框架和钢排架应采用防火保护层。

液化石油气储罐应牢固地设置在基础上；卧式储罐的支座应采用钢筋混凝土支座；球形储罐的钢支柱应采用不燃烧隔热材料保护层，其耐火极限不应低于2h。在地震烈度为7度和7度以上的地区建设液化石油气站时，其建（构）筑物的抗震设计应符合现行国家标准《建筑抗震设计标准》（GB/T 50011）和《构筑物抗震设计规范》（GB 50191）的规定。

4.7.10　消防给水、排水和灭火器材

液化石油气供应基地、气化站和混气站在同一时间内的火灾次数应按一次考虑，其消防用水量应按储罐区一次最大小时消防用水量确定。

液化石油气储罐区消防用水量应按其储罐固定喷水冷却装置和水枪用水量之和计算，并应符合以下三方面要求：①储罐总容积大于50m^{3}或单罐容积大于20m^{3}的液化石油气储罐、储罐区和设置在储罐室内的小型储罐应设置固定喷水冷却装置；②固定喷水冷却装置的用水量应按储罐的保护面积与冷却水供水强度的乘积计算确定；③着火储罐的保护面积按其全表面积计算，距着火储罐直径（卧式储罐按其直径和长度之和的一半）1.5倍范围内（范围的计算应以储罐的最外侧为准）的储罐按其全表面积的一半计算；冷却水供水强度不应小于0.15L/（s·m^2）。水枪用水量不应小于表4-7-15的规定，水枪用水量应按本表储罐总容积或单罐容积较大者确定；储罐总容积小于或等于50m^{3}且单罐容积小于或等于20m^{3}的储罐或储罐区可单独设置固定喷水冷却装置或移动式水枪，其消防用水量应按水枪用水量计算。地下液化石油气储罐可不设置固定喷水冷却装置，其消防用水量应按水枪用水量确定。

表 4-7-15　水枪用水量

总容积（m³）	≤500	>500～≤2500
单罐容积（m³）	≤100	≤400
水枪用水量（L/s）	20	30

液化石油气供应基地、气化站和混气站的消防给水系统应包括消防水池（罐或其他水源）、消防水泵房、给水管网、地上式消火栓和储罐固定喷水冷却装置等；消防给水管网应布置成环状，向环状管网供水的干管不应少于两根，当其中一根发生故障时，其余干管仍能供给消防总用水量。消防水池的容量应按火灾连续时间6h所需要的最大消防用水量计算确定，当储罐总容积小于或等于220m³且单罐容积小于或等于50m³的储罐或储罐区，其消防水池的容量可按火灾连续时间3h所需要的最大消防用水量来计算确定，当火灾情况下能保证连续向消防水池补水时，其容量可减去火灾连续时间内的补水量。消防水泵房的设计应符合现行国家标准《建筑设计防火规范》（GB 50016）的有关规定。液化石油气球形储罐固定喷水冷却装置宜采用喷雾头，卧式储罐固定喷水冷却装置宜采用喷淋管，储罐固定喷水冷却装置的喷雾头或喷淋管的管孔布置应保证喷水冷却时将储罐表面全覆盖（含液位计、阀门等重要部位）；液化石油气储罐固定喷水冷却装置的设计和喷雾头的布置应符合现行国家标准《水喷雾灭火系统技术规范》（GB 50219）的规定。储罐固定喷水冷却装置出口的供水压力不应小于0.2MPa；水枪出口的供水压力对球形储罐不应小于0.35MPa，对卧式储罐不应小于0.25MPa。液化石油气供应基地、气化站和混气站生产区的排水系统应采取防止液化石油气排入其他地下管道或低洼部位的措施。液化石油气站内干粉型灭火器的配置除应符合表4-7-16的规定外还应符合现行国家标准《建筑灭火器配置设计规范》（GB 50140）的规定；表4-7-16中8kg指手提式干粉型灭火器的药剂充装量，根据场所具体情况可设置部分35kg手推式干粉型灭火器。

表 4-7-16　干粉灭火器的配置数量

场所	配置数量
铁路槽车装卸栈桥	按槽车车位数，每车位设置8kg、2具，每个设置点不宜超过5具
储罐区、地下储罐组	按储罐台数，每台设置8kg、2具，每个设置点不宜超过5具
储罐室	按储罐台数，每台设置8kg、2具
汽车槽车装卸台柱（装卸口）	8kg不应少于2具
灌瓶间及附属瓶库、压缩机室、烃泵房、汽车槽车库、气化间、混气间、调压计量间、瓶组间和瓶装供应站的瓶库等爆炸危险性建筑	按建筑面积，每50m²设置8kg、1具，且每个房间不应少于2具，每个设置点不宜超过5具
其他建筑（变配电室、仪表间等）	按建筑面积，每80m²设置8kg、1具，且每个房间不应少于2具

4.7.11　电气

液化石油气供应基地内的消防水泵和液化石油气气化站、混气站的供电系统设计应符合现行国家标准《供配电系统设计规范》（GB 50052）“二级负荷”的规定。液化石油气

供应基地、气化站、混气站、瓶装供应站等爆炸危险场所的电力装置设计应符合现行国家标准《爆炸危险环境电力装置设计规范》(GB 50058)的规定，其用电场所爆炸危险区域等级和范围的划分宜符合本书第4.10.5节的规定。液化石油气供应基地、气化站、混气站、瓶装供应站等具有爆炸危险的建、构筑物的防雷设计应符合现行国家标准《建筑物防雷设计规范》(GB 50057)中“第二类防雷建筑物”的有关规定。液化石油气供应基地、气化站、混气站、瓶装供应站等静电接地设计应符合国家现行标准《化工企业静电接地设计规程》(HG/T 20675)的规定。

4.7.12 通信和绿化

液化石油气供应基地、气化站、混气站内至少应设置一台直通外线的电话。年供应量大于10000t的液化石油气供应基地和供应居民50000户以上的气化站、混气站内宜设置电话机组。在具有爆炸危险场所使用的电话应采用防爆型。液化石油气供应基地、气化站、混气站内的绿化应符合以下四条要求：①生产区内严禁种植易造成液化石油气积存的植物；②生产区四周和局部地区可种植不易造成液化石油气积存的植物；③生产区围墙2m外可种植乔木；④辅助区可种植各类植物。

4.8 液化天然气供应

4.8.1 基本规则

本节内容适用于液化天然气的总储存容积不大于2000m³的城镇液化天然气供应站工程设计。本节内容不适用于下列液化天然气工程和装置设计：液化天然气终端接收基地；油气田的液化天然气供气站和天然气液化工厂（站）；轮船、铁路车辆和汽车等运输工具上的液化天然气装置。

4.8.2 液化天然气气化站

液化天然气气化站的规模应符合城镇总体规划的要求，根据供应用户类别、数量和用气量指标等因素确定。液化天然气气化站的储罐设计总容积应根据其规模、气源情况、运输方式和运距等因素确定。液化天然气气化站站址选择应符合以下两条要求：①站址应符合城镇总体规划的要求；②站址应避开地震带、地基沉陷、废弃矿井等地段。

液化天然气气化站的液化天然气储罐、集中放散装置的天然气放散总管与站外建（构）筑物的防火间距不应小于表4-8-1的规定，居住区、村镇系指1000人或300户以上者，以下者按表4-8-1中的民用建筑执行；与表4-8-1中的规定以外的其他建（构）筑物的防火间距应按现行国家标准《建筑设计防火规范》(GB 50016)执行；间距的计算应以储罐的最外侧为准。液化天然气气化站的液化天然气储罐、集中放散装置的天然气放散总管与站内建（构）筑物的防火间距不应小于表4-8-2的规定，自然蒸发气的储罐（BOG罐）与液化天然气储罐的间距按工艺要求确定；与表4-8-2规定外的其他建（构）筑物的防火间距应按现行国家标准《建筑设计防火规范》(GB 50016)执行；间距的计算应以储罐的最外侧为准。

表 4-8-1　液化天然气气化站的液化天然气储罐、天然气放散总管与站外建（构）筑物的防火间距（m）

类型		储罐总容积（m³）							集中放散装置的天然气放散总管
		≤10	>10～≤30	>30～≤50	>50～≤200	>200～≤500	>500～≤1000	>1000～≤2000	
居住区、村镇和影剧院、体育馆、学校等重要公共建筑［最外侧建（构）筑物外墙］		30	35	45	50	70	90	110	45
工业企业［最外侧建（构）筑物外墙］		22	25	27	30	35	40	50	20
明火、散发火花地点和室外变、配电站		30	35	45	50	55	60	70	30
民用建筑，甲、乙类液体储罐，甲、乙类生产厂房，甲、乙类物品仓库，稻草等易燃材料堆场		27	32	40	45	50	55	65	25
丙类液体储罐，可燃气体储罐，丙、丁类生产厂房，丙、丁类物品仓库		25	27	32	35	40	45	55	20
铁路（中心线）	国家线	40	50	60	70		80		40
	企业专用线	25			30		35		30
公路、道路（路边）	高速，Ⅰ、Ⅱ级，城市快速	20			25				15
	其他	15			20				10
架空电力线（中心线）		1.5 倍杆高					1.5 倍杆高，但 35kV 以上架空电力线不应小于 40m		2.0 倍杆高
架空通信线（中心线）	Ⅰ、Ⅱ级	1.5 倍杆高		30		40			1.5 倍杆高
	其他	1.5 倍杆高							

表 4-8-2　液化天然气气化站的液化天然气储罐、天然气放散总管与站内建（构）筑物的防火间距（m）

类型	储罐总容积（m³）							集中放散装置的天然气放散总管
	≤10	>10～≤30	>30～≤50	>50～≤200	>200～≤500	>500～≤1000	>1000～≤2000	
明火、散发火花地点	30	35	45	50	55	60	70	30
办公、生活建筑	18	20	25	30	35	40	50	25

续表

<table>
<tr><th colspan="2" rowspan="2">类型</th><th colspan="7">储罐总容积（m³）</th><th rowspan="2">集中放散装置的天然气放散总管</th></tr>
<tr><th>≤10</th><th>>10～≤30</th><th>>30～≤50</th><th>>50～≤200</th><th>>200～≤500</th><th>>500～≤1000</th><th>>1000～≤2000</th></tr>
<tr><td colspan="2">变配电室、仪表间、值班室、汽车槽车库、汽车衡及其计量室、空压机室汽车槽车装卸台柱（装卸口）、钢瓶灌装台</td><td colspan="2">15</td><td>18</td><td>20</td><td>22</td><td>25</td><td>30</td><td>25</td></tr>
<tr><td colspan="2">汽车库、机修间、燃气热水炉间</td><td colspan="2">25</td><td>30</td><td>35</td><td>40</td><td>25</td><td></td><td></td></tr>
<tr><td colspan="2">天然气（气态）储罐</td><td>20</td><td>24</td><td>26</td><td>28</td><td>30</td><td>31</td><td>32</td><td>20</td></tr>
<tr><td colspan="2">液化石油气全压力式储罐</td><td>24</td><td>28</td><td>32</td><td>34</td><td>36</td><td>38</td><td>40</td><td>25</td></tr>
<tr><td colspan="2">消防泵房、消防水池取水口</td><td colspan="2">30</td><td colspan="4">40</td><td>50</td><td>20</td></tr>
<tr><td rowspan="2">站内道路（路边）</td><td>主要</td><td colspan="3">10</td><td colspan="4">15</td><td rowspan="2">2</td></tr>
<tr><td>次要</td><td colspan="3">5</td><td colspan="4">10</td></tr>
<tr><td colspan="2">围墙</td><td colspan="3">15</td><td colspan="2">20</td><td colspan="2">25</td><td>2</td></tr>
<tr><td colspan="2">集中放散装置的天然气放散总管</td><td colspan="7">25</td><td>—</td></tr>
</table>

站内兼有灌装液化天然气钢瓶功能时，站区内设置储存液化天然气钢瓶（实瓶）的总容积不应大于 $2m^3$。液化天然气气化站内总平面应分区布置，即分为生产区（包括储罐区、气化及调压等装置区）和辅助区；生产区宜布置在站区全年最小频率风向的上风侧或上侧风侧；液化天然气气化站应设置高度不低于 2m 的不燃烧体实体围墙。液化天然气气化站生产区应设置消防车道，车道宽度不应小于 3.5m；当储罐总容积小于 $500m^3$ 时可设置尽头式消防车道和面积不应小于 12m×12m 的回车场。液化天然气气化站的生产区和辅助区至少应各设一个对外出入口；当液化天然气储罐总容积超过 $1000m^3$ 时，生产区应设置二个对外出入口，其间距不应小于 30m。

液化天然气储罐和储罐区的布置应符合以下两方面要求：①储罐之间的净距不应小于相邻储罐直径之和的 1/4，且不应小于 1.5m；储罐组内的储罐不应超过两排。②储罐组四周必须设置周边封闭的不燃烧体实体防护墙，防护墙的设计应保证在接触液化天然气时不应被破坏。防护墙内的有效容积（V）应符合以下两条规定：①对因低温或因防护墙内一储罐泄漏着火而可能引起的防护墙内其他储罐泄漏，当储罐采取了防止措施时，V 不应小于防护墙内最大储罐的容积；②当储罐未采取防止措施时，V 不应小于防护墙内所有储罐的总容积。防护墙内不应设置其他可燃液体储罐。严禁在储罐区防护墙内设置液化天然气钢瓶灌装口。容积大于 $0.15m^3$ 的液化天然气储罐（或容器）不应设置在建筑物内，任何容积的液化天然气容器均不应永久地安装在建筑物内。

气化器、低温泵设置应符合以下三条要求：①环境气化器和热流媒体为不燃烧体的远程间接加热气化器、天然气气体加热器可设置在储罐区内，与站外建（构）筑物的防火间距应符合现行国家标准《建筑设计防火规范》（GB 50016）中甲类厂房的规定；②气化器的布置应满足操作维修的要求；③对于输送液体温度低于－29℃的泵，设计中应有预冷措施。液化天然气集中放散装置的汇集总管应经加热将放散物加热成比空气轻的气体后，方可排入放散总管；放散总管管口高度应高出距其25m内的建（构）筑物2m以上，且距地面不得小于10m。液化天然气气化后向城镇管网供应的天然气应进行加臭，加臭量应符合相关规定。

4.8.3 液化天然气瓶组气化站

液化天然气瓶组气化站采用气瓶组作为储存及供气设施应符合以下三条要求：①气瓶组总容积不应大于4m³；②单个气瓶容积宜采用175L钢瓶，最大容积不应大于410L，灌装量不应大于其容积的90%；③气瓶组储气容积宜按1.5倍计算月最大日供气量。气瓶组应在站内固定地点露天（可设置罩棚）设置。气瓶组与建（构）筑物的防火间距不应小于表4-8-3的规定，气瓶总容积应按配置气瓶个数与单瓶几何容积的乘积计算，单个气瓶容积不应大于410L。设置在露天（或罩棚下）的空温式气化器与气瓶组的间距应满足操作的要求，与明火、散发火花地点或其他建（构）筑物的防火间距应符合气瓶总容积小于或等于2m³一挡的规定。气化装置的总供气能力应根据高峰小时用气量确定，气化装置的配置台数不应少于两台且应有一台备用。瓶组气化站的四周宜设置高度不低于2m的不燃烧体实体围墙。

表4-8-3　气瓶组与建（构）筑物的防火间距（m）

气瓶总容积（m³）		≤2	＞2～≤4
明火、散发火花地点		25	30
民用建筑		12	15
重要公共建筑、一类高层民用建筑		24	30
道路（路边）	主要	10	10
	次要	5	5

4.8.4 管道及附件、储罐、容器、气化器、气体加热器和检测仪表

液化天然气储罐、设备的设计温度应按－168℃计算，当采用液氮等低温介质进行置换时应按置换介质的最低温度计算。对于使用温度低于－20℃的管道应采用奥氏体不锈钢无缝钢管，其技术性能应符合现行的国家标准《流体输送用不锈钢无缝钢管》（GB/T 14976）的规定。管道宜采用焊接连接。公称直径不大于50mm的管道与储罐、容器、设备及阀门可采用法兰、螺纹连接；公称直径大于50mm的管道与储罐、容器、设备及阀门连接应采用法兰或焊接连接；法兰连接采用的螺栓、弹性垫片等紧固件应确保连接的紧密度；阀门应能适用于液化天然气介质，液相管道应采用加长阀杆和能在线检修结构的阀门（液化天然气钢瓶自带的阀门除外），连接宜采用焊接。

管道应根据设计条件进行柔性计算，柔性计算的范围和方法应符合现行国家标准《工业金属管道设计规范》（GB 50316）的规定。管道宜采用自然补偿的方式，不宜采用补偿器进行补偿。管道的保温材料应采用不燃烧材料，该材料应具有良好的防潮性和耐候性。液态天然气管道上的两个切断阀之间必须设置安全阀，放散气体宜集中放散。

液化天然气卸车口的进液管道应设置止回阀；液化天然气卸车软管应采用奥氏体不锈钢波纹软管，其设计爆裂压力不应小于系统最高工作压力的五倍。液化天然气储罐和容器本体及附件的材料选择和设计应符合现行国家标准《压力容器》（GB 150.1～150.4）、《固定式真空绝热深冷压力容器》（GB/T 18442.1～18442.6）和国家现行《固定式压力容器安全技术监察规程》（TSG 21）的规定。液化天然气储罐必须设置安全阀，安全阀的开启压力及阀口总通过面积应符合国家现行《固定式压力容器安全技术监察规程》（TSG 21）的规定。液化天然气储罐安全阀的设置应符合以下四条要求：①必须选用奥氏体不锈钢弹簧封闭全启式；单罐容积为 $100m^3$ 或 $100m^3$ 以上的储罐应设置两个或两个以上安全阀；安全阀应设置放散管，其管径不应小于安全阀出口的管径。放散管宜集中放散；安全阀与储罐之间应设置切断阀。储罐应设置放散管，其设置要求应符合相关规定。储罐进出液管必须设置紧急切断阀，并与储罐液位控制连锁。

液化天然气储罐仪表的设置应符合以下三方面要求：①应设置两个液位计并应设置液位上、下限报警和连锁装置，容积小于 $3.8m^3$ 的储罐和容器可设置一个液位计（或固定长度液位管）；②应设置压力表并应在有值班人员的场所设置高压报警显示器，取压点应位于储罐的最高液位以上；③采用真空绝热的储罐，真空层应设置真空表接口。液化天然气气化器的液体进口管道上宜设置紧急切断阀，该阀门应与天然气出口的测温装置连锁。液化天然气气化器或其出口管道上必须设置安全阀，安全阀的泄放能力应满足以下两方面要求：①环境气化器的安全阀泄放能力必须满足在1.1倍的设计压力下，泄放量不小于气化器设计额定流量的1.5倍；②加热气化器的安全阀泄放能力必须满足在1.1倍的设计压力下，泄放量不小于气化器设计额定流量的1.1倍。

液化天然气气化器和天然气气体加热器的天然气出口应设置测温装置并应与相关阀门连锁，热媒的进口应设置能遥控和就地控制的阀门。对于有可能受到土壤冻结或冻胀影响的储罐基础和设备基础必须设置温度监测系统并应采取有效保护措施。储罐区、气化装置区域或有可能发生液化天然气泄漏的区域内应设置低温检测报警装置和相关的连锁装置，报警显示器应设置在值班室或仪表室等有值班人员的场所。爆炸危险场所应设置燃气浓度检测报警器；报警浓度应取爆炸下限的20%，报警显示器应设置在值班室或仪表室等有值班人员的场所。液化天然气气化站内应设置事故切断系统，事故发生时应切断或关闭液化天然气或可燃气体来源，还应关闭正在运行可能使事故扩大的设备；液化天然气气化站内设置的事故切断系统应具有手动、自动或手动自动同时启动的性能，手动启动器应设置在事故时方便到达的地方，并与所保护设备的间距不小于15m，手动启动器应具有明显的功能标志。

4.8.5　消防给水、排水和灭火器材

液化天然气气化站在同一时间内的火灾次数应按一次考虑，其消防水量应按储罐区一次消防用水量确定。

液化天然气储罐消防用水量应按其储罐固定喷淋装置和水枪用水量之和计算，其设计

应符合以下两方面要求：①总容积超过 50m³ 或单罐容积超过 20m³ 的液化天然气储罐或储罐区应设置固定喷淋装置，喷淋装置的供水强度不应小于 0.15L/（s·m²）；着火储罐的保护面积按其全表面积计算，距着火储罐直径（卧式储罐按其直径和长度之和的一半）1.5 倍范围内（范围的计算应以储罐的最外侧为准）的储罐按其表面积的一半计算。水枪宜采用带架水枪，水枪用水量不应小于表 4-8-4 的规定，水枪用水量应按本表总容积和单罐容积较大者确定；总容积小于 50m³ 且单罐容积小于等于 20m³ 的液化天然气储罐或储罐区可单独设置固定喷淋装置或移动水枪，其消防水量应按水枪用水量计算。

表 4-8-4　水枪用水量

总容积（m³）	≤200	>200
单罐容积（m³）	≤50	>50
水枪用水量（L/s）	20	30

液化天然气立式储罐固定喷淋装置应在罐体上部和罐顶均匀分布。消防水池的容量应按火灾连续时间 6h 计算确定；但总容积小于 220m³ 且单罐容积小于或等于 50m³ 的储罐或储罐区，消防水池的容量应按火灾连续时间 3h 计算确定；当火灾情况下能保证连续向消防水池补水时，其容量可减少火灾连续时间内的补水量。液化天然气气化站的消防给水系统中的消防泵房，给水管网和供水压力要求等设计应符合相关规范的有关规定。液化天然气气化站生产区防护墙内的排水系统应采取防止液化天然气流入下水道或其他以顶盖密封的沟渠中的措施。站内具有火灾和爆炸危险的建（构）筑物、液化天然气储罐和工艺装置区应设置小型干粉灭火器，其设置数量除应符合表 4-8-5 的规定外还应符合现行国家标准《建筑灭火器配置设计规范》（GB 50140—2005）的规定；表 4-8-5 中，8kg 和 35kg 分别指手提式和手推式干粉型灭火器的药剂充装量。

表 4-8-5　干粉型灭火器的配置数量

场所	配置数量
储罐区	按储罐台数，每台储罐设置 8kg 和 35kg 各一具
汽车槽车装卸台（柱、装卸口）	按槽车车位数，每个车位设置 8kg、2 具
气瓶灌装台	设置 8kg 不少于 2 具
气瓶组（4m³）	设置 8kg 不少于 2 具
工艺装置区	按区域面积，每 50m² 设置 8kg、1 具，且每个区域不少于 2 具

4.8.6　土建和生产辅助设施

液化天然气气化站建（构）筑物的防火、防爆和抗震设计应符合相关规定。设有液化天然气工艺设备的建（构）筑物应有良好的通风措施，通风量按房屋全部容积每小时换气次数不应小于 6 次，在蒸发气体比空气重的地方应在蒸发气体聚集最低部位设置通风口。液化天然气气化站的供电系统设计应符合现行国家标准《供配电系统设计规范》（GB 50052）“二级负荷”的规定。液化天然气气化站爆炸危险场所的电力装置设计应符合现行国家标准《爆炸危险环境电力装置设计规范》（GB 50058）的有关规定。液化天然气气化站的防雷和静电接地设计应符合相关规定。

4.9　燃气的应用

4.9.1　基本规则

本节内容适用于城镇居民、商业和工业企业用户内部的燃气系统设计。燃气调压器、燃气表、燃烧器具等应根据使用燃气类别及其特性、安装条件、工作压力和用户要求等因素选择。燃气应用设备铭牌上规定的燃气必须与当地供应的燃气相一致。

4.9.2　室内燃气管道

用户室内燃气管道的最高压力不应大于表4-9-1的规定，液化石油气管道的最高压力不应大于0.14MPa；管道井内的燃气管道的最高压力不应大于0.2MPa；室内燃气管道压力大于0.8MPa的特殊用户设计应按有关专业规范执行。燃气供应压力应根据用户设备燃烧器的额定压力及其允许的压力波动范围确定；民用低压用气设备的燃烧器的额定压力宜按表4-9-2采用。室内燃气管道宜选用钢管，也可选用铜管、不锈钢管、铝塑复合管和连接用软管，并应符合相关规范的规定。

表4-9-1　用户室内燃气管道的最高压力（MPa）

燃气用户		最高压力
工业用户	独立、单层建筑	0.8
	其他	0.4
商业用户		0.4
居民用户（中压进户）		0.2
居民用户（低压进户）		<0.01

表4-9-2　民用低压用气设备燃烧器的额定压力（kPa）

燃气	人工煤气	天然气		液化石油气
		矿井气	天然气、油田伴生气、液化石油气混空气	
民用燃具	1.0	1.0	2.0	2.8或5.0

室内燃气管道选用钢管时应符合以下四方面规定：①钢管的选用应符合下列要求，低压燃气管道应选用热镀锌钢管（热浸镀锌）的质量应符合现行国家标准《低压流体输送用焊接钢管》（GB/T 3091）的规定；中压和次高压燃气管道宜选用无缝钢管其质量应符合现行国家标准《输送流体用无缝钢管》（GB/T 8163）的规定，燃气管道的压力小于或等于0.4MPa时，可选用前述规定的焊接钢管。②钢管的壁厚应符合下列要求，选用符合《低压流体输送用焊接钢管》（GB/T 3091—2015）标准的焊接钢管时，低压宜采用普通管，中压应采用加厚管；选用无缝钢管时，其壁厚不得小于3mm，用于引入管时不得小于3.5mm；在避雷保护范围以外的屋面上的燃气管道和高层建筑沿外墙架设的燃气管道，

采用焊接钢管或无缝钢管时其管道壁厚均不得小于4mm。③钢管螺纹连接时应符合下列要求，室内低压燃气管道（地下室、半地下室等部位除外）、室外压力小于或等于0.2MPa的燃气管道可采用螺纹连接，管道公称直径大于DN100时不宜选用螺纹连接；管件选择应符合要求，管道公称压力$PN\leqslant0.01$MPa时可选用可锻铸铁螺纹管件，管道公称压力$PN\leqslant0.2$MPa时应选用钢或铜合金螺纹管件；管道公称压力$PN\leqslant0.2$MPa时应采用相关规范规定的螺纹（锥/锥）连接；密封填料宜采用聚四氟乙烯生料带、尼龙密封绳等性能良好的填料。④钢管焊接或法兰连接可用于中低压燃气管道（阀门、仪表处除外），并应符合有关标准的规定。

室内燃气管道选用铜管时应符合以下六条规定：①铜管的质量应符合现行国家标准《无缝铜水管和铜气管》（GB/T 18033—2017）的规定。②铜管道应采用硬钎焊连接宜采用不低于1.8%的银（铜-磷基）焊料（低银铜磷钎料），铜管接头和焊接工艺可按现行国家标准《铜管接头 第1部分：钎焊式管件》（GB/T 11618.1）的规定执行，铜管道不得采用对焊、螺纹或软钎焊（熔点小于500℃）连接。③埋入建筑物地板和墙中的铜管应是覆塑铜管或带有专用涂层的铜管，其质量应符合有关标准的规定。④燃气中硫化氢含量小于或等于7mg/m³时，中低压燃气管道可采用现行国家标准《无缝铜水管和铜气管》（GB/T 18033）中规定的A型管或B型管。⑤燃气中硫化氢含量大于7mg/m³而小于20mg/m³时，中压燃气管道应选用带耐腐蚀内衬的铜管，无耐腐蚀内衬的铜管只允许在室内的低压燃气管道中采用，铜管类型可按前述规定执行。⑥铜管必须有防外部损坏的保护措施。

室内燃气管道选用不锈钢管时应符合以下三方面规定：①薄壁不锈钢管应合规，薄壁不锈钢管的壁厚不得小于0.6mm（DN15及以上），其质量应符合现行国家标准《流体输送用不锈钢焊接钢管》（GB/T 12771）的规定；薄壁不锈钢管的连接方式应采用承插氩弧焊式管件连接或卡套式管件机械连接，并宜优先选用承插氩弧焊式管件连接，承插氩弧焊式管件和卡套式管件应符合有关标准的规定。②不锈钢波纹管应合规，不锈钢波纹管的壁厚不得小于0.2mm，其质量应符合国家现行标准《燃气用具连接用不锈钢波纹软管》（CJ/T 197）的规定；不锈钢波纹管应采用卡套式管件机械连接，卡套式管件应符合有关标准的规定。③薄壁不锈钢管和不锈钢波纹管必须有防止外部损坏的保护措施。

室内燃气管道选用铝塑复合管时应符合以下三方面规定：①铝塑复合管的质量应符合现行国家标准《铝塑复合压力管 第1部分：铝管搭接焊式铝塑管》（GB/T 18997.1）或《铝塑复合压力管 第2部分：铝管对接焊式铝塑管》（GB/T 18997.2）的规定。②铝塑复合管应采用卡套式管件或承插式管件机械连接，承插式管件应符合国家现行标准《承插式管接头》（CJ/T 110—2018）的规定，卡套式管件应符合国家现行标准《卡套式铜制管接头》（CJ/T 111）和《铝塑复合管用卡压式管件》（CJ/T 190）的规定。③铝塑复合管安装时，必须对铝塑复合管材进行防机械损伤、防紫外线（UV）伤害及防热保护，并应符合下列要求，即环境温度不应高于60℃；工作压力应小于10kPa；在户内的计量装置（燃气表）后安装。

室内燃气管道采用软管时应符合以下八条规定：①燃气用具连接部位、实验室用具或移动式用具等处可采用软管连接。中压燃气管道上应采用符合现行国家标准《波纹金属软管通用技术条件》（GB/T 14525）、《在2.5MPa及以下压力下输送液态或气态液化石油气（LPG）和天然气的橡胶软管及软管组合件 规范》（GB/T 10546）或同等性能以上的软

管。低压燃气管道上应采用符合国家现行标准《家用煤气软管》（HG 2486）或《燃气用具连接用不锈钢波纹软管》（CJ/T 197）规定的软管。软管的最高允许工作压力不应小于管道设计压力的4倍。软管与家用燃具连接时，其长度不应超过2m，并不得有接口。软管与移动式的工业燃具连接时，其长度不应超过30m，接口不应超过两个。软管与管道、燃具的连接处应采用压紧螺帽（锁母）或管卡（喉箍）固定，在软管的上游与硬管的连接处应设阀门。橡胶软管不得穿墙、顶棚、地面、窗和门。

室内燃气管道的计算流量应按以下两方面要求确定：①居民生活用燃气计算流量可按式 $Q_h = \sum kNQ_n$ 计算，其中，Q_h 为燃气管道的计算流量（m^3/h）；k 为燃具同时工作系数，居民生活用燃具可按本书第4.10.6节确定；N 为同种燃具或成组燃具的数目；Q_n 为燃具的额定流量（m^3/h）。②商业用和工业企业生产用燃气计算流量应按所有用气设备的额定流量及设备的实际使用情况确定。

商业和工业用户调压装置及居民楼栋调压装置的设置形式应符合相关规定。当由调压站供应低压燃气时，室内低压燃气管道允许的阻力损失应根据建筑物和室外管道等情况，经技术经济比较后确定。室内燃气管道的阻力损失可按相关规定计算；室内燃气管道的局部阻力损失宜按实际情况计算。

计算低压燃气管道的阻力损失时，对地形高差大或高层建筑立管应考虑因高程差而引起的燃气附加压力，燃气的附加压力可按式 $\Delta H = 9.8 \times (\rho_k - \rho_m) \times h$ 计算，其中，ΔH 为燃气的附加压力（Pa）；ρ_k 为空气的密度（kg/m^3）；ρ_m 为燃气的密度（kg/m^3）；h 为燃气管道终、起点的高程差（m）。

燃气引入管敷设位置应符合以下五方面规定：①燃气引入管不得敷设在卧室、卫生间、易燃或易爆品的仓库、有腐蚀性介质的房间、发电间、配电间、变电室、不使用燃气的空调机房、通风机房、计算机房、电缆沟、暖气沟、烟道和进风道、垃圾道等地方。②住宅燃气引入管宜设在厨房、外走廊、与厨房相连的阳台内（寒冷地区输送湿燃气时阳台应封闭）等便于检修的非居住房间内；当确有困难时可从楼梯间引入（高层建筑除外），但应采用金属管道且引入管阀门宜设在室外。③商业和工业企业的燃气引入管宜设在使用燃气的房间或燃气表间内。④燃气引入管宜沿外墙地面上穿墙引入，室外露明管段的上端弯曲处应加不小于DN15清扫用三通和丝堵并做防腐处理，寒冷地区输送湿燃气时应保温。⑤引入管可埋地穿过建筑物外墙或基础引入室内；当引入管穿过墙或基础进入建筑物后应在短距离内出室内地面，不得在室内地面下水平敷设。

燃气引入管穿墙与其他管道的平行净距应满足安装和维修的需要，当与地下管沟或下水道距离较近时应采取有效的防护措施。燃气引入管穿过建筑物基础、墙或管沟时，均应设置在套管中，并应考虑沉降的影响，必要时应采取补偿措施；套管与基础、墙或管沟等之间的间隙应填实，其厚度应为被穿过结构的整个厚度；套管与燃气引入管之间的间隙应采用柔性防腐、防水材料密封。建筑物设计沉降量大于50mm时可对燃气引入管采取如下补偿措施，即加大引入管穿墙处的预留洞尺寸；引入管穿墙前水平或垂直弯曲两次以上；引入管穿墙前设置金属柔性管或波纹补偿器。燃气引入管的最小公称直径应符合以下三条要求：①输送人工煤气和矿井气不应小于25mm；②输送天然气不应小于20mm；③输送气态液化石油气不应小于15mm。燃气引入管阀门宜设在建筑物内，对重要用户还应在室外另设阀门。输送湿燃气的引入管埋设深度应在土壤冰冻线以下，并宜有不小于

0.01 坡向室外管道的坡度。

地下室、半地下室、设备层和地上密闭房间敷设燃气管道时应符合以下八条要求：①净高不宜小于 2.2m；②应有良好的通风设施，房间换气次数不得小于 3 次/h，并应有独立的事故机械通风设施且其换气次数不应小于 6 次/h；③应有固定的防爆照明设备；④应采用非燃烧体实体墙与电话间、变配电室、修理间、储藏室、卧室、休息室隔开；⑤应按相关规范规定设置燃气监控设施；⑥燃气管道应符合相关规范要求；⑦当燃气管道与其他管道平行敷设时应敷设在其他管道的外侧；⑧地下室内燃气管道末端应设放散管并应引出地上，放散管的出口位置应保证吹扫放散时的安全和卫生要求，地上密闭房间包括地上无窗或窗仅用作采光的密闭房间等。液化石油气管道和烹调用液化石油气燃烧设备不应设置在地下室、半地下室内；当确认需要设置在地下一层、半地下室时，应针对具体条件采取有效的安全措施，并进行专题技术论证。

敷设在地下室、半地下室、设备层和地上密闭房间及竖井、住宅汽车库（不使用燃气，并能设置钢套管的除外）的燃气管道应符合以下三方面要求：①管材、管件及阀门、阀件的公称压力应按提高一个压力等级进行设计。②管道宜采用钢号为 10、20 的无缝钢管或具有同等及同等以上性能的其他金属管材。③除阀门、仪表等部位和采用加厚管的低压管道外，均应焊接和法兰连接；应尽量减少焊缝数量，钢管道的固定焊口应进行 100%射线照相检验，活动焊口应进行 10%射线照相检验；其质量不得低于现行国家标准《现场设备、工业管道焊接工程施工规范》（GB 50236）中的Ⅲ级；其他金属管材的焊接质量应符合相关规定。

燃气水平干管和立管不得穿过易燃易爆品仓库、配电间、变电室、电缆沟、烟道、进风道和电梯井等。燃气水平干管宜明设，当建筑设计有特殊美观要求时可敷设在能安全操作、通风良好和检修方便的吊顶内，管道应符合相关要求；当吊顶内设有可能产生明火的电气设备或空调回风管时，燃气干管宜设在与吊顶底平的独立密封 n 型管槽内，管槽底宜采用可卸式活动百叶或带孔板；燃气水平干管不宜穿过建筑物的沉降缝。燃气立管不得敷设在卧室或卫生间内，立管穿过通风不良的吊顶时应设在套管内。

燃气立管宜明设，当设在便于安装和检修的管道竖井内时，应符合以下五方面要求：①燃气立管可与空气、惰性气体、上下水、热力管道等设在一个公用竖井内，但不得与电线、电气设备或氧气管、进风管、回风管、排气管、排烟管、垃圾道等共用一个竖井。竖井内的燃气管道应符合相关规定，并尽量不设或少设阀门等附件；竖井内的燃气管道的最高压力不得大于 0.2MPa，燃气管道应涂黄色防腐识别漆。竖井应每隔 2～3 层做相当于楼板耐火极限的不燃烧体进行防火分隔，且应设法保证平时竖井内自然通风和火灾时防止产生“烟囱”作用的措施。每隔 4～5 层设一燃气浓度检测报警器，上、下两个报警器的高度差不应大于 20m。管道竖井的墙体应为耐火极限不低于 1.0h 的不燃烧体，井壁上的检查门应采用丙级防火门。

高层建筑的燃气立管应有承受自重和热伸缩推力的固定支架和活动支架。燃气水平干管和高层建筑立管应考虑工作环境温度下的极限变形，当自然补偿不能满足要求时应设置补偿器；补偿器宜采用Ⅱ型或波纹管型，不得采用填料型。补偿量计算温差可按以下三个条件选取：①有空气调节的建筑物内取 20℃；②无空气调节的建筑物内取 40℃；③沿外墙和屋面敷设时可取 70℃。

燃气支管宜明设，燃气支管不宜穿过起居室（厅），敷设在起居室（厅）、走道内的燃气管道不宜有接头；当穿过卫生间、阁楼或壁柜时，燃气管道应采用焊接连接（金属软管不得有接头），并应设在钢套管内。住宅内暗埋的燃气支管应符合以下五方面要求：①暗埋部分不宜有接头且不应有机械接头，暗埋部分宜有涂层或覆塑等防腐蚀措施；②暗埋的管道应与其他金属管道或部件绝缘，暗埋的柔性管道宜采用钢盖板保护；③暗埋管道必须在气密性试验合格后覆盖；④覆盖层厚度不应小于 10mm；⑤覆盖层面上应有明显标志，标明管道位置，或采取其他安全保护措施。

住宅内暗封的燃气支管应符合以下两条要求：①暗封管道应设在不受外力冲击和暖气烘烤的部位；②暗封部位应可拆卸，检修方便，并应通风良好。商业和工业企业室内暗设燃气支管应符合以下四条要求：①可暗埋在楼层地板内；②可暗封在管沟内，管沟应设活动盖板，并填充干砂；③燃气管道不得暗封在可以渗入腐蚀性介质的管沟中；④当暗封燃气管道的管沟与其他管沟相交时，管沟之间应密封，燃气管道应设套管。

民用建筑室内燃气水平干管，不得暗埋在地下土层或地面混凝土层内；工业和实验室的室内燃气管道可暗埋在混凝土地面中，其燃气管道的引入和引出处应设钢套管，钢套管应伸出地面 5～10cm，钢套管两端应采用柔性的防水材料密封，管道应有防腐绝缘层。燃气管道不应敷设在潮湿或有腐蚀性介质的房间内，当确需敷设时必须采取防腐蚀措施；输送湿燃气的燃气管道敷设在气温低于 0℃的房间或输送气相液化石油气管道处的环境温度低于其露点温度时其管道应采取保温措施。

室内燃气管道与电气设备、相邻管道之间的净距不应小于表 4-9-3 的规定，当明装电线加绝缘套管且套管的两端各伸出燃气管道 10cm 时套管与燃气管道的交叉净距可降至 1cm；当布置确有困难时，在采取有效措施后可适当减小净距。

表 4-9-3　室内燃气管道与电气设备、相邻管道之间的净距

<table>
<tr><th colspan="2" rowspan="2">管道和设备</th><th colspan="2">与燃气管道的净距（cm）</th></tr>
<tr><th>平行敷设</th><th>交叉敷设</th></tr>
<tr><td rowspan="5">电气设备</td><td>明装的绝缘电线或电缆</td><td>25</td><td>10（注）</td></tr>
<tr><td>暗装或管内绝缘电线</td><td>5（从所做的槽或管子的边缘算起）</td><td>1</td></tr>
<tr><td>电压小于 1000V 的裸露电线</td><td>100</td><td>100</td></tr>
<tr><td>配电盘或配电箱、电表</td><td>30</td><td>不允许</td></tr>
<tr><td>电插座、电源开关</td><td>15</td><td>不允许</td></tr>
<tr><td colspan="2">相邻管道</td><td>保证燃气管道、相邻管道的安装和维修</td><td>2</td></tr>
</table>

沿墙、柱、楼板和加热设备构件上明设的燃气管道应采用管支架、管卡或吊卡来固定；管支架、管卡、吊卡等固定件的安装不应妨碍管道的自由膨胀和收缩。室内燃气管道穿过承重墙、地板或楼板时必须加钢套管，套管内管道不得有接头，套管与承重墙、地板或楼板之间的间隙应填实，套管与燃气管道之间的间隙应采用柔性防腐、防水材料密封。工业企业用气车间、锅炉房及大中型用气设备的燃气管道上应设放散管，放散管管口应高出屋脊（或平屋顶）1m 以上或设置在地面上安全处，并应采取防止雨雪进入管道和放散

物进入房间的措施；当建筑物位于防雷区外时，放散管的引线应接地，接地电阻应小于10Ω。室内燃气管道的下列部位应设置阀门：燃气引入管；调压器前和燃气表前；燃气用具前；测压计前；放散管起点。室内燃气管道阀门宜采用球阀。输送干燃气的室内燃气管道可不设置坡度；输送湿燃气（包括气相液化石油气）的管道，其敷设坡度不宜小于0.003；燃气表前后的湿燃气水平支管应分别坡向立管和燃具。

4.9.3 燃气计量

燃气用户应单独设置燃气表；燃气表应根据燃气的工作压力、温度、流量和允许的压力降（阻力损失）等条件选择。

用户燃气表的安装位置应符合以下五方面要求：①宜安装在不燃或难燃结构的室内通风良好和便于查表、检修的地方。②严禁安装在以下八类场所，即卧室、卫生间及更衣室内；有电源、电器开关及其他电器设备的管道井内，或有可能滞留泄漏燃气的隐蔽场所；环境温度高于45℃的地方；经常潮湿的地方；堆放易燃易爆、易腐蚀或有放射性物质等危险的地方；有变电、配电等电器设备的地方；有明显振动影响的地方；高层建筑中的避难层及安全疏散楼梯间内。③燃气表的环境温度，当使用人工煤气和天然气时应高于0℃；当使用液化石油气时应高于其露点5℃以上。④住宅内燃气表可安装在厨房内，当有条件时也可设置在户门外；住宅内高位安装燃气表时，表底距地面不宜小于1.4m；当燃气表装在燃气灶具上方时，燃气表与燃气灶的水平净距不得小于30cm；低位安装时，表底距地面不得小于10cm。⑤商业和工业企业的燃气表宜集中布置在单独房间内，当设有专用调压室时可与调压器同室布置。

燃气表保护装置的设置应符合以下两方面要求：①当输送燃气过程中可能产生尘粒时，应在燃气表前设置过滤器；②当使用加氧的富氧燃烧器或使用鼓风机向燃烧器供给空气时，应在燃气表后设置止回阀或泄压装置。

4.9.4 居民生活用气

居民生活的各类用气设备应采用低压燃气，用气设备前（灶前）的燃气压力应在（0.75～1.5）P_n 的范围内（P_n 为燃具的额定压力）。燃气立管不得敷设在卧室或卫生间内；立管穿过通风不良的吊顶时应设在套管内。住宅厨房内宜设置排气装置和燃气浓度检测报警器。

家用燃气灶的设置应符合以下五方面要求：①燃气灶应安装在有自然通风和自然采光的厨房内；利用卧室的套间（厅）或利用与卧室连接的走廊作厨房时，厨房应设门并与卧室隔开。②安装燃气灶的房间净高不宜低于2.2m。③燃气灶与墙面的净距不得小于10cm，当墙面为可燃或难燃材料时应加防火隔热板；燃气灶的灶面边缘和烤箱的侧壁距木质家具的净距不得小于20cm，当达不到时应加防火隔热板。④放置燃气灶的灶台应采用不燃烧材料，当采用难燃材料时应加防火隔热板。⑤厨房为地上暗厨房（无直通室外的门和窗）时，应选用带有自动熄火保护装置的燃气灶并设置燃气浓度检测报警器、自动切断阀和机械通风设施，燃气浓度检测报警器应与自动切断阀和机械通风设施连锁。

家用燃气热水器的设置应符合以下六条要求：①燃气热水器应安装在通风良好的非居住房间、过道或阳台内；②有外墙的卫生间内可安装密闭式热水器，但不得安装其他类型

的热水器；③装有半密闭式热水器的房间，房间门或墙的下部应设有效截面面积不小于0.02m^2的格栅，或在门与地面之间留有不小于30mm的间隙；④房间净高宜大于2.4m；⑤可燃或难燃烧的墙壁和地板上安装热水器时，应采取有效的防火隔热措施；⑥热水器的给排气筒宜采用金属管道连接。

单户住宅采暖和制冷系统采用燃气时应符合以下三条要求：①应有熄火保护装置和排烟设施；②应设置在通风良好的走廊、阳台或其他非居住房间内；③设置在可燃或难燃烧的地板和墙壁上时应采取有效的防火隔热措施。居民生活用燃具的安装应符合国家现行标准《家用燃气燃烧器具安装及验收规程》（CJJ 12）的规定。居民生活用燃具在选用时应符合现行国家标准《燃气燃烧器具安全技术条件》（GB 16914）的规定。

4.9.5 商业用气

商业用气设备宜采用低压燃气设备。商业用气设备应安装在通风良好的专用房间内；商业用气设备不得安装在易燃易爆物品的堆存处，也不应设置在兼做卧室的警卫室、值班室、人防工程等处。

商业用气设备设置在地下室、半地下室（液化石油气除外）或地上密闭房间内时应符合以下五方面要求：①燃气引入管应设手动快速切断阀和紧急自动切断阀；紧急自动切断阀停电时必须处于关闭状态（常开型）。②用气设备应有熄火保护装置。③用气房间应设置燃气浓度检测报警器并由管理室集中监视和控制。④宜设烟气一氧化碳浓度检测报警器。⑤应设置独立的机械送排风系统，且正常工作时换气次数不应小于6次/h，事故通风时的换气次数不应小于12次/h，不工作时换气次数不应小于3次/h；当燃烧所需要的空气由室内吸取时应满足燃烧所需要的空气量；应满足排除房间热力设备散失的多余热量所需要的空气量。

商业用气设备的布置应符合以下两条要求：①用气设备之间及用气设备与对面墙之间的净距应满足操作和检修的要求；②用气设备与可燃或难燃的墙壁、地板和家具之间应采取有效的防火隔热措施。商业用气设备的安装应符合以下两条要求：①大锅灶和中餐炒菜灶应设排烟设施，大锅灶的炉膛或烟道处应设爆破门；②大型用气设备的泄爆装置应符合相关规定。

商业用户中燃气锅炉和燃气直燃型吸收式冷（温）水机组的设置应符合以下五方面要求：①宜设置在独立的专用房间内。②设置在建筑物内时，燃气锅炉房宜布置在建筑物的首层，不应布置在地下二层及二层以下；燃气常压锅炉和燃气直燃机可设置在地下二层。③燃气锅炉房和燃气直燃机不应设置在人员密集场所的上一层、下一层或贴邻的房间内及主要疏散口的两旁；不应与锅炉和燃气直燃机无关的甲、乙类及使用可燃液体的丙类危险建筑贴邻。④燃气相对密度（空气相对密度为1）大于或等于0.75的燃气锅炉和燃气直燃机，不得设置在建筑物地下室和半地下室。⑤宜设置专用调压站或调压装置，燃气经调压后供应机组使用。

商业用户中燃气锅炉和燃气直燃型吸收式冷（温）水机组的安全技术措施应符合以下四条要求：①燃烧器应是具有多种安全保护自动控制功能的机电一体化的燃具；②应有可靠的排烟设施和通风设施；③应设置火灾自动报警系统和自动灭火系统；④设置在地下室、半地下室或地上密闭房间时应符合相关规定。

当需要将燃气应用设备设置在靠近车辆的通道处时应设置护栏或车挡。屋顶上设置燃气设备时应符合以下四条要求：①燃气设备应能适应当地气候条件，设备连接件、螺栓、螺母等应耐腐蚀；②屋顶应能承受设备的荷载；③操作面应有 1.8m 宽的操作距离和 1.1m 高的护栏；④应有防雷和静电接地措施。

4.9.6 工业企业生产用气

工业企业生产用气设备的燃气用量应按以下三条原则确定：①定型燃气加热设备应根据设备铭牌标定的用气量或标定热负荷，采用经当地燃气热值折算的用气量；②定型燃气加热设备应根据热平衡计算确定或参照同类型用气设备的用气量确定；③用其他燃料的加热设备需要改用燃气时，可根据原燃料实际消耗量计算确定。

当城镇供气管道压力不能满足用气设备要求时，需要安装加压设备，应符合以下三方面要求：①在城镇低压和中压 B 供气管道上严禁直接安装加压设备。②城镇低压和中压 B 供气管道上间接安装加压设备时应符合以下四条规定：加压设备前必须设低压储气罐，其容积应保证加压时不影响地区管网的压力工况，储气罐容积应按生产量较大者确定；储气罐的起升压力应小于城镇供气管道的最低压力；储气罐进出口管道上应设切断阀，加压设备应设旁通阀和出口止回阀，由城镇低压管道供气时储罐进口处的管道上应设止回阀；储气罐应设上、下限位的报警装置和储量下限位与加压设备停机和自动切断阀连锁。③城镇供气管道压力为中压 A 时应有进口压力过低保护装置。

工业企业生产用气设备的燃烧器选择应根据加热工艺要求、用气设备类型、燃气供给压力及附属设施的条件等因素，经技术经济比较后确定。工业企业生产用气设备的烟气余热宜加以利用。工业企业生产用气设备应有以下两类装置：①每台用气设备应有观察孔或火焰监测装置并宜设置自动点火装置和熄火保护装置；②用气设备上应有热工检测仪表，在加热工艺需要和条件允许时，应设置燃烧过程的自动调节装置。工业企业生产用气设备燃烧装置的安全设施应符合以下四条要求：燃气管道上应安装低压和超压报警及紧急自动切断阀；烟道和封闭式炉膛均应设置泄爆装置，泄爆装置的泄压口应设在安全处；风机和空气管道应设静电接地装置，接地电阻不应大于 100Ω；用气设备的燃气总阀门与燃烧器阀门之间应设置放散管。

燃气燃烧需要带压空气和氧气时，应有防止空气和氧气回到燃气管路和回火的安全措施，并应符合以下三条要求：①燃气管路上应设背压式调压器，空气和氧管路上应设泄压阀；②燃气、空气或氧气的混气管路与燃烧器之间应设阻火器，混气管路的最高压力不应大于 0.07MPa；③使用氧气时，其安装应符合有关规定。

阀门设置应符合以下五条规定：①各用气车间的进口和燃气设备前的燃气管道上均应单独设置阀门，阀门安装高度不宜超过 1.7m，燃气管道阀门与用气设备阀门之间应设放散管；②每个燃烧器的燃气接管上必须单独设置启闭标记的燃气阀门；③每个机械鼓风的燃烧器，在风管上必须设置有启闭标记的阀门；④大型或并联装置的鼓风机，其出口必须设置阀门；⑤放散管、取样管、测压管前必须设置阀门。工业企业生产用气设备应安装在通风良好的专用房间内。当特殊情况需要设置在地下室、半地下室或通风不良的场所时，应符合相关规定。

4.9.7 燃烧烟气的排除

燃气燃烧所产生的烟气必须排出室外。当设有直排式燃具的室内容积热负荷指标超过

207W/m³ 时，必须设置有效的排气装置将烟气排至室外；有直通洞口（哑口）的毗邻房间的容积也可一并作为室内容积计算。

家用燃具排气装置的选择应符合以下三条要求：①灶具和热水器（或采暖炉）应分别采用竖向烟道进行排气；②住宅采用自然换气时，排气装置应按国家现行标准《家用燃气燃烧器具安装及验收规程》（CJJ 12）的规定选择；③住宅采用机械换气时，排气装置应按国家现行标准《家用燃气燃烧器具安装及验收规程》（CJJ 12）的规定选择。

浴室用燃气热水器的给排气口应直接通向室外，其排气系统与浴室必须有防止烟气泄漏的措施。商业用户厨房中的燃具上方应设排气扇或排气罩。燃气用气设备的排烟设施应符合以下七条要求：①不得与使用固体燃料的设备共用一套排烟设施；②每台用气设备宜采用单独烟道，当多台设备合用一个总烟道时应保证排烟时互不影响；③在容易积聚烟气的地方应设置泄爆装置；④应设有防止倒风的装置；⑤从设备顶部排烟或设置排烟罩排烟时，其上部应有不小于 0.3m 的垂直烟道方可接水平烟道；⑥应有防倒风排烟罩的用气设备不得设置烟道闸板，无防倒风排烟罩的用气设备应在至总烟道的每个支管上设置闸板，闸板上应有直径大于 15mm 的孔；⑦安装在低于 0℃房间中的金属烟道应做保温。

水平烟道的设置应符合以下五方面要求：①水平烟道不得通过卧室；②居民用气设备的水平烟道长度不宜超过 5m、弯头不宜超过四个（强制排烟式除外），商业用户用气设备的水平烟道长度不宜超过 6m，工业企业生产用气设备的水平烟道长度应根据现场情况和烟囱抽力确定；③水平烟道应有大于或等于 0.01 坡向用气设备的坡度；④多台设备合用一个水平烟道时应顺烟气流动方向设置导向装置；⑤用气设备的烟道距难燃或不燃顶棚或墙的净距不应小于 5cm，距燃烧材料的顶棚或墙的净距不应小于 25cm，当有防火保护时，其距离可适当减小。

烟囱的设置应符合以下四方面规定：①住宅建筑的各层烟气排出可合用一个烟囱，但应有防止串烟的措施；多台燃具共用烟囱的烟气进口处，在燃具停用时的静压值应小于或等于零。②当用气设备的烟囱伸出室外时，其高度应符合以下五条要求，即当烟囱离屋脊小于 1.5m 时（水平距离）应高出屋脊 0.6m；当烟囱离屋脊 1.5～3.0m 时（水平距离），烟囱可与屋脊等高；当烟囱离屋脊的距离大于 3.0m 时（水平距离），烟囱应在屋脊水平线下 10°的直线上；在任何情况下，烟囱应高出屋面 0.6m；当烟囱的位置临近高层建筑时，烟囱应高出沿高层建筑物 45°的阴影线。③烟囱出口的排烟温度应高于烟气露点 15℃以上。④烟囱出口应有防止雨雪进入和防倒风的装置。

用气设备排烟设施的烟道抽力（余压）应符合以下三条要求：①热负荷 30kW 以下的用气设备，烟道的抽力（余压）不应小于 3Pa；②热负荷 30kW 以上的用气设备，烟道的抽力（余压）不应小于 10Pa；③工业企业生产用气工业炉窑的烟道抽力，不应小于烟气系统总阻力的 1.2 倍。

排气装置的出口位置应符合以下三方面规定：①建筑物内半密闭自然排气式燃具的竖向烟囱出口应符合相关规范的规定。②建筑物壁装的密闭式燃具的给排气口距上部窗口和下部地面的距离不得小于 0.3m。③建筑物壁装的半密闭强制排气式燃具的排气口距门窗洞口和地面的距离应符合下列要求，即排气口在窗的下部和门的侧部时，距相邻卧室的窗和门的距离不得小于 1.2m，距地面的距离不得小于 0.3m；排气口在相邻卧室的窗的上部时，距窗的距离不得小于 0.3m；排气口在机械（强制）进风口的上部，且水平距离小于

3.0m 时，距机械进风口的垂直距离不得小于 0.9m。

高海拔地区安装的排气系统的最大排气能力应按在海平面使用时的额定热负荷来确定，高海拔地区安装的排气系统的最小排气能力应按实际热负荷（海拔的减小额定值）确定。

4.9.8　燃气的监控设施及防雷、防静电设计

在下列场所应设置燃气浓度检测报警器：建筑物内专用的封闭式燃气调压、计量间；地下室、半地下室和地上密闭的用气房间；燃气管道竖井；地下室、半地下室引入管穿墙处；有燃气管道的管道层。

燃气浓度检测报警器的设置应符合以下六方面要求：①当检测比空气轻的燃气时，检测报警器与燃具或阀门的水平距离不得大于 8m，安装高度应距顶棚 0.3m 以内，且不得设在燃具上方。②当检测比空气重的燃气时，检测报警器与燃具或阀门的水平距离不得大于 4m，安装高度应距地面 0.3m 以内。③燃气浓度检测报警器的报警浓度应按国家现行标准《家用燃气报警器及传感器》（CJ/T 347）的规定确定。④燃气浓度检测报警器宜与排风扇等排气设备连锁。⑤燃气浓度检测报警器宜集中管理监视。⑥报警器系统应有备用电源。

在下列场所宜设置燃气紧急自动切断阀：地下室、半地下室和地上密闭的用气房间；一类高层民用建筑；燃气用量大、人员密集、流动人口多的商业建筑；重要的公共建筑；有燃气管道的管道层。

燃气紧急自动切断阀的设置应符合以下四条要求：①紧急自动切断阀应设在用气场所的燃气入口管、干管或总管上；②紧急自动切断阀宜设在室外；③紧急自动切断阀前应设手动切断阀；④紧急自动切断阀宜采用自动关闭、现场人工开启型，当浓度达到设定值时报警后关闭。

燃气管道及设备的防雷、防静电设计应符合以下三方面要求：①进出建筑物的燃气管道的进出口处，室外的屋面管、立管、放散管、引入管和燃气设备等处均应有防雷、防静电接地设施。②防雷接地设施的设计应符合现行国家标准《建筑物防雷设计规范》（GB 50057—2010）的规定。③防静电接地设施的设计应符合国家现行标准《化工企业静电接地设计规程》（HG/T 20675）的规定。

燃气应用设备的电气系统应符合以下四方面规定：①燃气应用设备和建筑物电线，包括地线之间的电气连接，应符合有关国家电气规范的规定。②电点火、燃烧器控制器和电气通风装置的设计，在电源中断情况下或电源重新恢复时，不应使燃气应用设备出现不安全的工作状况。③自动操作的主燃气控制阀、自动点火器、室温恒温器、极限控制器或其他电气装置（这些都和燃气应用设备一起使用）使用的电路应符合随设备供给的接线图的规定。④使用电气控制器的所有燃气应用设备应让控制器连接到永久带电的电路上，不得使用由照明开关控制的电路。

4.10　其他

4.10.1　制气车间主要生产场所爆炸和火灾危险区域等级

制气车间主要生产场所爆炸和火灾危险区域等级如表 4-10-1 所示，发生炉煤气相对

密度大于 0.75，其他煤气相对密度均小于 0.75；焦炉为利用可燃气体来进行加热的高温设备，其辅助土建部分的建筑物可化为单元，对其爆炸和火灾危险等级进行划分；直立炉、水煤气炉等建筑物高度不满足甲类要求，仍按工艺要求设计；从释放源向周围辐射爆炸危险区域的界限应按现行国家标准《爆炸危险环境电力装置设计规范》(GB 50058) 执行。

表 4-10-1　制气车间主要生产场所爆炸和火灾危险区域等级

项目及名称	场所及装置		生产类别	耐火等级	易燃或可燃物质释放源、级别	等级		说明
						室内	室外	
备煤及焦处理	受煤、煤场（棚）		丙	二	固体状可燃物	22 区	23 区	
	破碎机、粉碎机室		乙	二	煤尘	22 区		
	配煤室、煤库、焦炉煤塔顶		丙	二	煤尘	22 区		
	胶带通廊、转运站（煤、焦），水煤气独立煤斗室		丙	二	煤尘、焦尘	22 区		
	煤、焦试样室、焦台		丙	二	焦尘、固状可燃物	22 区	23 区	
	筛焦楼、储焦仓		丙	二	焦尘	22 区		
	制气主厂房储煤层	封闭建筑且有煤气漏入	乙	二	煤气、二级	2 区		包括直立炉、水煤气、发生炉等顶上的储煤层
		敞开、半敞开建筑或无煤气漏入	乙	二	煤尘	22 区		
焦炉	焦炉地下室、煤气水封室、封闭煤气预热器室		甲	二	煤气、二级	1 区	通风不好	
	焦炉分烟道走廊、炉端台底层		甲	二	煤气、二级	无		通风良好，可使煤气浓度不超过爆炸下限值的 10%
焦炉	煤塔底层计器室		甲	二	煤气、二级	1 区		变送器在室内
	炉间台底层		甲	二	煤气、二级	2 区		
直立炉	直立炉顶部操作层		甲	二	煤气、二级	1 区		
	其他室间及其他操作层		甲	二	煤气、二级	2 区		
水煤气炉、两段水煤气炉、流化床水煤气炉	煤气生产厂房		甲	二	煤气、二级	1 区		
	煤气排送机间		甲	二	煤气、二级	2 区		
	煤气管道排水器间		甲	二	煤气、二级	1 区		
	煤气计量器室		甲	二	煤气、二级	1 区		
	室外设备		甲	二	煤气、二级		2 区	
发生炉、两段发生炉	煤气生产厂房		乙	二	煤气、二级	无		
	煤气排送机间		乙	二	煤气、二级	2 区		
	煤气管道排水器间		乙	二	煤气、二级	2 区		
	煤气计量器室		乙		煤气、二级	2 区		
	室外设备				煤气、二级	2 区		

续表

项目及名称	场所及装置	生产类别	耐火等级	易燃或可燃物质释放源、级别	等级		说明
					室内	室外	
重油制气	重油制气排送机房	甲	二	煤气、二级	2 区		
	重油泵房	丙	二	重油	21 区		
	重油制气室外设备			煤气、二级		2 区	
轻油制气	轻油制气排送机房	甲	二	煤气、二级	2 区		天然气改制，可参照执行。当采用 LPG 为原料时，还必须执行相应的规范
	轻油泵房、轻油中间储罐	甲	二	轻油蒸气、二级	1 区	2 区	
	轻油制气室外设备			煤气、二级	2 区		
缓冲气罐	地上罐体			煤气、二级		2 区	
	煤气进出口阀门室				1 区		

4.10.2 煤气净化车间主要生产场所爆炸和火灾危险区域等级

煤气净化车间主要生产场所生产类别如表 4-10-2 所示，煤气净化车间主要生产场所爆炸和火灾危险区域等级如表 4-10-3 所示。所有室外区域不应整体划分某级危险区应按现行国家标准《爆炸危险环境电力装置设计规范》（GB 50058），以释放源和释放半径划分爆炸危险区域；本表中所列室外区域的危险区域等级均指释放半径内的爆炸危险区域等级，未被划入的区域则均为非危险区；当表 4-10-3 中所列 21 区和非危险区被划入 2 区的释放源释放半径内时则此区应划为 2 区。

表 4-10-2 煤气净化车间主要生产场所生产类别

生产场所或装置名称	生产类别
煤气鼓风机室室内、粗苯（轻苯）泵房、溶剂脱酚的溶剂泵房、吡啶装置室内	甲
1 初冷器、电捕焦油器、硫铵饱和器、终冷、洗氨、洗苯、脱硫、终脱萘、脱水、一氧化碳变换等室外煤气区； 2 粗苯蒸馏装置、吡啶装置、溶剂脱酚装置等的室外区域； 3 冷凝泵房、洗苯洗萘泵房； 4 无水氨（液氨）泵房、无水氨装置的室外区域； 5 硫黄的熔融、结片、包装区及仓库	乙
化验室和鼓风机冷凝的焦油罐区	丙

表 4-10-3 煤气净化车间主要生产场所爆炸和火灾危险区域等级

生产场所或装置名称	区域等级
煤气鼓风机室室内、粗苯（轻苯）泵房、溶剂脱酚的溶剂泵房、吡啶装置室内、干法脱硫箱室内	1 区
1 初冷器、电捕焦油器、硫铵饱和器、终冷、洗氨、洗苯、脱硫、终脱萘、脱水、一氧化碳变换等室外煤气区； 2 粗苯蒸馏装置、吡啶装置、溶剂脱酚装置等的室外区域； 3 无水氨（液氨）泵房、无水氨装置的室外区域； 4 浓氨水（≥8%）泵房，浓氨水生产装置的室外区域； 5 粗苯储槽、轻苯储槽	2 区

续表

生产场所或装置名称	区域等级
脱硫剂再生装置	10区
硫黄仓库	11区
焦油氨水分离装置及焦油储槽、焦油洗油泵房、洗苯洗萘泵房、洗油储槽、轻柴油储槽、化验室	21区

4.10.3 燃气管道摩擦阻力计算

1）低压燃气管道。根据燃气在管道中不同的运动状态，其单位长度的摩擦阻力损失采用下列各式计算：

① 层流状态 $Re\leqslant2100$：$\lambda=64/Re$、$\Delta P/l=1.13\times10^{10}Qv\rho T/(d^4T_0)$；

② 临界状态 $Re=2100\sim3500$：$\lambda=0.03+(Re-2100)/(65Re-10^5)$，$\Delta P/l=1.9\times10^6[1+(11.8Q-7\times10^4dv)/(23Q-10^5dv)]Q^2\rho T/(d^5T_0)$；

③ 湍流状态 $Re>3500$：钢管 $\lambda=0.11(K/d+68/Re)^{0.25}$，$\Delta P/l=6.9\times10^6(K/d+192.2dv/Q)^{0.25}Q^2\rho T/(d^5T_0)$；铸铁管 $\lambda=0.102236(1/d+5158dv/Q)^{0.284}$，$\Delta P/l=6.4\times10^6(1/d+5158dv/Q)^{0.284}Q^2\rho T/(d^5T_0)$。

其中，Re 为雷诺数；ΔP 为燃气管道摩擦阻力损失（Pa）；λ 为燃气管道的摩擦阻力系数；l 为燃气管道的计算长度（m）；Q 为燃气管道的计算流量（m^3/h）；d 为管道内径（mm）；ρ 为燃气的密度（kg/m^3）；T 为设计中所采用的燃气温度（K）；T_0 为 273.15K；v 为 0℃和 101.325kPa 时燃气的运动黏度（m^2/s）；K 为管壁内表面的当量绝对粗糙度，钢管输送天然气和气态液化石油气时取 0.1mm、输送人工煤气时取 0.15mm。

2）次高压和中压燃气管道。根据燃气管道不同材质，其单位长度摩擦阻力损失采用下列各式计算：

① 钢管 $\lambda=0.11(K/d+68/Re)^{0.25}$，$(P_1^2-P_2^2)/L=1.4\times10^9(K/d+192.2dv/Q)^{0.25}Q^2\rho T/(d^5T_0)$；

② 铸铁管 $\lambda=0.102236(1/d+5158dv/Q)^{0.284}$，$(P_1^2-P_2^2)/L=1.3\times10^9(1/d+5158dv/Q)^{0.284}Q^2\rho T/(d^5T_0)$。

其中，L 为燃气管道的计算长度（km）；其余符号含义同前。

3）高压燃气管道。高压燃气管道的单位长度摩擦阻力损失宜按现行的国家标准《输气管道工程设计规范》（GB 50251）的有关规定计算。

需要强调的是，除本书第 4.10.3 节所列公式外，其他计算燃气管道摩擦阻力系数 λ 的公式，当其计算结果接近本章相应计算结果时也可采用。

4.10.4 燃气输配系统生产区域用电场所的爆炸危险区域等级和范围划分

本节内容适用于运行介质相对密度小于或等于 0.75 的燃气，相对密度大于 0.75 的燃气爆炸危险区域等级和范围的划分宜符合本书第 4.10.5 节的有关规定。燃气输配系统生产区域所有场所的释放源属第二级释放源，存在第二级释放源的场所可划为 2 区，少数通风不良的场所可划为 1 区，其区域的划分宜符合以下七个典型示例的规定：①露天设置的固定容积储气罐的爆炸危险区域等级和范围划分见图 4-10-1，以储罐安全放散阀放散管管口为中心，当管口高度 h 距地坪大于 4.5m 时，半径 b 为 3m、顶部距管口口为 5m（当管口高度 h 距地坪小于等于 4.5m 时，半径 b 为 5m、顶部距管口口为 7.5m）及管口到地坪以上的范围为 2 区；储罐底部至地坪以上的范围（半径 c 不小于 4.5m）为 2 区。②露天设置的低压储气罐的爆炸危险区域等级和范围划分见图 4-10-2（a）和图 4-10-2（b），干式储气罐内部活塞或橡胶密封膜以上的空间为 1 区；储气罐外部罐壁外 4.5m 内、罐顶（以放散管管口计）以上 7.5m 内的范围为 2 区。③低压储气罐进出气管阀门间的爆炸危险区域等级和范围划分见图 4-10-3；阀门间内部的空间为 1 区；阀门间外壁 4.5m 内、屋顶（以放散管管口计）7.5m 内的范围为 2 区。④通风良好的压缩机室、调压室、计量室等生产用房的爆炸危险区域等级和范围划分见图 4-10-4；建筑物内部及建筑物外壁 4.5m 内、屋顶（以放散管管口计）以上 7.5m 内的范围为 2 区。⑤露天设置的工艺装置区的爆炸危险区域等级和范围的划分见图 4-10-5；工艺装置区边缘外 4.5m 内、放散管管口（或最高的装置）以上 7.5m 内范围为 2 区。⑥地下调压室和地下阀室的爆炸危险区域等级和范围划分见图 4-10-6；地下调压室和地下阀室内部的空间为 1 区。⑦城镇无人值守的燃气调压室的爆炸危险区域等级和范围划分见图 4-10-7；调压室内部的空间为 1 区；调压室建筑物外壁 4.5m 内、屋顶（以放散管管口计）以上 7.5m 内的范围为 2 区。

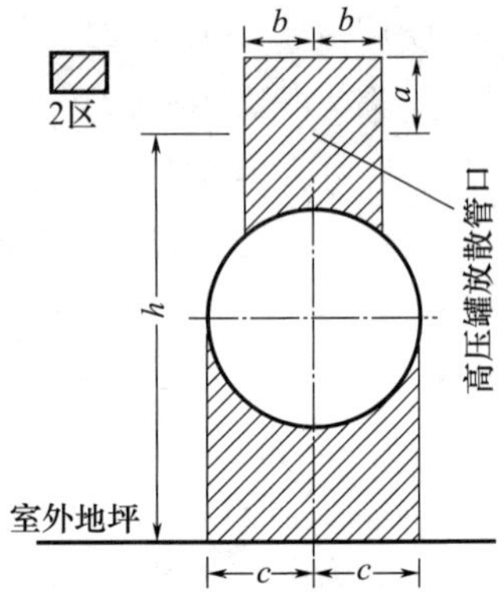

图 4-10-1　露天设置的固定容积储气罐的爆炸危险区域等级和范围划分

以下四类用电场所可划分为非爆炸危险区域：①没有释放源，且不可能有可燃气体侵入的区域；②可燃气体可能出现的最高浓度不超过爆炸下限的 10%的区域；③在生产过程中使用明火的设备的附近区域，如燃气锅炉房等；④站内露天设置的地上管道区域，但设阀门处应按具体情况来确定。

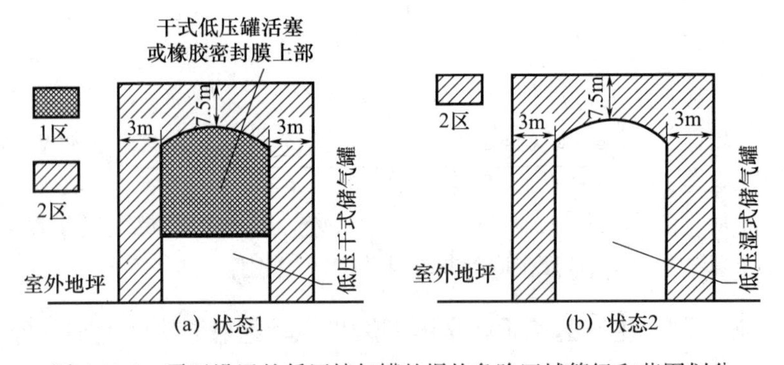

图 4-10-2　露天设置的低压储气罐的爆炸危险区域等级和范围划分

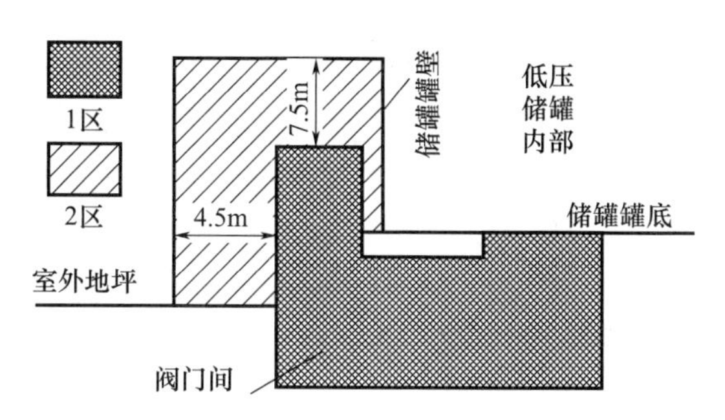

图 4-10-3 低压储气罐进出气管阀门间的爆炸危险区域等级和范围划分

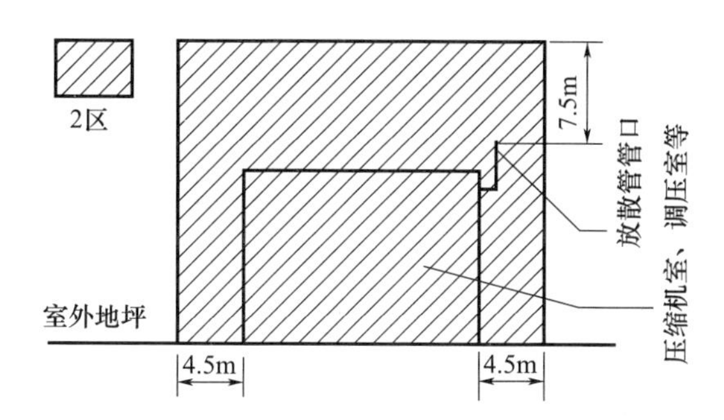

图 4-10-4 通风良好的压缩机室、调压室、计量室等生产用房的爆炸危险区域等级和范围划分

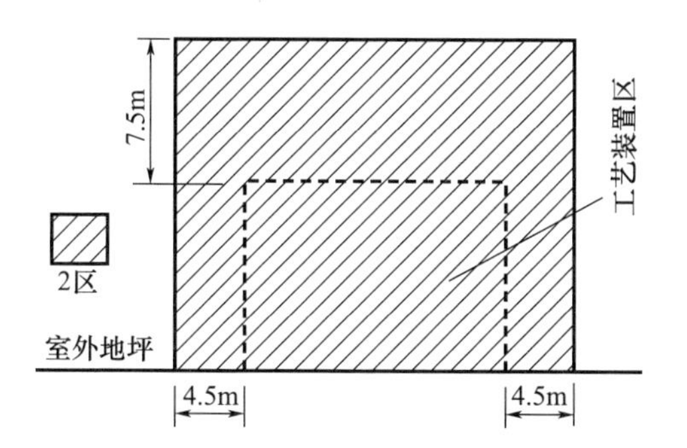

图 4-10-5 露天设置的工艺装置区的爆炸危险区域等级和范围划分

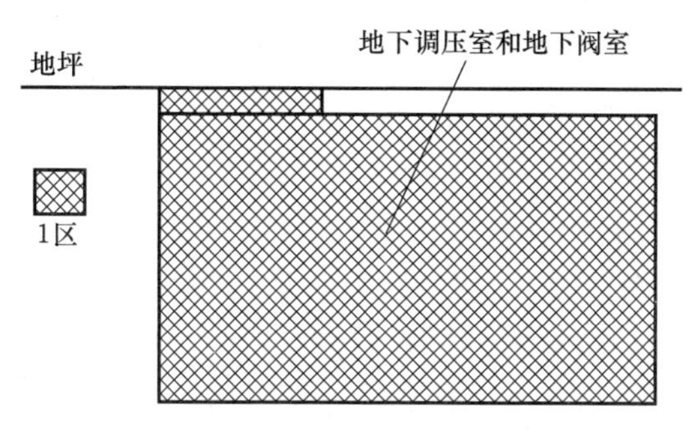

图 4-10-6 地下调压室和地下阀室的爆炸危险区域等级和范围划分

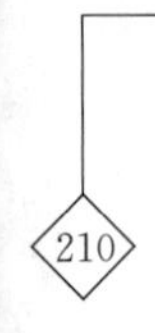

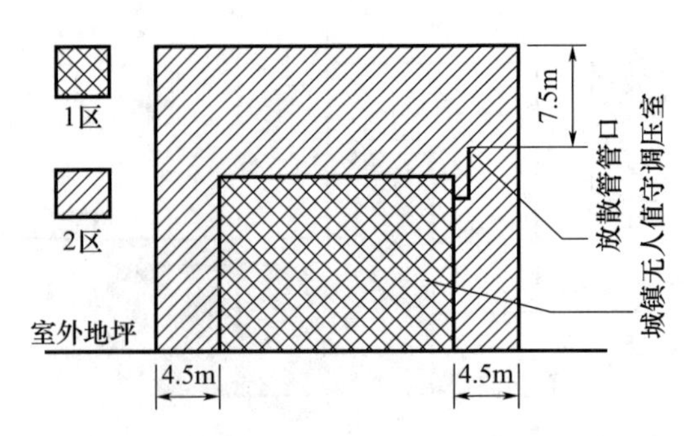

图 4-10-7　城镇无人值守的燃气调压室的爆炸危险区域等级和范围划分

4.10.5　液化石油气站用电场所爆炸危险区域等级和范围划分

液化石油气站生产区用电场所的爆炸危险区域等级和范围划分宜符合以下三方面规定：①液化石油气站内灌瓶间的气瓶灌装嘴、铁路槽车和汽车槽车装卸口的释放源属于第一级释放源，其余爆炸危险场所的释放源属于第二级释放源。②液化石油气站生产区各用电场所爆炸危险区域的等级宜根据释放源级别和通风等条件划分；根据释放源的级别划分区域等级，存在第一级释放源的区域可划为 1 区，存在第二级释放源的区域可划为 2 区；根据通风等条件调整区域等级，当通风条件良好时可降低爆炸危险区域等级，当通风不良时宜提高爆炸危险区域等级，有障碍物、凹坑和死角处宜局部提高爆炸危险区域等级。③液化石油气站用电场所爆炸危险区域等级和范围划分宜符合后续典型示例的规定；爆炸危险性建筑的通风，其空气流量能使可燃气体很快被稀释到爆炸下限的 20％以下时，可定为通风良好。

通风良好的液化石油气灌瓶间、实瓶库、压缩机室、烃泵房、气化间、混气间等生产性建筑的爆炸危险区域等级和范围划分见图 4-10-8，并宜符合以下两方面规定：①以释放源为中心，半径为 15m，地面以上高度 7.5m 和半径为 7.5m，顶部与释放源距离为 7.5m 的范围应划为 2 区；②在 2 区范围内，地面以下的沟、坑等低洼处应划为 1 区。

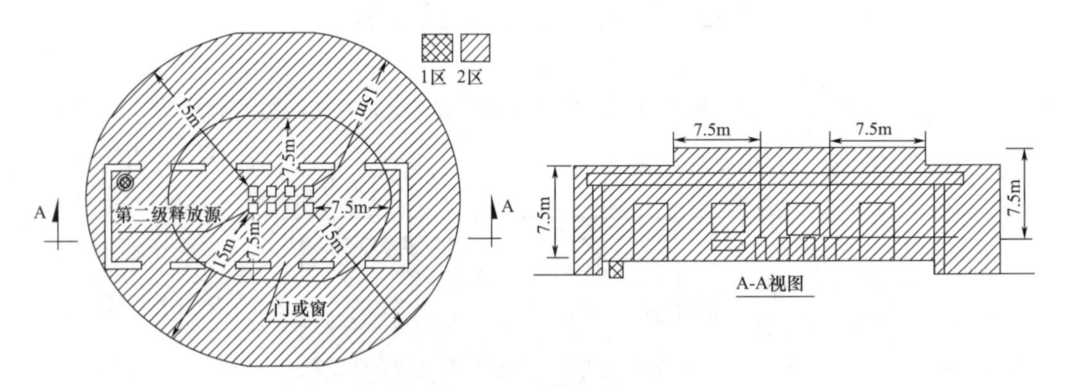

图 4-10-8　通风良好的生产性建筑爆炸危险区域等级和范围划分

露天设置的地上液化石油气储罐或储罐区的爆炸危险区域等级和范围的划分见图 4-10-9，并宜符合以下三方面规定：①以储罐安全阀放散管管口为中心，半径为 4.5m，以及至地面以上的范围内和储罐区防护墙以内，防护墙顶部以下的空间划为 2 区；②在 2

区范围内，地面以下的沟、坑等低洼处划为1区；③当烃泵露天设置在储罐区时，以烃泵为中心，半径为4.5m及地面以上范围内划为2区。地下储罐组的爆炸危险区域等级和范围可参照前述规定划分。

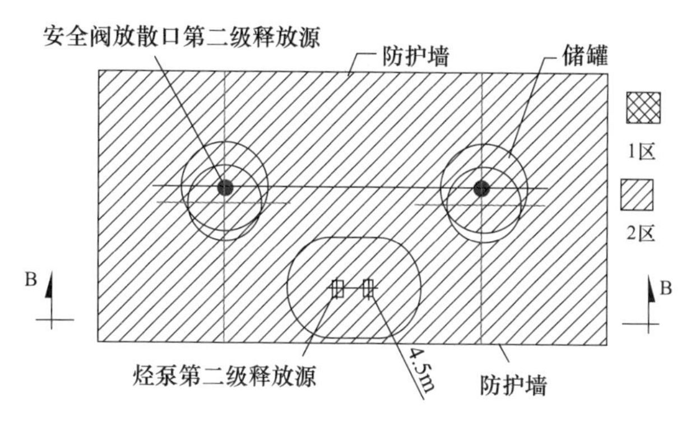

图4-10-9　地上液化石油气储罐区爆炸危险区域等级和范围划分

铁路槽车和汽车槽车装卸口处爆炸危险区域等级和范围划分如图4-10-10所示，并宜符合以下两方面规定：①以装卸口为中心，半径为1.5m的空间和爆炸危险区域以内地面以下的沟、坑等低洼处划为1区；②以装卸口为中心，半径为4.5m，1区以外及地面以上的范围内划分为2区。

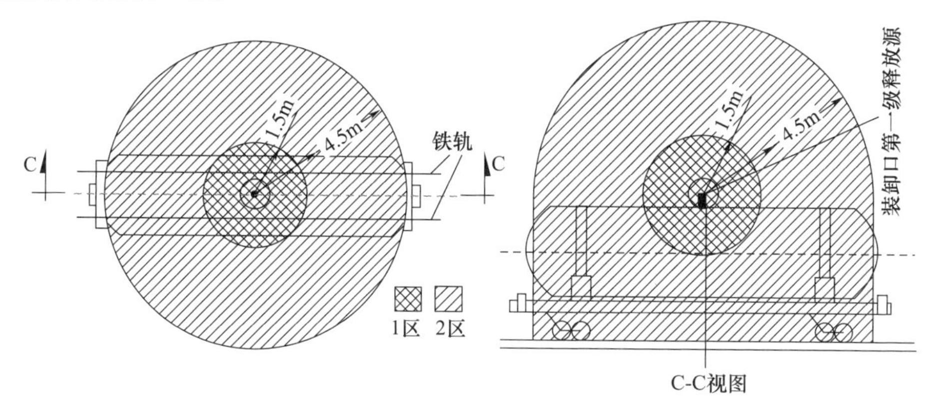

图4-10-10　槽车装卸口处爆炸危险区域等级和范围划分

无释放源的建筑与有第二级释放源的建筑相邻，并采用不燃烧体实体墙隔开时，其爆炸危险区域和范围划分见图4-10-11，并宜符合以下三方面规定：①以释放源为中心，按前述相关规定规定的范围内划分为2区；②与爆炸危险建筑相邻，并采用不燃烧体实体墙隔开的无释源建筑，其门、窗位于爆炸危险区域内时划为2区；③门、窗位于爆炸危险区域外时，应划为非爆炸危险区。

以下四类用电场所可划为非爆炸危险区域：①没有释放源且不可能有液化石油气或液化石油气和其他气体的混合气侵入的区域；②液化石油气或液化石油气和其他气体的混合气可能出现的最高浓度不超过其爆炸下限10%的区域；③在生产过程中使用明火的设备或炽热表面温度超过区域内可燃气体着火温度的设备附近区域，如锅炉房、热水炉间等；④在液化石油气站生产区外露天设置的液化石油气和液化石油气与其他气体的混合气管道，但其阀门处视具体情况确定。

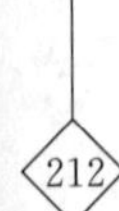

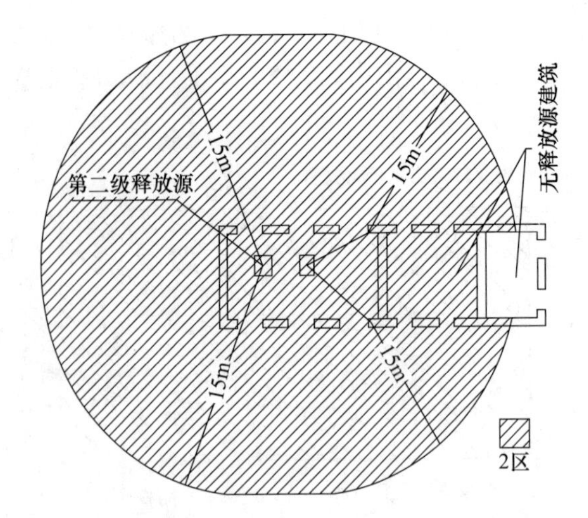

图 4-10-11　与具有第二级释放源的建筑物相邻，并采用不燃烧体实体墙隔开时，其爆炸危险区域和范围划分

4.10.6　居民生活用燃具的同时工作系数 K

居民生活用燃具的同时工作系数 K 见表 4-10-4。表 4-10-4 中，“燃气双眼灶”是指一户居民装设一个双眼灶的同时工作系数，当每一户居民装设两个单眼灶时也可参照本表计算；“燃气双眼灶和快速热水器”是指一户居民装设一个双眼灶和一个快速热水器的同时工作系数；分散采暖系统的采暖装置，工作系数可参照国家现行标准《家用燃气燃烧器具安装及验收规程》（CJJ 12）确定。

表 4-10-4　居民生活用燃具的同时工作系数 K

同类型燃具数目 N	燃气双眼灶	燃气双眼灶和快速热水器	同类型燃具数目 N	燃气双眼灶	燃气双眼灶和快速热水器
1	1.000	1.000	40	0.390	0.180
2	1.000	0.560	50	0.380	0.178
3	0.850	0.440	60	0.370	0.176
4	0.750	0.380	70	0.360	0.174
5	0.680	0.350	80	0.350	0.172
6	0.64	0.310	90	0.345	0.171
7	0.600	0.290	100	0.340	0.170
8	0.580	0.270	200	0.310	0.160
9	0.560	0.260	300	0.300	0.150
10	0.540	0.250	400	0.290	0.140
15	0.480	0.220	500	0.280	0.138
20	0.450	0.210	700	0.260	0.134
25	0.430	0.200	1000	0.250	0.130
30	0.400	0.190	2000	0.240	0.120

延伸阅读

当前，我国燃气工程设计施工行业市场十分活跃，主要涉及燃气发电、化工及燃气管道网络建设等领域。燃气行业发展迅速，市场前景广阔，而燃气工程设计施工行业也受到了越来越多的关注。在政府的政策支持下，我国燃气行业发展迅猛，由原来的煤气向燃气、液化石油气（LPG）发展，液化天然气（LNG）也逐渐成为燃气行业的新兴潮流，形成了燃气设施建设、设备安装、管道网络建设、技术服务等一系列的行业链。

我国燃气工程设计施工行业主要由国有企业和民营企业组成，市场竞争格局以国有企业为主，民营企业的参与程度也不断提高。国有企业主要是由国家能源局及其部门下属的专业企业组成，在技术、财力、人力、物力等方面都拥有较强的实力，主要从事燃气设施建设、设备安装及管道网络建设等项目。民营企业主要从事燃气设施建设、设备安装、管道网络建设、技术服务等项目，虽然在技术、财力、人力、物力等方面没有国有企业强大的实力，但具有极强的灵活性，可以快速做出调整以适应市场的变化。

我国燃气企业正在致力于运用先进信息技术推动工程管理及设备设施运行管理水平，并且已经形成了多样且高效的信息化管理成果，目前已在全面推进TOP平台（燃气生命线数控平台）建设。TOP平台将实现城市燃气管网和设施的智慧监测及综合管理，指导管网设施的改造更新、运维养护、应急抢险等工作，从而提升城镇燃气智能化水平和安全运营，进而推动构建“数据＋数字化模型＋共享”的城市燃气生命线安全工程。

思考题

1. 燃气工程有哪些宏观要求？
2. 燃气工程设计对用气量和燃气质量有哪些要求？
3. 燃气工程设计对制气有哪些要求？
4. 燃气工程设计对净化有哪些要求？
5. 燃气工程设计对燃气输配系统有哪些要求？
6. 燃气工程设计对压缩天然气供应有哪些要求？
7. 燃气工程设计对液化石油气供应有哪些要求？
8. 燃气工程设计对液化天然气供应有哪些要求？
9. 燃气的主要应用领域有哪些？
10. 试述近年来我国在燃气工程设计领域的创新和突破。

第5章 燃气工程运维

5.1 聚乙烯燃气管道工程

5.1.1 宏观要求

埋地聚乙烯燃气管道工程的设计、施工和验收应做到技术先进、安全适用、经济合理，并确保工程质量和安全供气。本节内容适用于工作温度在－20～40℃，最大允许工作压力不大于0.8MPa，公称外径不大于630mm的埋地聚乙烯燃气管道工程的设计、施工和验收。

聚乙烯管道严禁用于室内地上燃气管道和室外明设燃气管道。聚乙烯燃气管道工程的设计、施工和验收应符合国家现行有关标准的规定。

聚乙烯燃气管道是指由燃气用聚乙烯管材、管件、阀门及附件组成的管道系统；聚乙烯管材是用聚乙烯混配料通过加热熔融挤出成型工艺生产的管材；聚乙烯管件是用聚乙烯混配料通过注塑成型等工艺生产的管件。公称直径是指为便于应用而规定的管道（管材或管件）的标定直径（名义直径），公称直径接近管道真实内径或外径，一般采用整数，单位为毫米（mm），在本节内容中，聚乙烯管材的公称直径是指公称外径。公称外径是指管材外径的规定数值，单位为毫米（mm）。

高耐慢速裂纹增长聚乙烯是指对PE100等级原料，通过分子结构设计、新型催化剂和聚合工艺技术开发的新型聚乙烯材料，使管道受压管壁在长时间低应力条件下，具有优异的抵抗裂纹引发和扩展能力。

最大允许工作压力是指聚乙烯管道系统中允许连续使用的最大压力，与工作温度有关。温度对压力折减系数是指聚乙烯管道在20℃以上工作温度下连续使用时，在20℃时最大允许工作压力与该温度下最大允许工作压力相比的系数。热熔对接连接是指采用专用熔接设备，按技术要求加热待连接的管材或管件的端面，在该部位施加一定压力将熔融端面对接，形成一体的连接方式。电熔连接是指采用内埋电阻丝的专用电熔管件，通过专用设备，通过控制内埋于管件中的电阻丝的电压或电流及通电时间，使其达到熔接目的的连接方法；电熔连接方式有电熔承插连接、电熔鞍形连接。钢塑转换管件是指由工厂预制的用于聚乙烯管道与钢管连接，包括钢管部分和PE管部分的一类机械管件专用管件。示踪线是指沿管道铺设可通过专用设备探测达到确定管道位置目的的金属导线。警示带是指敷设在埋地燃气管道上方，喷涂有警示标识，以提示地下有城镇燃气管道的标识带。

5.1.2　材料

1）基本规则。聚乙烯燃气管道系统中管材、管件和阀门等应符合以下五方面规定：①聚乙烯管材应符合现行国家标准《燃气用埋地聚乙烯（PE）管道系统 第2部分：管材》（GB 15558.2）的规定；②聚乙烯管件应符合现行国家标准《燃气用埋地聚乙烯（PE）管道系统 第3部分：管件》（GB 15558.3）的规定；③聚乙烯阀门应符合现行国家标准《燃气用埋地聚乙烯（PE）管道系统 第4部分：阀门》（GB 15558.4）的规定；④钢塑转换管件应符合现行国家标准《燃气用聚乙烯（PE）管道系统的钢塑转换管件》（GB/T 26255）的规定；⑤其他材料应符合国家现行标准的有关规定。

在接收管材、管件、阀门等产品入库储存或进场施工时，应进行验收并对检验合格证、检验报告、标志内容等进行检查，并应逐项核实标志内容；当对物理性能、力学性能存在异议时，应委托第三方进行复验。对于在相关规范规定条件下存放超过六年的电熔管件和从生产到使用前的期间内受到的累积太阳能辐射量超过3.5GJ/m^{2}的非黑色聚乙烯的管材、管件和阀门；应抽样进行检验，性能符合要求方可使用。管材的抽检项目应包括静液压强度（165h/80℃）、电熔接头的剥离强度和断裂伸长率；管件的抽检项目包括：静液压强度（165h/80℃）、热熔对接连接的拉伸强度或电熔管件的熔接强度；阀门的抽检项目应包括静液压强度（165h/80℃）、电熔接头的剥离强度、操作扭矩和密封性能试验。我国日照时数及年辐照量分布如表5-1-1所示。对于电熔管件，通常采用装箱或塑料密封包装，存储于室内，以及无热源或温度显著变化的地方，避免受气候影响、紫外线辐射，按国外经验及相关研究，其存放时间可达10年。国内外相关用户及制造商对超过4年甚至更长时限的管材/管件进行相应测试，结果显示均能达到相关性能要求且无明显降低，但不意味着管材可以随时在场外暴晒，无论哪一种颜色的管材，在场外堆放时必须做好遮盖物遮挡，以防日晒、雨淋。

表5-1-1　我国日照时数及年辐照量分布

地区分类	年日照时数（h）	年辐照量（GJ/m^2）	包括地区
一	2800～3300	6.7～8.37	宁夏北部、甘肃北部、新疆东南部、青海西部、西藏
二	3000～3200	5.86～6.7	河北北部、山西北部、内蒙古和宁夏南部、甘肃中部、青海东部、西藏东南部、新疆
三	2200～3000	5.02～5.86	北京、山东、河南、河北东部、山西南部、新疆北部、云南、陕西、甘肃、广东
四	1400～2200	4.19～5.02	湖北、湖南、江西、浙江、广西、广东北部、陕西、江苏和安徽南部、黑龙江
五	1000～1400	3.35～4.19	四川、贵州

2）运输和储存。管材、管件和阀门的运输应符合以下三方面规定：①管材、管件和阀门搬运时应小心轻放，不得抛、摔、滚、拖；当采用机械设备吊装管材时应采用非金属绳（带）绑扎管材两端后吊装。②管材运输时应水平放置在带挡板的平底车上或平坦的船舱内，堆放处不得有损伤管材的尖凸物应采用非金属绳（带）捆扎、固定，管口应采取封堵保护措施。③管件、阀门运输时应按箱逐层码放整齐、固定牢靠，在运输过程中不应受到曝晒、雨淋、油污及化学品污染。

塑料管道在光、热作用下，容易老化发脆，因此需要考虑防晒、防高温措施。管材、管件和阀门的储存应符合以下六方面规定：①管材、管件和阀门应按不同类型、规格和尺寸分别存放，并应遵照“先进先出”原则。②管材、管件和阀门应存放在仓库（存储型物流建筑）或半露天堆场（货棚）内；仓库（存储型物流建筑）或半露天堆场（货棚）的设计应符合国家现行标准的有关规定，仓库的门窗洞口应有防紫外线照射措施。③管材、管件和阀门应远离热源，严禁与油类或化学品混合存放。④管材应水平堆放在平整的支撑物或地面上，管口应采取封堵保护措施；当直管采用梯形堆放或两侧加支撑保护的矩形堆放时，堆放高度不宜超过 1.5m；当直管采用分层货架存放时，每层货架高度不宜超过 1m。⑤管件和阀门应成箱存放在货架上或叠放在平整地面上；当成箱叠放时，高度不宜超过 1.5m；在使用前，不得拆除密封包装。⑥管材、管件和阀门在室外临时存放时，管材管口应采用保护端盖封堵，管件和阀门应存放在包装箱或储物箱内，并应采用遮盖物遮盖，防日晒、雨淋。

5.1.3 管道设计

1）基本规则。管材、管件的材料和壁厚的选择应根据输送燃气的种类、设计压力、设计温度、施工方法及环境条件等条件，并经技术经济比较后确定。在一些特殊敷设环境（如无沙床回填）或采用非开挖施工方式时，优先考虑采用 PE100-RC 材料聚乙烯燃气管。

管道的设计压力不应大于在工作温度下的管道最大允许工作压力，管道最大允许工作压力可按下式计算：

$$MOP_t = MOP/D_F = 2 \times MRS / [C \times (SDR-1) D_F]$$

$$MOP \leqslant P_{RCP}/1.5$$

其中，MOP_t 为工作温度下的管道最大允许工作压力（MPa）；MOP 为管道最大允许工作压力（MPa），以 20℃为参考工作温度；MRS 为最小要求强度（MPa），PE_{80} 取 8.0MPa，PE_{100} 取 10.0MPa；C 为设计系数，聚乙烯管道输送不同种类燃气的 C 值可按表 5-1-2 选取；SDR 为标准尺寸比；P_{RCP} 为耐快速裂纹扩展的临界压力（MPa）；D_F 为工作温度下的压力折减系数，应符合表 5-1-3 的规定。表 5-1-3 中，工作温度是指管道工作环境的年平均温度，对于中间的温度可使用内插法计算。

表 5-1-2　设计系数 C 值取值表

燃气种类	天然气	液化石油气		人工煤气	
		混空气	气态	干气	其他
设计系数 C 值	≥2.5	≥4.0	≥6.0	≥4.0	≥6.0

表 5-1-3 工作温度下的压力折减系数

工作温度 t	20℃	30℃	40℃
温度对压力折减系数 D_F	1.0	1.1	1.3

聚乙烯燃气管道系统中不得采用由聚乙烯管材焊制成型的管件。沿管道走向应设置有效的示踪、警示、保护措施，并应符合以下三条规定：①地面标志的设置应符合现行行业标准《城镇燃气输配工程施工及验收规范》（CJJ 33）的规定；次高压B聚乙烯管道应设置保护板，中低压聚乙烯管道宜设置保护板；设置保护板的聚乙烯燃气管道可不敷设警示带，保护板上应具有警示标识。目前各燃气公司采用的保护板形式较多，包括PE保护板、钢筋混凝土板、玻璃纤维保护板等；通常干管及枝状管线宜采用混凝土板，保护效果较好；保护板在铺设时应遮盖住管道；保护板宽度可根据管线压力、重要程度、遭受第三方破坏的概率等实际情况设计，但不应小于管道外径；北京市燃气集团有限责任公司采用的一种带示踪、警示功能的保护板可以用金属探测器探测定位，其剪切强度大于等于14.2MPa，拉伸强度大于等于10.0MPa，可以有效抵御人工镐锤挖掘对PE管道的破坏，同时，保护板上方有“下有燃气，严禁开挖”的警示标识，兼有示踪和警示的功能，当采用这种保护板时无须再另行敷设示踪、警示装置。

2）管道水力计算。管道计算流量应按计算月的小时最大用气量计算，小时最大用气量应根据所有用户燃气用气量的变化叠加后确定。

管道单位长度摩擦阻力损失应按相关规范规定计算。

低压燃气管道为：

$$\Delta P/l=6.26\times10^{7}\lambda Q^{2}\rho T/(d^{5}T_{0})$$

$$1/\sqrt{\lambda}=-2\lg[K/(3.7d)+2.51/(Re\sqrt{\lambda})]$$

其中，ΔP 为管道摩擦阻力损失（Pa）；l 为管道的计算长度（m）；Q 为管道的设计流量（m^3/h）；d 为管道内径（mm）；ρ 为燃气的密度（kg/m^3）；T 为设计中所采用的燃气温度（K）；T_0 为273.15K；λ 为管道摩擦阻力系数；lg为常用对数；K 为管壁内表面的当量绝对粗糙度（mm），聚乙烯燃气管道一般取0.01；Re 为雷诺数（无量纲）。

次高压B、中压燃气管道为：

$$(P_1^2-P_2^2)/L=1.27\times10^{10}\lambda Q^{2}\rho T/(d^{5}T_{0})$$

其中，P_1 为管道起点的压力（绝对压力，kPa）；P_2 为管道终点的压力（绝对压力，kPa）；L 为管道的计算长度（km）。

管道的允许压力降可由该级管网的入口压力至次级管网调压装置允许的最低入口压力之差确定，燃气流速不宜大于20m/s。美国煤气协会（AGA）给出的在60磅/平方英寸（0.4MPa）天然气输送系统中的典型最大流量如表5-1-4所示，由表5-1-4可知，美国聚乙烯管道燃气流速大于20m/s。管道局部阻力损失可按管道摩擦阻力损失的5%～10%计算。低压管道从调压装置到压力最不利工况燃具前的管道允许压力损失可按式 $\Delta P_d=0.75P_n+150$ 计算，其中，ΔP_d 为从调压装置到压力最不利工况燃具燃具前的管道允许压力损失（Pa），ΔP_d 含室内燃气管道允许压力损失；P_n 为低压燃具的额定压力（Pa）。

表 5-1-4　在 60 磅/平方英寸（0.4MPa）天然气输送系统中的典型最大流量

公称直径（英寸）	最大流量（千英尺^3/小时）	公称直径（英寸）	最大流量（千英尺^3/小时）
2	17.4	6	163.0
3	43.5	10	555.6
4	81.1	—	—

3）管道布置。聚乙烯燃气管道不得从建筑物或大型构筑物的下面穿越（不包括架空的建筑物和立交桥等大型构筑物）；不得在堆积易燃、易爆材料和具有腐蚀性液体的场地下方穿越；不得与非燃气管道或电缆同沟敷设。聚乙烯燃气管道与市政热力管道之间的水平净距和垂直净距，不应小于表 5-1-5 和表 5-1-6 的规定，并应确保燃气管道周围土壤温度不高于 40℃；与建筑物、构筑物或其他相邻管道之间的水平净距和垂直净距应符合现行国家标准《城镇燃气设计规范》（GB 50028）的规定；当直埋蒸汽热力管道保温层的外壁温度不大于 60℃时，水平净距可减少 50%；当聚乙烯燃气管道与蒸汽管、温度大于 130℃的高温热水管平行敷设时应进行技术、安全、寿命期和经济等论证，合理确定净距。

表 5-1-6 中，套管敷设要求应与《城镇燃气设计规范》（GB 50028）一致，当采取措施保证土壤温度低于 40℃时，可适当减少管道与热力管道之间的垂直净距。聚乙烯燃气管道埋设的最小覆土厚度（地面至管顶）应符合以下五条规定：①埋设在车行道下，不得小于 0.9m；②埋设在非车行道（含人行道）下，不得小于 0.6m；③埋设在机动车不可能到达的地方时，不得小于 0.5m；④埋设在水田下时，不得小于 0.8m；⑤当埋深达不到上述要求时，应采取保护措施。

表 5-1-5　聚乙烯燃气管道与热力管道之间的水平净距

项目			地下燃气管道（m）			
			低压	中压		次高压
				B	A	B
热力管	直埋	热水	1.0	1.0	1.0	1.5
		蒸汽	2.0	2.0	2.0	3.0
	在管沟内（至外壁）		1.0	1.5	1.5	2.0

表 5-1-6　聚乙烯燃气管道与热力管道之间的垂直净距

项目		地下燃气管道（当有套管时，从套管外径计算）（m）
热力管	燃气管在直埋管上方	0.5（加套管）
	燃气管在直埋管下方	1.0（加套管）
	燃气管在管沟上方	0.2（加套管）或 0.4（无套管）
	燃气管在管沟下方	0.3（加套管）

聚乙烯燃气管道的地基宜为无尖硬土石的原土层的天然地基；当地基不满足使用要求时应进行处理，即当地基承载力不能满足设计要求时应进行地基加固处理；对可能引起管道不均匀沉降的地段，地基应进行处理或采取其他防沉降措施；当原土层遇有石块或尖硬

物体时必须清除，除应满足相关规定的最小覆土厚度外，还应至少超挖150mm，沟底铺垫一层厚度不小于150mm的中粗砂或素土。聚乙烯管道在输送湿燃气时应埋设在土壤冰冻线以下，并设置凝水缸；管道坡向凝水缸的坡度不宜小于0.003。

聚乙烯燃气管道不得进入热力管沟；当聚乙烯燃气管道穿过排水管沟、联合地沟及其他各种用途沟槽（不含热力管沟）时应符合相关规定。当聚乙烯燃气管道穿越铁路、高速公路、电车轨道和城镇主要干道时宜垂直穿越，且应符合国家现行标准《城镇燃气设计规范》（GB 50028）和《城镇燃气管道穿跨越工程技术规程》（CJJ/T 250）的规定。当聚乙烯燃气管道通过河流时可采用河底穿越，在埋设聚乙烯燃气管道位置的河流两岸上、下游应设立标志，并应符合现行行业标准《城镇燃气管道穿跨越工程技术规程》（CJJ/T 250）的规定。

在次高压B及中压聚乙烯燃气干管上应设置分段阀门，并宜在阀门两侧设置放散管；在低压聚乙烯燃气管道支管的起点处宜设置阀门。聚乙烯燃气管道的检漏管、阀门、凝水缸的排水管应设置护罩或护井。聚乙烯燃气管道出地面不得裸露，并应采取防止管道外部破坏的措施，且不应直接引入建筑物内；当聚乙烯管道穿越建（构）筑物基础、外墙时应采用硬质套管保护，并应符合现行国家标准《城镇燃气设计规范》（GB 50028）的规定。

5.1.4 管道连接

1）基本规则。管道连接前应按设计要求在施工现场对管材、管件及管道附属设备进行查验；外观检查时，管材表面划伤深度不应超过管材壁厚的10%，管件及管道附属设备的外包装应完好，符合要求方可使用。

聚乙烯燃气管道的连接应符合以下三方面规定：①即聚乙烯管材与管件、阀门的连接应采用热熔对接或电熔连接（电熔承插、电熔鞍形连接）方式，不得采用螺纹连接或黏接；连接应采用专用设备加热，严禁采用明火加热。②聚乙烯管道与金属管道或金属附件连接时应采用钢塑转换管件连接或法兰连接；当采用法兰连接时应设置检查井。③下列情况应采用电熔连接：不同级别（PE_{80}与PE_{100}）聚乙烯管道连接；熔体质量流动速率差值大于或等于0.5g/10min（190℃，5kg）的聚乙烯管道连接；焊接端部标准尺寸比（SDR）不同的聚乙烯燃气管道（SDR11与SDR17）连接；公称外径小于90mm或壁厚小于6mm的聚乙烯管道连接。

聚乙烯管道连接应根据不同连接形式选用专用的电熔连接机具和全自动热熔对接焊机；热熔对接焊机的性能应符合现行国家标准《塑料管材和管件 聚乙烯系统熔接设备 第1部分：热熔对接》（GB/T 20674.1）的规定；电熔焊机的性能应符合现行国家标准《塑料管材和管件 聚乙烯系统熔接设备 第2部分：电熔连接》（GB/T 20674.2）的规定；焊机应定期进行校准和检定，周期不应超过一年。聚乙烯管道热熔或电熔连接的环境温度宜在−5～40℃范围内，并防止风雨等不良天气影响；当不满足条件时应停止施工或采取相应的措施，即在环境温度低于−5℃或风力大于5级时应采取保温、防风措施；在炎热的夏季进行热熔或电熔连接操作时应采取遮阳措施；在雨天进行热熔或电熔连接操作时应采取防雨措施。管道连接时，聚乙烯管材的切割应采用专用割刀或切管工具，切割端面应垂直于管道轴线，并应平整、光滑、无毛刺；切割端口的不圆度应符合要求。聚乙烯管道连接作业在每次收工时应对管口进行临时封堵。管道熔接完成后应按相关规定进行接头质

量检查，不合格者应返工，返工后还应重新进行接头质量检查；当对焊接质量有争议时应按表 5-1-7、表 5-1-8、表 5-1-9 的规定进行检验。我国《燃气用聚乙烯管道焊接技术规则》（TSG D2002）中热熔对接连接接头焊接工艺评定检验与试验要求如表 5-1-10所示。我国《燃气用聚乙烯管道焊接技术规则》（TSG D2002）中对电熔承插连接接头焊接工艺评定检验与试验要求见表 5-1-11。我国《燃气用聚乙烯管道焊接技术规则》（TSG D2002）中对电熔鞍形连接接头的焊接工艺评定检验与试验要求如表 5-1-12 所示。

表 5-1-7　热熔对接焊接的检验与试验要求

序号	检验与试验项目	检验与试验参数	检验与试验要求	检验与试验方法
1	拉伸性能	(23±2)℃	试验到破坏为止：韧性，通过；脆性，未通过	《聚乙烯（PE）管材和管件 热熔对接接头 拉伸强度和破坏形式的测定》（GB/T 19810）
2	耐压（静液压）强度试验	密封接头为 A 型；方向为任意；试验时间为 165h；环应力：PE_{80} 为 4.5MPa、PE_{100} 为 5.4MPa；试验温度为 80℃	焊接处无破坏，无渗漏	《流体输送用热塑性塑料管道系统 耐内压性能的测定》（GB/T 6111）

表 5-1-8　电熔承插焊接的检验与试验要求

序号	检验与试验项目	检验与试验参数	检验与试验要求	检验与试验方法
1	电熔管件剖面检验	—	电熔管件中的电阻丝应当排列整齐，不应当有涨出、裸露、错行，焊后不游离，管件与管材熔接面上无可见界线，无虚焊、过焊气泡等影响性能的缺陷	《燃气用聚乙烯管道焊接技术规则》（TSG D2002）
2	<DN90 挤压剥离试验	(23±2)℃	剥离脆性破坏百分比≤33.3%	《塑料管材和管件 聚乙烯电熔组件的挤压剥离试验》（GB/T 19806）
3	≥DN90 拉伸剥离试验	(23±2)℃	剥离脆性破坏百分比≤33.3%	《塑料管材和管件 公称外径大于或等于 90mm 的聚乙烯电熔组件的拉伸剥离试验》（GB/T 19808）
4	静液压试验	密封接头为 A 型；方向为任意；试验时间为 165h；环应力：PE_{80} 为 4.5MPa、PE_{100} 为 5.4MPa；试验温度为 80℃	焊接处无破坏，无渗漏	《流体输送用热塑性塑料管道系统 耐内压性能的测定》（GB/T 6111）

表5-1-9　电熔鞍形焊接的检验与试验要求

序号	检验与试验项目	检验与试验参数	检验与试验要求	检验与试验方法
1	≤DN225挤压剥离试验	(23±2)℃	剥离脆性破坏百分比≤33.3%	《塑料管材和管件 聚乙烯电熔组件的挤压剥离试验》(GB/T 19806)
2	>DN225撕裂剥离试验	(23±2)℃	剥离脆性破坏百分比≤33.3%	《燃气用聚乙烯管道焊接技术规则》(TSG D2002—2006)

表5-1-10　热熔对接焊接工艺评定检验与试验要求

序号	检验与试验项目	检验与试验参数	检验与试验要求	检验与试验方法
1	宏观（外观）	—	《燃气用聚乙烯管道焊接技术规则》(TSG D2002—2006)	依从相关规范
2	卷边切除检查	—	《燃气用聚乙烯管道焊接技术规则》(TSG D2002)	
3	卷边背弯试验	—	不开裂、无裂纹	
4	拉伸性能	(23±2)℃	试验到破坏为止：韧性，通过；脆性，未通过	依从相关规范
5	静液压强度试验	密封接头为A型；方向为任意；试验时间为165h；环应力：PE_{80}为4.5MPa、PE_{100}为5.4MPa；试验温度为80℃	焊接处无破坏，无渗漏	依从相关规范

表5-1-11　电熔承插焊接工艺评定检验与试验要求

序号	检验与试验项目	检验与试验参数	检验与试验要求	检验与试验方法
1	宏观（外观）	—	《燃气用聚乙烯管道焊接技术规则》(TSG D2002)	《燃气用聚乙烯管道焊接技术规则》(TSG D2002)
2	电熔管件剖面检验	—	电熔管件中的电阻丝应排列整齐，不应有涨出、裸露、错行，焊后不游离，管件与管材熔接面上无可见界线，无虚焊、过焊气泡等影响性能的缺陷	《燃气用聚乙烯管道焊接技术规则》(TSG D2002)
3	<DN90挤压剥离试验	(23±2)℃	剥离脆性破坏百分比不大于33.3%	依从相关规范
4	≥DN90拉伸剥离试验	(23±2)℃	剥离脆性破坏百分比不大于33.3%	依从相关规范
5	静液压试验	密封接头为A型；方向为任意；试验时间为165h；环应力：PE_{80}为4.5MPa、PE_{100}为5.4MPa；试验温度为80℃	焊接处无破坏，无渗漏	依从相关规范

表 5-1-12 电熔鞍形焊接工艺评定检验与试验要求

序号	检验与试验项目	检验与试验参数	检验与试验要求	检验与试验方法
1	宏观（外观）	—	《燃气用聚乙烯管道焊接技术规则》（TSG D2002）	《燃气用聚乙烯管道焊接技术规则》（TSG D2002）
2	≤DN225 挤压剥离试验	(23±2)℃	剥离脆性破坏百分比≤33.3%	依从相关规范
3	＞DN225 撕裂剥离试验	(23±2)℃	剥离脆性破坏百分比≤33.3%	《燃气用聚乙烯管道焊接技术规则》（TSG D2002）

2）热熔连接。热熔对接的连接工艺应符合现行国家标准《塑料管材和管件 燃气和给水输配系统用聚乙烯（PE）管材及管件的热熔对接程序》（GB/T 32434）或其他相关标准的规定。单一低压热熔对接程序工艺如图 5-1-1 所示，其中，P_{h_1} 为总的焊接压力（表压）（MPa），$P_{h_1}=P_{h_2}+P_{拖}$；P_{h_2} 为初始卷边压力（表压）（MPa），$P_{h_2}=A_1\times P_0/A_2$；$P_{拖}$ 为拖动压力（表压）（MPa）；t_1 为初始卷边时间（s）；t_2 为吸热时间（s），t_2＝管材壁厚×10；t_3 为切换时间（s）；t_4 为热熔对接升压时间（s）；t_5 为焊机内保压冷却时间（min）。

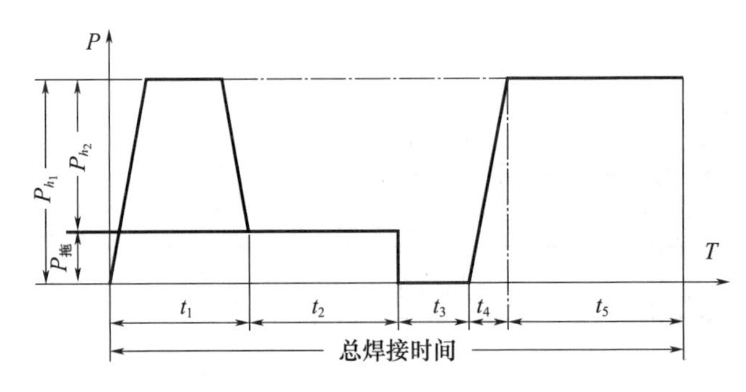

图 5-1-1 单一低压热熔对接焊接工艺

焊接参数应符合表 5-1-13 和表 5-1-14 的规定，其中，A_1 为管材或管件的横截面面积（mm^2），$A_1=\pi\times$管材或管件壁厚×（d_n－管材壁厚）；A_2 为热熔设备液压缸中活塞的有效面积（mm^2），由生产厂家提供；P_0 为作用于对接管道横截面上的压强（表压），为 0.15MPa。表 5-1-13 和表 5-1-14 中的参数是基于环境温度为 20℃的，当环境温度低于－5℃或高于 40℃时应适当调整连接工艺、采取保护措施或停止施工；加热板表面温度对 PE_{80} 为（210±10）℃、PE_{100} 为（225±10）℃；A_2 为焊机液压缸中活塞的总有效面积（mm^2），由焊机生产厂家提供。与热熔对接焊接直接有关的参数有 3 个，即温度、压力、时间。德国焊接协会推荐的高密度聚乙烯（HDPE）、中密度聚乙烯（MDPE）管道典型热熔对接焊接工艺参数如表 5-1-15 所示，其中，加热温度（T）为（210±10）℃；加热压力（P_1）为 0.15MPa；加热时保持压力（$P_{拖}$）为 0.02MPa；保压冷却压力（P_1）为 0.15MPa。目前，熔接条件（工艺参数）国内通常是由热熔对接连接设备生产厂或管材、管件生产厂在技术文件中给出。

表 5-1-13　SDR11 管材热熔对接焊接参数（单一低压热熔对接程序）

公称外径 d_n（mm）	管材壁厚 e（mm）	P_{h_2}（MPa）	压力＝P_{h_1} 凸起高度 h（mm）	压力≈$P_{拖}$ 吸热时间 t_2（s）	切换时间 t_3（s）	增压时间 t_4（s）	压力＝P_1 冷却时间 t_5（min）
75	6.8	P_0A_1/A_2	1.0	68	≤5	<6	≥10
90	8.2		1.5	82	≤6	<7	≥11
110	10.0		1.5	100	≤6	<7	≥14
125	11.4		1.5	114	≤6	<8	≥15
140	12.7		2.0	127	≤8	<8	≥17
160	14.6		2.0	146	≤8	<9	≥19
180	16.4		2.0	164	≤8	<10	≥21
200	18.2		2.0	182	≤8	<11	≥23
225	20.5		2.5	205	≤10	<12	≥26
250	22.7		2.5	227	≤10	<13	≥28
280	25.4		2.5	254	≤12	<14	≥31
315	28.6		3.0	286	≤12	<15	≥35
355	32.2		3.0	322	≤12	<17	≥39
400	36.4		3.0	364	≤12	<19	≥44
450	40.9		3.5	409	≤12	<21	≥50
500	45.5		3.5	455	≤12	<23	≥55
560	50.9		4.0	509	≤12	<25	≥61
630	57.3		4.0	573	≤12	<29	≥67

表 5-1-14　SDR17 管材热熔对接焊接参数（单一低压热熔对接程序）

公称直径 d_n（mm）	管材壁厚 e（mm）	P_{h_2}（MPa）	压力＝P_{h_1} 凸起高度 h（mm）	压力≈$P_{拖}$ 吸热时间 t_2（s）	切换时间 t_3（s）	增压时间 t_4（s）	压力＝P_1 冷却时间 t_5（min）
110	6.6	P_0A_1/A_2	1.0	66	≤5	<6	9
125	7.4		1.5	74	≤6	<6	10
140	8.3		1.5	83	≤6	<6	11
160	9.5		1.5	95	≤6	<7	13
180	10.7		1.5	107	≤6	<7	14
200	11.9		1.5	119	≤6	<8	15
225	13.4		2.0	134	≤8	<8	17
250	14.8		2.0	148	≤8	<9	19
280	16.6		2.0	166	≤8	<10	20
315	18.7		2.0	187	≤8	<11	23
355	21.1		2.5	211	≤10	<12	25
400	23.7		2.5	237	≤10	<13	28

续表

公称直径 d_n（mm）	管材壁厚 e（mm）	P_{h_2}（MPa）	压力$=P_{h_1}$ 凸起高度 h（mm）	压力$\approx P_{拖}$ 吸热时间 t_2（s）	切换时间 t_3（s）	增压时间 t_4（s）	压力$=P_1$ 冷却时间 t_5（min）
450	26.7	P_0A_1/A_2	3.0	267	≤10	<14	32
500	29.7		3.0	297	≤12	<15	35
560	33.2		3.0	332	≤12	<17	39
630	37.4		3.5	374	≤12	<18	44

表 5-1-15　HDPE、MDPE 管道热熔对接焊接工艺参数典型值

壁厚 e（mm）	加热卷边高度 h（mm）	加热时间 t_2（$t_2=10\times e$）（s）	允许最大切换时间 t_3（s）	增压时间 t_4（s）	保压冷却时间 t_5（min）
<4.5	0.5	45	5	5	6.5
4.5～7	1.0	45～70	5～6	5～6	6.5～9.5
7～12	1.5	70～120	6～8	6～8	9.5～15.5
12～19	2.0	120～190	8～10	8～11	15.5～24
19～26	2.5	190～260	10～12	11～14	24～32
26～37	3.0	260～370	12～16	14～19	32～45
37～50	3.5	370～500	16～20	19～25	45～61
50～70	4.0	500～700	20～25	25～35	61～85

热熔对接连接的操作应符合以下六方面规定：①应根据聚乙烯管材、管件或阀门的规格选用适应的机架和夹具。②在固定连接件时，应将连接件的连接端伸出夹具，伸出的自由长度不应小于公称外径的 10%。②移动夹具使连接件的端面接触后应将其校直到同一轴线上，错边量不应大于壁厚的 10%。③在对连接部位进行擦拭使之干净，并保持干燥，铣削连接件端面，使其与轴线垂直；连续切屑的平均厚度不宜大于 0.2mm，切削后的熔接面应保持洁净。④铣削完成后，移动夹具使连接件对接管口闭合，再次检查连接件的错边量，并使其不大于壁厚的 10%；接口端面对接面最大间隙应符合表 5-1-16 的规定。⑤吸热时间达到规定要求后，应检查连接件加热面熔化的均匀性，不得有损伤。⑥在接口保压的自然冷却期间，不得拆开夹具，不得移动连接件或在连接件上施加任何外力。

表 5-1-16　接口端面对接面最大间隙

管道元件公称外径 d_n（mm）	$d_n\leq 250$	$250<d_n\leq 400$	$400<d_n\leq 630$
接口端面对接面最大间隙（mm）	0.3	0.5	1.0

热熔对接连接接头的质量检验应符合以下六方面规定：①热熔对接连接完成后应对接头进行 100%卷边对称性和接头对正性检测，并应对不少于 15%的接头进行卷边切除检测。②卷边对称性检验时，沿管道元件整个圆周内的接头卷边应平滑、均匀、对称，卷边融合线的最低处（A）不应低于管道元件的外表面（图 5-1-2）。③接头对正性检验时，接口两侧紧邻卷边的外圆周上任何一处的错边量（V）不应超过管道元件壁厚的 10%（图 5-1-3）。④卷边切除检验时，在不损伤对接管道元件的情况下，应使用专用工具切除

接口外部的熔接卷边（图 5-1-4），卷边切除检验应符合下列要求，即卷边应是实心的圆滑的，根部较宽（图 5-1-5）；卷边切割面中不应有夹杂物、小孔、扭曲和损坏；每隔 50mm 进行一次 180°的背弯检验（图 5-1-6），卷边切割面中线附近不应有开裂、裂缝，也不得露出熔合线。⑤当抽样检验的接口全部合格时可认为该批次接口全部合格；当出现不合格情况时则判定该批次接口不合格并应按以下规定加倍抽样检验，即当出现一个不合格接口时应加倍抽检该焊工所焊的同一批接口并按相关规定进行检验，当第二次抽检仍出现不合格接口时，则应对该焊工所焊的同批次接口全部进行检验。⑥当对焊接质量有争议时，应按相关规定进行检验。

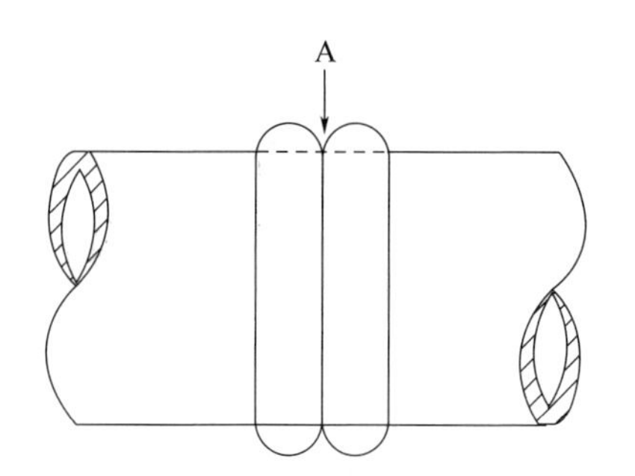

图 5-1-2　卷边对称性示意图

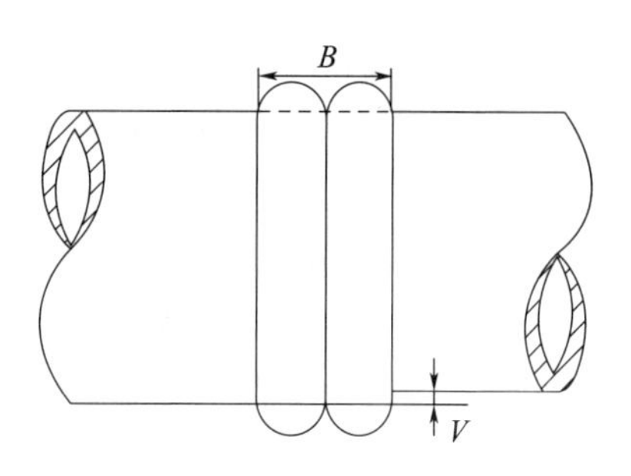

图 5-1-3　接头对正性示意图

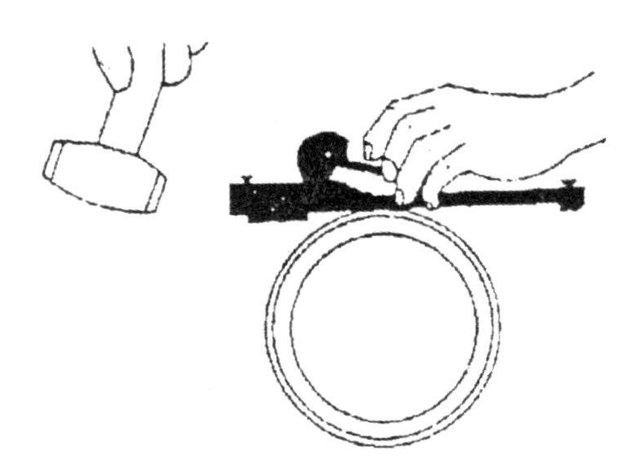

图 5-1-4　卷边切除示意图

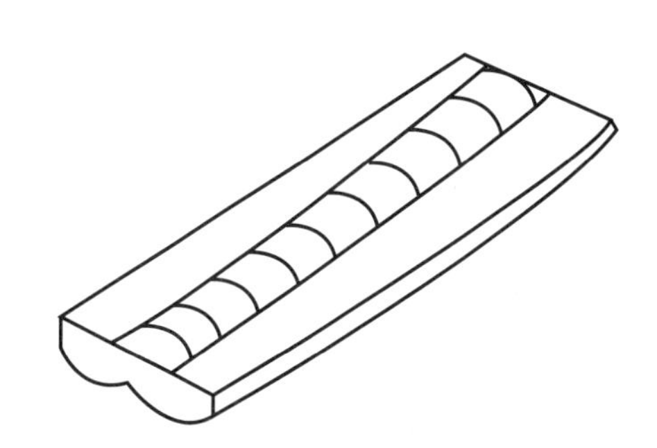

图 5-1-5　合格实心卷边示意图

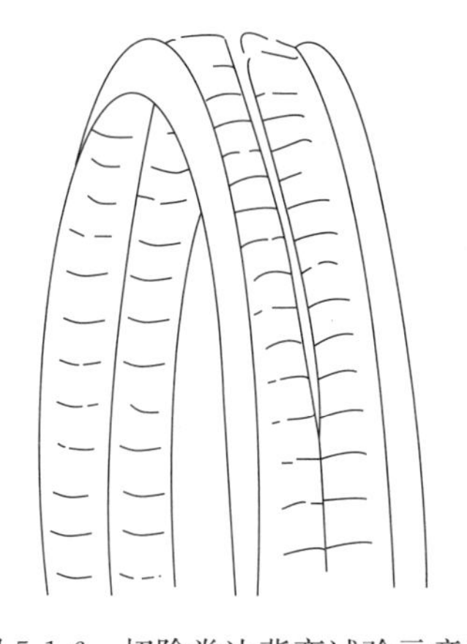

图 5-1-6　切除卷边背弯试验示意图

3）电熔连接。当管材、管件及电熔焊机存放处的温度与施工现场的温度相差较大时，连接前应将管材、管件、电熔焊机在施工现场放置一定时间，使其温度接近施工现场温度。

电熔承插连接的操作应符合以下七条规定：①应将管材的连接部位擦拭干净，并保持干燥；管件应在焊接时再拆除封装袋。②当管材的不圆度影响安装时，应采用整圆工具对插入端进行整圆。③测量电熔管件承口长度，并在管材或插口管件的插入端标出插入长度后，应刮除插入段表皮的氧化层，刮削表皮厚度宜为0.1～0.2mm并保持洁净。④将管材或插口管件的插入端插入电熔管件承口内至标记位置，同时应对配合尺寸进行检查。⑤应校直待连接的管材和管件，使其在同一轴线上，并应采用专用夹具固定后，方可通电焊接。⑥通电加热焊接的电压或电流、加热时间等焊接参数的设定应符合电熔焊机和电熔管件生产企业的规定。⑦在焊接后的冷却期间，不得拆开夹具，不得移动连接件或在连接件上施加任何外力。

电熔鞍形连接的操作应符合以下七方面规定：①确定鞍型管件与管道连接的位置。②将管道连接部位擦拭干净，并保持干燥，采用刮刀刮除管道连接部位表皮氧化层，刮削厚度宜为0.1～0.2mm。③检查电熔鞍形管件鞍形面与管道连接部位的适配性，采用支座固定管道连接部位的管段。④通电前将电熔鞍形管件用专用夹具固定在管道连接部位。⑤通电加热时的电压或电流、加热时间等焊接参数应符合电熔连接机具和电熔鞍形管件生产企业的规定。⑥焊接完成后应自然冷却，冷却期间，不得拆开夹具，不得移动连接件或在连接件上施加任何外力。⑦支管进行强度试验和气密性试验合格后方可钻孔操作。

电熔承插连接接头的质量检验应符合以下五条规定：①当出现不符合的情况时应判定为不合格，即电熔管件与管材或插口管件的轴线应对正；②管材或插口管件在电熔管件端口处的周边表面应有明显的刮皮痕迹；③电熔管件端口的接缝处不应有熔融料溢出；④电熔管件内的电阻丝不应被挤出；⑤从电熔管件上的观察孔中应能看到指示柱移动或有少量熔融料溢出但溢料不得呈流淌状。

电熔鞍形连接接头的质量检验应符合以下五条规定：①当出现不符合的情况时应判定为不合格，即电熔鞍形管件周边的管道表面上应有明显的刮皮痕迹；②鞍形分支或鞍形三通的出口应垂直于管道的中心线；③管壁不应塌陷；④熔融料不应从鞍形管件周边溢出；⑤从鞍形管件上的观察孔中应能看到指示柱移动或有少量熔融料溢出但溢料不得呈流淌状。

4）钢塑转换管件连接。钢塑转换管件的聚乙烯管端与聚乙烯管道或管件的连接应符合相关规范中热熔连接或电熔连接的相关规定。钢塑转换管件的钢管端与金属管道的连接应符合现行国家标准《工业金属管道工程施工规范》（GB 50235）等对钢管焊接或法兰连接的规定。钢塑转换管件的钢管端与钢管焊接时，应对钢塑过渡段采取降温措施，防止塑料与金属接合部位软化。钢塑转换管件连接后应对接头进行防腐处理，防腐等级应符合设计要求并检验合格。

5）钢塑转换法兰连接。金属管端的法兰盘与金属管道的连接应符合现行国家标准《工业金属管道工程施工规范》（GB 50235）等对金属管道法兰连接的规定和设计要求。法兰密封选用橡胶垫片，垫片质量应符合《钢制管法兰、垫片、紧固件》（HG/T 20592～20635）的相关规定。法兰连接件与聚乙烯管道的连接应符合以下两条规定：①应将法

兰盘套入待连接的法兰连接件的端部；②应按相关规定的热熔连接或电熔连接的要求，将法兰连接件平口端与聚乙烯管道进行连接。在两法兰盘上螺孔应对中法兰面相互平行，螺栓孔与螺栓直径应配套，螺栓规格应一致，螺母应在同一侧；紧固法兰盘上的螺栓应按对称顺序分次均匀紧固，不应强力组装；螺栓拧紧后宜伸出螺母1～3丝扣；法兰盘在静置8～10h后应二次紧固。法兰密封面、密封件不得有影响密封性能的划痕、凹坑等缺陷，材质应符合输送城镇燃气的要求。法兰盘、紧固件应经防腐处理并应符合设计要求。

5.1.5　管道敷设

1）基本规则。聚乙烯燃气管道敷设应符合现行国家标准《城镇燃气输配工程施工及验收标准》（GB/T 51455）的相关规定。聚乙烯燃气管道水平定向钻法敷设应符合现行行业标准《城镇燃气管道穿跨越工程技术规程》（CJJ/T 250）的相关规定。聚乙烯燃气管道敷设时，管道的允许弯曲半径不应小于25倍公称直径；当弯曲管段上有承插接口时，管道的允许弯曲半径不应小于125倍公称直径。管道在漂浮状态下不得回填；管道在地下水位较高的地区或雨季施工时应采取降低水位或排水措施，及时清除沟内积水。当采用水平定向钻方式敷设时宜将示踪线牢固绑在管道上一起敷设；当采用插入管方式敷设时，可不敷设警示带和示踪线，但应采用地面标志等方法进行标识。

2）管道埋地敷设。对于开挖沟槽敷设的管道（不包括喂管法埋地敷设）应在沟底标高和管基质量检查合格后方可敷设。管道沟槽的开挖应严格控制基底高程，不得扰动基底原状土层；基底设计标高以上150mm的原状土应在铺管前采用人工方式清理至设计标高。

管道地基的处理应符合以下四条规定：①对于软土地基，当地基承载能力不满足设计要求或由于施工降水、超挖等原因导致地基原状土被扰动而影响地基承载能力时应按设计要求对地基进行加固处理；在达到规定的地基承载能力后，再铺垫大于或等于150mm中粗砂基础层。②当沟槽底为岩石或坚硬物体时，铺垫中粗砂基础层的厚度应大于或等于150mm。③在地下水水位较高、流动性较大的场地内，当管道周围土体可能发生细颗粒土流失的情况时应沿沟槽在底部和两侧边坡上铺设土工布加以保护，且土工布单位面积的质量不宜小于250g/m^2。④当同一敷设区段内的地基刚度相差较大时应采用换填垫层或其他有效措施减少管道的差异沉降，垫层厚度应视场地条件确定，但不应小于300mm。

管道沟槽的沟底宽度和工作坑尺寸应根据现场实际情况和管道敷设方法确定可按相关规范中的公式计算，即单管敷设（沟边连接）时，$a=d_n+0.3$；双管同沟敷设（沟边连接）时，$a=d_{n1}+d_{n2}+s+0.3$，其中，a为沟底宽度（m）；d_n为管道公称外径（m）；d_{n1}为第一条管道公称外径（m）；d_{n2}为第二条管道公称外径（m）；s为两管之间设计净距（m）。当管道必须在沟底连接时可采用挖工作坑或加大沟底宽度的方法，以满足连接机具工作的需要。

聚乙烯燃气管道下管时，不得采用金属材料直接捆扎和吊运管道，并应防止管道划伤、扭曲，且防止管道出现过大的拉伸和弯曲。聚乙烯燃气管道宜呈蜿蜒状敷设，并可随地形在一定的起伏范围内自然弯曲敷设；管道的弯曲半径应符合相关规范的规定，不得使用机械或加热方法弯曲管道。

示踪线、地面标志、警示带、保护板的敷设和设置应符合以下四方面要求：①示踪线

应敷设在聚乙烯燃气管道的正上方并应有良好的导电性和有效的电气连接，示踪线上应设置信号源井可以利用邻近聚乙烯管道的燃气阀门井做信号源井。②地面标志应随管道走向设置，并应符合国家现行标准《城镇燃气输配工程施工及验收标准》（GB/T 51455）和《城镇燃气标志标准》（CJJ/T 153）的相关规定。③警示带敷设应符合下列规定，即警示带宜敷设在管顶上方 300～500mm 处，但不得在路基或路面里；对于公称外径小于 400mm 的管道可在管道正上方敷设一条警示带，对于公称外径大于或等于 400mm 的管道应在管道正上方平行敷设两条水平净距 100～200mm 的警示带；警示带宜采用聚乙烯或不易分解的材料制造，颜色应为黄色且在警示带上印有醒目、永久性警示语。④保护板应有足够的强度，且上面应有明显的警示标识；保护板应敷设在管道上方距管顶大于 200mm、距地面 300～500mm 处，但不得在路基或路面里。

采用拖管法埋地敷设时，在管道拖拉的过程中，沟底不应有可能损伤管道表面的石块和尖凸物，拖拉长度不宜超过 300m；最大拖拉力可按式 $F=14\pi d_n^2/(3SDR)$ 计算，其中，F 为允许拖拉力（N）；d_n 为管道公称外径（mm）；SDR 为标准尺寸比。

管道敷设完毕并经外观检验合格后应及时进行沟槽回填，管道两侧和管顶以上的回填高度不宜小于 0.5m。管道沟槽回填应从管道两侧同时对称均衡进行，并应保证管道不产生位移。管道沟槽回填时不得回填淤泥、有机物或冻土，回填土中不得含有石块、砖及其他杂物。

管道回填施工应符合以下三条规定：①管底基础至管顶以上 0.5m 范围内应采用人工回填和轻型压实设备夯实方式，不得采用机械推土回填。②回填、夯实应分层对称进行，每层回填土的高度应为 200～300mm，不得单侧回填、夯实。③管顶 0.5m 以上采用机械回填压实时，应从管轴线两侧同时均匀进行，并夯实、碾压。

管道回填材料、回填土压实系数等应符合设计要求确定，设计无要求时应符合表 5-1-17的规定；回填土的压实系数，除设计要求采用重型击实标准外，其他皆以轻型击实标准试验获得最大干密度为 100%。沟槽回填土压实系数与回填材料如图 5-1-7 所示，2α 为设计计算基础支承角。

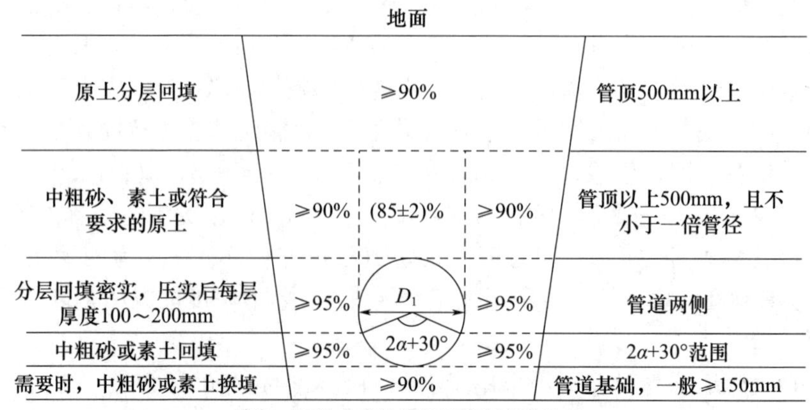

图 5-1-7　沟槽回填土压实系数和回填材料示意

表 5-1-17　沟槽回填土压实系数与回填材料

填土部位		压实系数	回填材料
管道基础	管底基础	85%～90%	中粗砂、素土
	管道有效支撑角范围	≥95%	
管道两侧		≥95%	中粗砂、素土或符合要求的原土
管顶以上 0.5m 内	管道两侧	≥90%	
	管道上部	85%±2%	
管顶 0.5m 以上		≥90%	原土

对于埋深无法满足前述要求的中压和低压庭院管道，可采取砌筑沟槽保护等方法敷设；当采用砌筑沟槽方式敷设时，沟槽中的管道应自然蜿蜒敷设，且管道四周的沟槽内应填满砂，沟槽上部应加设盖板；对于高出地表的沟槽，还应加设醒目标志。

3）插入管敷设。本部分内容适用于外径不大于旧管内径 90%的直管段插入管的敷设；插入管敷设应符合现行行业标准《城镇燃气管道非开挖修复更新工程技术规程》（CJJ/T 147）的相关规定。插入的起止段应开挖工作坑，其长度应满足施工要求，并应保证管道的弯曲半径符合相关规定，每次插入敷设的管道长度不宜超过 300m。管道插入前应使用清管设备清除旧管内壁的沉积物、尖锐毛刺、焊瘤和其他杂物，并采用压缩空气吹净管内杂物；必要时应采用管道内窥镜检查旧管内壁污物和尖锐毛刺情况或采用将检查用聚乙烯管段拉过旧管，通过检查表面划痕来判断旧管内壁污物和尖锐毛刺情况。插入敷设的管道采用热熔连接或电熔连接时应符合相关规定。管道插入前应对已连接管道的全部焊缝逐个进行检查，热熔对接接头应进行 100%焊口卷边切除检查。插入敷设时应在旧管插入端口加装一个硬度较小的漏斗形导滑口。插入管伸出旧管端口的长度应满足管道缩径恢复、管道收缩和管道连接的要求，并应稍长于旧的修复管段。在两个插入段之间应留出冷缩余量和管道不均匀沉降余量，并应在每段的适当位置加以固定；在插入管与旧管之间的环形空间和各管段的端口应采用柔性材料进行封堵；管段之间的旧管开口处应设套管进行保护。对于两个插入管之间的连接和在插入管上接出支管的操作应在管道插入至少 24h，且插入管的应力变形恢复后方可进行。

5.1.6　试验与验收

1）基本规则。管道的试验与验收应符合现行国家标准《城镇燃气输配工程施工及验收标准》（GB/T 51455）的相关规定。

管道安装完毕后应依次进行管道吹扫、强度试验和严密性试验，并应符合以下三方面规定：①采用开槽敷设的聚乙烯管道应在回填土回填至管顶 0.5m 以上后，依次进行吹扫、强度试验和严密性试验。②采用水平定向钻敷设和插入法敷设的聚乙烯管道应在敷设前对管段依次进行吹扫、强度试验和严密性试验；在吹扫和试验前，应对管道采取临时安全加固措施；在回拖或插入后，应随同管道系统再次进行严密性试验。③采用管沟敷设的聚乙烯管道应在管道填沙并加盖保护盖板后，依次对管道进行吹扫、强度试验和严密性试验。

管道吹扫、强度试验和严密性试验的介质可采用压缩空气、氮气或惰性气体，其温度不宜超过 40℃；当采用压缩空气时，在压缩机的出口端应安装油水分离器和过滤器；聚乙烯阀门的放散口不得作为试验介质的进、出气口。在管道吹扫、强度试验和严密性试验时，管道应与无关的系统和已运行的系统隔离，并应设置明显标志，不得采用关闭阀门的方式进行隔离。

在进行强度试验和严密性试验前，管道系统应具备以下六方面条件：①应编制完成强度试验和严密性试验的试验方案；②管道系统安装检查应合格；③管件的支墩和锚固设施已达到设计强度，未设支墩及锚固设施的弯头和三通已采取加固措施，压力试验的进气口已固定牢固；④试验管段的所有敞口应封堵完毕，且不得采用阀门作为堵板；⑤管道试验段的所有阀门应全部开启；⑥管道应吹扫完毕。进行强度试验和严密性试验时，漏气检查可使用洗涤剂或肥皂液等，检查完毕后，应及时用水冲去管道上的洗涤剂或肥皂液。聚乙烯管道进行强度试验和严密性试验时，必须待压力降至大气压后，方可对所发现的缺陷进行处理，处理合格后应重新进行试验。对于无法进行强度试验和严密性试验的碰头焊口，应进行带气检漏；对于热熔对接焊口还应进行100%卷边切除检查。阀门和凝水缸在正式安装前，应按其产品标准要求单独进行强度试验和严密性试验检查。

2）管道吹扫。管道安装完毕后，应由施工单位负责组织吹扫工作，并应在吹扫前编制吹扫方案。吹扫口应设置在开阔地段，并应对吹扫口采取加固措施；排气口应采用金属阀门并进行接地；吹扫时应划定工作区和安全区，吹扫出口处严禁站人。吹扫压力不应大于管道的设计压力，且不应大于0.3MPa，气体流速不宜小于20m/s。每次吹扫管道的长度应根据吹扫介质、压力、气量确定，且不宜大于1000m。当管道长度大于200m，且无其他管段或储气容器可利用时应在适当部位安装分段吹扫阀，采取分段储气、轮换吹扫；当管道长度不大于200m时可采用管道自身储气放散的方式吹扫。吹扫口与地面的夹角应为30°～45°，吹扫口管段与被吹扫管段应采取平缓过渡焊接方式连接，吹扫口直径应符合表5-1-18的规定。调压器、凝水缸、阀门等装置不应参与吹扫应待吹扫合格后再进行安装。当目测排气无烟尘时，应在排气口处设置白布或涂白漆木的靶板进行检验，5min内靶上无尘土、塑料碎屑等杂物为合格；吹扫应反复进行，直至确认吹净，同时应做好记录。在吹扫合格、设备复位后，不得再进行影响管内清洁的作业。

表5-1-18　吹扫口直径（mm）

末端管道公称外径 d_n	$d_n<160$	$160\leqslant d_n\leqslant 315$	$d_n\geqslant 355$
吹扫口公称外径	与管道同径	≥160	≥250

3）强度试验。管道系统应分段进行强度试验，试验管道长度不宜超过1000m。强度试验用的压力计应在校验有效期内，其量程应为试验压力的1.5～2倍，其精度不得低于1.5级。强度试验压力应为设计压力的1.5倍，且最低试验压力应符合以下两条规定，即SDR_{11}聚乙烯管道不应小于0.40MPa；SDR_{17}聚乙烯管道不应小于0.20MPa。进行强度试验时，压力应缓慢上升，当升至试验压力的50%时应进行初检；如无泄漏和异常现象，则应继续缓慢升压至试验压力；达到试验压力后宜在稳压1h后观察压力计，当在30min内无明显压力降时，可认定为合格。对于经分段试压合格管段之间的接头，经外观检验合格后，可不再进行强度试验。

4）严密性试验。聚乙烯管道严密性试验应按现行国家标准《城镇燃气输配工程施工及验收标准》（GB/T 51455）的规定执行。聚乙烯燃气管道严密性试验的稳压时间应在满足以下两方面要求后方可进行压力记录：①当设计压力不大于 0.4MPa 时应稳压 24h；②当设计压力大于 0.4MPa 时应稳压 48h。

5）工程竣工验收。聚乙烯燃气管道工程的竣工验收应按现行国家标准《城镇燃气输配工程施工及验收标准》（GB/T 51455）的规定执行。工程竣工资料除应符合现行行业标准《城镇燃气输配工程施工及验收标准》（GB/T 51455）的规定外，还应包括以下五方面检验合格记录：①聚乙烯管道熔接记录（表 5-1-19）；②焊口编号示意图（表 5-1-20）；③热熔对接焊口卷边切除检查记录（表 5-1-21）；④示踪线竣工验收检查记录（表 5-1-22）；⑤水平定向穿越竣工后，需要提交测量报告和测量成果图。

表 5-1-19　聚乙烯管道熔接记录表

工程名称：　工程编号：　施工单位：　施工地点： 焊接环境：　晴/雨：　气温：　风力：　焊口使用材料批号：											
熔口编号	焊工姓名	焊工证号	熔接日期	管径/壁厚（mm）	熔接形式	熔接温度或熔接电压	熔接时间（s）	冷却时间（min）	卷边高度/宽度或插入深度（mm）	溢出料溢出情况	备注
1											
2											
3											
…											
施工员						质检员			监理（建设单位现场员）		

表 5-1-20　焊口编号示意

编号： 示意图																		
焊口编号																		
卷边切除检查编号																		
管线长度																		

表 5-1-21　热熔对接焊口卷边切除检查记录表

编号：												
卷边切除检查编号	卷边切除操作人	检查时间	焊口切除前检查情况		卷边实心圆滑根部较宽	卷边切除处存在缺陷				背弯实验情况		
			卷边对称性	接头对正性		杂质	气孔	扭曲	损坏	开裂	裂缝	接缝处熔合线
质检员						监理						

表 5-1-22　示踪线竣工验收检查记录表

工程名称： 施工承包单位：　　　　　　　检查日期：							
序号	起点（信号井编号）	终点（信号井编号）	长度（m）	接头数量（个）	示踪线外观检查 1	接头紧密性检查 2	导电性检查 3
建设单位			监理单位			施工单位	

注：外观检查要求示踪线外防腐层无破损、打结。接头紧密性检查应使用专用连接器，连接接头应结合严密，无松脱、金属线裸露等情况。导通性检查应通过检测电流或电阻确定，无断路、无电流/电阻值异常为合格

5.2　城镇燃气报警控制系统

5.2.1　宏观要求

燃气工程建设应保障城镇燃气报警控制系统使用中的人身和公共安全，防止和减少由于燃气泄漏或不完全燃烧造成的人身伤害及财产损失。本节内容适用于新建、改建、扩建使用城镇燃气的居民用户、商业用户、工业用户燃气自动报警控制系统的设计、施工、验收及使用和维护；本节内容适用于城镇燃气输配系统中的储备站、门站、调压站及液化石油气供应站等。城镇燃气报警控制系统的设计、施工、验收及使用和维护应符合国家现行有关标准的规定。

燃气报警控制系统是指由可燃气体探测器、可燃气体报警控制器、紧急切断装置等组成的系统；燃气报警控制系统分为集中和独立两种，分类组成见本书第 5.2.6 节。集中燃气报警控制系统是指由点型可燃气体探测器、可燃气体报警控制器、紧急切断阀或智能燃气计量器、手动报警触发装置等组成的燃气报警控制系统。独立燃气报警控制系统是指由独立式可燃气体探测器、紧急切断阀或智能燃气计量器等组成的燃气报警控制系统。点型可燃气体探测器是指当被测区域空气中可燃气体的浓度达到报警设定值时，能发出报警信号并和可燃气体报警控制器共同使用的设备。独立式可燃气体探测器是指当被测区域空气中可燃气体的浓度达到报警设定值时，发出声、光报警信号并输出控制信号的可燃气体探测器。可燃气体报警控制器是指接收点型可燃气体探测器及手动报警触发装置信号，能发出声、光报警信号来指示报警部位并予以保持的设备。智能燃气计量器是指当接收到可燃气体探测器的报警信号时，自动切断气源的燃气计量器。紧急切断阀是指当接收到控制信号时，自动切断燃气气源并手动复位的阀门。手动报警触发装置是指由人工直接启动，向可燃气体报警控制器发出报警信号的设备。密闭空间是指地上无窗或窗仅用作采光的密闭房间，且没有天然通风孔等，也包括在有梁的建筑物里当梁突出顶棚的高度超过 600mm 时被梁隔断的区域空间。释放源是指可释放能形成爆炸性混合物的物质或有毒气体的所在位置。变形缝是指建筑物为克服热胀冷缩而预留的间隙。

5.2.2　设计

1）基本规则。城镇燃气报警系统应根据燃气种类选择可燃气体探测器。在可能产生一氧化碳的场所应选择燃气和一氧化碳探测器或复合探测器，并根据使用场所及现场环境来确定使用防爆型还是非防爆型探测器；紧急切断阀及手动报警触发装置应为防爆型产品。可燃气体报警控制器的设计容量宜留有一定余量。燃气报警控制系统的设备应采用经国家有关产品质量监督检测单位检验合格的产品，可燃气体探测器的工作期限应保证在三年以上，紧急切断阀的工作期限不应低于 10 年。设计图纸应包括系统图、设备布置平面图、接线图、安装图及设计说明等。

2）设置要求。以下八类建筑物和场所必须设置集中燃气报警控制系统：①高层民用建筑设计防火规范中的一类建筑；②瓶装液化石油气瓶组间；③燃气锅炉房；④加气站；⑤设有燃气燃烧器具或有燃气管线通过的地下室、半地下室；⑥设有正常工作时无人操作的燃气燃烧器具的场所；⑦大型综合商业设施及在生产过程中使用燃气作为加工手段的工业场所；⑧使用中压以上燃气燃烧器具的场所，城镇燃气输配系统中的储备站、门站、调压站等。

以下七类建筑物和场所应设置燃气报警控制系统：①高层民用建筑设计防火规范中的二类建筑；②使用液化气及液化气罐的住宅；③企、事业单位的公共厨房、开水房；④餐厅饮食店、理发店、浴室、洗衣房、幼儿园等使用燃气的商业设施；⑤使用燃气的火锅店；⑥高层建筑的设备层；⑦使用燃气供暖、加热的工业场所。

设有电梯的住宅、多层住宅，以及连体单层住宅及其他使用燃气设备的场所宜设置燃气报警控制系统。安装有燃气管线、燃气燃烧器具的密闭空间应设置可燃气体探测器。在有吊顶的场所，吊顶上下分别设有燃气设施或燃气管道时，吊顶上下均应设置可燃气体探测器。当燃气计量器、阀门等设备设置在吊柜或地柜中时，吊柜或地柜应设有百叶窗，柜中和外部应分别设可燃气体探测器。在密闭阳台上设热水器、壁挂炉、灶具等燃气器具时，密闭阳台应设置可燃气体探测器。

居民厨房设置可燃气体探测器时，其位置应离开灶具及排风口 0.5m 以外；当使用液化石油气或比重大于 0.75 的混合气时，探测器应安装在厨房离地不应大于 30cm 的墙上，当使用天然气或比重小于 0.75 的混合气时，探测器应吸顶安装或装于距天花板小于 30cm 的墙上；对现有居民住宅的暗厨房，除应按上述要求安装外，还应在使用燃气的同时自动启动排风装置。

在一个密闭空间内，当任意两点间的最远水平距离在 8m 内时，可设一个可燃气体探测器，并应符合以下三方面规定：①当使用液化石油气或比重大于 0.75 的混合气时可燃气体探测器距释放源中心的水平安装距离不应大于 4m，且不得小于 0.5m；距离地面不应大于 30cm，距门不应小于 0.5m。②当使用天然气、人工煤气或相对密度小于 0.75 的混合气时可燃气体探测器距释放源中心的安装距离不应大于 8m，且不得小于 1m；距离天花板不应大于 30cm 或吸顶安装；距通风口、窗户应大于 0.5m。③一氧化碳探测器距释放源中心的水平安装距离不应大于 8m，且不得小于 1m；距离天花板不应大于 30cm 或吸顶安装；距通风口、窗户应大于 0.5m。

在一个密闭空间内，当任意两点间的水平距离超过 8m 时可设置两个或多个可燃气体

探测器，并应符合以下三方面规定：①当使用石油液化气或相对密度大于0.75的混合气时可燃气体探测器距释放源中心的水平安装距离不应大于3m，两探测器安装间隔不应大于6m宜设置在墙角等空气不流通的部位。②当使用天然气、人工煤气或相对密度小于0.75的混合气时可燃气体探测器距释放源中心的安装距离不应大于4m，两探测器安装间隔不应大于8m，距通风口、窗户应大于0.5m；当空间高度超过4m时应设置集气罩或分层设置探测器。③集气罩应设置在距释放源上方4m左右的位置，集气罩面积不得小于$1m^2$，探测器安装在集气罩内；当不设集气罩时可分上下两层设置探测器，上层距顶板0.3m内，下层距释放源上方4m左右。

当密闭空间为狭长形状，其横截面积小于$4m^2$时，两探测器安装间距不应大于15m。在一个较大的空间中，燃气设施及燃气用具只占一部分或呈条状时，可对释放源实施局部保护。在燃气输配的储备站、门站等露天、半露天场所，探测器宜布置在可燃气体释放源的全年最小频率风向的上风侧，其与释放源的距离不应大于15m；当探测器位于释放源的最小频率风向的下风侧时，其与释放源的距离不应大于5m；当燃气输配设施位于密闭或半密闭厂房内，每隔15m可设置探测器，且探测器距任意一释放源不应大于7.5m。

紧急切断阀、手动报警触发装置、排风装置设置部位应符合以下四方面规定：①紧急切断阀应设置在燃气管道进入建筑物的引入管总阀后、高层和多层住宅的一层引入管处、商业用户用气设施、居民厨房的燃气计量器前。②当使用智能燃气计量器时应选用智能计量器中的快速切断阀。③手动报警触发装置宜设置在被保护区的出入口处，且从被保护区域任何位置到最近的一个手动报警触发装置的距离不应大于30m。④地下室、半地下室、设备层应设排风装置，并应与燃气报警控制系统联锁。

可燃气体报警控制器应设置在有专人值班的消防控制室或值班室；消防控制室或值班室应设有直拨电话。

3）设计要求。安装两个以下可燃气体探测器的场所，可使用独立燃气报警控制系统；安装三个及以上可燃气体探测器场所应使用集中燃气报警控制系统。对不设电梯的多层住宅、操作间两点直线距离不超过8m的单层餐厅可设独立式可燃气体探测器；小型餐饮店的液化石油气储瓶间可设置独立式防爆型可燃气体探测器。居民住宅厨房、企事业单位和商业用户的厨房操作间，除地下室的设备层可选用非防爆可燃气体探测器外，其他设置场所均应选用防爆型可燃气体探测器；探测液化石油气等相对密度大于0.75的气体时应选用防爆或外壳防护等级不得小于IP54的可燃气体探测器。露天安装的可燃气体探测器应采取防晒和防雨淋措施。选用的外置紧急切断阀应能手动关阀。每个集中燃气报警控制系统至少应设置一个手动报警触发装置。集中燃气报警控制系统至少应设置一套声光警报装置，并应安装在主要出入口的正上方。阀门驱动装置到紧急切断阀的距离不应大于20m。

5.2.3 施工

1）基本规则。城镇燃气报警控制系统的施工应按照批准的工程设计文件和施工技术标准进行。城镇燃气报警控制系统施工前应具备系统图、设备布置平面图、接线图、安装图及设计说明等必要的技术文件。城镇燃气报警控制系统中的电气部分应由具有消防工程施工资质的单位承担；紧急切断阀、智能燃气计量器应由具有燃气管道施工资质的单位承担。在城镇燃气报警控制系统施工过程中，施工单位应做好施工、检验、调试、设计变更

等相关记录。城镇燃气报警控制系统施工结束后，施工方应对系统的安装质量进行检查和调试。

2）质量管理。城镇燃气报警控制系统的分部、分项工程应按本书第5.2.6节划分。城镇燃气报警控制系统的施工应按设计要求编写施工方案；施工现场应具有必要的施工技术标准、健全的施工质量管理体系和工程质量检验制度，并应按本书第5.2.6节填写有关记录。城镇燃气报警控制系统施工前应具备以下三方面条件：①设计单位应向施工、建设、监理单位明确相应技术要求；②系统设备、材料及配件齐全，并能保证正常施工；③施工现场使用的水、电、气应能满足正常施工要求。

设备、材料进场检验应符合以下两方面规定：①进入施工现场的设备、材料及配件应用清单、使用说明书；②质量合格证明文件、国家法定质检机构的检验报告等文件，并应合适其有效性。其技术指标应符合设计要求。进口设备应具备国家规定的市场准入资质，资质不全的设备应上报国家相关管理机关，批准后方可使用。

城镇燃气报警控制系统质量控制资料应按本书第5.2.6节填写。城镇燃气报警控制系统的施工过程质量控制应符合以下六方面规定：①各工序应按施工技术标准进行质量控制，每道工序完成后应进行检查，合格后方可进入下道工序。②相关各专业工种之间交接时应进行检验，交接双方应共同检查确认工程质量并经监理工程师签证后方可进入下道工序。③系统安装完成后，施工单位应按相关专业规定进行调试。④系统调试完成后，施工单位应向建设单位提交质量控制资料和各类施工过程质量检查记录。⑤施工过程质量检查应由监理单位组织施工单位人员完成。⑥施工过程质量检查记录应按本书第5.2.6节填写。

3）布线。城镇燃气报警控制系统的布线应符合现行国家标准《建筑电气工程施工质量验收规范》（GB 50303）的规定；燃体报警控制系统的传输线路的线芯截面选择，除应满足设备使用说明书中技术条件的要求外，还应满足机械强度的要求；铜芯绝缘导线、铜芯电缆线芯的最小截面面积不应小于表5-2-1的规定。

表5-2-1　铜芯绝缘导线和铜芯电缆线芯的最小截面面积

类别	线芯的最小截面面积（mm^2）
穿管敷设的绝缘导线	1.00
线槽内敷设的绝缘导线	0.75
多芯电缆	0.50

城镇燃气报警控制系统在防爆区域布线时应符合现行国家标准《爆炸性环境 第15部分：电气装置的设计、选型和安装》（GB/T 3836.15）的规定。城镇燃气报警控制系统的绝缘导线和电缆均应敷设在导管或线槽内，在暗设导管或线槽内的布线应在建筑抹灰及地面工程结束后进行；导管内或线槽内不应有积水及杂物。城镇燃气报警控制系统应单独布线，系统内不同电压等级、不同电流类别的线路不应布在同一导管内或线槽的同一槽孔内。导线在导管内或线槽内不应有接头或扭结，导线的接头应在接线盒内焊接或用端子连接。从接线盒和线槽等处引到探测器和控制器等设备的导线在采用金属软管保护时，其长度不应大于2m。敷设在多尘或潮湿场所管路的管口和管子连接处应做密封处理。接线盒的安装除便于接线外，还应符合以下四条规定：①管路无转弯时，其间隔不大于30m；

②管路有 1 处转弯时，其间隔不大于 20m；③管路有 2 处转弯时，其间隔不大于 10m；④管路有 3 处转弯时，其间隔不大于 8m。

金属导管在接线盒外侧应套锁母，内侧应装护口；在吊顶内敷设时，接线盒的内外侧均应套锁母；塑料导管在接线盒处应采取固定措施。导管和线槽明设时应采用单独的卡具吊装或支撑物固定，吊装线槽或导管的吊杆直径不应小于 6mm。卡具的吊装点或支撑物的支点的设置应符合以下四条规定：①线槽始端、终端及接头处；②距接线盒 0.2m 处；③线槽转角或分支处；④直线段不大于 3m 处。线槽接口应平直、严密，槽盖应齐全、平整、无翘角；并列安装时，槽盖应便于开启。管线跨越建筑物的变形缝处应采取补偿措施，其两侧应固定。城镇燃气报警控制系统导线敷设后应采用 500V 兆欧表测量每个回路导线对地的绝缘电阻，该绝缘电阻值不应小于 20MΩ。同一工程中的导线应根据不同用途选不同颜色区分，相同用途的导线颜色应一致；电源线正极应为红色，负极应为蓝色或黑色。

4）安装。可燃气体报警控制器的安装部位应符合相关规范的要求，可燃气体报警控制器在墙上安装时，其底边距地面高度宜为 1.3～1.5m，其靠近门轴的侧面距墙不应小于 0.5m，操作面应有 1.2m 宽的操作距离；落地安装时，其底边宜高出地面 0.1～0.2m；可燃气体报警控制器应安装牢固，不应倾斜，其安装在轻质墙上时，应采取加固措施。

引入控制器的电缆或导线应符合以下六条要求：①配线应整齐，不宜交叉，并应固定牢靠；②电缆芯线和所配导线的端部均应标明编号并与图纸一致，字迹应清晰且不易褪色；③端子板的每个接线端，接线不得超过 2 根；④电缆芯和导线应留有不小于 200mm 的余量；⑤导线应绑扎成束；⑥导线穿管、线槽后应将管口、槽口封堵。

可燃气体探测器安装应符合以下四方面要求：①探测器在即将调试时方可安装，在调试前应妥善保管，并应采取防尘、防潮、防腐蚀措施。②安装部位应符合相关规范的要求，探测器应安装牢固，与导线连接时必须可靠压接或焊接；当采用焊接时，不应使用带腐蚀性的助焊剂。③探测器连接导线应留有不小于 150mm 的余量，且在其端部应有明显标志。④探测器穿线孔宜封堵，安装完毕的探测器应采取保护措施。

手动报警触发装置安装应符合以下三条要求：①安装部位应符合相关规范的要求，当安装在墙上时其底边距离地面高度宜为 1.3～1.5m；②应安装牢固，不倾斜；③连接导线应留有不小于 150mm 的余量且在其端部应有明显标志。系统接地应符合以下两条要求：①系统中使用 36V 以上交直流电源设备的金属外壳应有接地保护，接地线应与电气保护接地干线（PE）相连接；②接地装置施工完毕后应测量接地电阻并作记录，其接地电阻应小于 4Ω。

配套设备的安装应符合以下三条要求：①输入模块、输出控制模块距离信号源设备和被联动设备不宜超过 20m；②当采用金属软管对连接线作保护时应采用管卡固定，其固定点间距不应大于 0.5m；③阀门、风机等设备的手动控制装置应按手动报警触发装置的要求安装；声光报警装置应安装在距地面 3m 左右且无遮挡的地方。

5）系统调试。调试准备应符合以下六方面要求：①应按设计要求查验设备的规格、型号、数量等；②应按相关规范的要求检查系统的施工质量，对施工中出现的问题应会同有关单位协商解决并应有文字记录；③应按相关规范的要求检查系统线路，对错线、开路、虚焊、短路、绝缘电阻小于 20MΩ 等应采取相应的处理措施；④对系统中的可燃气体报警控制器、紧急切断阀、风机等设备应分别进行单机通电检查；⑤配套设备的调试应与关联设备共同进行；⑥用于测试可燃气体探测器的气体应与被探测的气体相同。

可燃气体报警控制器调试应符合以下两方面要求：①应切断可燃气体报警控制器的所有外部控制连线，将任一回路可燃气体探测器与控制器相连接后，方可接通电源。②可燃气体报警控制器应按现行国家标准《可燃气体报警控制器》（GB 16808）的有关要求进行以下功能试验并应满足标准要求，包括自检功能和操作级别；控制器与探测器之间的连线断路和短路时控制器应在100s内发出故障信号；在故障状态下使任一非故障探测器发出报警信号，控制器应在1min内发出报警信号并应记录报警时间，再使其他探测器发出报警信号检查控制器的再次报警功能；消声和复位功能；控制器与备用电源之间的连线断路和短路时控制器应在100s内发出故障信号；高限报警或低、高两段报警功能；报警设定值的显示功能；控制器最大负载功能，使至少四只可燃气体探测器同时处于报警状态（探测器总数少于四只时使所有探测器均处于报警状态）；主、备用电源的自动转换功能并在备用电源工作状态下重复检查。

可燃气体探测器调试应符合以下两方面要求：①使用符合本书第5.2.6节要求的现场检验设备使可燃气体探测器报警；②记录报警动作值，并根据本书第5.2.6节的规定判定是否合格。可燃气体探测器应全部进行测试。

手动报警触发装置调试应符合以下两方面要求：①对可恢复的手动报警触发装置，施加适当的推力使触发装置动作，手动报警触发装置应发出报警信号。②对不可恢复的手动报警触发装置应采用模拟动作的方法使其发出报警信号（当有备用启动零件时，可抽样进行动作试验），手动报警触发装置应发出报警信号。

紧急切断阀调试应符合以下两条要求：①按紧急切断阀的所有联动控制逻辑关系，使相应探测器报警，在规定的时间内紧急切断阀应动作；②手动开关阀门三次，阀门应工作正常。系统备用电源调试应符合以下两条要求：①检查系统中各种控制装置使用的备用电源容量应与设计容量相符；②备用电源至少应保证设备工作2h。声光警报及排风装置调试应符合以下三方面要求：①按声光警报的所有联动控制逻辑关系使相应探测器报警，在规定的时间内声光警报应正常工作；②按排风装置的所有联动控制逻辑关系使相应探测器报警，在规定的时间内排风装置应正常工作；③声光警报及排风装置有手动控制设备时手动控制设备应能正常工作。系统联调应符合以下两方面要求：①应按设计要求进行系统联调；②城镇燃气报警控制系统在连续运行120h无故障后应按本书第5.2.6节的规定填写调试记录表。

5.2.4 验收

1）基本规则。城镇燃气报警控制系统竣工后建设单位应负责组织施工、设计、监理、消防等相关单位进行验收，验收不合格不得投入使用。城镇燃气报警控制系统工程验收应包括施工调试时所涉及的全部设备，可以分项目进行并应填写相应的记录。系统中各装置的验收应满足以下四条要求：①各类用电设备主、备用电源的自动转换装置应进行三次转换试验，每次试验应合格；②可燃气体报警控制器应按实际安装数量全部进行功能检验；③可燃气体探测器应全部检验；手动报警触发装置、紧急切断阀及排风机应全部检验。

2）验收。系统验收时，施工单位应提供以下五方面技术文件：①竣工验收申请报告、

设计文件、竣工图；②工程质量事故处理报告；③施工现场质量管理检查记录；④城镇燃气报警控制系统施工过程质量管理检查记录；⑤城镇燃气报警控制系统的检验报告、合格证及相关材料。城镇燃气报警控制系统验收前，建设单位和使用单位应进行施工质量检查，同时确定安装设备的位置、型号、数量，抽样时应选择具有代表性、作用不同、位置不同的设备。系统布线检验应符合现行国家标准《建筑电气工程施工质量验收规范》(GB 50303) 的规定；防爆场所应符合现行国家标准《爆炸性环境 第15部分：电气装置的设计、选型和安装》(GB/T 3836.15) 的要求。手动报警触发装置的验收应符合以下三条要求：①手动报警触发装置的安装应满足相关规范的要求；②手动报警触发装置的规格、型号、数量应符合设计要求；③施加适当推力或模拟动作时手动报警触发装置应能发出报警信号。可燃气体报警控制器的验收应符合以下三条要求：①安装应满足相关规范要求；②规格、型号、容量、数量应符合设计要求；③功能验收应按相关规范规定逐项检查并应符合要求。可燃气体探测器的验收应符合以下三条要求：①安装应满足相关规范要求；规格、型号、数量应符合设计要求；②功能验收应按相关规范逐项检查并应符合要求；③系统备用电源的验收应符合下列要求，即电源的容量应满足相关标准和设计要求，工作时间应满足相关标准和设计要求。系统性能的要求应符合本节内容和设计说明规定的联动逻辑关系要求。配套设施的验收应符合以下三方面要求：①安装位置正确，功能正常；②手动关阀功能应试验三次；③应提交阀门的安装合格报告，在系统验收时阀门在电控和手动两种情况下正常工作。验收不合格的设备和管线应修复或更换并应进行复验，复验时对有抽验比例要求的应加倍检验。验收合格后应按本书第5.2.6节来填写验收记录。

5.2.5 使用与维护

1）基本规则。城镇燃气报警控制系统的管理操作和维护应由经过专门培训的人员负责，不得私自改装、停用、损坏城镇燃气报警控制系统。城镇燃气报警控制系统正式启用时，应具有以下四方面文件资料：①系统竣工图及设备的技术资料；②系统的操作规程及维护保养管理制度；③系统操作员名册及相应的工作职责；④值班记录和使用图表。可燃气体探测器及紧急切断阀在达到使用期限三个月前应通知使用方办理更换手续，在达到使用寿命的当月或前后一个月予以更换，不得超期使用。

2）使用和维护。每日应检查可燃气体报警控制器的功能，并应按本书第5.2.6节的要求填写相应的记录。可燃气体报警控制系统设备（可燃气体探测器除外）的功能，每半年应检查一次，并按本书第5.2.6节规定填写检查登记表。非防爆室内型可燃气体探测器在规定的使用期内的中后期，应对本书第5.2.6节的设备至少检查一次，其报警动作值应符合本书第5.2.6节的要求；声光警报信号正常、紧急切断阀自动关闭、手动开启功能正常；记录检测结果，更换不合格产品；当不合格产品超过30%时，应更换全部产品。防爆型可燃气体探测器每年应对本书第5.2.6节的设备检查一次，其报警动作值应符合本书第5.2.6节的规定，报警控制器能收到报警信号并应正确显示，联动设备动作正常，记录检测结果，维修或更换不合格产品。探测器每次检查完后应在探测器上贴上标识并注明检查的日期。检查探测器报警动作值的专用设备，必须经国家有关部门鉴定认可；其技术指标不应低于本书第5.2.6节的规定。

5.2.6　其他

城镇燃气报警控制系统组成如表5-2-2所示。城镇燃气报警控制系统分部、子分部、分项工程划分如表5-2-3所示。施工现场质量管理检查记录如表5-2-4所示。城镇燃气报警控制系统施工过程检查记录如表5-2-5所示。城镇燃气报警控制系统施工过程检查记录如表5-2-6所示。城镇燃气报警控制系统调试过程检查记录如表5-2-7所示。城镇燃气报警控制系统工程质量控制资料核查记录如表5-2-8所示。城镇燃气报警控制系统工程验收记录如表5-2-9所示。城镇燃气报警控制系统日常维护检查记录如表5-2-10所示。城镇燃气报警控制系统探测器现场动作值记录如表5-2-11所示。城镇燃气报警控制系统设备年（季）检记录如表5-2-12所示。

表5-2-2　城镇燃气报警控制系统组成

系统	集中燃气报警控制系统	独立燃气报警控制系统
系统组成	可燃气体报警控制器；点型可燃气体探测器；燃气紧急切断阀（或智能燃气计量器）；手动报警触发装置；声光警报；各种模块；风机联动箱；排风机	独立式可燃气体探测器；燃气紧急切断阀（或智能燃气计量器）；排风机

表5-2-3　城镇燃气报警控制系统分部、子分部、分项工程划分

分部工程	子分部工程	分项工程	
城镇燃气报警控制系统	设备、材料进场检验	材料类	电缆电线、管材
		探测器类设备	可燃气体探测器
		控制器类设备	可燃气体报警控制器、风机联动箱等
		其他设备	手动报警触发装置、燃气紧急切断阀、风机、系统接地等
	安装与施工	材料类	电缆电线、管材
		探测器类设备	可燃气体探测器
		控制器类设备	可燃气体报警控制器
		其他设备	手动报警触发装置、燃气紧急切断阀、风机、系统接地等
	系统调试	探测器类设备	可燃气体探测器等
		控制器类设备	可燃气体报警控制器等
		其他设备	手动报警触发装置、燃气紧急切断阀、风机
		整体系统	各种逻辑关系的控制，系统性能
	系统验收	探测器类设备	可燃气体探测器等
		控制器类设备	可燃气体报警控制器等
		其他设备	手动报警触发装置、燃气紧急切断阀、风机
		整体系统	各种逻辑关系的控制，系统性能

表 5-2-4　施工现场质量管理检查记录

工程名称			
建设单位		监理单位	
设计单位		项目负责人	
施工单位		施工许可证	
序号	项目	内容	
	现场质量管理制度		
	质量责任制		
	主要专业工种人员操作上岗证书		
	施工图审查情况		
	施工组织设计、施工方案及审批		
	施工技术标准		
	工程质量检验制度		
	现场材料、设备管理		
	其他项目		
结论：	施工单位项目负责人： （签章） 年　月　日	监理工程师： （签章） 年　月　日	建设单位项目负责人： （签章） 年　月　日

表 5-2-5　城镇燃气报警控制系统施工过程检查记录

工程名称		施工单位	
施工执行规程名称及编号		监理单位	
子分部工程名称	设备、材料进场		
项目	相关规范条款	施工单位检查评定记录	监理单位检查（验收）记录
检查文件及标识			
核对产品与检验报告			
检查产品外观			
检查产品规格、型号			
结论：	施工单位项目经理： （签章） 年　月　日	监理工程师（建设单位项目负责人）： （签章） 年　月　日	

注：施工过程若用到其他表格，则应作为附件一并归档。

表 5-2-6　城镇燃气报警控制系统施工过程检查记录

工程名称		施工单位	
施工执行规程名称及编号		监理单位	
子分部工程名称	安装		
项目	相关规范条款	施工单位检查评定记录	监理单位检查（验收）记录
布线			
可燃气体报警控制器			
可燃气体探测器			
手动报警触发装置			
系统接地			
燃气紧急切断阀			
配套设备的安装			
结论：	施工单位项目经理： （签章） 年　月　日	监理工程师（建设单位项目负责人）： （签章） 年　月　日	

注：施工过程若用到其他表格，则应作为附件一并归档。

表 5-2-7　城镇燃气报警控制系统调试过程检查记录

工程名称		施工单位	
施工执行规范名称及编号		监理单位	
子分部工程名称	调试		
项目	调试内容	施工单位检查评定记录	监理单位检查（验收）记录
调试准备	查验设备规格、型号、数量、备品		
	检查系统施工质量		
	检查系统线路		
	检查联动设备		
	检查测试气体		
可燃气体报警控制器	自检功能及操作级别		
	与探测器连线断路、短路故障信号发出时间		
	故障状态下的再次报警时间及功能		
	消声和复位功能		
	与备用电源连线断路、短路故障信号发出时间		

续表

项目	调试内容	施工单位检查评定记录	监理单位检查（验收）记录
可燃气体报警控制器	高、低限报警功能		
	设定值显示功能		
	负载功能		
	主备电源的自动转换功能		
	连接其他回路时的功能		
可燃气体探测器	探测器报警动作值		
	探测器检测数量		
手动报警触发装置	检查数量		
	报警数量		
燃气紧急切断阀	检查数量		
	合格数量		
系统备用电源	电源容量		
	备用电源工作时间		
声光警报及排风装置	检查数量		
	合格数量		
系统联调	系统功能		
	联动功能		
结论：	施工单位项目经理： （签章） 年　月　日	监理工程师（建设单位项目负责人）： （签章） 年　月　日	

注：施工过程若用到其他表格，则应作为附件一并归档。

表 5-2-8　城镇燃气报警控制系统工程质量控制资料核查记录

工程名称		分部工程名称		
施工单位		项目经理		
监理单位		总监理工程师		
序号	资料名称	数量	核查人	核查结果
1	系统竣工图			
2	施工过程检查记录			
3	调试记录			
4	产品检验报告、合格证及相关材料			
结论：	施工单位项目负责人： （签章） 年　月　日	监理工程师： （签章） 年　月　日	建设单位项目负责人： （签章） 年　月　日	

表 5-2-9　城镇燃气报警控制系统工程验收记录

工程名称			分部工程名称	
施工单位			项目经理	
监理单位			总监理工程师	
序号	验收项目名称	相关规范条款	验收内容记录	验收评定结果
1	布线			
2	技术文件			
3	手动报警触发装置			
4	可燃气体报警控制器			
5	可燃气体探测器			
6	系统备用电源			
7	系统性能			
8	配套设施			
验收单位	施工单位：（单位印章）		项目经理：（签章） 年　月　日	
	监理单位：（单位印章）		总监理工程师：（签章） 年　月　日	
	设计单位：（单位印章）		项目负责人：（签章） 年　月　日	
	建设单位：（单位印章）		建设单位项目负责人：（签章） 年　月　日	

注：分部工程质量验收由建设单位项目负责人组织施工单位项目经理、总监理工程师和设计单位项目负责人等进行。

表 5-2-10　城镇燃气报警控制系统日常维护检查记录

日期	控制器运行情况				报警设备运行情况			联动设备运行情况		报警部位原因及处理情况	值班人
	自检	消声	电源	巡检	正常	报警	故障	正常	故障		

注：正常划“√”，有问题应注明。

表 5-2-11　城镇燃气报警控制系统探测器现场动作值记录

日期	探测器序号	现场动作值记录			处理意见			点检人
		合格	基本合格	不合格	可以使用	标定	更换探头	

注：设备开通及定期检查时可以使用专用的加气试验装置进行现场动作值试验；正常画“√”。

表 5-2-12　城镇燃气报警控制系统设备年（季）检记录

单位名称				防火负责人				
日期	设备种类	检查试验内容及结果		仪器自检	故障及排除情况		备注	检查人

可燃气体探测器现场报警动作值检查设备应满足相关规范的要求，测试精度应满足计量要求。可燃气体探测器现场报警动作值检查设备性能应符合以下三方面要求：①测试范围应符合表 5-2-13 的要求；②性能要求应符合表 5-2-14 的规定；③现场检测后应按表 5-2-15填写记录。可燃气体探测器现场报警动作值检查设备应合规可根据不同可燃气体探测器的报警设定值选择不同量程进行测试。可在现场更换气体，检测可燃气体探测器的抗误报警能力。可燃气体探测器现场报警动作值检查设备的连续使用时间应在 8h 以上，连续测试 500 台可燃气体探测器以上。

表 5-2-13　测试范围

气体组分	CH_4	C_3H_8	CO	H_2	C_2H_5OH
量程	0～4.5%	0～1.5%	0～1000ppm	0～2000ppm	0～1%

表 5-2-14　性能要求

气体组分	性能要求				
	重复性偏差极限	示值误差极限	响应时间	零点漂移	量程漂移
CH_4、C_3H_8、CO	1%	±2%F. S	30s	±2%F. S/6h	±3%F. S/6h
H_2	1.5%	±3%F. S	30s		
C_2H_5OH	1.5%	±3%F. S	15s		

表 5-2-15　可燃气体探测器现场检测表

<table>
<tr><td colspan="2">日期</td><td></td><td>编号</td><td colspan="3"></td></tr>
<tr><td colspan="2">工程名称</td><td></td><td>工程地址</td><td colspan="3"></td></tr>
<tr><td colspan="2">使用单位</td><td></td><td>联系人</td><td></td><td>联系电话</td><td></td></tr>
<tr><td colspan="2">检测单位</td><td></td><td>联系人</td><td></td><td>联系电话</td><td></td></tr>
<tr><td colspan="2">产品厂家</td><td></td><td>安装日期</td><td colspan="3"></td></tr>
<tr><td colspan="2">产品名称</td><td></td><td>产品型号</td><td colspan="3"></td></tr>
<tr><td colspan="2">测试气种</td><td></td><td>报警设定值</td><td colspan="3"></td></tr>
<tr><td>序号</td><td>产品编号</td><td>报警动作值</td><td>报警误差</td><td>判定</td><td>处理意见</td><td>备注</td></tr>
<tr><td></td><td></td><td></td><td></td><td></td><td></td><td></td></tr>
<tr><td></td><td></td><td></td><td></td><td></td><td></td><td></td></tr>
<tr><td></td><td></td><td></td><td></td><td></td><td></td><td></td></tr>
<tr><td colspan="2">检测人员（签字）</td><td></td><td colspan="2">使用单位人员（签字）</td><td colspan="2"></td></tr>
</table>

可燃气体探测器判别标准应合规。使用天然气、液化气时应符合下列五方面判别标准：①探测器的现场报警动作值与铭牌上标明的报警设定值之差不应超过±10%LEL，动作值1%～25%为合格；②探测器的现场报警动作值与铭牌上标明的报警设定值之差超过±10%LEL但不低于1%LEL、不高于25%LEL为轻微缺陷；③探测器的现场报警动作值超过25%LEL，但低于50%LEL，为重缺陷；④探测器的现场报警动作值超过50%LEL或低于1%LEL，为致命缺陷；⑤对于有低、高限报警的探测器，低限按相关规定执行，高限现场报警动作值应为40%～60%LEL，超出者判不合格。使用人工煤气时应符合下列判别标准，即探测气体为一氧化碳时探测器的现场动作值和铭牌上标明的报警设定值之差不应超过±160ppm且不低于50ppm、不高于300ppm为合格，探测器的现场动作值和铭牌上标明的报警动作值之差超过±160ppm但不低于50ppm、不高于300ppm为轻微缺陷，探测器的现场动作值超过300ppm但低于500ppm为重缺陷，探测器的现场动作值超过500ppm或低于50ppm为致命缺陷；设有低、高限报警的探测器，低限按本相关规定执行，高限现场报警动作值应为340～660ppm，超出者为不合格；探测气体为氢气时探测器的现场动作值和铭牌上标明的报警设定值之差不超过±400ppm且不低于125ppm、不高于750ppm为合格，探测器的报警动作值和铭牌上标明的报警设定值之差超过±400ppm但不低于125ppm、不高于750ppm为轻微缺陷，探测器的现场动作值超过750ppm但低于1250ppm为重缺陷，探测器的现场动作值低于125ppm或高于1250ppm为致命缺陷；设有高、低限报警的探测器对低限按相关规定执行，高限现场报警动作值应为825～1650ppm，超出为不合格。有浓度指示的可燃气体探测器应按其量程选10%、30%、50%、75%、90%五点进行测量，并应符合以下四条要求：①探测器指示值和检测设备指示值之差不得超过±10%（以检测设备指示值为准）；②有一点超过但小于±15%为轻微缺陷；③有两点超过但均小于±15%为重缺陷；④有三点超过或有一点误差超过±15%为致命缺陷。

5.3 城镇燃气室内工程

5.3.1 宏观要求

城镇燃气室内工程施工和质量验收应合规并保证城镇燃气室内工程的施工质量，确保安全供气。本节内容适用于在新建、扩建、改建的城镇居民住宅、商业用户、燃气锅炉房（不含锅炉本体）、实验室、使用城镇燃气的工业企业（不含燃气设备）等用户中燃气室内管道和燃气设备安装的施工及验收。本节内容不适用于燃气发电厂、燃气制气厂、燃气储配厂、燃气调压站、燃气加气站、燃气加压站、液化石油气储存、灌瓶、气化、混气、液化天然气、压缩天然气等厂站内的燃气管道的施工及验收。燃气室内工程施工中采用的设计文件、承包合同文件中对施工和质量验收的要求不得低于相关规定。燃气室内工程竣工验收合格后，接通燃气的工作应由燃气供应单位负责。验收合格的燃气管道系统超过6个月未通气使用时，应当重新进行严密性试验，试验合格后方可通气使用。城镇燃气室内工程的施工和质量验收应符合国家现行有关标准的规定。

燃气室内工程是指城镇居民、商业和工业企业用户内部的燃气工程系统，含引入管到各用户用具之间的燃气管道（包括室内燃气道及室外燃气管道）、用气设备及设施。主控项目是指燃气室内工程中对安全和公众利益起决定性作用的检验项目。一般项目是指除主控项目以外的其他检验项目。室内燃气管道是指从用户室内总阀门到各用户用气设备之间的燃气管道。引入管是指室外配气支管与用户室内燃气进口管总阀门（当无总阀门时，指距室内地面1.0m高处）之间的管道。管道组成件是指组成管道系统的相关元件，包括管子、阀门、法兰、垫片，以及法兰连接用紧固件。燃气铜管是指用于输送城镇燃气的含铜量不低于99.9%的无缝铜管。塑覆铜管是指外表面上用聚乙烯（PE）材料均匀、连续、无缝地包覆成环状的铜管。不锈钢波纹管是指母线呈波纹状的不锈钢管，分为外表带有防护套的不锈钢波纹管和不带防护套的不锈钢波纹管两种。钎焊是指将熔点比母材低的钎料与母材一起加热，在母材不熔化的情况下，钎料熔化后润湿并填充母材连接处的缝隙，钎料和母材相互溶解和扩散从而形成的牢固连接。硬钎焊是指钎料熔点大于450℃的钎焊连接。铝塑管卡压式连接是指一种由本体、夹套、橡胶密封圈（简称“密封圈”）及定位挡圈等构成，通过安装将夹套压紧在管材外端以实现其密封连接性能的连接（图5-3-1）。铝塑管卡套式连接是指由带锁紧螺帽和丝扣管件组成的专用接头而进行管道连接的一种连接形式。CMC标志是指中国计量器具生产许可证标志。宏观目视检查是指通过眼睛并可辅以必要的检查工具，对安装质量进行检查的方法。

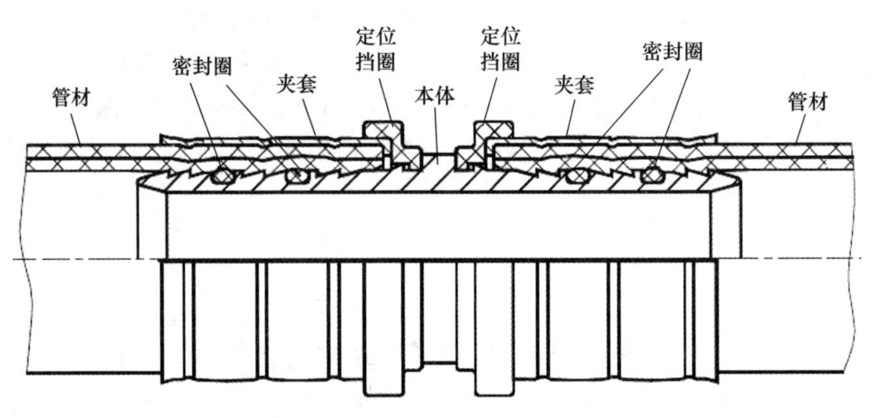

图5-3-1　卡压式管件与管材连接半剖视图

从事燃气室内工程施工的单位和人员应符合以下三方面资质及资格要求：①承担城镇燃气室内工程和与燃气室内工程配套的报警系统、防爆电气系统、自动控制系统的施工单位必须具有国家建设相关行政管理部门批准的资质，并在资质的允许范围内承包工程。②从事燃气钢质压力管道焊接的人员必须具有特种设备安全监察主管部门颁发的压力管道焊接操作人员资格证，且应在证书的有效期及合格范围内从事焊接工作。③从事燃气铜管钎焊焊接的人员、燃气不锈钢波纹软管系统及铝塑复合管系统的安装人员应经专业技术培训合格，并持相关部门签发的上岗证书方可上岗操作。

城镇燃气室内工程施工必须按已审定的设计文件实施，当需要修改设计或材料代用时应经原设计单位同意。施工单位应具有质量管理体系、技术管理体系、质量保证体系，并应结合工程特点制定施工方案。在质量检验中，根据检验项目的重要性分为主控项目和一般项目；主控项目必须全部合格，一般项目经抽样检验应合格；当采用计

数检验时，除有专门要求外，一般项目的合格点率不应低于80%，且不合格点不允许存在严重缺陷。

工程完工必须经验收合格方可进行下道工序（投入使用），工程验收的组织机构应符合以下三方面要求：①分项工程验收应由监理工程师组织，施工单位工程项目（专业）质量负责人参加共同进行，并填写验收记录。②分部（子分部）工程验收应由总监理工程师组织，施工单位工程项目技术负责人等参加共同进行，并填写验收记录。③单位（子单位）工程验收应由建设单位项目负责人组织，设计单位项目负责人、总监理工程师、工程项目经理参加，并在相应工程质量监督机构的监督下进行，并填写验收记录。

通过返修或加固处理仍不能满足安全要求，或对使用功能影响较大的项目，严禁验收。在施工过程中当采用新技术、新工艺、新材料时，必须按国家相关规定执行。室内燃气管道的最高压力和用气设备燃烧器采用的额定压力应符合现行国家标准《城镇燃气设计规范》（GB 50028）的规定。计数规定应合规，直管段每20m为一个计数单位（不足20m按20m计）；每一个引入管为一个计数单位；室内安装每一个用户单元为一个计数单位；管道连接每个连接口（焊接、丝接、法兰连接等）为一个计数单位。

材料设备管理应合规。国家规定实行生产许可证、计量器具许可证的产品或特殊认证的产品，在安装使用前施工单位必须查验相关的文件，不符合规定要求的产品不得安装使用。燃气室内工程所用的管道组成件、设备及有关材料的额定压力、规格、性能等应符合国家现行标准的规定，并应有出厂合格文件；燃具和计量装置必须选用经国家主管部门认可的检测机构检测合格的产品；不合格者不得选用。燃气室内工程采用的材料、设备进场时，施工单位应按国家现行标准组织进行检查验收并填写相应记录；验收主要以外观检查和查验质量合格文件为主；当对产品本身的质量或产品合格文件有疑义时，应在监理（建设）单位人员的见证下现场抽样检测。当采用进口燃气设备时应由国家主管部门认可的检测机构进行检测，按批抽查且不少于一台；产品质量应符合本国产品标准的规定且不得低于合同规定的要求。对工程采用的材料、设备进场抽检不合格时应加倍抽查，加倍抽查的产品仍存在不合格时判定该批产品不合格；不合格的产品严禁使用。管道组成件及设备的运输及存放应符合以下三条要求：①管道组成件及设备在运输、装卸和搬动时应小心轻放、避免油污，不得抛、摔、滚、拖；②铝塑管和管件应存放在通风良好的库房或棚内，不得露天存放，应远离热源且防止阳光直射，严禁与油类或有毒物品混合堆放；③管子及设备应水平堆放在平整的地面上应避免管材及设备变形，堆置高度不宜超过2.0m，管件应按原箱码堆且堆高不宜超过3箱。

施工过程质量管理应合规。在施工过程中，工序之间的工作应进行交接检验，交接双方应共同检查确认工程质量，必要时应做书面记录。施工单位对燃气室内工程应按施工技术标准控制工程质量，工程质量检验工作应由施工单位组织进行，工程质量验收应在施工单位自检合格的基础上按分项、分部（子分部）、单位（子单位）工程进行。燃气室内工程验收单元可按相关规范进行划分，具有独立的施工合同、具备独立施工条件并能形成独立使用功能的为一个单位工程，对安装规模较大的单位工程可将其能形成独立使用功能的部分划分为若干个子单位工程；分部工程的划分应按专业、设备的性质确定，当分部工程量较大或较复杂时，可按楼栋号、区域、专业系统等划分为若干子分部工程；分项工程应按主要工种、施工工艺、设备类别等进行划分，分项、分部（子分部）工程的划分可参考

本书第 5.3.7 节。施工单位应按相关规范的要求对工程施工质量进行检验并真实、准确、及时地记录检验结果，记录表格宜符合本书第 5.3.9 节的要求。质量检验所使用的检测设备、计量仪器应检定合格，并应在有效期内。

5.3.2 室内燃气管道安装

1）基本规则。室内燃气管道系统安装前，应对管道组成件进行内外部清扫，以保证其清洁。室内燃气管道安装工程在施工前应具备以下五方面条件：①施工图纸及其他技术文件齐备并经会审通过；已有施工方案且已经过技术交底；管道组成件和专用的工具齐备且能保证正常施工；燃气管道安装前的土建工程应满足管道施工安装的要求；应对施工现场进行清理，清除垃圾、杂物。燃气管道在安装过程中不得在承重的梁、柱、结构缝上开孔或破坏结构的防火性能，否则应经原建筑设计单位的书面同意。当燃气管道穿越管沟、建筑物基础、外墙、承重墙、楼板时应符合以下四条要求：①燃气管道必须敷设于套管中且宜与套管同轴；当穿越无防水要求的非承重墙时可使用非金属套管；套管内的管道不得设有任何型式的连接接头（不含纵向或螺旋焊缝及无损检测合格的焊接接头）；套管与燃气管道之间的间隙应采用密封性能良好的柔性防腐、防水材料填实。燃气管道穿过建筑物基础、墙、楼板时所设套管的管径不宜小于表 5-3-1 的规定；高层建筑引入管穿越建筑物基础时的套管管径应符合设计文件的规定。燃气管道的穿墙套管两端应与墙面齐平；穿楼板套管的上端应高于地面 5cm，底部应与楼板底齐平。

表 5-3-1 燃气管道的套管直径

燃气管直径（mm）	DN10	DN15	DN20	DN25	DN32	DN40	DN50	DN65	DN80	DN100	DN150
套管直径（mm）	DN25	DN32	DN40	DN50	DN65	DN65	DN80	DN100	DN125	DN150	DN200

阀门安装时应符合以下六条要求：①阀门的规格型式应符合设计要求；②在安装前应对阀门逐个进行检查，引入管阀门宜进行严密性试验；③阀门的安装位置应符合设计文件的规定且便于操作，室内安装高度宜为 1.5m，室外安装高度宜为 1.8m，室外阀门低位安装时应设有防护箱；④当在室外引入管上安装阀门时应装设在可靠的保护装置内，寒冷地区输送湿燃气系统时应按设计文件要求设置保温措施；⑤对有方向性要求的阀门应严格按相关规定的方向安装；⑥阀门应在关闭状态下安装。

2）引入管安装。主控项目应合规，在敞开式地下车库安装燃气管道时应符合设计文件的规定，当设计文件无明确要求时应符合下列三条规定：①应使用无缝钢管；②管道的敷设位置应便于检修、不得影响车辆的正常通行且避免被碰撞；③管道的连接必须采用焊接连接，其焊缝内部质量应符合现行国家标准《无损检测 金属管道熔化焊环向对接接头射线照相检测方法》（GB/T 12605）标准评定Ⅲ级合格的规定，焊缝外观质量应符合现行国家标准《现场设备、工业管道焊接工程施工规范》（GB 50236）标准评定Ⅲ级合格规定；检查数量为全数检查，检查方法为宏观目视检查和射线探伤检测。紧邻小区道路（甬路）、楼门过道处的地上引入管必须设有安全可靠的保护装置，检查数量为全数检查，检查方法为宏观目视检查。

一般项目应达标，引入管采用地下引入时应符合以下五条规定：①埋地引入管敷设的施工技术要求应符合现行国家标准《城镇燃气输配工程施工及验收标准》（GB/T 51455）

的有关规定；穿越建筑物基础或管沟时敷设在套管中的燃气管道应符合相关规定；埋地引入管在Ⅰ、Ⅱ区的回填土中不得含有石块，在各区（Ⅰ、Ⅱ、Ⅲ区）的回填土中不得含有各种垃圾、腐殖物等杂物，回填土应分层夯实应保证小区甬路及绿地的平整度；引入管室内部分宜靠实体墙固定；引入管的管材应符合设计文件的规定，当设计文件无规定时应宜采用无缝钢管；检查数量为全数检查，检查方法为宏观目视检查或检查隐蔽工程记录。

② 引入管采用地上引入时应符合下列规定，即引入管升向地面的弯管应符合相关规定；引入管与建筑物外墙之间的净距应便于安装和维修，宜为0.10～0.15m；引入管上端弯曲处设置的清扫口应采用焊接连接，焊缝外观质量应按现行国家标准《现场设备、工业管道焊接工程施工规范》（GB 50236）规定的Ⅲ级标准评定；引入管保温层厚度及型式应符合设计文件的规定，保温层表面应平整，凹凸偏差不宜超过±2mm，保温材料应具有阻燃性；检查数量为抽查不少于10%且不少于两处且前述第3款应全数检查；检查方法为宏观目视检查、测针测量保温层厚度、查验保温材料合格证。

③ 湿燃气引入管应坡向室外且其坡度应大于或等于0.01，检查数量为抽查10%且不少于两处，检查方法为尺量检查且必要时使用水平仪量测。引入管最小覆土厚度应符合现行国家标准《城镇燃气设计规范》（GB 50028）的规定，检查数量为全数检查，检查方法为在施工过程中用尺量检查。

④ 当室外配气支管上采取了阴极保护措施时引入管的安装应符合下列规定，即引入管进入建筑物前应设绝缘装置与室内管道、设施进行有效的电绝缘；绝缘装置的型式宜采用带有内置放电间隙的绝缘接头；进入室内的管道应进行等电位联结；检查数量为全数检查，检查方法为宏观目视检查。

⑤ 引入管埋地部分与室外埋地PE管相连时，其连接位置距建筑物基础不应小于0.5m且应采用钢塑焊接转换接头；当采用法兰转换接头时，应对法兰及其紧固件的周围死角和空隙部分采用防腐胶泥填充进行过渡；进行防腐层施工前胶泥应实干；防腐层的种类和防腐等级应符合设计要求且接头（钢质部分）的防腐等级不应低于管道的防腐等级；检查数量为全数检查，检查方法为宏观目视检查、针孔检漏仪检测。

3）室内燃气管道安装。燃气室内工程使用的管道组成件应按设计文件选用，当设计文件无明确规定时应符合现行国家标准《城镇燃气设计规范》（GB 50028）的有关规定，并应符合以下六条规定：①当管子公称直径小于或等于DN50时宜采用热镀锌钢管和镀锌管件；②当管子公称直径大于DN50或设计压力等于或大于0.01MPa时宜采用无缝钢管并应符合相关规定；③铜管宜采用牌号为TP2的铜管及铜管件，当采用暗埋形式敷设时应采用塑覆铜管或包有绝缘保护材料的铜管；④采用不锈钢管时其厚度应不小于0.6mm；⑤当管子公称直径小于或等于DN32且设计压力不大于0.1MPa时燃气支管宜采用金属软管及专用管件，当金属软管用于暗埋形式敷设时必须具有外包覆层；⑥当设计压力不大于0.01MPa且不受阳光直接照射时，可在计量装置后使用燃气用铝塑复合管及专用管件。管道的敷设方式在设计文件无明确规定时宜按表5-3-2选用。

表 5-3-2 室内管道敷设方式

管道材料	明设管道	暗设管道	
		暗封形式	暗埋形式
热镀锌钢管	应	可	不得
无缝钢管	应	可	不宜
铜管	可	可	可
不锈钢金属管	可	可	可
不锈钢金属软管	可	可	可
燃气用铝塑复合管	可	可	可
非金属软管	可	有条件时	严禁

管道的连接应符合以下七条要求：①公称直径不大于 DN50 的镀锌钢管应采用螺纹连接，当必须采用其他的连接形式时应采取相应的措施；②无缝钢管应采用焊接或法兰连接；③铜管应采用承插式硬钎焊连接，不得采用对接钎焊和软钎焊；④不锈钢管道宜采用卡压式或氩弧焊连接；⑤金属软管应采用专用管件连接；⑥燃气用铝塑复合管应采用专用的卡套式、卡压式的连接方式；⑦非金属软管应采用专用管件连接固定。燃气管子的切割应符合以下四条规定：①碳素钢管宜采用机械方法或氧-可燃气体方法切割；②不锈钢管应采用机械或等离子弧切割方法，当采用砂轮切割或修磨时应使用专用的砂轮片；③铜管应采用机械方法切割；④金属软管和燃气用铝塑复合管应采用专用的切割工具。管道采用的支承型式宜按表 5-3-3 选择。

表 5-3-3 燃气管道采用的支承型式

公称直径（mm）	砖砌墙壁	混凝土预制墙板	石膏空心墙板	木结构墙	楼板
DN15～DN20	管卡	管卡	管卡	管卡	吊架
DN25～DN40	管卡	管卡	夹壁管卡	管卡	吊架
DN50～DN65	管卡、托架	管卡、托架	夹壁托架	管卡、托架	吊架
>DN65	托架	托架	不得依敷	托架	吊架

主控项目应合规，燃气管道的连接方式应符合设计文件的规定，当设计文件无明确规定时，设计压力大于等于 0.01MPa 的管道及布置在地下室、半地下室或密闭空间内的管道应采用焊接的连接方式（与专用设备或设施进行螺纹或法兰连接的除外），检查数量为全数检查，检查方法为宏观目视检查。

钢质管道的焊接应符合以下六方面规定：①管子与管件的坡口与组对应合规，管子与管件的坡口形式和尺寸应符合设计文件规定，当设计文件无明确规定时，应符合现行国家标准《现场设备、工业管道焊接工程施工规范》（GB 50236）的规定并符合本书第 5.3.8 节的规定；管子与管件的坡口及其内、外表面的清理应符合现行国家标准《工业金属管道工程施工规范》（GB 50235）的规定；等壁厚对接焊件内壁应齐平，内壁错边量不应大于 1mm；不等壁厚对接焊件组对时，其内壁错边量大于 1mm 或外壁错边量大于 3mm 时应按相关规定进行修整。

② 钢质管子的公称直径小于或等于 DN40 时应采用手工钨极氩弧焊或氧乙炔焊焊接；

公称直径大于DN40时应采用手工电弧焊焊接。焊条（料）、焊丝、焊剂的选用应合规，焊条（料）、焊丝、焊剂的选用应符合设计文件的规定，当设计文件无规定时应按现行国家标准《现场设备、工业管道焊接工程施工及验收规范》（GB 50236—2011）的规定选用；严禁使用药皮脱落或不均匀、有气孔、裂纹、生锈或受潮的焊条。

③ 管道的焊接工艺应符合要求，管道的焊接应符合现行国家标准《现场设备、工业管道焊接工程施工规范》（GB 50236）的有关规定，管道的定位焊处不得有裂纹、未焊透、气孔、夹渣等缺陷；管子焊接时应采取防风措施；焊缝严禁强制冷却。

④ 在管道上开孔接支管时，开孔边缘距管道对接焊缝不应小于100mm；当小于100mm时，对接焊缝应进行射线探伤检测，检测应按现行国家标准《无损检测 金属管道熔化环向对接接头射线照相检测方法》（GB/T 12605）标准评定、Ⅲ级合格；管道对接焊缝与支架、吊架边缘之间的距离不应小于50mm。

⑤ 管道对接焊缝质量应符合设计文件的要求，当设计文件无明确要求时应符合以下要求，即焊后应将焊缝表面及其附近的药皮、飞溅物清除干净，然后进行焊缝外观检查；焊缝外观质量不应低于现行国家标准《现场设备、工业管道焊接工程施工规范》（GB 50236）中的Ⅲ级焊缝质量标准；对焊缝内部质量采用射线探伤检测时应按现行国家标准《无损检测 金属管道熔化焊环向对接接头射线照相检测方法》（GB/T 12605）标准评定、Ⅲ级合格。

⑥ 检查数量应合规，当管道明设或暗封敷设时，焊缝外观质量应全数检查，焊缝内部质量的检查比例不少于5%且不少于5个连接部位；当管道暗埋敷设时，焊缝外观和内部质量应全数检查。检查方法应合规，焊缝外观检查采用宏观目视检查或10倍以下放大镜检查和焊缝检查尺检查；焊缝内部质量检查应采用射线检测方法。

钢管焊接质量检验不合格的部位必须返修至合格并应加大检查比例；设计文件要求对焊缝质量进行无损检测时，检验出现不合格的焊缝应按以下五条规定检验与评定：①每出现一道不合格焊缝应再抽检两道该焊工所焊的同一批焊缝，当这两道焊缝均合格时应认为检验所代表的这一批焊缝合格；②如第二次抽检仍出现不合格焊缝，每出现一道不合格焊缝应再抽检两道该焊工所焊的同一批焊缝，再次检验的焊缝均合格时可认为检验所代表的这一批焊缝合格；③当仍出现不合格焊缝时应对该焊工所焊全部同批的焊缝进行检验并应对其他批次的焊缝加大检验比例；④检查数量为全数检查；⑤检查方法为查看检查记录和无损检测报告。

法兰焊接结构及焊缝成型应符合国家现行标准《钢制管路法兰 技术条件》（JB/T 74）的有关规定；检查数量为抽查不少于10%且不少于两对法兰，检查方法为宏观目视检查、焊缝检查尺量测。

铜管接头和焊接工艺按现行国家标准《铜管接头 第1部分：钎焊式管件》（GB/T 11618.1）执行，铜管的钎焊连接应符合以下五条规定：①钎焊前应除去钎焊处铜管外壁与管件内壁表面的污物及氧化物；②钎焊前应调整铜管插入端与承口处的装配间隙使之尽可能均匀；③钎料宜选用含磷脱氧元素的铜基无银或低银钎料，铜管之间钎焊时可不添加钎焊剂，但与铜合金管件钎焊时应添加钎焊剂；④钎焊时应均匀加热被焊铜管及接头，当达到钎焊温度时，加入钎料应使钎料均匀渗入承插口的间隙内，加热温度宜控制为645～700℃，钎料填满间隙后应停止加热，保持静止冷却，然后将钎焊部位清理干净；⑤钎焊

后必须进行外观检查，钎焊缝应圆滑过渡，钎焊缝表面应光滑，不得有较大焊瘤及铜管件边缘熔融等缺陷。检查数量为100%的钎焊缝；检查方法为宏观目视检查，必要时按国家现行标准《承压设备无损检测》（NB/T 47013.1～47013.1）的有关规定进行渗透探伤。

铝塑复合管的连接应符合以下五方面规定：①铝塑复合管的质量应符合现行国家标准《铝塑复合压力管 第1部分：铝管搭接焊式铝塑管》（GB/T 18997.1）的规定；②管道的连接方式宜采用卡套式或卡压式连接，铝塑管连接管件的质量应符合国家现行标准《铝塑复合管用卡压式管件》（CJ/T 190）和《卡套式铜制管接头》（CJ/T 111）的规定并附有质量合格证书；③连接用的管件应采用管材生产厂家配套的产品，并用专用工具进行操作；④应使用专用刮刀将管口处的聚乙烯内层削坡口，坡角为20°～30°，深度为1.0～1.5mm，且应用清洁的纸或布将坡口残屑擦干净；⑤连接时应将管口整圆，并修整管口毛刺，保证管口端面与管轴线垂直。

燃气浓度检测报警器与燃具或阀门的水平距离应符合以下两条规定：①燃气相对密度不大于0.75时水平距离应控制在0.5～8m范围内，安装高度应距屋顶0.3m内且不得安装于燃具的正上方；②燃气相对密度大于0.75时水平距离应控制在0.5～4m范围内，安装高度应距地面0.3m以内。检查比例为全数检查；检查方法为宏观目视检查及尺量检查。

室内燃气管道严禁作为接地导体或电极，检查比例为全数检查，检查方法为宏观目视检查。室外管道应安装在建筑物的避雷保护范围内且不得布置在屋面上的檐角、女儿墙、屋脊等部位；室外管道每隔25m至少与避雷网采用直径不小于8mm的镀锌圆钢进行连接，焊接部位应采取防腐措施，管道任何部位的接地电阻值不得大于10Ω；检查比例为全数检查；检查方法为宏观目视检查，万用表和/或接地摇表测试。

一般项目应达标，管子切口应符合以下三条规定：①切口表面应平整，无裂纹、重皮、毛刺、凹凸、缩口、熔渣等缺陷；②切口端面（切割面）倾斜偏差不应大于管子外径的1%且不得超过3mm，凹凸误差不得超过1mm；③对不锈钢金属软管、燃气用铝塑复合管的切割应使用专用工具并对管口进行整圆，不锈钢金属软管有外保护套时，应按有关操作规程来使用专用工具进行剥离后方可连接。检查数量为抽查5%；检查方法为宏观目视检查、尺量检查。

管子的现场弯制除应符合现行国家标准《工业金属管道工程施工规范》（GB 50235）的有关规定，还应符合以下三条要求：①弯制时应使用专用弯管设备或专用方法进行；②有缝钢管的纵向焊缝在弯制过程中应位于中性线位置处；③管子弯曲半径和最大直径、最小直径差值与管子外径之比应符合表5-3-4的规定，其中，D_o为管子的外径。检查数量为全数；检查方法为尺量和宏观目视检查。

表5-3-4 管子最小弯曲半径和最大直径、最小直径的差值与管子外径之比

类别	钢质管	铜管	不锈钢管	铝塑复合管
弯曲最小半径	$3.5D_o$	$3.5D_o$	$3.5D_o$	$5D_o$
管子最大直径、最小直径的差值与管子外径之比	8%	9%	—	—

法兰连接应符合国家现行标准的规定并应符合以下六方面要求：①在进行法兰连接前

应检查法兰密封面及密封垫片，不得有影响密封性能的缺陷；②法兰的安装位置应便于检修，不得紧贴墙壁、楼板和管道支架；③法兰应与管道同心，法兰端面应与管道中心线相垂直，螺栓孔应对正，螺栓应能自由穿入；④法兰垫片尺寸应与法兰密封面相匹配，垫片安装应端正，在一个密封面中严禁使用两个或两个以上的法兰垫片，法兰垫片在设计文件无明确要求时宜采用聚四氟乙烯垫片或耐油石棉橡胶垫片，使用前宜将耐油石棉橡胶垫片用机油浸泡；⑤不锈钢法兰使用的非金属垫片，其氯离子含量不得超过 50×10^{-6}（50ppm）；⑥应使用同一规格的螺栓，安装方向应一致，螺母紧固应对称、均匀，螺母紧固后螺栓的外露螺纹宜为1～3扣并应进行防锈处理。检查数量为抽查比例不小于10%且不少于两对法兰；检查方法为宏观目视检查。

螺纹连接应符合以下七方面规定，即当切割或攻螺纹时焊接钢管焊接处出现开裂时该钢管严禁使用；现场攻制的管螺纹数宜符合表5-3-5的规定；钢管的螺纹应光滑端正，无斜丝、乱丝、断丝或脱落，缺损长度不得超过螺纹数的10%；管道螺纹接头宜采用聚四氟乙烯带作密封材料，对湿燃气可采用油麻丝密封材料；拧紧管件时不应将密封材料挤入管道内，拧紧后应将外露的密封材料清除干净；管件拧紧后外露螺纹宜为1～3扣；铜管与球阀、燃气计量表及螺纹连接附件连接时应采用承插式螺纹管件连接，弯头、三通可采用承插式铜管件或承插式螺纹连接件。检查数量为抽查比例不小于10%；检查方法为宏观目视检查。

表5-3-5　现场攻制的螺纹数

公称直径（mm）	≤20	>20～≤50	>50～≤65	>65～≤100
螺纹数	9～11	10～12	11～13	12～14

室内明设或暗封形式敷设燃气管道与装饰后墙面的净距应满足日后维护、检查的需要宜符合表5-3-6的要求；不锈钢管道、不锈钢波纹管、铝塑复合管与墙之间净距应满足安装的要求。检查数量为抽查比例不小于5%；检查方法为尺量检查。

表5-3-6　室内燃气管道与装饰后墙面的净距

管子公称直径	<DN25	DN25～DN40	DN50	>DN50
与墙净距*（mm）	≥DN30	≥DN50	≥DN70	≥DN90

* 与墙净距为到外墙面的距离。

敷设在管道竖井内的燃气管道的安装应符合以下两方面要求：①宜在土建及其他管道施工完毕后进行，管道穿越竖井内的隔断板时应加套管，套管与管道之间应有5～10mm的间隙；②燃气管道的颜色应明显区别于管道井内的其他管道，颜色宜为黄色。检查数量为抽查比例不小于20%；检查方法为宏观目视检查和尺量检查。

采用暗埋形式敷设燃气管道应符合以下六方面要求：①埋设管道的管槽不得伤及建筑物的钢筋；管槽宽度宜为管道外径加20mm，深度应满足覆盖层厚度不小于10mm的要求；未经原建筑设计单位书面同意，严禁在承重的墙、柱、梁、板中暗埋管道。②暗埋管道不得与建筑物中的其他任何金属结构相接触，当确不可避让时应用绝缘材料隔离。③暗埋管道不应有机械接头。④暗埋管道宜在直埋管道的全长上加设有效防止外力冲击的金属防护装置，金属防护装置的厚度宜大于1.2mm；金属防护装置的电极电位应低于被保护

管道，否则应加设绝缘装置；当与其他埋墙设施进行交叉时，应采取有效的绝缘和保护措施。⑤暗埋管道在敷设过程中不得使管道产生任何形式的损坏，管道固定应牢固。暗埋管道应在严密性实验合格后方能进行覆盖，在覆盖的砂浆中不应添加快速固化剂，砂浆内应添加带色颜料作为永久色标，当设计无明确规定时颜料宜采用黄色，安装施工后还应将直埋管道位置标注在竣工图纸上移交建设单位验收。⑥检查数量为全数检查；检查方法为宏观目视检查，尺量检查，查阅设计文件。

铝塑复合管的安装应符合以下五条规定：①不得敷设在室外和有紫外线照射的部位；②公称直径小于或等于 DN20 的管子可以直接调直，公称直径大于或等于 DN25 的管子的调直宜在地面压直管子后进行；③管道敷设的位置应远离热源；灶前管与燃气灶具的水平净距不得小于 0.6m 且严禁在灶具上方；④阀门应固定，不应将阀门自重和操作力矩传递至铝塑复合管，检查数量为全数检查灶前管与燃气灶具的水平净距；⑤检查方法为尺量检查、宏观目视检查。

在建筑物外敷设的燃气管道应符合以下六方面要求：①使用壁厚不小于 4mm 的钢管，沿外墙敷设的管道必须采用焊接的方法进行连接，并采用射线检测的方法进行焊缝内部质量检测；检测比例设计文件无明确要求时不少于 50%，并按现行国家标准《钢管环缝 熔化焊对接接头射线照相检测方法》（GB/T 12605）标准评定、Ⅲ级合格；焊缝外观质量应按现行国家标准《现场设备、工业管道焊接工程施工规范》（GB 50236）标准评定、Ⅲ级合格。②沿外墙敷设的管道距公共或住宅建筑物门、窗的洞口间距应符合现行国家标准《城镇燃气设计规范》（GB 50028）的规定。③管道外表面应采取耐紫外线型防腐措施，必要时采取保温措施。④宜采用自然补偿等措施。⑤室外敷设燃气管道时，当与其他金属管道平行敷设时的净距小于 100mm 时，每 30m 至少应采用截面面积不小于 $6mm^2$ 的铜绞线将燃气管道和与之平行的管道进行跨接。⑥当屋面管道采用法兰连接时，在连接部位的两端应设截面面积不小于 $6mm^2$ 金属导线进行跨接；当采用螺纹连接时应使用导电的密封材料，或进行金属导线跨接。⑦检查数量为第 1 款按该条款的规定执行，其余（保温除外）全数检查，保温检查应符合相关规定；检查方法为宏观目视检查，检查无损检测报告及钢管质量证明书。

燃气管道与燃具之间用软管连接时，应符合设计文件的规定，并应符合以下五条要求：①软管当存在弯折、拉伸、龟裂、老化等现象时不得使用；②非金属软管的长度不得大于 2m；③非金属软管应低于灶具面板 30mm 以上；④非金属软管在任何情况下均不得穿过墙、楼板、天花板、门和窗；⑤非金属软管不得使用三通分成两个或多个支管。检查数量为全数检查；检查方法为宏观目视检查和尺量检查。

燃气管道垂直交叉敷设时，大管宜置于小管外侧；检查数量为抽查比例不小于 5%；检查方法为宏观目视检查。立管安装应垂直，每层偏差不应大于 3mm/m 且全长不大于 20mm，当上层与下层墙壁无法垂直于一线时宜做“乙”字弯进行安装；检查比例为抽查，比例不小于 5%；检查方法为宏观目视检查，尺量（吊线）检查。

燃气管道与其他管道或设施平行、交叉敷设时其最小净距应符合表 5-3-7 的要求，检查数量为抽查比例不小于 10%；检查方法为尺量检查、宏观目视检查。

表5-3-7　燃气管道与其他管道或设施的最小净距

管道和设施		与燃气管道的净距（cm）	
		平行敷设	交叉敷设
电气设备	明装的绝缘电线或电缆	25	10*
	暗装的或放在管子中的绝缘电线	5（从所作的槽或管子的边缘算起）	1
	电插座、电源开关	15	不应
	电压小于1000V的裸露电线	100	100
	配电盘、配电箱或电表	30	不应
相邻管道		应保证燃气管道、相邻管道的安装、安全维护和维修**	2
灶具		（整理）主立管与灶具水平净距不应小于30cm，灶前立管与灶具水平净距不小于20cm，管道在灶具上方通过时应位于抽油烟机上方且与灶具垂直净距应大于100cm	
热水器		在热水器上方不得敷设燃气管道	

*是指当明装电线加绝缘套管且套管的两端各伸出燃气管道10cm时套管与燃气管道的交叉净距可降至1cm；

**是指只适用于民用室内安装，当布置确有困难、采取有效措施后可适当减小净距。

管道支撑、支架、托架、吊架（简称“支架”）的安装应符合以下九条要求：①管道的支架应安装稳定、牢固，支架位置不得影响管道的安装、检修与维护；②每个楼层的立管至少应设支架一处；③水平管道上设有阀门时应在阀门的来气侧1.0m范围内设有支架并尽量靠近阀门；④与金属软管、铝塑复合管直接相连的阀门应设有固定底座或管卡；⑤钢管支架之间的最大间距宜按表5-3-8选择，铜管和不锈钢管道支架的最大间距宜按表5-3-9选择，金属软管的支架最大间距不宜大于1.0m，燃气用铝塑复合管支架的最大间距宜按表5-3-10选择；⑥水平管道转弯处应在以下三个范围内设置固定托架或管卡座，即镀锌管道不应大于1m，金属软管、铜管道、不锈钢管道每侧不应大于0.5m，铝塑复合管每侧不应大于0.3m；⑦支架的结构形式应符合设计要求，排列应整齐，支架与管道接触紧密，支架安装牢固，固定管卡应使用金属材料；⑧当管道与支架为不同种类的材质时二者之间应采用绝缘性能良好的材料进行隔离或采用与管道材料相同的材料进行隔离，隔离不锈钢管道所使用的非金属材料其氯离子含量不应大于50×10^{-6}；⑨支架的涂漆应符合设计要求。检查数量为铝塑复合管和金属软管支架抽查不少于10%、其他材质的管道支架抽查不少于5%且不少于10处；检查方法为宏观目视检查和尺量检查。

表5-3-8　钢管支架最大间距

公称直径（mm）	15	20	25	32	40	50	65	80
最大间距（m）	2.5	3.0	3.5	4.0	4.5	5.0	6.0	6.5
公称直径（mm）	100	125	150	200	250	300	350	400
最大间距（m）	7.0	8.0	10.0	12.0	14.5	16.5	18.5	20.5

表 5-3-9 铜管、不锈钢管支架最大间距

外径（mm）		15	18	22	28	35	42	54
最大间距（m）	立管	1.8	1.8	2.4	2.4	3.0	3.0	3.0
	水平管	1.2	1.2	1.8	1.8	2.4	2.4	2.4
公称外径（mm）		67	85	108	133	159	219	—
最大间距（m）	立管	3.5	3.5	3.5	4.0	4.0	4.0	—
	水平管	3.0	3.0	3.0	3.5	3.5	3.5	—

表 5-3-10 燃气用铝塑复合管支架最大间距（落实是否应按外径）

外径（mm）	16	18	20	25	32
水平敷设（m）	0.50	0.50	0.60	0.70	0.80
垂直敷设（m）	0.70	0.80	0.90	1.00	1.10

室内燃气钢管安装后的允许偏差和检验方法宜符合表 5-3-11 的规定，检查数量应符合以下六条规定：①管道与墙面的净距，水平管的标高，检查管道的起点、终点，分支点及变向点间的直管段，不应少于五段；②纵横方向弯曲按系统内直管段长度每 30m 抽查两段、不足 30m 不少于一段，有分隔墙的建筑以隔墙为分段数抽查 5%但不少于五段；③立管垂直度以一根立管为一段，两层及两层以上按楼层分段，各抽查 5%，但均不少于 10 段；④引入管阀门应全数检查；⑤其他阀门应抽查 10%但不少于五个；⑥管道保温每 20m 抽一处但不少于五处。检查方法为宏观目视检查、尺量检查。

表 5-3-11 室内燃气管道安装后检验的允许偏差和检验方法

序号	项目			允许偏差（mm）
1	标高			±10
2	水平管道纵横方向弯曲	每 1m	管径≤DN100	0.5
			管径>DN100	1
		全长（25m 以上）	管径≤DN100	不大于 13
			管径>DN100	不大于 25
3	立管垂直度与	每 1m		3
4	引入管阀门	阀门中心距地面		±15
5	其他阀门	阀门中心距地面		±15
6	管道保温	厚度 δ		$-0.05\delta\sim+0.1\delta$
		表面不整度	卷材或板材	±2
			涂抹或其他	±2

室内、外燃气管道的防雷、防静电措施应按设计要求施工；检查数量为全数检查；检查方法为宏观目视检查、按设计要求检测。

室内燃气管道的除锈、防腐及涂漆应符合以下三方面规定：①室内明设钢管、暗封形式敷设的钢管及其管道附件连接部位的涂漆应在检查、试压合格后进行。②非镀锌钢管、管件表面除锈应符合现行国家标准《涂覆涂料前钢材表面处理 表面清洁度的目视评定 第 1 部分：未涂覆过的钢材表面和全面清除原有涂层后的钢材表面的锈蚀等级和处理等级》

（GB 8923.1）中规定的不低于 St2 级的要求。③钢管及管件涂漆应合规，非镀锌钢管应刷两道防锈底漆、两道面漆；镀锌钢管刷两道面漆；面漆颜色应符合设计文件的规定，当设计文件未明确规定时低压燃气宜刷银白色，中压及以上压力级别的宜刷黄色；涂层厚度、颜色应均匀。检查数量为抽查 5%；检查方法为宏观目视检查、查阅设计文件。

5.3.3　燃气计量表安装

1）基本规则。燃气计量表在安装前应按相关规定进行检验，燃气计量表应有出厂合格证、质量保证书；标牌上应有 CMC 标志、出厂日期、表编号和制造单位；燃气计量表应有法定计量检定机构出具的检定合格证书，并应在有效期内；超过有效期的燃气计量表和倒放的燃气计量表应全部进行复检；燃气计量表的性能、规格、适用压力应符合设计文件的要求。燃气计量表应按设计文件和产品说明书进行安装。燃气计量表与管道的连接应根据实际情况采用螺纹连接或法兰连接。燃气计量表的安装位置应满足抄表、检修和安全使用的要求。室外安装的燃气计量表应装在防护箱内，安装在楼梯间（高层建筑除外）内的燃气计量表应设在防火表箱内。

2）燃气计量表安装。主控项目应合规，燃气计量表安装方法应按产品说明书或设计文件的要求进行检验，燃气计量表前设置的过滤器应按产品说明书安装和检验；检查数量为 100%；检查方法为宏观目视检查、查阅设计文件和产品说明书。燃气计量表与用气设备、电气设施的最小水平净距应符合表 5-3-12 的要求；检查数量为 100%；检查方法为宏观目视检查、测量。

表 5-3-12　燃气计量表与用气设备、电气设施的最小净距

管道和设备		与燃气计量表的净距（cm）
相邻管道	燃气管道	便于维修、检查
相邻设备	家用燃气灶具	30（高位安装时）
	热水器	30
	低压电气设备	20
	电插座、电源开关	15
	燃气计量表	10

一般项目应达标，燃气计量表的安装位置应符合设计文件的要求，燃气计量表的外观应无损伤、油漆膜应完好；检查方法为宏观目视检查和查阅设计文件。皮膜表钢支架安装后的检验应符合设计文件的要求，安装端正牢固、无倾斜；检查数量为抽查 20%并不少于两个；检查方法为宏观目视检查、手检和查阅设计文件。支架涂漆油漆种类和涂刷遍数应符合设计文件的要求并应附着良好，无脱皮、起泡和漏涂；漆膜厚度均匀、色泽一致且无流淌及污染现象；检查数量为抽查 20%，并不少于两个；检查方法为宏观目视检查和查阅设计文件。使用加氧的富氧燃烧器或使用鼓风机向燃烧器供给空气时应检验燃气计量装置后设的止回阀是否符合设计文件的要求；检查方法为宏观目视检查和查阅设计文件。组合式燃气计量表箱应牢固地固定在墙上或平稳地放置在地面上并与墙面紧贴；检查方法为宏观目视检查。

3）家用燃气计量表安装。主控项目应合规，家用燃气计量表的安装应符合以下五条

规定：①燃气计量表安装后应横平竖直，不得倾斜；②燃气计量表应使用专用的表连接件安装；③燃气计量表应安装在非密闭橱柜内，橱柜的形式应便于燃气计量表的抄表、检修及更换；④燃气计量表与低压电气设备之间的间距应符合表 5-3-12 的要求；⑤燃气计量表前后用软管连接时应加表托固定。检查数量为抽查 20%但不少于 5 台；检查方法为宏观目视检查、尺量检查。燃气计量表与管道的法兰或螺纹连接连接应符合相关规定；检查数量为家用燃气计量表抽查 20%，商业和工业企业用燃气计量表全数检验；检查方法为宏观目视检查。

一般项目应达标，家用燃气表高位安装时表底距地面不宜小于 1.4m，低位安装时表底距地面不宜小于 0.1m；检查方法为宏观目视检查、尺量检查。

4）商业及工业企业燃气计量表安装。主控项目应合规，额定流量小于 $50m^3/h$ 的燃气膜式计量表，采用高位安装时表底距室内地面不宜小于 1.4m，表后距墙不宜小于 30mm，并应加表托固定；采用低位安装时应平正的安装在高度不小于 200mm 的砖砌支墩或钢支架上，表后距墙净距不应小于 50mm；检查方法为宏观目视检查及测量。额定流量大于或等于 $50m^3/h$ 的燃气膜式计量表应平正地安装在高度不小于 200mm 的砖砌支墩或钢支架上，表后距墙净距不应小于 150mm；叶轮表、罗茨表的安装场所、位置及标高应符合设计文件的规定并应按产品标识的指向安装；检查方法为宏观目视检查，测量，查阅设计文件。

燃气计量表与各种燃气灶具和设备的水平净距应满足下列 4 条规定，即距金属烟囱水平净距不应小于 100cm、与砖砌烟囱不应小于 80cm；距炒菜灶、大锅灶、蒸箱、烤炉等燃气灶具的灶边不应小于 80cm；距沸水器及热水锅炉的水平净距不应小于 150cm；当燃气计量表与各种灶具和设备的水平净距无法满足上述要求时应加隔热板。检查方法为宏观目视检查及测量。

燃气计量表安装后的允许偏差和检验方法应符合表 5-3-13 的要求；检查数量为抽查 50%但不少于 1 台；检查方法为宏观目视检查和测量。

表 5-3-13　燃气计量表安装的允许偏差和检验方法

序号	项目		允许偏差	检验方法
1	$<25m^3/h$	表底距地面	±15mm	吊线和尺量
		表后距墙饰面	5mm	
		中心线垂直度	1mm	
2	$\geqslant 25m^3/h$	表底距地面	±15mm	吊线、尺量、水平尺
		中心线垂直度	表高的 0.4%	

一般项目应达标，采用铅管或不锈钢波纹管连接燃气计量表时，铅管或不锈钢波纹管应弯曲成圆弧状，不得形成直角；铅管弯曲处宜保持铅管的原口径，截面最大外径与最小外径之差不得大于铅管外径的 10%；检查方法为宏观目视检查、尺量检查。采用法兰连接燃气计量表时应符合相关规定；检查方法为宏观目视检查、尺量检查。多台并联安装的燃气计量表，每块燃气计量表进出口管道上应按设计文件的要求安装阀门；燃气计量表之间的净距应符合表 5-3-12 的规定；检查方法为宏观目视检查。

5.3.4 家用、商业用及工业企业用燃具安装

1）基本规则。燃气设备安装前应按相关规定进行检验，应检查用气设备的产品合格证、产品安装使用说明书和质量保证书；产品外观的显见位置应有产品参数铭牌，并有出厂日期；应核对性能、规格、型号、数量是否符合设计文件的要求；不具备以上检查条件的产品不得安装。家用燃具应采用低压燃气设备，商业用气设备宜采用低压燃气设备；燃烧器的额定压力应符合现行国家标准《城镇燃气设计规范》（GB 50028）的规定。家用、商业用及工业企业用的燃具安装场所应符合现行国家标准《城镇燃气设计规范》（GB 50028）的有关规定。烟道的设置及结构必须符合用气设备的要求并符合设计文件的规定；对旧有烟道，应核实烟道断面及烟道抽力，不满足燃气烟气排放要求的烟道不得使用。

2）家用燃具安装。主控项目应合规，家用燃具的安装应符合国家现行标准《家用燃气燃烧器具安装及验收规程》（CJJ 12）和《燃气采暖热水炉应用技术规程》（CECS 215）的规定；检查方法为查阅资料，宏观目视检查。燃气的种类和压力，燃具上的燃气接口，进出水的压力和接口应符合燃具说明书的要求；检查方法为宏观目视检查、手检和查阅资料。

燃气热水器和采暖炉的安装应符合以下六条要求：①应按照产品说明书的要求进行安装，并符合设计文件的要求；②热水器和采暖炉应安装牢固，无倾斜；③支架的接触均匀平稳，不影响操作；④与室内燃气管道和冷热水管道连接必须正确，并应连接牢固，不易脱落，燃气管道的阀门、冷热水管道阀门检修和操作方便；⑤燃烧的排烟装置应与室外相通并有防倒风装置；⑥应有1%坡向燃具的坡度。检查数量为100%；检查方法为宏观目视检查和检查。

燃具与室内燃气管道为螺纹连接时应按相关规定检验，检查数量为抽查20%但不少于两台。燃具与管道采用软管连接时，软管接头应选用专用接头，安装牢固，便于操作，并无接头；检查数量为抽查20%但不少于两台；检查方法为宏观目视检查、手检、尺量检查。燃具与电气开关、插座等最小水平净距应按照现行国家标准《城镇燃气设计规范》（GB 50028）的规定检验；检查方法为宏观目视检查和尺量。

一般项目应达标，燃气灶的灶台高度不宜大于0.8m；炉脚应为防滑动结构，灶台应采用耐油、耐酸碱性的不燃烧材料；燃气灶与墙净距应不小于10cm；检查数量为抽查20%但不少于两台；检查方法为宏观目视检查和尺量。嵌入式燃气灶具与灶台连接处应做好防水密封，灶台下面的橱柜应根据气源性质在适当的位置开面积不小于0.785cm^2的与大气相通的安全通气孔；检查数量为抽查20%但不少于两台；检查方法为宏观目视检查。燃具与可燃的墙壁、地板和家具之间应设耐火隔热层，隔热层与可燃的墙壁、地板和家具的间距宜大于10mm；检查方法为宏观目视检查和尺量检查。使用市电的燃具应使用带有漏电保护器的电源线及单相三极电源插座，电源插座接地极应可靠接地，电源插座应安装在冷热水不易飞溅到的位置；检查数量为全部；检查方法为宏观目视检查。

3）商业用气设备的安装。主控项目应合规，商业用气设备安装在地下室、半地下室或地上密闭房间内时应严格按设计文件要求施工；检查方法为查阅设计文件。商业用气设备的安装应符合以下三条规定：①用气设备之间的净距应满足操作和检修的要求，燃具灶台之间的净距不宜小于0.5m，大锅灶之间净距不宜小于0.8m，烤炉与其他燃具、灶台之

间的净距不宜小于 1.0m；②用气设备前宜有宽度不小于 1.5m 的通道；③用气设备与可燃墙壁、地板和家具之间应按设计文件要求作耐火隔热层，隔热层与可燃墙壁、地板和家具的间距大于 10mm，其厚度不宜小于 1.5mm。检查数量为全部；检验方法为宏观目视检查和尺量检查。

一般项目应达标，砖砌燃气灶的燃烧器应水平安装在炉膛中央，其中心应对准锅中心；当使用平底锅时，应保证外焰中部接触锅底；当使用圆底锅时，应保证外焰接触锅底有效面积的 3/4；燃烧器支架环孔周围应保持足够的空间；检查数量为全部；检查方法为宏观目视检查和尺量检查。砖砌燃气灶的高度不宜大于 0.8m，封闭的炉膛与烟道应安装爆破门，爆破门的加工应符合设计文件的要求；检查数量为全部；检查方法为宏观目视检查、尺量检查和查阅设计文件。沸水器的安装应符合以下五条规定，即安装沸水器的房间应通风良好；沸水器应安装单独的烟道，并应安装防止倒风的装置，其结构应合理；沸水器前宜有不小于 1.5m 的通道，沸水器与墙净距不宜小于 0.5m，沸水器顶部距屋顶的净距不应小于 0.6m；安装两台或两台以上沸水器时，沸水器之间净距不宜小于 0.5m；楼层的沸水器使用公共烟囱时应设防止串烟装置，烟囱应高出屋顶 1m 以上。检查数量为全部；检查方法为宏观目视检查、尺量检查和查阅设计文件。

4）工业企业生产用气设备的安装。主控项目应合规，工业企业生产用气设备的安装场所应符合相关规范的规定，工业企业用气设备安装在地下室、半地下室或密闭房间内时应严格按设计文件要求施工；检查方法为查阅设计文件。工业企业生产用气设备在连接燃气供应系统时应按设计文件进行核查，不符合设计要求不得连接；检查方法为查阅设计文件。用气设备为通用产品时，其燃气、自控、鼓风及排烟等系统的检验应符合产品说明书或设计文件的规定；检查方法为检查设备铭牌、产品说明书和设计文件。用气设备为非通用产品时，其燃气、自控、鼓风及排烟等系统的检验应符合以下两条规定：①燃烧器的供气压力必须符合设计文件的规定，用气设备应符合相关规定；②检查方法为检查设备铭牌、产品说明书和设计文件。

一般项目应达标，工业企业生产用气设备燃烧装置的安全设施应符合设计文件的要求并应符合以下三条规定：①燃烧装置采用分体式机械鼓风或使用加氧、加压缩空气的燃烧器时应按设计位置安装止回阀并在空气管道上安装泄爆装置；②燃气及空气管道上应按设计要求安装最低压力和最高压力报警、切断装置；③封闭式炉膛及烟道应按设计文件施工且烟道泄爆装置的加工及安装位置应符合设计文件的规定。检查方法为查阅设计文件。

以下五类阀门的安装应符合设计文件的规定：各用气车间的进口和燃气设备前的燃气管道上设置的单独阀门、每只燃烧器燃气接管上设置的单独的有启闭标记的阀门、每只机械鼓风的燃烧器在风管上设置的有启闭标记的阀门、大型或互联装置的鼓风机其出口设置的阀门、放散管、取样管、测压管前设置的阀门；检验方法为宏观目视检查、查阅设计文件和尺量检查，燃气管道、阀门、用气设备的气密性用压缩空气、测漏仪、压力表、U 型压力计或发泡剂检查。

5）烟道的安装。主控项目应合规，用气设备的烟道断面尺寸应按设计文件的要求施工；居民用气设备的水平烟道长度不宜超过 5m，商业用户用气设备的水平烟道不宜超过 6m，并应有 1%坡向燃具的坡度；检查数量为全部；检查方法为查阅设计文件及尺量检查。烟道抽力应符合相关规定；检查数量为全部。商业用大锅灶、中餐炒菜灶烤炉、西餐

灶等的烟道和爆破门应按设计文件的要求安装；检查数量为全部；检查方法为查阅设计文件。

一般项目应达标，用镀锌钢板卷制的烟道卷缝应均匀严密，烟道应顺烟气流的方向插接，插接处没有明显的缝隙和弯折现象；检查数量为居民用户抽查20%但不少于5处，检查方法为宏观目视检查。用钢板制造的烟道的连接面应平整无缝隙，连接紧密牢固，表面平整应对烟道进行保温，保证出口的排烟温度高于露点，保温的材料、厚度应符合设计要求；检查数量为全部；检查方法为宏观目视检查和手检。用非金属预制块砌筑的烟道，砌筑块之间应黏合严密、牢固，表面平整，内部无堆积的黏合材料，砖砌烟道的厚度应保证出口的排烟温度高于露点；检查数量为全部；检查方法为宏观目视检查和手检。金属烟道的支（吊）架，结构和设置位置应合理，或应符合设计文件的规定，安装端正牢固，排列整齐；检查数量为全部；检查方法为宏观目视检查、手检或查阅设计文件。碳素钢板烟道和烟道的金属支（吊）架所涂油漆种类和涂刷遍数应符合设计文件的规定，附着良好，无脱皮、起泡和漏涂，漆膜厚度均匀，色泽一致，无流淌及污染现象；检查数量为全部；检查方法为宏观目视检查和查阅设计文件。

5.3.5　商业用燃气锅炉和冷热水机组燃气系统安装

1）基本规则。商业用室内燃气管道的最高压力应符合《城镇燃气设计规范》（GB 50028）的规定。商业用燃气锅炉和燃气冷热水机组的设置应符合设计文件的要求和《城镇燃气设计规范》（GB 50028）的规定。商业用燃气锅炉和燃气冷热水机组的烟道施工质量应符合设计文件的要求和《城镇燃气设计规范》（GB 50028）的相关规定，烟道的安装应符合相关要求。本部分中的室内燃气管道不宜采用暗埋方式敷设。商业用燃气锅炉和燃气冷热水机组的燃气管道宜选用无缝钢管，燃气管道的连接宜采用焊接或法兰连接。

2）管道安装。主控项目应合规，引入管安装质量应符合相关要求，引入管阀门至庭院管之间的管道试验应符合相关要求；检验方法依从相关规范的相关要求，严密性试验稳压24h，修正压力降不大于133Pa。管道组成件使用的材质、规格、型号应符合设计要求，燃气管道安装质量应符合相关规范的相关要求；检验方法为查阅材质书、合格证，其余应依据相关规范的相关要求。地下室、半地下室和地上室密闭房间室内燃气钢管固定焊口应进行100%射线照相检验，活动焊口应进行10%射线照相检验；检验方法为无损射线照相检验，符合国家现行标准《现场设备、工业管道焊接工程施工规范》（GB 50236）中的Ⅲ级。商业用燃气锅炉和冷热水机组室内燃气管道末端应设放散管，放散管应高出建筑物不小于1.5m，其出口呈30°；防止吹扫口背对常年风向的下方，在距室内地坪1.5m处宜设放散管手动快速切断阀；检验方法为宏观目视检查、尺量检查。

一般项目应达标，引入管安装应符合相关要求；检验方法依从相关要求。室内燃气管道安装符合相关要求；检验方法依从相关要求。

3）调压装置安装。主控项目应合规，燃气锅炉和燃气冷热水机组的燃气调压装置（含调压器、安全切断阀，放散阀、系统进出口安装的阀门和压力表）宜设专用室内调压装置；检验方法为查看设计文件。调压装置与燃气管路的连接（焊接或法兰连接）应符合相关规定；检验方法应符合相关规定。燃气锅炉和燃气冷热水机组的燃烧器系统及调压装

置的性能、规格、型号必须符合设计文件及所供气源的要求；检验方法为查阅设计文件、检查设备铭牌。调压装置安装的环境、位置应符合国家现行标准《城镇燃气设计规范》（GB 50028）的相关规定及设计文件的要求；检验方法为查阅设计文件及相关标准。调压器、安全切断阀、放散阀不参加燃气管路系统进行强度和严密性试验时，应与参加试验的部分隔断；检验方法为检查试验记录。

一般项目应达标，调压装置设置的建筑物的防火等级、防雷装置、设备静电接地装置、消防报警系统应符合设计文件要求；检验方法为宏观目视检查及查阅设计文件。

4）自控安全系统安装。主控项目应合规，燃气锅炉和燃气冷热水机组的燃烧器应具有安全保护及自动控制的功能。手动快速切断阀和紧急自动切断阀应安装到位，在管线进行系统强度和严密试验时紧急自动切断阀呈开启状态；检查方法为手动检查，检查产品说明书。燃气锅炉和燃气冷热水机组用气场所应设置燃气浓度自动报警系统，报警器应同设置的排烟设施、通风设施、紧急自动切断阀联动；检查方法为查看设计文件及安装设备说明书，进行联动测试试验。燃气锅炉和燃气冷热水机组的用气场所应设置火灾自动报警系统和自动喷水灭火系统；检查方法为查看设计文件，按《火灾自动报警系统施工及验收标准》（GB 50166）和《自动喷水灭火系统施工及验收规范》（GB 50261）检验及测试。

一般项目应达标，燃气浓度报警的探头、火灾报警探头的安装位置应符合产品说明书和设计文件的要求；检查方法为查看产品说明书及设计文件、尺量检查。燃气浓度自动报警系统、火灾自动报警系统和紧急自动切断阀的供电导线的规格、型号、敷设方式应符合设计文件的要求；检查方法为宏观目视检查、查阅设计文件和产品合格证。燃气锅炉和燃气冷热水机组控制室的设备安装应符合设计文件的要求；检查方法为查阅设计文件及产品说明书、进行调试。

5.3.6 试验与验收

1）基本规则。室内燃气管道的试验应符合以下两条要求：①自引入管阀门起至燃具之间的管道的试验应符合相关要求；②自引入管阀门起至室外配气支线之间的管线的试验应符合国家现行标准《城镇燃气输配工程施工及验收标准》（GB/T 51455）的有关规定。试验介质宜采用空气，严禁用水或可燃、助燃气体进行试验。室内燃气管道试验前，应具备以下三方面条件：①已制定有试验方案并经审批；②试验范围内的管道安装工程除涂漆、隔热层（含保温层）外，已按设计文件全部完成，安装质量应经施工单位自检和监理（建设）单位检查确认符合相关规范的规定；③待试验的燃气管道系统已与不应参与试验的系统、设备、仪表等隔断并有明显标志或记录，强度试验前安全泄放装置已拆下或隔断。试验用压力计量装置应符合以下两条要求：①试验用压力计应在校验的有效期内，其量程应为被测最大压力的1.5～2倍，弹簧压力表的精度不应低于0.4级；②U型压力计的最小分度值不得大于1mm。试验工作应由施工单位负责实施，并通知监理（建设）单位、燃气供应单位参加。试验时发现的缺陷应在试验压力降至大气压时进行处理；处理合格后应重新进行试验。民用燃具的试验与验收应符合国家现行标准《家用燃气燃烧器具安装及验收规程》（CJJ 12）的有关规定。当采用暗埋形式敷设燃气管道系统时，应在填充水泥覆盖层前对暗设系统进行强度试验和严密性试验；暗埋燃气管道在进行强度试验和严密性试验合格后再填充水泥覆盖层。当采用不锈钢金属管道时，强度试验和严密性试验检

查所用的发泡剂中氯离子含量不得大于25ppm。铝塑复合管系统应根据工程性质和特点进行中间验收。

2）强度试验。室内燃气管道强度试验的范围居民用户为引入管阀门至燃气计量装置前阀门之间的管道系统；商业用户及工业企业用户为引入管阀门至燃具接入管阀门（含阀门）之间的管道。在进行强度试验前，管内应吹扫干净，吹扫介质宜采用空气或氮气，不得使用可燃气体。强度试验压力应为设计压力的1.5倍且不得低于0.1MPa；同时试验管路系统中的环向应力不应大于管子标准屈服强度的50%。强度试验应符合以下三方面要求：①低压燃气管道系统达到试验压力时应用发泡剂检查所有接头，无渗漏、压力计量装置无压力降为合格；②中压燃气管道系统达到试验压力时，稳压不少于0.5h后，将压力降至设计压力时用发泡剂检查所有接头是否渗漏，压力计量装置无压力时降为合格，或稳压1h后观察压力表，若无压力降为合格；③中压以上燃气管道系统进行强度试验时，应在达到试验压力的50%时停止不少于15min并用发泡剂检查管道所有接头，无渗漏后方可继续缓慢升压至试验压力并稳压不少于1h后，将压力降至设计压力时，用发泡剂检查管道所有接头是否渗漏、压力计量装置无压力时降为合格。

3）严密性试验。严密性试验范围应为引入管阀门至燃具前阀门之间的管道；通气前还应对燃具前阀门至燃具之间的管道进行检查。室内燃气系统的严密性试验应在强度试验合格后进行。严密性试验应符合以下三方面要求：①低压管道系统的试验压力为设计压力且不得低于5kPa，在试验压力下居民用户应稳压不少于15min，商业和工业企业用户应稳压不少于30min，并用发泡剂检查全部连接点，无渗漏、压力计量装置无压力下降为合格；②中压及以上压力级别的管道系统的试验压力为设计压力且不得低于0.1MPa，在试验压力下稳压不少于30min，以发泡剂检查全部连接点，无渗漏、压力计量装置无压力下降为合格；③当试验系统中有金属软管时，在试验压力下的稳压时间不宜小于30min，除对各密封点检查外，应对外包覆层端面是否有渗漏现象进行检查。

4）验收。施工单位在工程完工自检合格的基础上，监理单位应组织进行预验收；预验收合格后，施工单位向建设单位提交竣工报告并申请进行竣工验收；建设单位应组织有关部门进行竣工验收；新建工程应对全部施工内容进行验收；扩建或改建工程可仅对扩建或改建部分进行验收。工程竣工验收应包括以下四方面内容：①工程的各参建单位向验收组汇报工程实施的情况；②验收组应对工程实体质量（功能性试验）进行抽查；③对相关规定的内容进行核查；④签署工程质量验收文件。工程竣工验收前应具有齐全的文件，包括设计文件（包括设计变更、洽商）；设备、管道组成件、主要材料的合格证或质量证明书；施工安装技术文件记录（本书第5.3.9节），包括焊工资格备案表、阀门试验记录、燃气系统压力试验记录、射线探伤检验报告、超声波试验报告、隐蔽工程（封闭）记录、室内燃气系统压力试验记录；质量事故处理记录；工程质量验收评定记录（本书第5.3.10节），包括燃气分项工程质量验收记录、燃气分部（子分部）工程质量验收记录、燃气室内工程竣工验收记录。

5.3.7 燃气室内工程分部（子分部）、分项工程的划分

燃气室内工程分部（子分部）、分项工程的划分如表5-3-14所示。

表 5-3-14　燃气室内工程分部（子分部）、分项工程划分参考表

分部（子分部）工程	分项工程
引入管安装	管道沟槽、管道连接、管道防腐、沟槽回填土、管道设施防护、阴极保护系统安装与测试、调压装置安装
室内燃气管道安装	管道及管道附件安装、直埋暗设管道及其管道附件安装、支架安装、计量装置安装
设备安装	用气设备安装、通风设备安装
电气系统安装	报警系统安装、接地系统安装、防爆电气系统安装、自动控制系统安装

5.3.8　钢制管道焊接坡口形式及尺寸

钢制管道焊接坡口形式及尺寸如表 5-3-15 所示。

表 5-3-15　钢制管道焊接坡口形式及尺寸

坡口尺寸	厚度 T（mm）	坡口名称	坡口形式	坡口尺寸			备注
				间隙 c（mm）	钝边 p（mm）	坡口角度 α（β）（°）	
1	1～3	I 型坡口	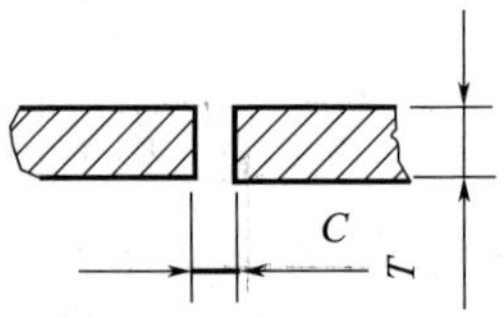	0～1.5	—	—	—
2	3～9	V 型坡口	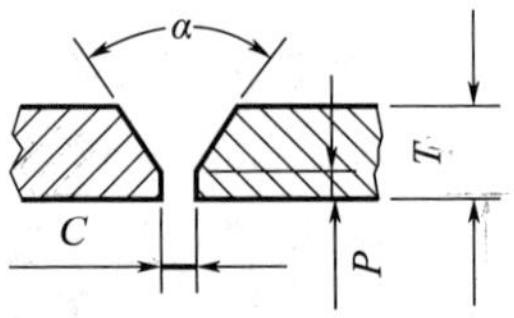	0～2	0～2	65～75	—
	9～26			0～3	0～3	55～65	—
3	2～30	T 型接头 I 型坡口	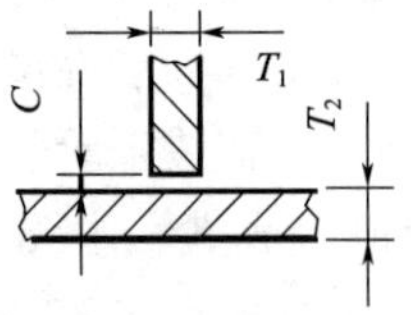	0～2	—	—	—
4	管径 $\varphi\leqslant 76$	管座坡口	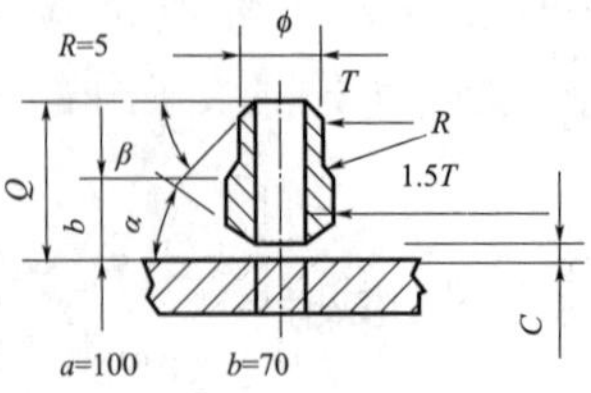	2～3	—	50～60（30～35）	—

续表

坡口尺寸	厚度 T (mm)	坡口名称	坡口形式	坡口尺寸			备注
				间隙 c (mm)	钝边 p (mm)	坡口角度 α (β) (°)	
5	管径 φ 76～133	管座坡口	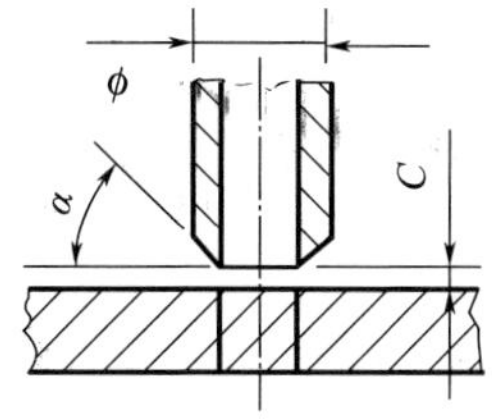	2～3	—	45～60	—
6	—	法兰角焊接头	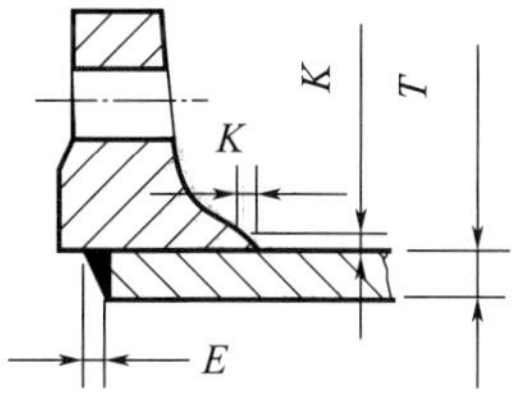 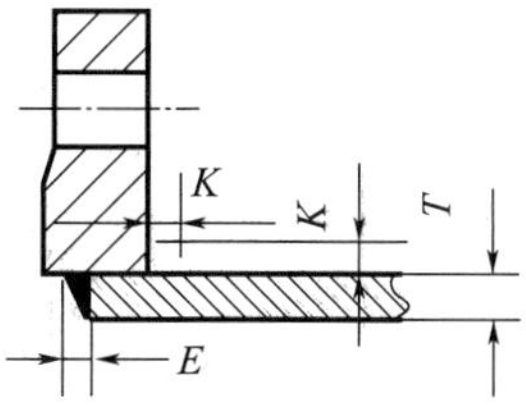	—	—	—	$K=1.4T$，且不大于颈部厚度；$E=6.4$，且不大于 T
7	—	承插焊接法兰	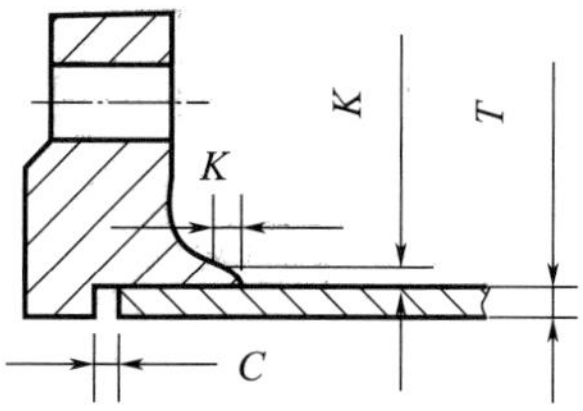	1.6	—	—	$K=1.4T$，且不大于颈部厚度

5.3.9　施工安装技术文件记录内容及格式

施工安装技术文件记录内容及格式如表5-3-16至表5-3-22所示。

表 5-3-16　焊工资格备案表

工程名称						
施工单位						
致监理（建设）单位： 我单位经审查，下列焊工符合本工程的焊接资格条件，请查收备案。						
序号	焊工姓名	焊工证书编号	焊工代号（钢印）	考试合格项目代号	考试日期	备注
施工单位部门负责人		项目经理		填表人		
填表日期：　　年　月　日						

表 5-3-17　阀门试验记录表

工程名称											
施工单位											
试验日期	类型	数量	规格型号		强度试验			严密性试验			外观检查及试验结果
			公称直径	公称压力	试验介质	压力（MPa）	时间（min）	试验介质	压力（MPa）	时间（min）	
监理（建设）单位				施工单位							
				项目负责人			质检员			试验员	

表 5-3-18　燃气管道安装工程检查记录表

工程名称			
施工单位			
检查部位		检查项目	
检查数量			
检查内容	填表人：		
示意简图			
检查结果及处理意见	检查日期：　年　月　日		
复查结果	复查人： 复查日期：　年　月　日		
监理（建设）单位	施工单位		单位
	项目技术负责人	质检员	

表 5-3-19　射线探伤检验报告

项目：								工号：			
管线号				委托单位				试验编号			
规格及厚度				焊接方法				执行标准			
材质				增感方式				透视方法			
底片编号	缺陷							评定等级	返修位置	焊工号	附注
	1	2	3	4	5	6					
缺陷代号	1 为横裂纹；2 为纵裂纹；3 为弧坑裂纹；4 为未焊透；5 为未熔合；6 为条状夹渣；7 为分散夹渣；8 为夹钨；9 为气孔；10 为长形气孔；11 为过熔透；12 为凹陷；13 为溢满；14 为缩孔；15 为伪缺陷；16 为咬边；17 为错口；18 为表面沟槽										
审核人： 年　月　日							评片： 年　月　日	暗房处理： 年　月　日		拍片： 年　月　日	

表 5-3-20　超声波试验报告

项目：			工号：		
委托单位		受检件名称		试验编号	
材质		试块		执行标准	
规格		入射点		指示长度	
厚度（mm）		折射角（°）		最大射波高（dB）	
耦合剂		表面状态		灵敏度余量	
使用仪器					
序号	检验部位	超标缺陷			评级
		性质	深度	位置	
附注： 年　月　日					
审核人：	年　月　日		报告人：	年　月　日	
证号：			证号：		

表 5-3-21 隐蔽工程（封闭）记录

<table>
<tr><td colspan="2">项目：</td><td colspan="2">工号：</td></tr>
<tr><td>隐蔽
部位
封闭</td><td></td><td>施工图号</td><td></td></tr>
<tr><td>隐蔽
前的检查
封闭</td><td colspan="3"></td></tr>
<tr><td>隐蔽
方法
封闭</td><td colspan="3"></td></tr>
<tr><td>简图说明：</td><td colspan="3"></td></tr>
<tr><td>建设单位：
年　月　日</td><td>单位：
年　月　日</td><td colspan="2">施工单位：
施工人员：
检验员：
年　月　日</td></tr>
</table>

表 5-3-22 室内燃气系统压力试验记录

<table>
<tr><td>工程名称</td><td colspan="3"></td></tr>
<tr><td>施工单位</td><td colspan="3"></td></tr>
<tr><td>管道材质</td><td></td><td>接口做法</td><td></td></tr>
<tr><td>设计压力</td><td>MPa</td><td>试验压力</td><td>MPa</td></tr>
<tr><td>压力计种类</td><td colspan="3">□弹簧表　□数字式压力计　□U 型压力计</td></tr>
<tr><td>压力计量程及精度等级</td><td>MPa　级</td><td>试验项目</td><td>□强度　□严密性</td></tr>
<tr><td>试验介质</td><td></td><td>试验日期</td><td>年　月　日</td></tr>
<tr><td colspan="4">试验范围：</td></tr>
<tr><td colspan="4">试验过程：</td></tr>
<tr><td colspan="4">试验结果：</td></tr>
<tr><td>监理（建设）单位</td><td>施工单位</td><td colspan="2">单位</td></tr>
<tr><td></td><td></td><td colspan="2"></td></tr>
</table>

5.3.10 燃气工程质量验收记录

燃气工程质量验收记录如表 5-3-23 至表 5-3-25 所示。

表 5-3-23　燃气分项工程质量验收记录

<table>
<tr><td colspan="2">工程名称</td><td colspan="2"></td><td colspan="3">分部工程名称</td><td colspan="2"></td><td colspan="2">分项工程名称</td><td colspan="2"></td></tr>
<tr><td colspan="2">施工单位</td><td colspan="2"></td><td colspan="3">位置</td><td colspan="2"></td><td colspan="2">主要工程数量</td><td colspan="2"></td></tr>
<tr><td>序号</td><td>主控项目</td><td>验收依据</td><td colspan="7">质量情况</td><td colspan="2">监理（建设）单位验收意见</td><td></td></tr>
<tr><td>1</td><td></td><td></td><td colspan="7"></td><td colspan="3" rowspan="3"></td></tr>
<tr><td>2</td><td></td><td></td><td colspan="7"></td></tr>
<tr><td>3</td><td></td><td></td><td colspan="7"></td></tr>
<tr><td rowspan="2">序号</td><td rowspan="2">一般项目</td><td rowspan="2">验收依据/允许偏差（规定值±偏差值）（mm）</td><td colspan="7">验收点偏差或实测值</td><td rowspan="2">应量测点数</td><td rowspan="2">合格点数</td><td rowspan="2">合格率</td><td rowspan="2">监理（建设）单位验收意见</td></tr>
<tr><td>1</td><td>2</td><td>3</td><td>4</td><td>5</td><td>6</td><td>7</td></tr>
<tr><td>1</td><td></td><td></td><td></td><td></td><td></td><td></td><td></td><td></td><td></td><td></td><td></td><td></td><td rowspan="3"></td></tr>
<tr><td>2</td><td></td><td></td><td></td><td></td><td></td><td></td><td></td><td></td><td></td><td></td><td></td><td></td></tr>
<tr><td>3</td><td></td><td></td><td></td><td></td><td></td><td></td><td></td><td></td><td></td><td></td><td></td><td></td></tr>
<tr><td colspan="2">施工单位自检结果</td><td></td><td colspan="2">施工单位项目质量负责人</td><td colspan="2"></td><td colspan="3">检查日期</td><td colspan="4">年　月　日</td></tr>
<tr><td colspan="2">监理（建设）单位验收意见</td><td></td><td colspan="2">监理工程师（建设单位项目负责人）</td><td colspan="2"></td><td colspan="3">验收日期</td><td colspan="4">年　月　日</td></tr>
</table>

表 5-3-24　燃气分部（子分部）工程质量验收记录

<table>
<tr><td>工程名称</td><td colspan="2"></td><td>分部工程名称</td><td colspan="2"></td></tr>
<tr><td>施工单位</td><td colspan="2"></td><td rowspan="2">项目技术（质量）负责人</td><td colspan="2"></td></tr>
<tr><td>分包单位</td><td colspan="2"></td><td colspan="2"></td></tr>
<tr><td>序号</td><td colspan="2">分项工程名称</td><td>施工单位自检意见</td><td colspan="2">监理（建设）单位验收意见</td></tr>
<tr><td>1</td><td colspan="2"></td><td></td><td colspan="2"></td></tr>
<tr><td>2</td><td colspan="2"></td><td></td><td colspan="2"></td></tr>
<tr><td>3</td><td colspan="2"></td><td></td><td colspan="2"></td></tr>
<tr><td colspan="2">观感质量</td><td colspan="4"></td></tr>
<tr><td colspan="2">质量控制资料</td><td colspan="4"></td></tr>
<tr><td colspan="2">验收结论</td><td colspan="4"></td></tr>
<tr><td rowspan="3">验收单位</td><td colspan="2">分包单位</td><td colspan="3">项目经理：　年　月　日</td></tr>
<tr><td colspan="2">施工单位</td><td colspan="3">项目经理：　年　月　日</td></tr>
<tr><td colspan="2">监理（建设）单位</td><td colspan="2">总监理工程师（建设单位项目负责人）</td><td>年　月　日</td></tr>
</table>

表 5-3-25 燃气室内工程竣工验收记录

<table>
<tr><td>工程名称</td><td colspan="3"></td></tr>
<tr><td>开工日期</td><td>年 月 日</td><td>完工日期</td><td>年 月 日</td></tr>
<tr><td>设计概算</td><td></td><td>施工决算</td><td></td></tr>
<tr><td colspan="4">验收范围及数量（附 页，共 页）：</td></tr>
<tr><td colspan="4">验收意见：</td></tr>
<tr><td colspan="2">验收组组长（签字）：</td><td colspan="2"></td></tr>
<tr><td colspan="2">建设单位（签字、公章）：</td><td colspan="2">监理单位（签字、公章）：</td></tr>
<tr><td colspan="2">设计单位（签字、公章）：</td><td colspan="2">施工单位（签字、公章）：</td></tr>
<tr><td colspan="2">单位（签字、公章）：</td><td colspan="2">单位（签字、公章）：</td></tr>
<tr><td colspan="4">竣工验收日期： 年 月 日</td></tr>
<tr><td colspan="4">其他说明：</td></tr>
</table>

思考题

1. 简述聚乙烯燃气管道工程的特点及相关要求。
2. 简述城镇燃气报警控制系统的特点及相关要求。
3. 简述城镇燃气室内工程的特点及相关要求。
4. 试述近年来我国在燃气工程运维领域的创新和突破。

第6章　供暖通风与空气调节

6.1　民用建筑供暖通风与空气调节的特点和相关要求

6.1.1　宏观要求

民用建筑供暖通风与空气调节工程的建设和使用中应保障人身健康和工程安全，维护公众权益和公共利益，保护生态环境，促进能源资源合理利用，营造健康安全的工作与生活环境。民用建筑供暖通风与空气调节工程的设计、施工、调试与验收及运行与维护必须遵守相关规定。工程建设所采用的技术方法和措施应符合相关要求，并由相关责任主体判定。其中，创新性的技术方法和措施应进行论证并符合相关要求。

民用建筑供暖通风与空气调节工程应满足人体健康所需要的室内环境参数及工艺过程对工作环境空气参数的要求。民用建筑供暖通风与空气调节工程建设和使用过程中产生的环境污染应符合现行国家标准要求。民用建筑供暖通风与空气调节工程设计与施工应选用安全、高效、节能的设备和材料，并应符合建筑防火、节能、环境、电气及工程质量控制的通用性技术要求。

6.1.2　供暖通风与空气调节设计

1）基本规则。供暖空调设计时，室内设计计算温度和相对湿度应符合以下三方面规定：①主要房间供暖设计计算温度应根据当地气候条件、生活习惯及社会经济发展水平综合确定，且不低于18℃；②主要功能房间供冷时空调设计计算温度不高于28℃、相对湿度不高于60%或空调设计计算温度不高于26℃、相对湿度不高于70%；③工艺性空调区应满足工艺对室内温度、湿度的要求。集中空调系统设计时，设计新风量及新风系统应符合以下三方面规定：①最小新风量应满足表6-1-1、表6-1-2的要求；②室内空气质量不满足要求时应采取加大新风量或空气净化的措施；③新风进风口及输送过程应避免污染，且不得从建筑物内楼道及吊顶内吸入新风。

表6-1-1　主要房间每人所需要的最小新风量

建筑类型	办公室	客房	多功能厅	宴会厅、餐厅	住宅
新风量［m^3/（h·人）］	30	30	20	20	—

续表

建筑类型	办公室	客房	多功能厅	宴会厅、餐厅	住宅
新风量［m^3/（m^2·h）］	—	—	—	—	2
建筑类型	美容室	理发室	游艺厅	大堂、四季厅、咖啡厅	
新风量［m^3/（h·人）］	45	20	30	10	
新风量［m^3/（m^2·h）］	—	—	—	—	

表 6-1-2　高密人群每人所需要的最小新风量［m^3/（h·人）］

建筑类型		影剧院观众厅	商场营业厅	体育馆	歌厅	教室	图书馆
人员密度 P_F（人/m^2）	$P_F\leqslant0.4$	14	19	19	23	28	20
	$0.4<P_F\leqslant1.0$	12	16	16	20	24	17
	$P_F>1.0$	11	15	15	19	22	16
建筑类型		博物馆等展厅	保龄球房	健身房	酒吧	公共交通等候室/层高≤6m	
人员密度 P_F（人/m^2）	$P_F\leqslant0.4$	19	30	40	30	19	
	$0.4<P_F\leqslant1.0$	16	25	38	25	16	
	$P_F>1.0$	15	23	37	23	15	

供暖通风与空调设计应保证系统运行安全，并符合以下四方面规定：①水系统的设备、管道及部件最大运行工作压力不应大于其额定工作压力。②热水管道利用自然补偿不能满足要求时应设置补偿器，高温烟气管道应采取热补偿措施。③闭式水系统应设置定压膨胀装置；水系统的定压设施膨胀管不应设置阀门；各水系统合用定压设施且需要分别检修时，膨胀管应设置带电信号的检修阀，各水系统应分别设置安全阀；水系统的溢流水量应进行回收。④冬季有冻结危险的区域，设备和管道中有存水或不能保证完全放空时，应采取防冻措施。

供暖空调系统的水质应符合设备安全运行要求；空气处理过程中，与送入室内空气直接接触的水质应符合国家规定的生活饮用水卫生要求。供暖、通风与空调系统的检测与监控应符合以下三条规定：①设备和管道系统在启停、运行及事故处理过程中，反映其安全运行的参数应检测；②集中监控系统控制的动力设备应设置就地手动控制装置；③监控管理系统应有参数超限报警、事故报警及报警记录功能。

供暖、通风与空调设计应满足现行强制性工程建设规范《建筑环境通用规范》（GB 55016—2021）中消声与隔振的要求。供暖、通风与空调设计中应设有设备、管道及配件所必需的安装、操作和维修的空间，以及预留安装维修用的门或孔洞；大型设备及管道应设有运输和吊装条件或运输通道和起吊设施。敷设在人员通道上方的水系统大型管道应进行管道支吊架的安全性核算。厨房、餐厅、打（复）印室、卫生间、地下车库等区域应具备防止污染空气串通到其他空间和排风倒灌的措施。可燃气体管道和可燃液体管道不得沿风管的外壁敷设。不应穿过通风、空调机房。

2）供暖设计。集中供暖系统施工图设计时应对每个供暖房间进行热负荷计算，并符合以下三条规定：①热负荷计算按连续供暖方式进行计算；②住宅采用分户热计量时，热

负荷计算应附加户间传热量；③间歇供暖时，热负荷计算应考虑间歇供暖附加系数。民用建筑累年日平均温度稳定小于或等于5℃的日数大于60天或日数不足60天但累年日平均温度稳定小于或等于8℃的日数大于或等于75天时，应设置供暖设施。散热器供暖系统应符合下列三条规定：①热媒采用热水；②幼儿园、老年人用房及特殊功需求房间的散热器应暗装或加装防护罩；③管道有冻结危险的场所，供暖立管或支管应独立设置。热水地面辐射供暖系统应符合以下三条规定：①热水供水温度不应超过60℃，且地面表面平均温度符合表6-1-3的规定；②毛细管网辐射供暖系统的工作压力不应大于0.6MPa；③塑料加热管的材质和壁厚应根据工程耐久年限、管材性能及系统水温、工作压力等条件确定。

表6-1-3　地面表面平均温度（℃）

地面	人员经常停留的地面	人员短期停留的地面	无人停留的地面
温度上限值	29	32	42

电加热供暖系统应符合以下六条规定：①电供暖元器件、系统符合电气安全性要求；②加热电缆及低温电热膜的地面表面平均温度必须符合表6-1-3的规定；③加热电缆产品应有接地屏蔽层，低温电热膜产品应有接地线；④加热电缆及低温电热膜供暖系统应做等电位连接，且等电位连接应与配电系统的地线连接；⑤加热电缆及低温电热膜布置在与土壤相接触的地面时，必须设绝热层且绝热层下部必须设置防潮层；⑥与加热电缆及低温电热膜相邻的装饰及装修材料应为不燃材料。

燃气红外线辐射供暖系统应符合以下三条规定：①采取防火、通风等安全措施，并符合国家现行有关燃气、防火规范的要求；②供应空气的室内空间能保证燃烧器所需要的空气量；③当燃烧器所需要的空气量超过该空间0.5次/h换气次数时，应由室外供应。

户式燃气炉和户式空气源热泵供暖系统应符合以下两条规定：①户式燃气炉选用全封闭式燃烧、平衡式强制排烟型，排烟口处保持空气畅通并远离人群和新风口；②户式空气源热泵供暖设有独立供电回路，采取防冻保护、室温调控的措施。

3）通风设计。以下五类房间或场所应设置机械通风，即卫生间、厨房、无气窗的公共浴室及无外窗且人员长期活动场所；有防疫卫生要求的房间；使用燃气燃烧设备场所及燃气表所在的密闭空间；存在或可能积聚毒性、爆炸性、腐蚀性气体的场所；自然通风不能满足通风要求的机房、地下车库等场所。设置集中供暖的住宅应设置新风系统。符合以下五种情况之一时应设置独立排风系统：①混合后能形成毒害更大或腐蚀性的混合物、化合物时；②混合后易使蒸汽凝结并聚积粉尘时；③散发剧毒物质的设备和房间；④储存易燃易爆物质或有防爆要求的单独房间；⑤服务于防疫工作且有可能存在于感染者的房间。

散发有毒气体、爆炸危险气体或粉尘的房间应设置事故通风系统，并符合以下五方面规定：①根据放散物的种类设置相应的检测报警及控制系统应能发出报警并且自动连锁开启事故通风机。②手动控制装置应在室内外便于操作的地点分别设置。③存在爆炸危险的房间应选用防爆通风设备。④事故排风的室外排风口不应布置在人员经常停留或通行的地点，并与新风进风口距离不应小于20m。⑤不具备自然进风条件时应设置机械补风系统，其补风机与事故排风机连锁。

卫生间、厨房、无气窗公共浴室的通风设计应符合以下六方面规定：①竖向通风道应

采取防止支管回流和竖井泄漏的措施，顶部应设有防止室外风倒灌措施；②发热量大且散发大量油烟和蒸汽的厨房设备应设有排气罩等局部机械排风设施；③产生油烟的设备排风应设置油烟净化装置；④厨房排油烟风道选用不燃材料、独立设置且不与防火排烟风道或其他风道共用；⑤公共卫生间保持负压；⑥无气窗公共浴室应设置独立机械排风系统。

全面排风系统的吸风口布置应符合以下两方面规定：①排除氢气或有毒有害气体与空气混合物时，吸风口上缘至顶棚平面或屋顶的距离不大于 0.3m；②排出密度大于空气的有害气体时，位于房间下部区域的排风口，其下缘至地板距离不大于 0.3m。不可避免放散的有害或污染环境的物质，在排放前必须达到大气环境质量标准和各种污染物排放标准的要求。

4）空调设计。施工图设计时应进行空调负荷计算，空调负荷计算应符合本书第 6.1.5 节的规定。空调区、空调系统的新风量计算应符合以下三条规定：①人员所需要的新风量根据人员的活动和工作性质，以及在室内的停留时间等确定，并符合相关规范的要求；②空调区的新风量按不小于人员所需新风量，补偿排风和保持空调区空气压力所需新风量二者中的最大值确定；③全空气空调系统服务于多个不同新风比的空调区时，采取措施保证空调区最小新风量且使系统新风量最小。空气中含有易燃易爆或有毒有害物质的空调区应设置独立空调风系统。

符合以下四种情况之一时应设置直流式（全新风）空调系统：①系统所服务各空调区的排风量大于空调负荷计算出的送风量；②室内散发有毒有害物质及防火防爆等要求不允许空气循环使用；③卫生或工艺要求采用直流式（全新风）空调系统；④采用直流式（全新风）空调系统有利于节能。当空调区与室外或空调区之间有压差要求时，舒适性空调系统的最大压差不应超过 10Pa。全空气变风量空调系统应符合以下两条规定：①采取保证房间最小新风量要求的措施；②风机采用变频调速调节方式。辐射供冷空调系统应对室内空气露点温度进行监测，并采取辐射末端表面不结露的控制措施。当空气处理利用地下水时，使用后的地下水应全部回灌到同一含水层，且不造成污染。

空调系统的新风和回风应经过滤处理，空气过滤器设置应符合以下四条规定：①选用粗效过滤器不能满足要求时，舒适性空调设置中效过滤器；②工艺性空调按空调区的工艺要求设置过滤器；③空气过滤器选用时注明其过滤效率和终阻力；④每级空气过滤器均应安装压差监测装置。

医院、交通场站中人员密集场所及按平疫结合设计的体育馆、展览馆等建筑的全空气空调系统应预留增设高中效过滤器或空气净化装置的条件。冬季有冻结危险的地区，新风机组、热回收新风机组及空调机组应采取防冻保护的措施。

5）冷源与热源设计。冷热源方案应根据建筑物规模与功能建设地点的能源条件、结构与价格，以及国家节能减排和环境保护政策等相关规定，经综合分析论证确定。冷热源设计应采取可靠的通风、排烟、排水等措施，废气、废水、固体废渣及噪声排放应符合现行国家、地方及行业标准相关要求。严寒和寒冷地区，锅炉或换热器台数不应少于两台；当一台停止工作时，剩余锅炉和换热器的总供热量应分别不低于设计供热量的 70％和 65％。集中空调系统冷水（热泵）机组台数及单机机组制冷量（制热量）选择应能适应空调负荷全年变化规律，满足季节及部分负荷要求。电动压缩式冷水（热泵）机组及多联式空调（热泵）机组的制冷剂选用应符合国家现行标准有关环保的规定。选用氨作制冷剂时，冷源设计应符合以下五条规定：①选用安全性、密封性能良好的整体式氨冷水机组；②不得选用直接膨胀式空气冷却器；③机房独立设置且远离建筑群；④具有良好的通风条件，设置事故排风系统，其排风机选用防爆型；⑤机房严禁采用明火供暖。

蓄能空调系统应符合以下三条规定：①逐时空调负荷计算按一个蓄能周期进行计算，并考虑间歇运行附加系数；②蓄热水池或蓄冷、蓄热共用水池不与消防水池合用；③乙烯乙二醇的载冷剂管路系统不选用内壁镀锌的管材及配件。空调水系统应符合以下四条规定：①除选用直接蒸发冷却器的空调系统外，空调水系统采用闭式循环系统；②冷凝水排入排水系统时，有空气隔断措施且不与室内雨水系统直接连接；③除利用地表水外，冷却水应循环使用并采取水质处理措施；④供暖室外计算温度5℃以下的地区，冬季运行的冷却塔应采取防冻保护的措施。冷源机房设计应符合以下四条规定：①使用制冷剂的设备区域设有制冷剂探测器；②具有良好的通风条件，通风量根据制冷剂性质进行计算；③制冷剂安全阀的泄压管接至室外安全处；④大型制冷机房采取制冷剂紧急放散和收集的措施。

6）洁净环境设计。洁净环境应按受控隔离体设计并满足以下三条要求：①洁净环境的围护结构应保持严密，洁净环境若设置外窗应为不能开启的密闭窗；②洁净区与非洁净区之间应设立缓冲室或传递窗；③需要控制环境微生物浓度的生物类洁净环境，涉及病原微生物操作及实验动物饲养繁育的洁净环境应设置防止节肢动物和啮齿类动物进入和外逃的措施。洁净环境应满足工艺操作对室内温度、湿度、洁净度等要求应保障工作人员职业健康需要，并应避免排放物对周边环境造成污染。洁净环境空气洁净度等级应按表6-1-4确定；当工艺要求控制粒径大于1个时，相邻两粒径中的大者与小者之比不得小于1.5倍。

表6-1-4　特殊洁净环境空气洁净度等级

空气洁净度等级（N）	大于或等于要求粒径的最大浓度限值（pc/m³）					
	0.1μm	0.2μm	0.3μm	0.5μm	1μm	5μm
1	10	—	—	—	—	—
2	100	24	10	—	—	—
3	1000	237	102	35	—	—
4	10000	2370	1020	352	83	—
5	100000	23700	10200	3520	832	—
6	1000000	237000	102000	35200	8320	293
7	—	—	—	352000	83200	2930
8	—	—	—	3520000	832000	29300
9	—	—	—	35200000	8320000	293000

洁净环境内的送风量应能满足维持空气洁净度、保障热湿环境、工艺所需要的排风及新风量供给需求。洁净环境应根据生产工艺需要设置送排风机连锁控制并符合以下三方面规定：①工艺过程对人与环境无害的正压洁净室在开机时送风机应先于排风机开启，关机时送排风机的关停次序应与开机程序相反；②工艺过程对人与环境有害的负压洁净室在开机时排风机应先于送风机开启，关机时送排风机的关停次序应与开机程序相反；③净化空调系统应具备避免开关机过程中特殊洁净环境围护结构承压过大的措施，以及压力梯度

逆转。

除以下三种情况不应循环利用回风外，洁净环境应合理利用回风：①对回风进行净化及热湿处理所需要的能耗高于直接利用新风时；②对回风进行净化处理后仍可能导致人员健康、产品质量以及室内环境污染风险时；③工艺控制要求禁止利用回风时。

洁净环境与周围的空间必须按工艺要求维持一定的压差控制；应保护受控洁净区域内气流从清洁区域向污染区域定向流动的压力梯度。空气洁净度等级严于8级的洁净室不得使用散热器供暖。洁净环境应根据工艺及风险控制需要确定空气过滤器的配置与级别；用于排风中生物气溶胶及放射性气溶胶净化处理的过滤器应为高效空气过滤器，必要时应使用两道高效空气过滤器。空气过滤器的设计处理风量不应大于其额定风量，末级空气过滤器在使用寿命周期内的过滤效率不应低于其标称效率应对空气过滤器的运行阻力进行监测。洁净环境送风净化处理措施不应产生危害人员健康及产品质量的有害气体、物质，以及电磁干扰、辐射等；其净化过滤材料及净化措施应能耐受使用环境条件，在使用过程中不得出现净化过滤效率的降低。当洁净环境排风污染物超过相关排风标准时应采取净化处理措施。

6.1.3 施工与调试及验收

1）施工。供暖通风与空气调节工程材料和设备进场时，应按现行强制性工程建设规范《建筑与市政工程施工质量控制通用规范》（GB 55032）进行核查，并应满足设计要求。区域锅炉房供暖系统、锅炉及辅助设备安装应符合以下两条规定：①锅炉和省煤器安全阀安装完成后应做定压调整；②锅炉的高、低水位报警器和超温、超压报警器及联锁保护装置应安装齐全并保证有效。地下室或地下构筑物外墙有管道穿过时应采取防水措施，对有严格防水要求的建筑物必须采用柔性防水套管。

制冷剂管道系统安装必须符合以下四方面规定：①管道内有压力的情况下严禁进行管道焊接；②管道系统组合安装完毕，外观检查合格后应进行吹污、气密性试验、真空试验、充注制冷剂和检漏试验；③制冷剂充注和制冷机组试运转过程中严禁向周围环境排放制冷剂；④除磷青铜材料外，氨制冷剂的管道、附件、阀门及填料不得采用铜或铜合金材料，管内不得镀锌，氨系统管道的焊缝应进行射线照相检验且抽检率应大于10%，以质量不低于Ⅲ级为合格且不得有严重缺陷为标准。

室内供暖管道安装应利于排气和泄水，当设计未注明时应符合以下三条规定：①气、水同向流动的热水供暖管道和汽、水同向流动的蒸汽管道及凝结水管道，坡度应为0.3%，不得小于0.2%；②气、水逆向流动的热水供暖管道和汽、水逆向流动的蒸汽管道，坡度不应小于0.5%；③散热器支管的坡度应为1%。

辐射供暖系统施工必须符合以下九方面规定：①热水地面辐射系统地面下敷设的盘管埋地部分不应有接头；②加热电缆冷热线的接头应采用专用设备和工艺连接不应在现场简单连接，接头应可靠、密封并保持接地的连续性；③施工过程中，加热电缆间有搭接时，严禁电缆通电；④施工过程中加热供冷部件敷设区域严禁穿凿、穿孔或进行射钉作业；⑤加热电缆出厂后严禁剪裁和拼接，有外伤或破损的加热电缆严禁敷设；⑥加热电缆的热线部分严禁进入冷线预留管；⑦严禁在施工现场对电热膜进行裁剪、连接导线、电气绝缘等操作；⑧在混凝土填充层未固化前，严禁通电调试和使用电热膜；⑨辐射供暖供冷系统

安装完成后，辐射系统表面区域应有明显的标识，做好成品保护，不得进行打洞、钉凿、撞击、高温作业等工作。

供暖空调水系统应进行水压试验并应符合以下四方面规定：①管道与设备连接前，管道系统水压试验、冲洗（吹洗）试验应合格；②散热器组对后在安装之前应进行水压试验；③热水地面辐射供暖系统管道隐蔽前应进行水压试验；④水系统安装完成后，承压管道系统和设备应做水压试验，非承压管道系统和设备应做灌水试验。

风管与风阀必须符合以下七方面规定：①风管加工质量应通过工艺性的检测或验证，强度和严密性要求应符合设计或相关施工质量验收标准规定；②薄钢板法兰矩形风管不得用于高压风管；③复合材料风管的覆面材料必须为不燃材料，内层的绝热材料应为不燃或难燃，且对人体无害的材料；④非金属风管材料的燃烧性能应符合难燃要求；⑤防火风管的本体、框架与固定材料、密封垫料等必须为不燃材料，防火风管的耐火极限时间应符合系统防火设计的要求；⑥防排烟系统的柔性短管必须采用不燃材料；⑦防爆风阀的制作材料应全数检查并符合设计规定，不得自行替换。

风管安装必须符合以下五条规定：①风管内严禁其他管线穿越通过；②输送含有易燃、易爆气体的风管系统通过生活区或其他辅助生产房间时不得设置接口；③外表温度高于 60℃并位于人员易接触部位的风管应有防止烫伤的措施；④风口安装时，X 射线、γ 射线发射房间的送、排风口必须采取防止射线外泄的措施；⑤当风管穿过需要封闭的防火、防爆的墙体或楼板时必须设置厚度不小于 1.6mm 的钢制防护套管，风管与防护套管之间应采用不燃柔性材料封堵严密。空气电加热器的安装必须符合以下两条规定：①空气电加热器与钢构架间的绝热层必须为不燃材料；②连接空气电加热器的风管的法兰垫片，必须采用耐热不燃材料。通风机传动装置的外露部位及直通大气的进、出风口必须装设防护罩、防护网或采取其他安全防护措施。供暖通风与空调系统防腐与绝热施工应在风管系统严密性试验、水系统水压试验及制冷剂管道系统气密性试验合格后进行；防腐与绝热施工完成后应按设计对管道系统进行标识。供暖通风与空调工程施工中应及时进行质量检查，对隐蔽部位应在隐蔽前进行检查验收，并应有详细的文字记录和必要的图像资料。

2）调试与验收。供暖通风与空调工程安装完成后应对以下三类设备进行单机试运转与调试：①冷热源及其附属设备；②水系统和风系统辅助设备；③供暖供冷末端设备。供暖通风与空调系统单机试运转调试完成后应进行联合试运转与调试并应包括以下五方面内容：①系统风量的测定和调整；②供暖空调水系统的测定和调整；③变制冷剂流量多联机系统联合试运行与调试；④变风量（VAV）系统联合试运行与调试；⑤监测与控制系统的检验、调整与联动运行。

供暖通风与空调系统联合试运转与调试完成后应在制冷季和供暖季分别进行综合效能调试，满足设计要求并应对室内环境参数进行检测，室内环境参数应包括以下四方面内容：①供暖房间空气温度；②舒适性空调房间空气温度和相对湿度；③恒温恒湿房间的空气温度、相对湿度及其波动范围；④净化通风空调系统室内空气洁净度等级及压差控制要求。

特殊洁净环境施工结束投入使用前，必须进行综合性能全面评定的检测。性能检测应至少包括风速或送风量、洁净度及静压差。对于以控制生物气溶胶为目的、5 级或 5 级以上及有行业要求的特殊洁净环境，还应对安装后的送风末端高效过滤器或末端装置进行检漏测试，安装后的排风高效过滤器应进行检漏测试。

高效空气过滤器等净化装置用于有毒有害物净化处理时，应对安装后设备功能及严密性进行检测验证。供暖通风与空调工程竣工验收时，各设备及系统应完成调试并可正常运行。供暖通风与空调工程竣工验收资料应包括以下十二方面内容：①设计文件、图纸会审记录、设计变更、竣工图；②主要材料、设备、成品、半成品和仪器仪表的质量证明文件及进场检（试）验报告；③隐蔽工程验收记录和相关影像资料；④工程设备、风管系统、水管道系统、其他管道系统、监测与控制系统的安装及检验记录；⑤管道系统压力试验记录；⑥设备单机试运转记录；⑦系统联合试运转与调试记录；⑧制冷季和供暖季综合效能运行与调试记录；⑨分部（子分部）工程质量验收记录；⑩观感质量综合检查记录；⑪安全和功能检验资料和核查记录；⑫净化空调的洁净度测试记录。

6.1.4 运行与维护

应建立供暖通风与空调系统运行管理和维修等规章制度，并应保存运行日志和设备的技术档案。供暖通风与空调系统运行应符合以下三方面规定：①供暖空调房间的运行设定参数应满足设计要求并符合相关规范中关于供暖通风与空调系统设计要求；人员长期停留的空调房间在空调通风系统运行期间，新风系统必须开启，且房间内 CO_2 浓度应小于0.1%；无外窗的人员长期停留场所通风系统必须开启。供暖通风与空调系统中设置的防静电接地装置应进行检查、维护、试验，保证其功能正常有效。

供暖通风与空调系统的检修和维护应符合以下七方面规定：①空调通风系统新风口及其周边环境应保持清洁。②空气处理设备的凝结水集水部位、加湿器设置部位应进行日常检查，不应存在积水、漏水、腐蚀和有害菌群滋生现象。③除净化通风空调系统的风管外，空调通风系统中的风管和空气处理设备应定期检查和清洗；风管检查周期每两年不应少于一次，空气处理设备检查周期每年不应少于一次。④空调系统初次运行和换季再次运行前，应对空气处理机组的空气过滤器、表面式冷却器、加热器、加湿器、冷凝水盘、变风量末端装置、热回收装置等部位进行全面检查，并应根据检查结果进行清洗或更换。⑤电供暖系统每年供暖期使用前应检查温控器及电路系统。⑥每年供暖或空调系统运行前，阀门、自动控制设备及监测计量仪表应校核，满足使用功能要求；每年供暖或空调系统结束后，应导出监测计量历史记录数据并妥善保存。⑦每个供暖期或供冷期，供暖空调系统水质应至少检测一次，并应根据检测结果进行处理。

供暖空调水系统及设备的日常维护应符合以下两方面规定：①严寒和寒冷地区冬季工况运行前，应对防冻措施和防冻设备进行试运转；②辐射供暖供冷系统加热供冷管在非供暖或非供冷季应进行满水保护，在有冻结可能的地区应排水、泄压。空调系统的制冷剂维护管理应符合以下两方面规定：①应对制冷剂探测仪及连锁通风系统进行日常检查、检测和维护，保证各项功能正常有效；②当需要排空制冷剂进行维修时应使用专用回收机对系统内剩余的制冷剂进行回收。

供暖通风与空调系统检测设备和监控系统的运行维护应符合以下七方面规定。即检测设备和监控系统应连续正常运行，实现功能应满足相关规定和现行强制性工程建设规范《建筑节能与可再生能源利用通用规范》（GB 55015）的设计要求。反映设备和系统安全运行参数的检测仪表、电控仪表和电路系统应定期检查和维护，检查周期每年不应少于两次。监控系统控制的动力设备，在检修或故障期间应将就地手动控制装置置于“就地控制”状态并在监控界面有相应显示。监控系统的自控设备，在检修或故障期间应将监控界面上的手动/自动模式置于“手动”模式，检修完成后应恢复原有监控功能。当监控系统有报警通知时应及时进行现场检查，在处理完成后应恢复原有监控功能。监控系统的运行记录应定期导出并妥善保存，导出周期每年不应少于两次。监控系统的运行记录含能耗数据应进行对比分析，周期每年不应少于一次，根据结果对自控参数进行调整。

空调系统应对突发事件的运行管理应符合相关规范规定。对可能发生的突发事件应事先进行风险分析与安全评价，并会同空调通风系统设计人员制定应急预案及长期的防范应急措施；突发事件应限于以下三种：①在当地处于传染病流行期，病原微生物有可能通过空调通风系统扩散时；②在化学或生物污染有可能通过空调通风系统实施传播时；③发生不明原因的空调通风系统气体污染时。突发事件发生期间，空调通风系统运行应符合以下三方面规定：①对突发事件中的高危区域，空调通风系统应独立运行或停止运行；②对突发事件中的安全区和其他未污染区域应全新风运行，并应防止其他污染区域回风污染；③空调通风系统中的空气处理设备应按卫生防疫要求清洗消毒或更换，过滤器、表面式冷却器、加热器，加湿器、冷凝水盘等易积聚灰尘和滋生细菌的部件应定期消毒或更换。

洁净环境投入运行后应定期进行性能检测并符合以下四方面规定：①过滤器应监测运行阻力并按下列要求进行检查和更换，即洁净环境送风量或压力梯度无法达到设计要求时；过滤器运行阻力达到规定值时。②洁净环境使用过程性能检测最长检测时间间隔应符合表6-1-5规定。③用于有毒有害物净化处理的高效空气过滤器等净化装置应保持完好，最长检测时间间隔应不超过12个月。④对排风净化处理装置进行维修、更换等操作时，应采取避免工作人员的健康及周边环境受到损害与污染的防护措施。

表6-1-5 洁净环境使用过程性能检测最长时间间隔

检测项目	检测最长时间间隔
空气洁净度	空气洁净度≤5级：6个月
	空气洁净度>5级：12个月
风速或风量	12个月
静压差	12个月

6.1.5 空调负荷计算

空调区的夏季冷负荷应根据各项得热量的种类、性质及空调区的蓄热特性分别进行计算。空调区的以下四项得热量应按非稳态方法计算其形成的夏季冷负荷，不应将得热量逐时值直接作为各对应时刻的逐时冷负荷值：①通过围护结构传入的非稳态传热量；②通过透明围护结构进入的太阳辐射热量；③人体显热散热量；④非全天使用的设备、照明灯具散热量等。空调区的夏季计算散湿量应根据散湿源的种类分别进行计算。空调区的夏季冷负荷应按空调区各项逐时冷负荷的综合最大值来确定。

空调系统的夏季冷负荷应按以下三条规定来确定：①末端设备设有温度自动控制装置时，空调系统的夏季冷负荷按所服务各空调区逐时，冷负荷的综合最大值来确定；末端设备无温度自动控制装置时，空调系统的夏季冷负荷按所服务各空调区冷负荷的累计值来确

定；应计入新风冷负荷、再热负荷及各项有关的附加冷负荷。计算空调区的冬季热负荷时，室外计算温度应采用冬季空调室外计算温度，并扣除室内设备等形成的稳定散热量。

6.2 焊接作业厂房采暖通风与空气调节设计

6.2.1 宏观要求

焊接作业厂房采暖通风与空气调节设计应贯彻国家相关安全生产、节能减排的技术经济政策应满足焊接作业厂房的生产建设要求，在供暖、通风与空气调节设计中应采用先进技术，保证工艺要求和生产安全，创造符合职业健康要求的室内工作环境，提高能源与资源的利用效率，保护环境。本节内容适用于新建、改建和扩建的焊接作业厂房的供暖、通风与空气调节设计。焊接作业厂房的供暖、通风与空气调节设计方案应根据建筑物、生产工艺、环境条件及能源状况，通过技术经济比较来确定；设计中应优先采用新技术、新工艺、新设备、新材料。焊接作业厂房的供暖、通风与空气调节设计应与工艺、总图、建筑和设备（包括工艺设备）等专业设计环节密切配合，采取综合的预防和治理措施，有效控制及减少有害物的发散和扩散。达到布局合理、高效节能、减少污染、综合防治的目的。供暖、通风与空气调节设计应设有设备、管道及配件所必需的安装、操作和维修的空间或预留安装维修用的孔洞；对于大型设备及管道，应考虑运输和吊装的条件，设置运输通道和起吊设施。供暖、通风与空气调节设计，对有可能造成人体伤害的设备及管道应采取安全防护措施。供暖、通风与空气调节设计应考虑施工、调试及验收的要求；当设计对施工、调试及验收有特殊要求时，应在设计文件中加以说明。焊接作业厂房供暖、通风与空气调节设计应符合国家现行的有关规定。

焊接作业厂房是指各类焊接、气割、等离子切割等焊接和相关工艺的生产厂房。局部通风包括局部排风和局部送风，局部排风指直接在焊接污染物发源处加以捕捉并将其排除；局部送风是配合局部排风而设立的局部补充新鲜空气的系统，如局部排风是净化后循环使用的系统可不设或部分设局部送风。全面通风是指为稀释厂房或某区域内污染物浓度所设置的通风方式，其目的是排除室内有害物、余热和余湿，并使室内污染物浓度低于国家有关工作场所的有害因素职业接触限值中的规定。

再循环系统是指将局部排风系统或全面通风系统中的部分空气通过过滤等净化方式得到清洁的空气返回到工作区域的系统。静电除尘器是指给灰尘和烟尘微粒充电，在相反电荷的收集板上收集带电粒子的除尘器。组合通风是指采用局部通风、全面通风和再循环系统等两种或两种以上的系统组合的通风方式。

工作区域是指焊接作业点或焊接工作台周边，高出焊接点 1.0m 以下的空间范围。分层空调系统是指在工作区上部均匀送风并形成气幕下部回风的空调系统。置换式空调系统是指以低速送风状态送入工作区下部并在工作区上部回风的空调系统。

合适高度是指焊接烟尘气溶胶在焊接区附近先凝结成一次粒子，一次粒子随着温度的降低再凝结成二次粒子，然后按一定的方式扩散出去，这些二次粒子气溶胶在扩散过程中会在某一高度集聚成最大浓度带，这个高度被称为“合适高度”。本安型是所有防爆型式中最安全的一种，也被称为本质安全型；本安型产品不管是内部断路或短路，均不会引起周围环境的易燃、易爆气体爆炸。

6.2.2　室内外空气计算参数

1）室内空气计算参数。室内污染物浓度计算值按国家现行有关工作场所有害因素职业接触限值标准的规定执行。设计焊接作业厂房供暖，冬季室内计算温度应根据建筑物内工艺特点及特殊使用要求来确定；当没有特殊要求时宜按14℃设计，焊接作业厂房供暖冬季室内计算温度如表6-2-1所示。

表6-2-1　焊接作业厂房供暖冬季室内计算温度（℃）

焊接场所		焊接材料	温度
生产工段	切割工段	普通钢材	＞14
		合金钢	＞14
		高强钢	＞14
	焊接工段	普通钢材	＞14
		合金钢	＞14
		高强钢	＞14
		铝及铝合金	＞15
		特殊钢材	＞15

冬季工作区的平均风速应针对焊接作业厂房及相关工艺特点，满足工艺要求；无特殊工艺要求时应符合以下两条规定：①当室内散热量小于23W/m^{2}时不宜大于0.3m/s；当室内散热量大于等于23W/m^{2}时不宜大于0.5m/s。空气调节室内设计参数应根据建筑物内焊接作业厂房工艺特点对室内温度、相对湿度、洁净度等要求确定；当无特殊工艺要求时空调室内设计参数应按表6-2-2的规定采用。

表6-2-2　焊接及相关厂房空调区空调室内设计参数

焊接工艺	夏季		冬季	
	温度（℃）	相对湿度	温度（℃）	相对湿度
铝及铝合金	≤28	≤65%	≥16	≤65%
普钢	根据工艺要求		根据工艺要求	
合金钢				
特种钢				

焊接作业厂房空气调节室内工作区的平均风速冬季不宜大于0.3m/s，夏季宜采用0.2～0.5m/s，当室内温度高于30℃时，在工艺许可的前提下风速可大于0.5m/s。当无特殊工艺要求时，焊接作业厂房夏季工作台位的温度应根据国家现行有关工业企业设计卫生标准夏季通风室外计算温度及其与工作地点的允许温差来决定；高温作业时湿球黑球温度指数（WBGT指数）应根据现行国家标准《工作场所职业病危害作业分级　第3部分：高温》（GBZ/T 229.3）的标准进行分级评价，分级确定设计参数，并按照国家现行有关工业企业设计卫生标准来确定设计参数。当无特殊工艺要求时，焊接作业厂房夏季工作地

点的温度可根据夏季通风室外设计温度及其与工作地点的允许温差，不得超过表 6-2-3 的规定。在高温作业区附近设置的操作人员休息室，其夏季室内温度宜采用 26～30℃。当无特殊工艺要求时，焊接作业厂房设置局部送风系统，焊接操作点的平均风速应按表 6-2-4 的规定采用。焊接作业厂房辐射供暖室内设计温度宜降低 2℃；辐射供冷室内设计温度宜提高 0.5～1.5℃。设计最小新风量应符合以下四条规定并取其中的最大值：①应保证每人不小于 30m³/h 的新风量；②应满足所有通风的补风量；③焊接作业工艺要求空气环境中最少含氧量；④厂房内维持压差的设计最小新风量。

表 6-2-3　焊接作业厂房夏季工作地点温度（℃）

夏季通风室外计算温度	≤22	23	24	25	26	27	28	29～32
允许温差	10	9	8	7	6	5	4	3

表 6-2-4　局部送风系统生产厂房工作地点的平均风速（m/s）

焊接操作点		焊接操作点控制风速
焊接作业厂房	冬季	不大于 0.3
	夏季	0.2～0.5
受限空间	封闭、半封闭	0.5～1.0

2）室外空气计算参数。焊接作业厂房室外计算参数应按现行国家标准《民用建筑供暖通风与空气调节设计规范》（GB 50736）的有关规定采用。当焊接作业厂房内温度及相对湿度必须全年保证时，应另行确定空调室外计算参数；仅在部分时间工作的空调系统，可根据实际情况选择室外计算参数。

6.2.3　供暖

1）基本规则。累年日平均温度稳定低于或等于 5℃的日数大于或等于 90 天的焊接作业厂房，或当工艺生产对室内温度有要求应设置供暖设施，并宜采用集中供暖。位于严寒地区或寒冷地区的焊接作业厂房，在非工作时间或中断使用时间内，室内温度应保持在 0℃以上，当利用房间蓄热量不能满足要求时，应按 5℃设值班供暖；当工艺或使用条件有特殊要求时，可根据需要确定值班供暖温度。当冬季工艺生产对室内温度无特殊要求，每名操作工人占用的操作面积大于 100m² 时，不宜设置全面供暖，但应在固定工作地点设置局部供暖；当工作地点不固定时应设置取暖室。供暖热媒的选择应根据厂区供热条件及安全、卫生要求，综合技术经济比较确定并应按以下三条规定选择：①资源条件允许时宜充分利用余热；②当厂区只有采暖或以采暖用热为主时易采用高温水作热媒；③当厂区供热以工艺用蒸汽为主时，在不违反卫生、技术和节能要求的条件下可采用蒸汽作热媒。需要强调的是，利用余热或天然热源采暖时，采暖热媒及其参数可根据具体情况来确定；辐射采暖的热媒应符合相关规定。

2）热负荷。焊接作业厂房供暖热负荷应按国家标准《民用建筑供暖通风与空气调节设计规范》（GB 50736）的相关要求进行计算。焊接作业厂房集中供暖系统的施工图设计，必须对每个房间逐一进行热负荷计算。焊接作业厂房供暖热负荷应根据建筑物下列散失和获得的热量来确定，即围护结构的耗热量；加热由外门、窗缝隙渗入室内的冷空气耗热量；加热由外门、孔洞及相邻房间侵入的冷空气的耗热量；水分蒸发的耗热量；加热由外部运入的冷物料和运输工具的耗热量；通风耗热量；最小负荷班的工艺设备散热量；热管道及其他热表面的散热量；热物料的散热量；通过其他途径散失或获得的热量。需要强调的是，不经常的散热量可不计算；经常不稳定的散热量应采用小时平均值。

焊接作业厂房的围护结构耗热量高度附加率，当高度大于4m时，每高出1m应附加2%，但总附加率不应大于15%；高度附加率应附加于围护结构耗热量上。对于多层焊接作业厂房，如各楼层间有大面积孔洞（如泄爆孔、安装孔等）相通时应考虑热压的作用，对各层围护结构的基本耗热量进行修正时，可按表6-2-5的规定，对于加盖的安装孔不视为上下相通。燃气红外线辐射供暖用于全面采暖时，建筑围护结构的耗热量可按普通采暖的有关规定来计算，需要考虑使用时，分区域局部工作和间歇性供暖的可能性，对耗热量进行修正。

表6-2-5 对围护结构基本耗热量的修正

计算楼层		1	2	3	4	5	6	7	8
建筑总层数	八	+40	+25	+15	0	0	−5	−10	−15
	七	+35	+20	+10	0	−5	−10	−15	
	六	+30	+15	0	0	−5	−10		
	五	+25	0	0	−5	−10			
	四	+20	0	0	−10				
	三	+15	0	−5					

3）散热器供暖。选择散热器时应符合以下八方面规定：①根据供暖系统的压力要求来确定散热器的工作压力，并符合国家现行有关产品标准的规定；②焊接作业厂房存在放散性烟尘污染物宜选用表面光滑不易积聚灰尘的散热器；③蒸汽供暖系统不应采用钢制薄壁型散热器；④采用钢制散热器时应采用闭式系统并满足产品对水质的要求；⑤采用铝制散热器时应选用内防腐型并满足产品对水质的要求；⑥安装热量表和恒温阀的热水供暖系统不宜采用水流通道内含有黏砂的铸铁散热器；⑦同一供暖系统中应避免钢制、铝制散热器混用；⑧高大焊接作业厂房供暖不宜单独采用对流型散热器。散热器的热媒温度应根据建筑物性能、生产工艺特点及安全卫生要求等因素来确定。

布置散热器时应符合以下五方面规定：①散热器宜安装在外墙窗台下，当安装或布置管道有困难时也可靠内墙安装；②两道外门之间的门斗内不应设置散热器；③散热器的布置应安全避开带压储气罐、储液罐及输液输气管道；④散热器的布置应避开置换通风的送风口，不扰乱置换通风的气流组织形成；⑤下列房间和仓库的散热器的前后应装表面光滑的防护隔热挡板，即焊接用气体的汇流排间，焊接用气体的气瓶间、空瓶间。

4）辐射供暖。焊接作业厂房局部工作地点需要供暖时，宜采用金属辐射板或燃气红外线辐射供暖，如应用于厂房全面供暖应进行技术经济比较。金属辐射板采用热水作热媒时热水平均温度不宜低于95℃；采用蒸汽作热媒时蒸汽压力宜大于或等于0.4MPa且不应小于0.2MPa。金属辐射板中心的最低安装高度应合规，当人站立工作且工作地点固定的场合应根据热媒平均温度和安装型式按表6-2-6采用；当坐着工作或工作地点不固定时可按表6-2-6数值降低0.3m。

表 6-2-6 金属辐射板中心的最低安装高度（m）

热媒平均（℃）	水平安装	倾斜安装（与水平面的夹角）			垂直安装
		30°	45°	60°	
110	3.2	2.8	2.7	2.5	2.3
120	3.4	3.0	2.8	2.7	2.4
130	3.6	3.1	2.9	2.8	2.5
140	3.9	3.2	3.0	2.9	2.6
150	4.2	3.3	3.2	3.0	2.8
160	4.5	3.4	3.3	3.1	2.9
170	4.8	3.5	3.4	3.1	2.9

焊接烟尘较大的厂房不宜采用金属吊顶的辐射板供暖，湿度较大或含有腐蚀性气体的焊接作业厂房不宜采用带钢板组合的辐射板供暖。辐射板不应布置在热敏感的设备、管道附近。采用燃气供暖时必须采取相应的防火、防爆和通风换气等安全措施并符合国家现行有关燃气、防火规范的要求。燃气红外线辐射供暖用于全面采暖时，建筑围护结构的耗热量可按对流采暖的有关规定来计算，需要考虑使用时分区域局部工作和间歇性供暖的可能性，并对耗热量进行修订。

设计全面辐射供暖系统时，沿四周外墙布置的辐射器的散热量不宜少于总热负荷的60%。由室内供应空气的空间应能保证燃烧器所需要的空气量；当燃烧器所需要的空气量超过该空间 0.5 次/h 的换气次数时，应由室外供应空气。对有腐蚀性气体或粉尘过大的厂房，燃烧器的燃烧空气应取自室外；相对湿度较大，烟尘浓度较大或含有腐蚀性气体的焊接作业厂房不宜采用高强度陶瓷板式辐射供暖设备。燃气红外线辐射供暖设备安装高度超过 6m 时，每增高 1m，建筑围护结构的总耗热量应增加 2%；当系统的安装高度超过18m 时应通过计算来确定。

燃气红外线辐射供暖的最低安装高度应合规，高强度辐射设备不应低于 4m，低强度辐射设备不应低于 3m。燃气红外线辐射采暖根据实际需要可设计以下三种自动控制：①定温控制，定温控制的特点是室温设定，按室温上下限设自动开、停；②定时控制，定时控制的特点是按班制设定开、停时间；③定区域控制，定区域控制的特点是根据工作区域不同、班次不同、工作时间不同设分区独立控制。燃气辐射器供暖应对电线、燃气管路等进行合理避让。

5）热风供暖。符合以下六方面条件之一时，应采取热风供暖：①散热器供暖不符合安全、卫生要求，必须采用全新风送热风的时候；②能与机械排风的生产车间冬季补风系统合并时；③利用循环空气供暖，技术经济合理时；④生产车间建筑体积大，采用其他供暖形式不能满足温度要求时；⑤生产车间内有夏季空调要求或有机械循环回收利用通风系统时；⑥生产车间内有工位送风要求时。全新风热风供暖，机械排风中的热量宜回收。位于严寒地区或寒冷地区的焊接作业厂房，采用热风采暖且距外窗 2m 或 2m 内有固定工作地点时，宜在窗下设置散热器，当条件许可时，兼作值班采暖；当不设散热器值班采暖时，热风采暖选型布置不宜少于两个系统（两套装置）；一个系统（装置）的最小热量应保持非工作时间工艺所需要的最低室内温度，但不得低于 5℃。热风供暖系统宜设自动控

制装置。

6）热空气幕。严寒地区、寒冷地区的焊接作业厂房无门斗或前室的大门，且每班开启时间在40min以上时，应设置热空气幕；寒冷地区设置空气调节系统的焊接作业厂房的外门入口处时，应设置热空气幕。符合以下两个条件之一时，宜设置热空气幕：①工艺生产要求不允许降低室内温度，且又不能设置门斗或前室时；②经技术经济比较合理时。热空气幕的送风方式应满足以下三方面要求：①焊接作业厂房外门宽度小于3m时宜采用单侧送风；②焊接作业厂房外门宽度大于等于3m时宜采用双侧送风；③当受条件限制不能采用侧面送风时宜采用由上向下的送风方式。热空气幕的喷嘴应贴近大门；当喷嘴不能靠近大门时，门框与喷嘴之间应设挡板封闭。热空气幕应设便于启闭的开关装置，必要时应与门的启闭装置联锁。

7）供暖管道设计。除前述规定外，供暖管道的设计应按照现行国家标准《工业建筑供暖通风与空气调节设计规范》（GB 50019）的规定执行。散热器供暖系统的供水、回水、供汽和凝结水管道应在热力入口处与以下五类系统分开设置：①通风与空调系统；②热风供暖与热空气幕系统；③生活热水供应系统；④生产供热系统；⑤车间和生活辅助房供暖系统。集中热水供暖系统的建筑物热力入口应符合以下五条规定：①供水、回水管道上应分别设置关断阀、温度计、压力表；②应设置过滤器及旁通阀；③应根据水力平衡要求和建筑物内供暖系统的调节方式，选择水力平衡装置；④每个热力入口处应设置热量表，且热量表宜设在回水管上；⑤热力入口装置应明装，当热力入口装置设备较多时，应设专用小室。

供暖管道不得与输送燃点低于或等于120℃的可燃液体或可燃性、腐蚀性气体的管道在同一条管沟内平行或交叉敷设。供暖系统供水、供汽干管的末端和回水干管始端的管径不应小于DN20，低压蒸汽的供汽干管可适当放大。静态水力平衡阀或自力式控制阀的规格应按照热媒设计流量、工作压力及阀门允许压降等参数经计算确定；其安装位置应保证阀门前后有足够长度的直管段，在没有特别说明的情况下，阀门前的直管段长度不应小于5倍管径，阀门后的直管段长度不应小于2倍管径。供暖管道不应穿过放散与之接触能引起燃烧或爆炸危险物质的房间。室内供暖地沟不应与配电室电缆地沟连通，不得进入变配电室。供暖管道不应穿过变压器室。供暖管道不宜穿过配电装置等电气设备间。

6.2.4　通风

1）基本规则。焊接作业厂房应满足生产工艺要求，职业健康安全及节能要求，应设置局部机械通风控制污染源；不具备设置局部机械通风时，应设计自然通风或组合通风。通风设计应有合理的气流组织应防止有害物质在室内扩散，防止空气从大量放散有害物质的区域流入不放散或少放散有害物质的区域。当室内产生有害物质或危险物质会造成相邻房间的污染时，排风量应大于送风量；当生产对空气有清洁或特殊温湿度要求时，为防止周围环境对其污染或影响，送风量宜大于排风量。当厂房内局部焊接区域产生大量烟尘时，应对该区域采取适当的围挡或隔离措施，避免有害物向其他区域扩散，并保持该区域相对邻近区域为负压，送风量可为排风量的80%～90%。机械排风与自然排风均应设计合理气流组织的送风和补风，机械送风和补风或自然进风口应布置在污染源扩散的上风向。

通风量应根据焊接烟尘和其他有害物质的放散量（本书第6.2.9节）和国家现行有关工作场所有害因素职业接触界限中规定的有害物质允许浓度，按本书第6.2.10节进行计算确定。焊接烟尘中数种有害物质气体同时散于空气中时，通风量应按需要空气量最大的有害物进行计算。计算污染物浓度时，应考虑焊接设备的同时使用率及有效工作时间。对机械化自动化操作的焊接生产装置应配合工艺上加强密闭和隔离措施，使其生产过程在密闭隔离或负压隔离下操作。

向大气排放的空气中有害物的浓度应按现行国家标准《大气污染物综合排放标准》(GB 16297) 和《环境空气质量标准》(GB 3095) 的规定采用。防排烟系统的设计要求应按照国家现行标准《民用建筑供暖通风与空气调节设计规范》(GB 50736) 和《建筑设计防火规范》(GB 50016) 的有关规定执行。对空气中有害物质如烟尘和气体进行过滤、吸附处理设计时应按照现行国家标准《空气过滤器》(GB/T 14295) 及《高效空气过滤器》(GB/T 13554) 相关规定执行。因焊接污染物离操作者的呼吸区太近，所有通风方式都不能完全消除焊接烟尘带给操作者的污染和伤害，必须加强操作者的个人防护。通风系统气流组织设计应参照相关规定执行。

2）自然通风。焊接作业厂房每个焊工的工作空间大于或等于284m^3，且天花板高度大于5m，没有隔板、隔间或其他结构障碍物，且焊接不在封闭区域内进行，宜采用自然通风方式。自然通风设计时，宜对建筑进行自然通风潜力分析，依据气候条件确定自然通风策略并优化建筑设计。焊接作业厂房中自然通风的进风口，其下缘高度应低于操作人员呼吸区及焊接污染物的发散点高度。冬季使用时，自然通风进风口宜采取防止冷风直接吹向人员活动区的措施。放散极毒物质的焊接作业厂房严禁采用自然通风，周围空气被烟尘或其他有害物质严重污染的焊接作业厂房，不应采用自然通风。当工艺要求进风需要经过滤处理时，或室外自然进风将引起结露时，不应采用自然通风。除前述规定外，自然通风的设计应按照现行国家标准《工业建筑供暖通风与空气调节设计规范》(GB 50019) 的规定执行。如焊接产生有毒有害烟尘或气体，当仅采用自然通风不能满足国家现行有关工业企业设计卫生标准要求时，应采取空气净化装置对其进行过滤和吸附处理。

3）机械通风。当每个焊工的工作空间小于等于284m^3，或天花板高度小于5m，且车间设有隔板、隔间或阻碍空气流动的其他结构障碍物时，应采用机械通风方式。设置集中采暖且有机械排风的建筑物，当采用自然补风不能满足室内卫生条件、生产工艺要求或技术经济不合理时宜设置机械送风系统；设置机械送风系统时应进行风量平衡及热平衡计算。多跨车间组合中，装配焊接车间与不进行金属焊接或切割的相邻车间或工段相通时应设置机械排风装置并加设机械补风装置。焊接作业厂房机械通风区域应保持负压；有温度和相对湿度要求的厂房，室内应设计成正压。放散有毒害物质的焊接作业厂房应采用过滤方式处理有害颗粒物应采用化学吸附或新风稀释处理有害气体。焊接下列金属或焊接以下列金属作涂层的钢材时应采用机械通风装置或防护焊工措施，如铍、青铜、黄铜、紫铜、镉、铬、钴、铅、锰、镍、钒及锌；此外，使用含镉的钎料进行钎焊时，也应采取机械通风或其他防护措施。狭窄或封闭区域内进行焊接、气割或类似加工操作时，应进行足够的通风，以防止有害物质、可燃气体的累积及氧气的缺失。进行全面机械通风时应计算所有排风系统的补风量，并设置相应的补风系统。

送入车间的补风应从清洁区取风，其中有害烟尘及气体的含量，不应超过车间空气中

有害物质允许浓度的30%；当超过时应设置空气净化装置。符合以下五方面条件时可设置置换通风：①有热源或热源与污染物伴生；②人员活动区空气质量要求严格；③房间高度不小于2.7m；④建筑、工艺及装修条件许可且技术经济比合理；⑤夏季制冷且冬季无需供暖的厂房。

置换通风的设计应符合以下六条规定：①房间内人员头脚处空气温差不应大于3℃；②人员活动区内送风气流分布均匀，避免送风盲区；③置换通风器的出风速度不宜大于0.5m/s；④置换通风器送风温度宜低于工作区2～3℃；⑤置换通风器布置应避开散热器加热区域；⑥排风系统宜设置在合适高度区内。高大空间厂房无法或很难布置风道系统时，可按有利于消除污染物原则采用诱导通风模式。

4）局部通风。在不影响工艺生产的前提下，宜设计密闭或半密闭局部排风；局部通风装置的结构设计应便于检修清理，选用的装置零部件应方便拆卸。局部排风罩的设置应充分考虑焊接厂房有害物散发的特点，布置排风罩时，吸气气流方向应与焊接烟尘扩散的方向一致，并使其偏于被污染的空气一侧，不应经过工人的呼吸区。在较集中的散出焊接烟尘或其他有害气体的工艺设备上宜设计与工艺设备一体的密闭式排风罩，排风装置应尽可能接近污染源。在局部排风吸气气流作用下，排风罩至焊接发烟点的最大距离处应满足衰减后的最小排风速度为0.2～0.25m/s，排风罩内应负压均匀，罩面风速不应低于本书第6.2.10节的推荐值，局部吸气作用范围的面积应超过焊烟扩散污染源面积的1.3～1.5倍。焊接烟尘控制点的排风量应符合防止粉尘或有害气体逸至室内的原则，按照本书第6.2.10节的方法通过计算确定；污染物浓度值可按照本书第6.2.10节的内容来确定，有条件时可采用实测数据。局部排风罩的设计应满足现行国家标准《排风罩的分类及技术条件》(GB/T 16758)的要求。

焊接电流小于等于200A时，可设置使用高真空局部排风系统，高负压吸风口的速度宜按15m/s设计。局部排风系统排出的有害气体，当其有害物质的含量超过室内卫生要求或排放标准时，应采取有效净化措施。焊接作业厂房内起重吊车驾驶室应设计单独的排风和补风系统，并满足国家现行有关工业企业设计卫生标准中规定的操作人员最小新风量。

5）全面通风和组合通风。机械通风时宜优先考虑局部通风的方式；采用局部排风不能满足焊接工艺要求或国家现行有关工作场所有害因素职业接触界限的规定值时可采用全面通风。大型或重型设备的装配焊接车间宜采用全面通风或组合通风。全面通风的通风量计算应按照有害物质组成中所有成分稀释到国家现行有关工作场所有害因素职业接触界限的最高允许浓度来计算，并取其最大通风量，详细计算后按照本书第6.2.10节执行。

机械通风时宜优先考虑局部通风的方式，以下五种情况可采用组合通风：①当焊接作业点流动性大、位置不固定、不宜全部采用局部排风系统时；②采用局部排风不能满足焊接工艺要求或国家现行有关工作场所有害因素职业接触界限的规定值时；③多台局部通风设施的逃逸烟尘量浓度大于国家现行有关工作场所有害因素职业接触界限的规定值时；④车间内用热风方式供暖或同时有空气调节需求时；⑤室内整体空气质量不满足国家有关工业企业设计卫生标准的要求时。

组合通风的设计除应按照相关规范计算全面通风量和局部通风量外，还应将稀释局部通风罩的逃逸污染物浓度总和风量计入全面通风量中，并相应计算机械补风量或循环送

风量。

对冬季全面通风进行空气平衡与热平衡计算时应视具体情况考虑以下两个因素：①允许短时间温度降低或间断排风的区域，其排风在空气热平衡中可不予考虑；②稀释有害物质的全面通风的进风温度应采用冬季供暖室外计算温度。

6）再循环系统。具备供暖或空气调节系统的焊接作业厂房，供暖或空气调节系统开启时，局部排风系统或组合通风系统应设置能量回收装置或循环使用部分已经净化的清洁空气，其净化后有害物质浓度不应大于国家现行有关工作场所有害因素职业接触界限最高允许浓度的30％。焊接烟尘的过滤方式主要有以下三种类型，即滤芯式过滤、静电式过滤、布袋式过滤。采用再循环系统形式的高效过滤材料应同时满足以下四条规定：①初始阻力应小于260Pa；②终极阻力应不大于1000Pa；③过滤材料的过滤风速不宜大于0.9m/min；④在高效过滤装置前应设初效过滤装置进行预过滤。为减少火花及热渣进入过滤器的可能性，宜加设金属网预过滤，或使用撞击导流金属板，过滤材料应使用难燃材料。净化有爆炸危险的烟尘及金属碎屑的过滤器和管道等均应设置卸爆装置，过滤装置应布置在系统的负压段上。

7）设备选型布置和风管道设计。通风机应根据管路特性曲线和风机性能曲线进行选择并应符合以下六条规定：①通风机风量应附加风管和设备的漏风量，送、排风系统可附加10％～15％，消防排烟兼排风系统宜附加10％～20％；②通风机采用定速时，通风机的压力在设计计算系统压力损失上宜计算10％～15％；③通风机采用变速时，通风机的压力应以计算系统总压力损失作为额定压力，计算系统总压力损失时过滤材料应以终极阻力计算；④设计工况下，通风机效率不应低于其最高效率的90％；⑤如采用再循环过滤系统，过滤材料的初始阻力和终极阻力之间的压降差有较大变化时应设计与压力相关型变速风机系统；⑥兼用消防排烟的风机应符合国家现行建筑设计防火规范的规定。

选择空气加热器、空气冷却器和空气热回收装置等设备时，应附加风管和设备的漏风量，系统允许漏风量不应超过相关规定的附加风量。当通风系统的风量或阻力较大，采用单台通风机不能满足使用要求时，宜采用两台或两台以上的同型号、同性能的通风机串联或并联安装，但其联合工况下的风量和风压应按通风机和管道的特性曲线来确定；不同型号、不同性能的通风机不宜串联或并联安装。含有易燃易爆危险物质的车间中的送风、排风系统应采用防爆型通风设备，送风机如设置在单独的通风机房内且送风干管上设置止回阀时，可采用非防爆型通风设备。排除、输送、有燃烧或爆炸危险混合物的通风设备和风管均应采取防静电接电措施（包括法兰跨接），不应采用容易集聚静电的绝缘材料制作。焊接烟尘过滤方式宜选用具有可重复使用功能的过滤装置；针对焊接烟尘的粒径（详见本书第6.2.9节），过滤效率应不低于中高效级别。焊接烟尘再循环过滤装置应设储尘斗及相应的搬运措施。

通风、空气调节系统的风管应按以下五条规定设计：①宜采用圆形、扁圆形或长、短边之比不大于4的矩形截面，其最大长、短边之比不应超过10；②风管的截面尺寸宜按现行国家标准《通风与空调节工程施工质量验收规范》(GB 50243) 中的规定执行；③宜采用金属风管，金属风管的管径应为外径或外边长；④输送含有焊接烟尘的风管，不宜采用复合型风管；⑤如采用非金属风管，应保证内壁有较好的光洁度，风管管径应为内径或内边长。

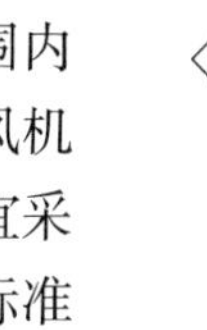

焊接作业厂房通风及空气调节系统，其风管内的风速宜按表 6-2-7 采用，其中，不包括局部通风系统的风管内风速。当风管内设有电加器时，电加热器前后各 800mm 范围内的风管和穿过设有火源等容易起火房间的风管及其保温材料均应采用不燃材料。与通风机等振动设备连接的风管应装设挠性接头。直接排出室外的排风系统，其风管的排风口宜采用锥形风帽或防雨风帽。除前述规定外，设备选型布置和风管道设计应按照现行国家标准《工业建筑供暖通风与空气调节设计规范》（GB 50019）相关规定执行。常见焊接及相关工艺污染物类型见本书第 6.2.9 节；焊接及相关工艺污染物浓度及通风量的计算见本书第 6.2.10 节。

表 6-2-7　风管内的风速（m/s）

部位	风机吸入口	风机出口	主风管	支风管	新风入口	空气过滤器	换热盘管
推荐风速	5.0	8.0～12.0	6.0～9.0	4.0～5.0	4.5	1.75	2.5
最大风速	7.0	15.0	12.0	9.0	5.0	2.0	3.0

6.2.5　空气调节

1）基本规则。焊接作业厂房在能满足工艺要求的情况下，应减少设置空气调节的区域。需要设立空气调节区域的焊接作业厂房应根据工艺对室内温度、相对湿度、洁净度等要求，采用相应的空气调节方式。在满足工艺要求的条件下，当采用局部空调能满足工艺要求时，不应采用全室或全空间的空气调节，檐高超过 10m 的高大空间厂房宜考虑仅在有参数要求的工作区域范围内设置空气调节系统。空气调节区域内应遵循以下三条原则：①有放散性污染物区域与无放散性污染物区域不应设计为同一空气调节系统；②对于不放散有害物质区域应对有放散性污染物烟尘区域应保持相对正压；③工作班次不同、温度和相对湿度要求不同的焊接作业区域空气调节系统宜分开设置。设有空气调节系统的焊接作业厂房，如需要另作其他形式供暖系统应作技术经济分析。焊接厂房内有供冷或供热且排风时宜采用能量回收系统。

设置空气调节系统的焊接作业厂房围护结构的传热系数、热惰性指标、外墙、外墙朝向及所在层次要求、外窗设置、工艺性空气调节区的门和门斗的设置等可参照表 6-2-8 至表 6-2-13。表 6-2-12 中，舒适性空气调节时，外窗宜为单层玻璃窗，有条件时可用双层玻璃窗。

表 6-2-8　工艺性空气调节围护结构最大传热系数［W/（m²·K）］

围护结构名称	工艺性空气调节		
	室温允许波动范围（℃）		
	±（0.1～0.2）	±0.5	≥±1.0
屋盖	—	—	0.8
顶棚	0.5	0.8	0.9
外墙	—	0.8	1.0
内墙和楼板	0.7	0.9	1.2

表 6-2-9　辅助工作及生活区空气调节围护结构的传热系数［W/（m²·K）］

围护结构名称	屋盖	顶棚	外墙	内墙和楼板
传热系数	1.0	1.2	1.5	2.0

表 6-2-10　围护结构最小热惰性指标

围护结构名称	室温允许波动范围（℃）	
	±（0.1～0.2）	±0.5
外墙	—	4.0
屋盖和顶棚	4.0	3.0

表 6-2-11　外墙、外墙朝向及所在层次

室温允许波动范围（℃）	外墙	外墙朝向	层次
±（0.1～0.2）	不应有外墙	—	宜底层
±0.5	不宜有外墙	有外墙时宜北向	宜底层
≥±1.0	宜减少外墙	宜北向	宜避免顶层

表 6-2-12　外窗、外窗朝向和内外窗层数

室温允许波动范围（℃）	外窗	外窗朝向	外窗层数	外窗层数		
				窗两侧温差（℃）		
				≥5		<5
				人工冷源	天然冷源	
±（0.1～0.2）	不应有外窗	—	双层	双层	单层	单层
±0.5	不宜有外窗	有外墙时宜北向	双层	双层	单层	单层
≥±1.0	宜减少外窗	不应有东西向	双层	双层	单层	单层

表 6-2-13　工艺性空气调节区的门和门斗的设置

室温允许波动范围（℃）	外门和门斗	内门和门斗
±（0.1～0.2）	严禁有外门	内门不宜通向室温基数不同或室温允许波动范围>±1.0℃
±0.5	不应有外门	门两侧温差>3℃时宜设门斗
≥±1.0	不宜有外门；有外门时应设门斗	门两侧温差≥7℃时宜设门斗

2）空调负荷计算。除在方案或初步设计阶段可使用热、冷负荷指标法进行估算外，施工图设计阶段应对空调区的冬季热负荷和夏季逐时冷负荷进行计算；工艺性空气调节区的夏季冷负荷应按各项逐时冷负荷的综合最大值来确定。焊接工艺设备等所形成的冷负荷应考虑其实际的工作情况，采用相应的负荷系数与其同时使用系数。采用分层空调系统时，空调负荷计算在夏季只计算空调区的负荷加上非空调区对空调区的辐射、对流热转移形成的冷负荷。在冬季必须按全室供暖方式来计算。焊接作业厂房空气调节系统，若采用置换式空调系统，则空调负荷计算在夏季只计算回风口平面以下空调区域的负荷加上回风口以上非空调区对空调区的辐射、对流热转移形成的冷负荷。在冬季应按全室供暖方式来计算。除前述规定外，空调负荷计算按现行国家标准《民用建筑供暖通风与空气调节设计规范》（GB 50736）

执行。

3）空气调节系统。焊接作业厂房空调系统不宜采用变风量系统，如采用变风量系统应采取有效措施保证污染物浓度低于国家有关工作场所有害因素职业接触界限标准的规定。焊接作业厂房不宜采用风机盘管加新风系统。焊接作业厂房空调送风量应取以下三项风量的最大值：①消除焊接烟尘的最小循环通风量；②消除厂房内最大的冷负荷所需要的空调风量；③消除厂房内最大的余湿量所需要的通风量。焊接作业厂房空调系统应根据室内外温差或焓差可调整新回风比，具备全新风运行功能，满足消除和稀释焊接烟尘的需要；进风口处应装设能严密关闭的阀门，进风口的位置应符合以下两项规定：①应设在室外空气较清洁的地点；②应避免进风、排风短路。符合以下两种情况之一时，全空气空调系统可设回风机，设置回风机时新回风混合时的空气压力应为负压：①不同季节的新风量变化较大，其他排风不能适应风量的变化要求；②回风系统阻力较大，设置回风机经济合理。焊接作业厂房各空气调节区域应进行风量平衡计算，以保证气流的合理流向。焊接作业厂房空气调节系统应对回风进行过滤处理；空气过滤的方式应根据处理的焊烟性质、浓度、成分来确定，过滤装置的阻力按终阻力来计算。焊接作业厂房空气调节系统主风管内风速不大于 15m/s；送风口应采取必要的技术措施，以保证送风效果和满足焊接工艺要求。焊接作业厂房的风管道设计应参照相关规定执行。

4）气流组织。焊接作业厂房的空气调节气流组织的设计应根据空气调节区域的温度、相对湿度参数、允许风速、焊接烟尘污染物放散特性和浓度、温度梯度、噪声标准以及空气分布特性指标（ADPI）等要求，结合工艺设备布局、厂房空间结构等进行确定；高大复杂空间的气流组织设计宜采用计算流体动力学（CFD）数值进行模拟计算。焊接作业厂房空气调节送回风方式选择及风口的选型应满足有放散性污染物对气流组织的要求，减少污染物扩散，并不影响焊接工艺。焊接作业厂房空气调节系统宜采用如图 6-2-1 至图 6-2-5所示的五种气流组织形式。

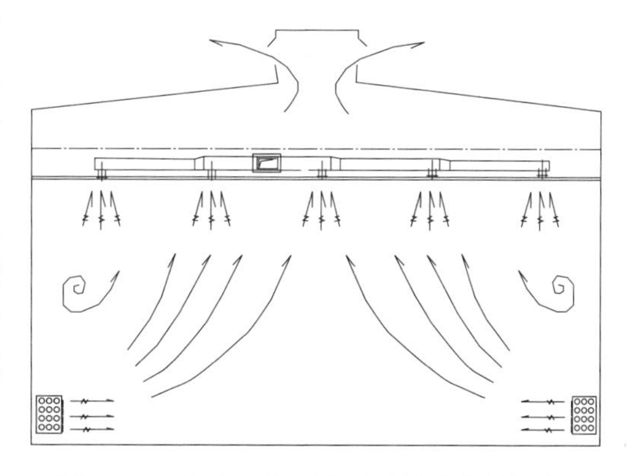

图 6-2-1　上升气流形式（无温差送风模式）

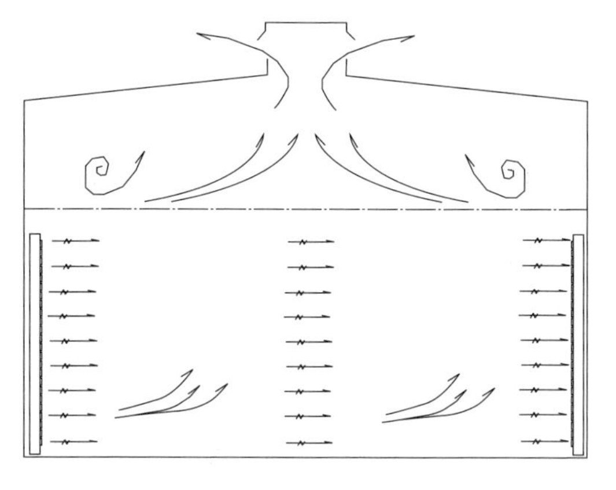

图 6-2-2　单向气流形式

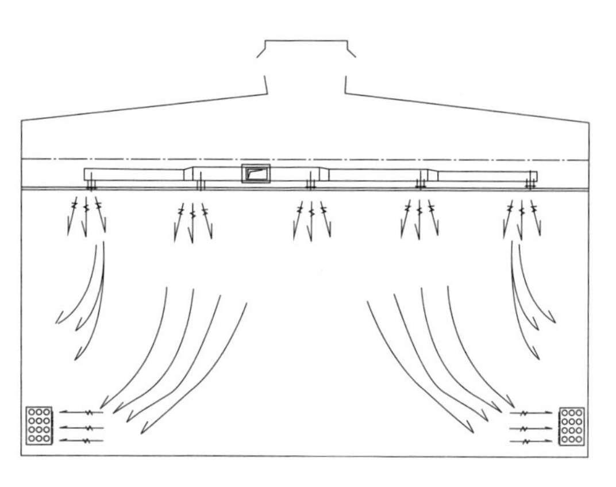

图 6-2-3　下降气流形式

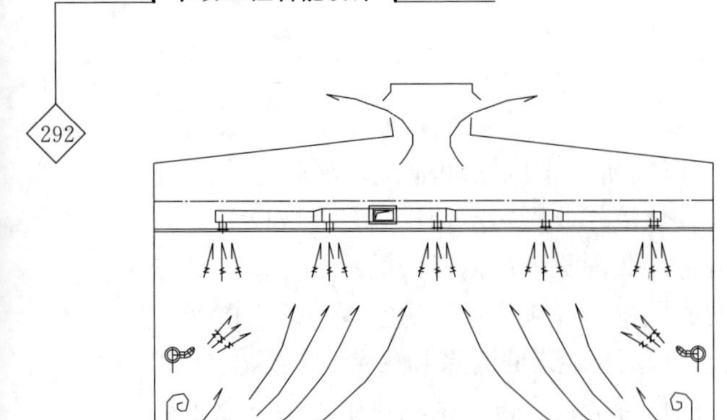

图 6-2-4　上升气流加引射气流形式

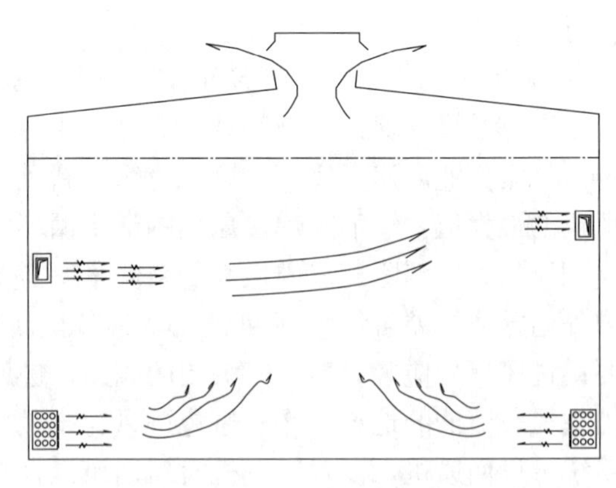

图 6-2-5　上升气流加吹吸气流形式

焊接作业厂房通风及空气调节系统采用上升气流形式，气流方向与焊接烟尘扩散的方向一致，是经常使用的气流形式（如伴随送热风效果不好），风管布置实例如图 6-2-6、图 6-2-7所示；单向气流形式适合跨度不大或空间较小的区域，风管布置实例如图 6-2-8所示；下降气流形式通常使用在电焊机或焊接工作台上或用于焊接厂房的中间通道区，风管布置实例如图 6-2-9 所示；上升气流加引射气流形式适合于空间特别高大排风机布置在屋顶的排风系统，引射风机起接力风机的作用，风管布置实例如图 6-2-10 所示；上升气流加吹吸气流形式适合跨度不大、空间高度较高的厂房，风管布置实例如图 6-2-11所示。

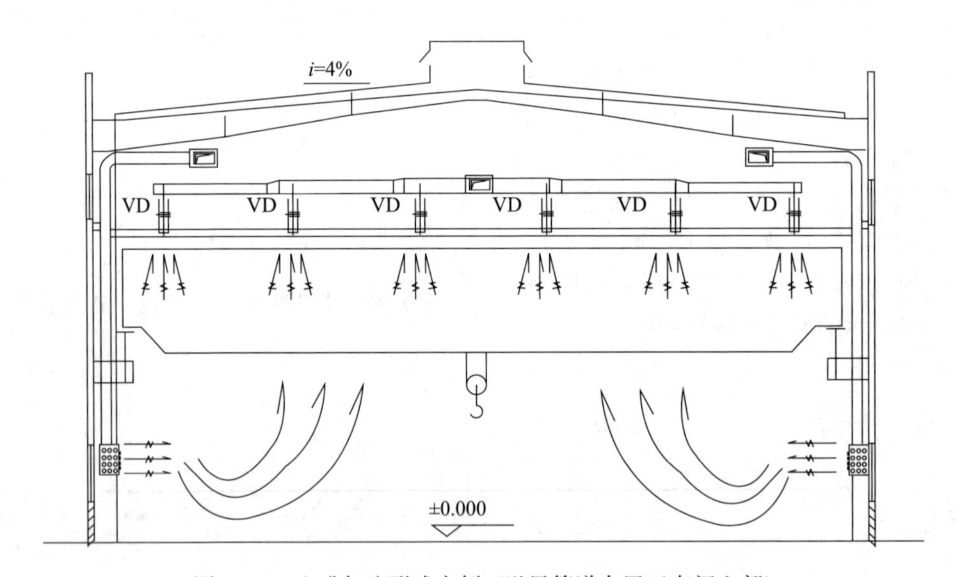

图 6-2-6　上升气流形式实例（送风管道布置于车间上部）

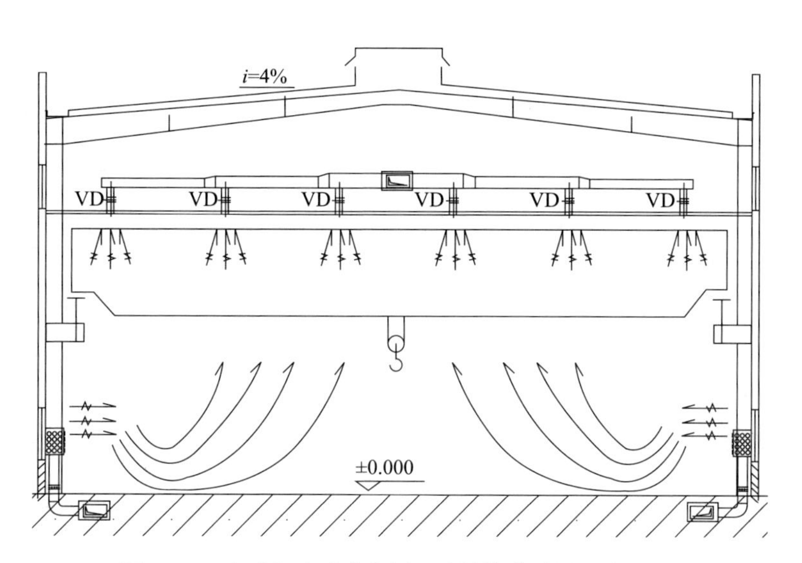

图 6-2-7　上升气流形式实例（送风管道采用地沟送风）

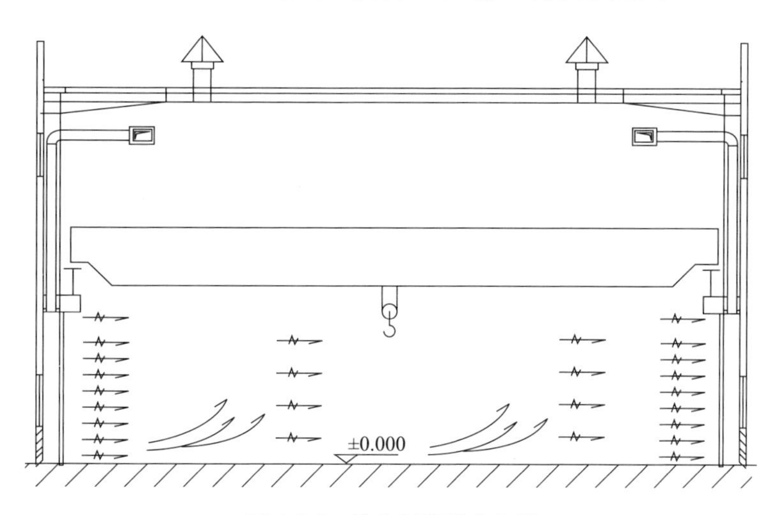

图 6-2-8　单向气流形式实例

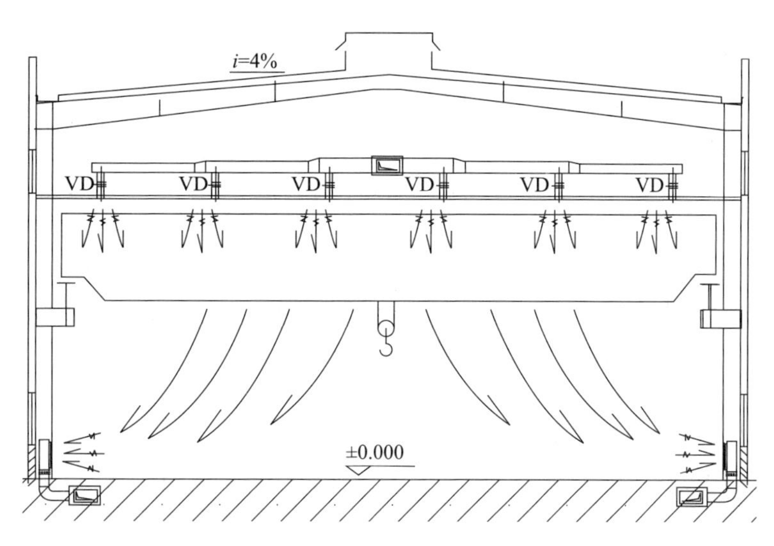

图 6-2-9　下降气流形式实例

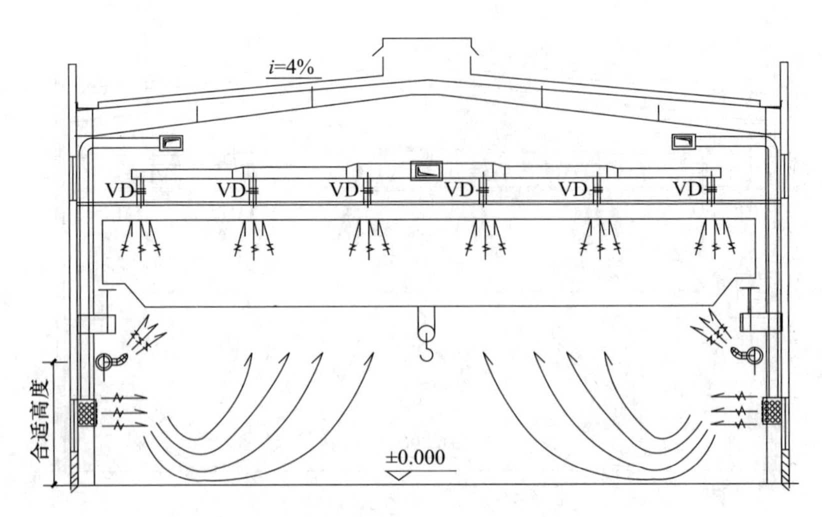

图 6-2-10　上升气流加引射气流形式实例

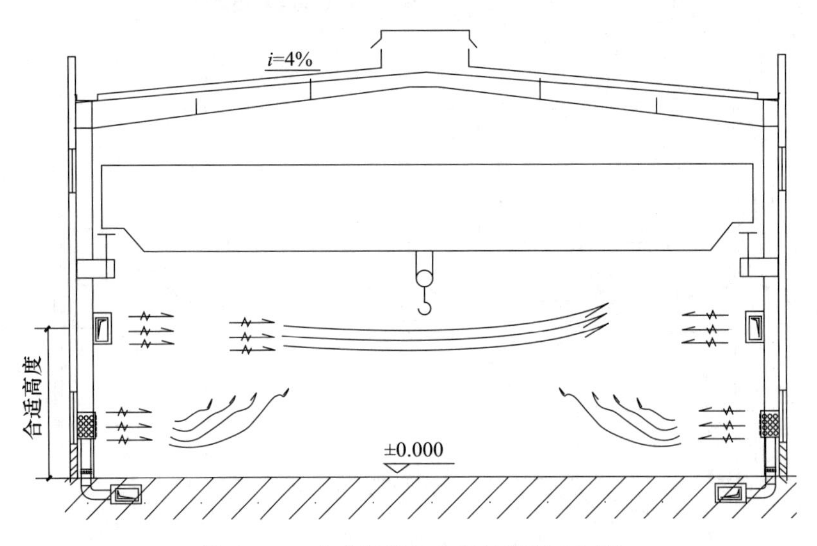

图 6-2-11　上升气流加吹吸气流形式实例

焊接作业厂房空调送风气流形式应按厂房的形式采用不同的送风方式；对于跨度小于18m，高度小于8m的焊接作业厂房空调送风气流宜优先采用底部两侧送风，顶部回（或排）风的向上气流形式（图 6-2-12、图 6-2-13）；对于跨度小于18m，高度大于8m的焊接作业厂房空调，送风气流宜采用两侧下送、中部侧回（或排）加辅助屋顶排风的形式（图 6-2-14）；对于跨度大于18m，高度小于10m的焊接作业厂房空调送风气流宜优先采用底部两侧送风加中间地沟送风，顶部回风（或排风）形式，回风形式可考虑采用吹吸式（图 6-2-15）；对于跨度大于18m，高度大于8m的焊接作业厂房送风气流宜采用底部两侧送风加中间地沟送风，双侧中部回（或排）风（图 6-2-16）；回风形式可考虑采用吹吸式（图 6-2-17）。

送风口的风速应根据焊接工艺要求、室内温湿度及噪声等要求来确定。高大空间的焊接作业厂房，采用分层空调或置换空调时宜减少非空气调节区向空气调节区的热转移，必要时应在非空气调节区设置送、排风装置，如图 6-2-18、图 6-2-19 所示。

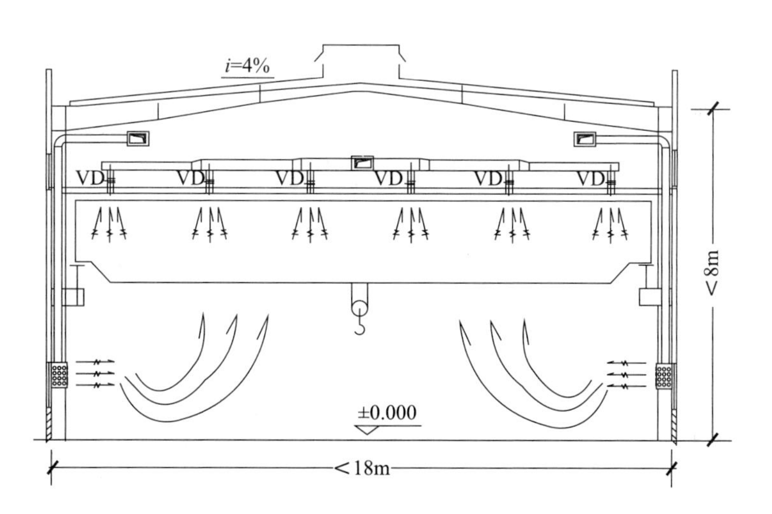

图 6-2-12　底部两侧送风，顶部回（或排）风的向上气流形式

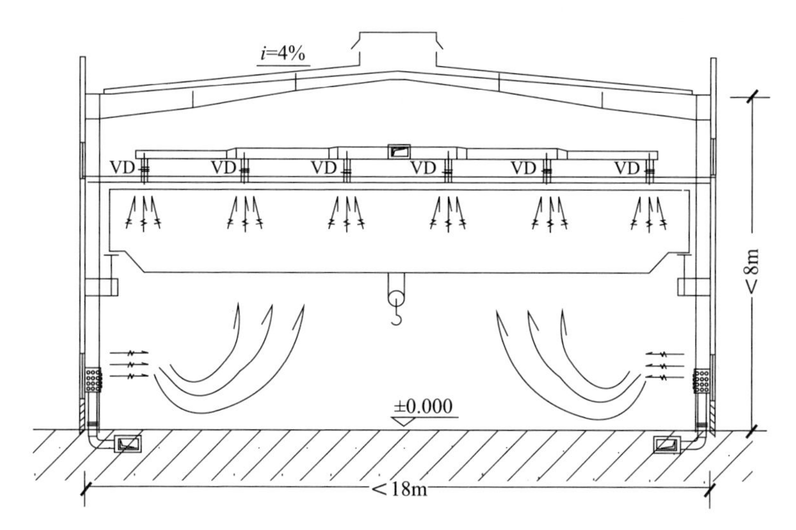

图 6-2-13　底部两侧送风，顶部回（或排）风的向上气流形式

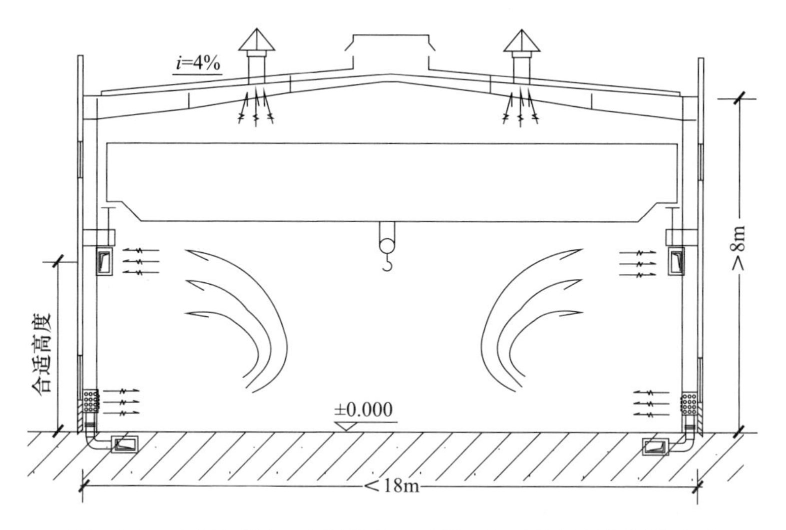

图 6-2-14　两侧下送、中部侧回（或排）加辅助屋顶排风的形式

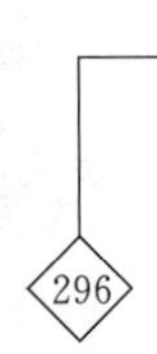

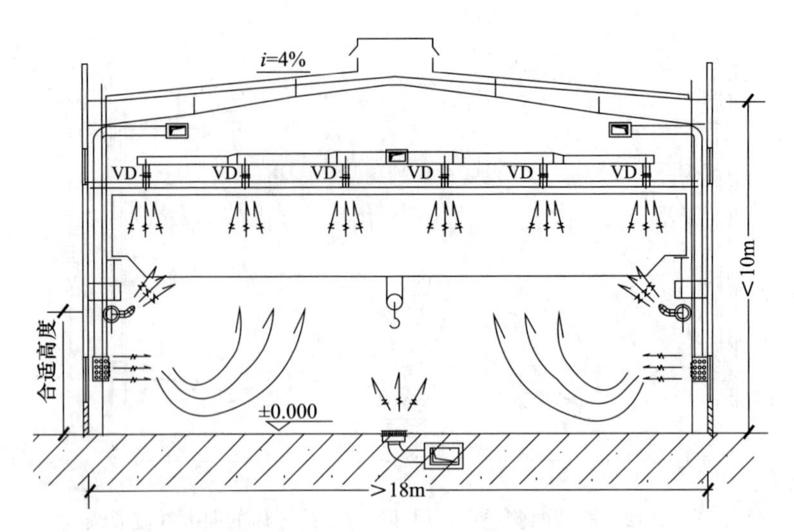

图 6-2-15　底部两侧送风加中间地沟送风、顶部回风（或排风）形式

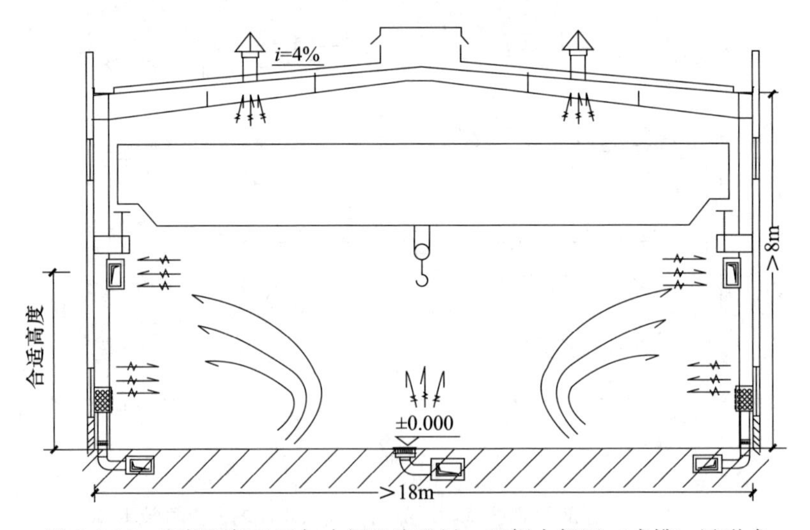

图 6-2-16　底部两侧送风加中间地沟送风、双侧中部回（或排）风形式

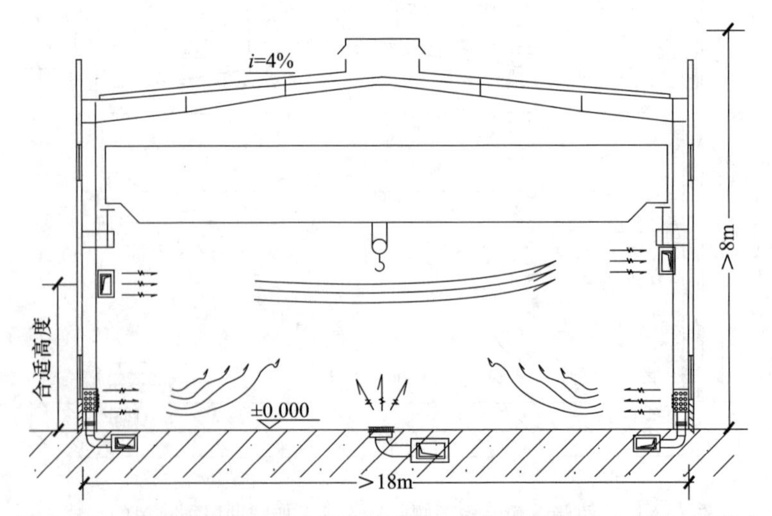

图 6-2-17　底部两侧送风加中间地沟送风、中部吹吸式回（或排）风形式

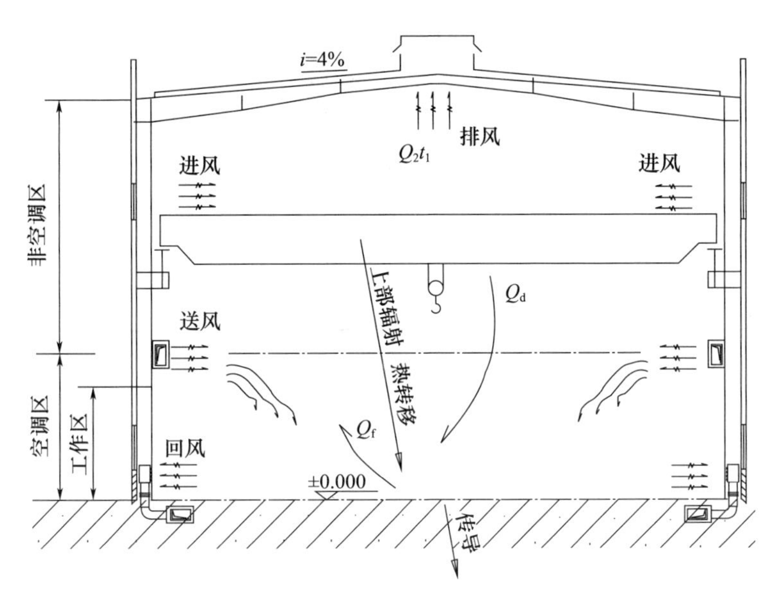

图 6-2-18　分层空气调节形式

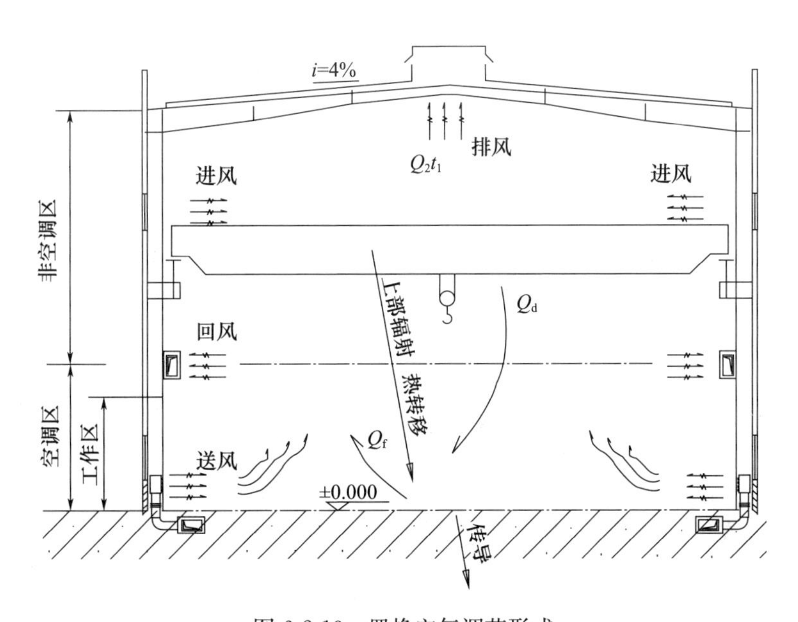

图 6-2-19　置换空气调节形式

底部送风宜采用置换送风筒、空气分布器风口；顶部送风宜采用旋流风口、散流器、喷射式风口；侧面送风宜采用百叶风口、格栅风口或喷射式风口。回风口宜设置在靠近污染源或不受送风气流影响的滞流区。高大空间的焊接作业厂房，排（回）风口宜布置在合适高度区。不同的焊接电流强度产生的烟尘带高度见本书第 6.2.9 节。

5）空气处理。设有空气调节的焊接作业厂房应根据当地的室外气候条件和工艺要求来采用相应的空气处理过程和方式。循环水蒸发冷却空气处理系统应根据现行国家标准《民用建筑供暖通风与空气调节设计规范》（GB 50736）采用不同的空气处理形式。人工制冷系统中直接蒸发式表面冷却器的蒸发温度至少比出口空气的干球温度低 3.5℃，满负

荷时蒸发温度不低于0℃；低负荷时应防止其表面结霜，防止结霜的最低蒸发温度如表6-2-14、表6-2-15所示。焊接作业厂房空气调节系统的新风和回风均应经过过滤处理。空气过滤器应先设置粗效过滤器，当循环空气不能满足前述的规定时应设置中高效过滤器；中高效过滤器的阻力应按终阻力计算并满足相关规定；粗效过滤器及中高效过滤器宜设置过滤器阻力监测、报警装置，并应设置检查口及其具备的更换条件。高压静电过滤装置应设置与风机有效联动的措施。

表6-2-14　防止结霜的最低蒸发温度（℃）

出风湿球温度（℃）	通过蒸发器迎风面风速（m/s）		
	1.5	2.0	2.5
7.2	0	0	0
10.0	0	0	0
12.8	0	−0.6	1
15.6	−2.8	−3.3	−4.0

表6-2-15　防止结霜的最低蒸发温度（℃）

进风干球温度（℃）	通过蒸发器迎风面风速（m/s）							
	1.5		2.0		2.5		3.0	
	蒸发器排深							
	4	6	4	6	4	6	4	6
18.3	−2.8	−0.6	−3.3	−1.7	−3.9	−2.8	−3.9	−3.9
21.1	−2.8	−1.1	−3.9	−2.2	−3.9	−3.3	−3.9	−3.9
24.0	−3.3	−1.7	−3.9	−3.3	−3.9	−3.9	−3.9	−3.9
26.7	−3.9	−2.2	−3.9	−3.9	−3.9	−3.9	−3.9	−3.9

6）空气处理机房。焊接作业厂房的空气处理机组宜安装在专用空调机房内。当空气处理机组安装在室外，空调设备应选用室外型，并应采取机组设备及管道的保温防冻措施。焊接作业厂房空调机房的面积应根据空调设备尺寸和人员操作、安装及检修空间来确定，应方便烟尘收集桶的倾倒和搬运。焊接作业厂房空调机房宜设单独的出入口。机房内宜设给水排水和局部防水设施。

6.2.6　空气调节冷热源

1）基本规则。除本节规定外，空气调节冷热源应按照现行国家标准《民用建筑供暖通风与空气调节设计规范》（GB 50736）的有关规定执行。蒸汽、热水型溴化锂吸收式冷水机组和直燃型溴化锂吸收式冷（温）水机组的选择应根据用户具备的加热源种类和参数进行合理确定，蒸汽压力不宜低于30kPa，热水温度不宜低于80℃；不应采用专配锅炉作为驱动热源。

2）空调供回水系统、冷凝水系统及冷却水系统。除设蓄冷蓄热水池供冷供热及直接蒸发式系统外，空调水系统应采用闭式循环系统；采用换热器加热空调热水时，供水温度宜采用60～65℃，供回水温差不应小于10℃；采用直燃式冷（温）水机组、空气源热泵、

地源热泵等作为热源时，供回水温度与温差应按设备要求和具体情况确定，并应使设备具有较高的供热性能系数。冬季不运行的冷却水系统应有泄空装置。

3）区域供冷及供热。采用区域供冷与供热时冷热源站宜位于负荷中心，做好与总图、建筑等专业的协调工作。采用区域供冷时应进行全年能耗计算及技术、经济分析论证；区域供冷宜采用蓄能、可再生能源等高效节能的措施；区域供冷管道宜采用直埋敷设；区域供冷应结合多级泵、大温差小流量、变流量运行控制等措施以降低水力输送能耗。当热水供热系统规模较大时，宜采用间接连接系统。间接连接系统一次水供水温度宜为115～130℃，设计回水温度宜为50～80℃；二次水设计供水温度不宜大于90℃。

4）制冷机房、锅炉房及热力站。燃气溴化锂吸收式冷（温）水机组的设计，除应遵守现行国家标准《民用建筑供暖通风与空气调节设计规范》（GB 50736）及现行有关标准、规范、规程的各项规定外，还应符合以下四条要求：①机房的人员出入口不应少于2个；②设置独立的燃气表间；③（多台设备）烟囱宜单独设置；④机房及燃气表间应分别独立设置燃气浓度报警与防爆排风机，防爆风机与各自的燃气浓度报警器联锁，当燃气浓度达到爆炸下限1/4时报警，并启动防爆风机排风。锅炉房设计及冷热源站必须采取减轻废气、废水、固体废渣和噪声对环境影响的有效措施，排出的有害物和噪声应符合国家现行的有关规定。

6.2.7　监测与控制

1）基本规则。除本节规定外，焊接作业厂房供暖、通风与空气调节的监测与控制设计按照现行国家标准《民用建筑供暖通风与空气调节设计规范》（GB 50736）相关规定执行。焊接作业厂房供暖、通风与空气调节的监测与控制应根据焊接厂房的系统类型、工艺管理的要求、设备运行时间等因素，经经济和技术比较后确定。焊接作业厂房的通风及空气调节系统的定风量风机设备应做变频控制，以满足阻力变化较大情况下，保持恒定风量的通风及空气调节的工艺控制。

符合以下五个条件之一的供暖、通风和空气调节系统宜采用集中监控系统：①厂房内系统规模大、制冷空气调节设备台数多、采用集中监控系统可减少运行维护工作量、提高管理水平；②系统各部分相距较远且有关联，采用集中监控系统便于工况转换和运行调节；③采用集中监控系统可合理利用能量实现节能运行；④采用集中监控系统方能防止事故，保证设备和系统运行安全可靠；⑤设备安装在高大危险空间，人为不易操作。

不具备采用集中监控系统的供暖、通风和空气调节系统，当符合以下三个条件之一时宜采用就地的自动控制系统：①工艺或使用条件有一定要求；②防止事故、保证安全；③可合理利用能源实现节能运行。供暖、通风与空气调节系统有代表性的参数应在便于观察的地点设置就地检测仪表。对工艺生产的安全和正常运行有重要影响的供暖、通风与空气调节系统的主要参数及运行状态显示宜与工艺控制系统合设。过滤段压缩空气反向脉冲清洁系统应纳入自控系统管理。对偏离标准值可能造成事故的参数应设计报警信号装置。涉及防火与排烟系统的监测与控制应执行国家现行有关防火规范的规定。

2）传感器和执行器。风道内空气含有易燃、易爆物质时，应采用本安型温度或相对湿度传感器。当用于安全保护和设备状态监视时，宜选择温度开关、压力开关、风流开关、水流开关、压差开关、水位开关等以开关量形式输出的传感器，不宜使用连续量输出

的传感器。蒸汽两通阀应采用单座阀；三通分流阀不应用作三通混合阀；三通混合阀不宜用作三通分流阀使用。当仅以开关形式做水路或风路的切换运行时应采用通断阀，不得采用调节阀。在易燃易爆环境中，应采用气动执行器与调节水阀、风阀配套使用。

3）供暖与通风系统的监测与控制。供暖与通风系统应对以下八个参数进行监测：①供暖系统的供水、供汽和回水干管中的热媒温度和压力；②热风供暖系统的室内温度和热媒参数；③兼作热风供暖的送风系统的室内外温度和热媒参数；④通风机的启、停状态；⑤与过滤器初始与终级阻力变化相适应的通风机的变频控制；⑥通风系统的过滤器进出口静压的越限报警；⑦过滤器压缩空气反向脉冲清洁系统控制；⑧风机、水泵等设备的启停状态。

通风系统的控制应符合以下三条要求：①应保证车间内风量平衡、温度、压力、污染物浓度等要求；②宜根据车间内设备使用状况及班次进行通风量的调节；③宜进行新风量的控制直至全新风运行。间歇供热的暖风机热风供暖系统宜根据热媒的温度和压力变化控制暖风机的启停，当热媒的温度和压力高于设定值时暖风机自动开启；低于设定值时暖风机自动关闭。在寒冷地区的室外设备内的非连续供热的蒸汽管路应设有防冻措施。

4）空气调节系统的监测与控制。空气调节系统中应对以下九个参数进行监测：①室内、外空气的温度和相对湿度；②空气冷却器出口的冷水温度；③加热器出口的热媒温度；④与过滤器初始与终级阻力变化相适应的通风机的变频控制；⑤空气过滤器进出口静压差的超限报警；⑥过滤器压缩空气反向脉冲清洁系统控制；⑦冬季运行工况送新风设备的防冻控制；⑧风机、转轮热交换器、加湿器等设备的启、停状态；⑨全年运行的空气调节系统宜按多工况运行方式设计监测控制。

焊接作业厂房全空气空调系统的控制应符合以下七方面规定：①循环风量的控制应满足室内污染物浓度值低于国家现行工作场所有害因素职业接触限中的规定；②室内温度的控制不应由送风量调节而仅由送风温度的调节实现；③送风温度的控制应通过调节冷却器或加热器水路控制阀和/或新、回风道调节风阀实现，水路控制阀的设置应符合现行国家标准《民用建筑供暖通风与空气调节设计规范》（GB 50736）的规定，且宜采用模拟量调节阀，需要控制混风温度时风阀宜采用模拟量控制阀；④过滤器初始与终级阻力变化较大时风机应采用变速控制方式；⑤当采用加湿处理时其加湿量应按室内湿度要求和热湿负荷情况进行控制，当室内散湿量较大时，宜采用机器露点温度、不恒定或不达到机器露点温度的方式来直接控制室内相对湿度；⑥在满足工艺要求时过渡季宜采用加大新风比的方式运行；⑦寒冷地区室外设备内非连续供热的蒸汽管路应有防冻措施。

空气调节系统的电加热器应与送风机联锁，并应设无风断电、超温断电保护装置；电加热器的金属风管应接地。处于冬季有冻结可能性的地区的新风机组或空气处理机组，应对热水盘管加设防冻保护控制。冬季和夏季需要改变送风方向和风量的风口（包括散流器和远程投射喷口）应设置转换装置来实现冬夏转换；转换装置的控制可独立设置或作为集中监控系统的一部分。

5）空调冷热源及水系统的监测与控制。空气调节冷热源和空气调节水系统应对以下八个参数进行监测：①冷水机组蒸发器的进、出口水温、压力、水流开关；②冷水机组冷凝器的进、出口水温、压力、水流开关；③热交换器一二次侧进、出口温度、压力；④分集水器的温度、压力（或压差），集水器各支管温度；⑤水泵的进、出口压力；⑥水过滤

器前后压差；⑦定压系统参数；⑧冷水机组、水泵、补水泵、冷却塔风机等设备的启停状态。

当冷水机组采用自动方式运行时，冷水系统中各相关设备及附件与冷水机组应进行电气联锁，并按顺序启停。当冷水机组在冬季或过渡季需要经常运行时宜在冷却塔供回水总管间设置旁通调节阀。空调冷却水系统控制调节应符合下列三条规定：①冷却塔风机开启台数或转速宜根据冷却塔出水温度控制；②当冷却塔供回水总管间设置旁通阀调节时应根据冷水机组最低冷却水温度调节旁通水量；③可根据水质检测情况来进行排污控制。

空调厂区面积较大时，宜建立集中监控系统与冷水机组控制器之间的通信，实现集中监控系统中央主机对冷水机组运行参数的监测和控制。冷热源自动控制系统宜由中央控制器与现场控制器和机组自带控制单元、传感器、热行器等组成；控制系统的软件宜包括优化启停、设备台数控制、控制点状态显示、报警打印、能源统计、控制点状态记录、现场控制器的通信等功能。

6）室内污染物的监测和控制。焊接厂房室内污染物宜定期对以下三类参数进行监测：①焊接工艺产生的烟尘总尘；②焊接工艺产生的工作场所有害因素职业接触界限中的所有单项污染物；③焊接工艺产生的有害气体。焊接作业厂房的排风系统应在工作地点设置通风机启停状态显示信号。需要设置事故通风的生产车间应安装有害气体或烟尘分析仪器，当有害气体浓度超过容许浓度的10%时，自动开启事故风机。

7）中央级监控管理系统。中央级监控管理系统应能以多种方式显示各系统运行参数和设备状态的当前值与历史值。中央级监控管理系统应以与现场测量仪表相同的时间间隔与测量精度来连续记录各系统运行参数和设备状态，其存储介质和数据库应能保证记录连续一年以上的运行参数，并应以多种方式进行查询。中央级监控管理系统应能计算和定期统计系统的能量消耗、各台设备连续和累计运行时间，并能以多种形式显示。中央级监控管理系统应能改变各控制器的设定值、各受控设备的“手动/自动”状态，并能对设置为“自动”状态的设备直接进行“启/停”和调节。中央级监控管理系统应能根据预定的时间表，或依据节能控制程序自动进行系统或设备的启停。中央级监控管理系统应设立安全机制，并设置操作者的不同权限，对操作者的各种操作进行记录、存储。中央级监控管理系统应有参数越线报警、事故报警及报警记录功能宜设有系统或设备故障诊断功能。中央级监控管理系统应兼有信息管理（MIS）功能，为所管辖的供暖、通风与空气调节设备建立设备档案，供运行管理人员查询。中央级监控管理系统宜设有系统集成接口，以实现建筑内弱电系统数据信息共享。

6.2.8　消声隔振与绝热防腐

1）基本规则。除本节规定外，消声隔振与绝热防腐措施应按照现行国家标准《工业建筑供暖通风与空气调节设计规范》（GB 50019）执行。

2）消声隔振。供暖、通风与空气调节系统的噪声传播至使用房间或周围环境的噪声级应符合国家现行有关标准的规定。有消声要求的通风与空气调节系统的主风管道内的空气流速宜按表6-2-16选用。暴露在室外的设备，当其噪声达不到环境噪声标准要求时应采取降噪措施。对露天布置的通风、空调和制冷设备及其附属设备［如冷却塔、空气源冷（热）水机组等］，其噪声达不到环境噪声标准要求时，也应采取有效的降噪措施，如在其

进、排风口设置消声设备，或在其周围设置隔声屏障等。焊接作业厂房通风和空调系统管道不应设有消声装置，空调机组设备不应设消声段，如有消声要求宜采取自然衰减或其他消声措施。

表 6-2-16 主风管内的空气流速（m/s）

室内允许噪声级 A（dB）	主管风速	支管风速
35～50	4～7	2～3
50～65	6～9	3～5
65～85	8～15	5～8

3）绝热防腐。高大厂房采暖系统热媒主管道安装高度超过 3m 时宜增设保温。易结露环境的新风管道的引风管应设置防结露绝热措施。绝热设计的防火要求应按照现行国家标准《建筑设计防火规范》（GB 50016）执行。设备与管道的绝热材料应具有稳定、良好的物理性能，在高强紫外辐射和设备振动情况下性能不应改变，在特殊条件下应在保温材料外部应设有防辐射贴面。大量散热的热源（如散热设备、热物料等）宜放在生产厂房外面或坡屋内；对生产厂房内的热源应采取隔热措施；工艺设计宜采用远距离控制或自动控制。设备与管道的部、配件的材料应采用表面粗糙度值小、不易积存污染物、耐腐蚀性强和耐磨性好的材料。绝热材料的主要技术性能应按国家现行标准《设备及管道绝热设计准则》（GB/T 8175）的要求来确定；绝热材料的选择应满足现行国家标准《建筑设计防火规范》（GB 50016）的要求；绝热材料的厚度应根据现行国家标准《工业设备及管道绝热工程设计规范》（GB 50264）来确定。

6.2.9 常见焊接及相关工艺污染物类型

1）焊接污染物的形成及粒径分布特性。焊接作业厂房其污染物的颗粒物极小，在焊接点受局部高温作用呈气溶胶状向上扩散，由于焊接及相关工艺对工作环境的温度、湿度、空气流动的速度等有特殊要求，必须对污染物的形成和粒径进行分析。焊接作业过程中产生的焊烟污染物，包括一系列气体与以气溶胶形态存在的金属细颗粒、金属氧化物及其他化学物质。焊接烟尘是焊接区蒸发出来的金属及其冶金反应物蒸气，远离焊接区后凝结而成，以气溶胶的形态存在于空气环境中，细小的气溶胶颗粒对环境及人体具有严重影响。气溶胶粒径越细小的焊接烟尘对人体及环境的危害越大。气溶胶各粒径颗粒在不同电流下的分布如表 6-2-17 所示。焊接烟尘气溶胶各粒径颗粒在不同电流下的分布如图 6-2-20 所示。

表 6-2-17 焊接烟尘气溶胶各粒径颗粒在不同电流下的分布

粒径（μm）	焊接电流 160A 22V		焊接电流 180A 22V		焊接电流 220A 22V	
	收集尘量（g）	质量比（%）	收集尘量（g）	质量比（%）	收集尘量（g）	质量比（%）
0.03	0.00005	0.8	0.00002	0.6	0.00006	0.9
0.06	0.00002	0.3	0.00002	0.6	0.00004	0.6
0.1	0.00006	1.0	0.00004	1.2	0.00012	1.7
0.2	0.00033	5.6	0.00014	4.2	0.00019	2.8

续表

粒径（μm）	焊接电流 160A 22V		焊接电流 180A 22V		焊接电流 220A 22V	
	收集尘量（g）	质量比（%）	收集尘量（g）	质量比（%）	收集尘量（g）	质量比（%）
0.3	0.00118	20.0	0.00052	15.6	0.00055	8.0
0.4	0.00109	18.5	0.00083	24.9	0.00116	16.9
0.7	0.00095	16.1	0.00053	15.9	0.00185	26.9
1.1	0.00057	9.7	0.00029	8.7	0.00127	18.5
1.8	0.00045	7.6	0.00022	6.6	0.00064	9.3
2.7	0.00040	6.8	0.00024	7.2	0.00030	4.4
4.3	0.00030	5.1	0.00019	5.7	0.00025	3.6
7.0	0.00031	5.3	0.00018	5.4	0.00026	3.8
10	0.00018	5.1	0.00011	3.3	0.00018	2.6

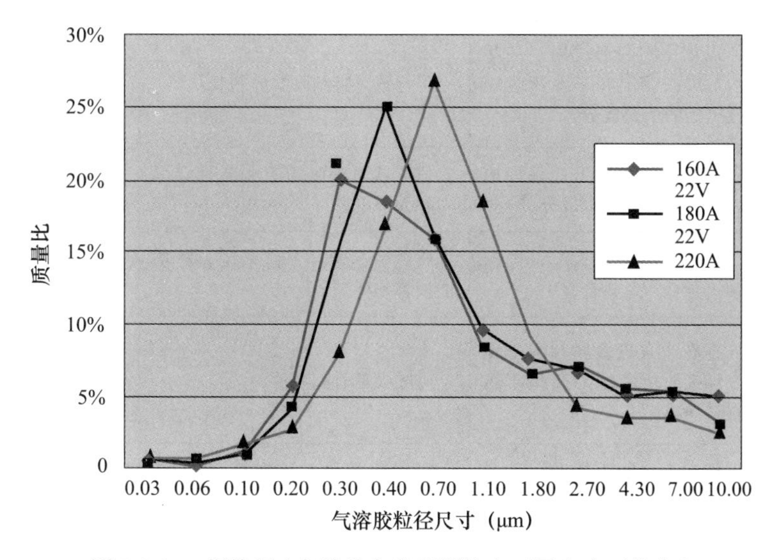

图 6-2-20　焊接烟尘气溶胶各粒径颗粒在不同电流下的分布

焊接污染物的种类及危害不容小觑，焊接过程中产生污染物包括烟尘和气体。其组成如表 6-2-18 所示，金属成分通常以氧化物或氟化物的形式出现。

表 6-2-18　焊接烟尘污染物金属成分及其危害参考

金属成分	存在范围	造成的危害	备注
铝（Al）	存在于合金和焊料中	对呼吸道有刺激性	在焊接过程中发生氧化反应而生成
钡（Ba）	在一些自我保护药芯焊丝电极中可以找到	接触可溶性钡化合物可引起眼睛、鼻子、喉咙和皮肤刺激；可能导致严重的胃痛和肌肉痉挛	在焊接中生成钡化合物
铍（Be）	存在于轻金属合金和某些铜合金中	吸入铍的含量超标可导致急性肺炎（肺组织的炎症）；慢性吸入超过允许暴露限值可产生铍中毒和全身性铍病	基材或焊材中

续表

金属成分	存在范围	造成的危害	备注
镉（Cd）	可作钎料合金的电镀材料	能导致肺气肿、肾损害、肺水肿	
一氧化碳（CO）	电弧焊焊接作业区及上部空间	症状包括头痛、头晕、精神错乱	金属和药芯焊丝电弧焊焊接电弧的反应结果。低浓度的一氧化碳不稳定，很容易生成二氧化碳气体
铬（Cr）	最常用的不锈钢，镍基合金，堆焊合金，低合金钢的合金元素	可引起皮肤刺激和增加患肺癌的危险	基材或焊材中
铜（Cu）	在一些电极和合金中使用。它也可以作为一些裸露的钢焊条的涂层材料	可引起呼吸道刺激或金属烟热	
氟（F）	以氟化物的形式用在一些焊剂焊条涂层和一些药芯焊丝电极的填充成分	可导致呼吸和眼睛的刺激	
铁（Fe）	三氧化二铁的形式是焊接钢时最常见的烟尘成分	氧化铁对呼吸道有刺激性，可引起铁质沉着	在焊接中铁金属被氧化
铅（Pb）	在一些涂料和黄铜，青铜和钢合金和焊料合金中	铅可引起神经系统紊乱、肾功能损害和生殖问题	
镁（Mg）	存在于有色金属合金中和在焊接时所使用的某些放热材料	对呼吸道有刺激性	
锰（Mn）	用在大多数钢铁合金可能会在一些更高级别焊条中	可导致神经系统疾病、肺炎、肌肉丧失控制	
汞（Hg）	可能是盐的形式	汞伤害的主要器官是肝脏、大脑和中枢神经系统	用来作为生产锌合金涂层的金属酸洗剂
钼（Mo）	存在于一些钢合金中	高浓度时可对呼吸和眼睛产生刺激	
镍（Ni）	存在于一些不锈钢、低合金钢和镍基合金中	可对呼吸道和皮肤有刺激性和金属烟雾热；可使肺癌和鼻腔癌的风险增加	
氮氧化物（NO_x）	焊接作业区	对呼吸道有刺激；高度暴露于其中可导致肺水肿	由一氧化氮和二氧化氮组成，在电弧焊过程中形成
臭氧（O_3）	焊接作业区	刺激眼睛、鼻子和咽喉，在高浓度时可引起肺水肿	臭氧（O_3）是由电弧和空气中的氧气的相互作用形成的，低浓度的臭氧不稳定易分解成氧气

续表

金属成分	存在范围	造成的危害	备注
光气	一种剧毒气体	吸入高浓度的光气可能会产生肺水肿	由焊接电弧的紫外线接触含氯溶剂（如三氯乙烯）形成
硅（Si）	在焊材中是以金属、金属氧化物的形式存在，或是两者都有	“硅肺”的主要原因	二氧化硅在埋弧焊接焊剂中是一种常见的成分，并可能在焊剂处理过程中产生的灰尘中大量存在
锡（Sn）	用于一些焊料合金和青铜中	可引起金属烟热	
钛（Ti）	在钛合金和不锈钢中使用。二氧化钛在许多药芯焊丝电极和屏蔽金属电弧焊条涂料中是一种常见的成分	可对呼吸道产生刺激	
钒（V）	用在某些合金钢和一些电极涂层上	可对皮肤、眼睛和呼吸道有刺激性，易导致肺炎、肺气肿和肺水肿	
锌（Zn）	用在镀锌钢板上的焊锡、黄铜、青铜制品、油漆涂料	可导致金属烟热	

焊烟的合适高度值主要与焊接电流强度有关，不同焊接电流强度产生的烟尘带合适高度如表6-2-19所示，本表是以J422电焊条实验得出的数据，其他焊条可根据实际情况参考本表。

表6-2-19　不同焊接电流强度产生的烟尘带合适高度

电流强度（A）	电焊条直径（mm）	烟尘浓度最大处高度（m）	电流强度（A）	电焊条直径（mm）	烟尘浓度最大处高度（m）
120	4.0	4.0	300	6.0	10
140	4.0	4.7	350	6.0～8.0	11.6
180	4.0～5.0	6.0	400	6.0～8.0	13.5
200	5.0	6.6	500	8.0～9.0	17.0
280	5.0～6.0	9.3			

焊接作业厂房常见污染物最高允许浓度如表6-2-20所示，其中带“*”指该粉尘时间加权平均允许浓度的接触上限值；总粉尘简称“总尘”，指用直径为40mm滤膜，按标准粉尘测定的方法采样所得到的粉尘；呼吸性粉尘简称“呼尘”，指按呼吸性粉尘标准测定方法所采集的、可进入肺泡的粉尘粒子，其空气动力学直径均为7.07μm以下，空气动力学直径5μm为粉尘粒子的采样效率为50%。

表 6-2-20　焊接作业厂房常见污染物最高允许浓度

序号	粉尘种类	化学文摘号 (CAS No.)	最高允许浓度 (mg/m³)	时间加权平均允许浓度 (mg/m³)	短时间接触允许浓度 (mg/m³)
1	电焊烟尘（总尘）	—		4	
2	铝尘 铝、铝合金（总尘） 氧化铝（总尘）	7429-90-5		 3 4	
3	硫酸钡（按 Ba 计）	7727-06-0	—	10	25*
4	铍及其化合物（按 Be 计）	7400-41-7（Be）	—	0.0005	0.001
5	镉及其化合物（按 Cd 计）	7440-43-9（Cd）	—	0.01	0.02
6	三氧化铬、铬酸盐、重铬酸盐（按 Cr 计）	7440-47-3（Cr）	—	0.05	0.15*
7	铜（按 Cu 计） 铜尘 铜烟	7440-50-8	 — —	 1 2	 2.5* 0.6*
8	五羰基铁（按 Fe 计）	13463-40-6	—	0.25	0.5
9	铅及其化合物（按 Pb 计） 铅尘 铅烟	7439-92-1（Pb）	 — —	 0.05 0.03	 0.15 0.09
10	四乙基铅（按 Pb 计）（皮）	78-00-2	—	0.02	
11	氧化镁烟	1309-48-4	—	10	25*
12	锰及其无机化合物（按 MnO_2 计）	7439-96-5（Mn）	—	0.5	—
13	汞 金属汞（蒸气） 有机汞化合物（按 Hg 计）	9439-97-6	 — —	 0.02 0.01	 0.04 0.03
14	升汞（氯化汞）	7487-94-7	—	0.025	0.075*
15	钼及其化合物（按 Mo 计） 钼，不溶性化合物 可溶性化合物	7439-98-7（Mo）	 — —	 6 4	 15* 10*
16	镍及其无机化合物（按 Ni 计） 金属镍与难溶性镍化合物 可溶性镍化合物	7400-02-0（Ni）	 — —	 1 0.5	 2.5* 1.5*
17	羰基镍（按 Ni 计）	13463-39-3	0.002	—	
18	二氧化锡（按 Sn 计）	1332-29-2	—	2	5*
19	三乙基氯化锡（皮）	994-31-0	—	0.05	0.1*
20	双（巯基乙酸）二辛基锡	26401-97-8	—	0.1	0.2
21	二氧化钛粉尘（总尘）	13463-67-7		8	

续表

序号	粉尘种类	化学文摘号（CAS No.）	最高允许浓度（mg/m^3）	时间加权平均允许浓度（mg/m^3）	短时间接触允许浓度（mg/m^3）
22	钒及其化合物（按V计）				
	五氧化二钒烟尘	7440-62-6（V）	—	0.05	0.15*
	钒铁合金尘		—	1	2.5*
23	氧化锌	1314-13-2	—	3	5
24	凝聚 SiO_2 粉尘	—			
	总尘			1.5	
	呼尘			0.5	
25	碳化硅粉尘（409-20-2）				
	总尘			8	
	呼尘			4	
26	氟化物（不含氟化氢）（按F计）		—	2	5*
27	六氟丙酮（皮）	684-16-2	—	0.5	1.5*
28	三氟化硼	7637-07-2	3	—	—
29	二氧化氮	10102-44-0	—	5	10
30	一氧化氮	10102-43-9	—	15	30*
31	光气	75-44-5	0.5	—	—
32	臭氧	10028-15-6	0.3	—	—
33	一氧化碳	630-08-0			
	非高原		—	20	30
	高原				
	海拔2000～3000m		20	—	—
	海拔>3000m		15	—	—

6.2.10 焊接及相关工艺污染物浓度及通风量的计算

常见焊接及相关工艺污染物浓度见表6-2-21至表6-2-31。表6-2-25中，切割情况下的计量单位为g/m，碳弧气刨情况下为g/kg（碳电焊条）；气割时的散热量取50400kJ/kg（乙炔）。

表6-2-21 氩弧焊臭氧发生浓度

条件	钨极氩弧焊	熔化极氩弧焊
焊接电流（A）	150	260
电弧电压（V）	30	26
取样点距电弧距离（cm）	20	20
取样速率（L/min）	2.93、1.03	2.39、1.03
取样时间（min）	10	4
臭氧质量浓度（mg/m^3）	2.9～7.0	108～275

表 6-2-22　钨极氩弧焊电弧长度与臭氧质量浓度的关系

焊接电流（A）	电弧长度（mm）	距电弧 152mm 处的臭氧质量浓度（mg/m^3）
130	3.2	0.47
130	4.8	0.58
130	6.3	0.45
130	31.7	1.95

表 6-2-23　熔化极氩弧焊氩气流量与臭氧质量浓度的关系

被焊材料	氩气流量（L/min）	焊接电流（A）	电弧长度（mm）	距电弧 152mm 处的臭氧质量浓度（mg/m^3）
铝	14	200	4.8	10.9
	28	200	4.8	9.8

表 6-2-24　手工电弧焊时 NO_2 及 O_3 散发量

有害气体	质量浓度（mg/m^3）	
	面罩外	面罩内
NO_2	1.8～7.2	0.7～3.0
O_3	0.26～0.51	

表 6-2-25　气割、电弧焊切割和碳弧气刨时的有害物散发量

工艺过程		有害物散发量			
		粉尘	MnO_2	CO	N_2O_3
45 锰钢气割，厚度（mm）	5	2.5	0.6	1.4	1.1
	10	5	1.2	2	1.6
	20	10	2.4	2.7	2.2
钛合金气割，厚度（mm）	4	5	—	1	0.5
	12	15	—	1.8	0.9
	20	24	—	2.2	1.1
	30	36	—	2.7	1.5
铝镁合金电弧切割，厚度（mm）	8	2.5	—	0.6	2.5
	20	4	—	0.9	4
	80	6	—	1.8	8
45 锰钢碳弧气刨		100	25	250	50
钛合金气弧刨		500	—	500	130

表 6-2-26　电焊条发尘量（g/kg）

焊条类型	钛钙型	低氢型	锰型	低氢高锰型
发尘量	6.3～7.2	8.9～15.6	10.2～18.3	30.4

表 6-2-27 CO_2 气体保护焊的有害气体发生量

施焊条件			熔化1kg焊丝产生的有害气体量/g		
焊丝直径（mm）	焊接电流（A）	电弧电压（V）	CO	NO_2	O_3
1.0	190	22	3.85	0.056	0.006
1.2	190	22	4.19	0.180	0.016
1.2	300	30	2.00	0.173	0.012
2.0	300	30	2.55	0.070	—
2.0	400	34	1.41	0.090	—

表 6-2-28 CO_2 气体保护焊的发尘量

施焊条件			熔化1kg焊丝产生的有害气体量（g）	发尘量（mg/min）
焊丝直径（mm）	焊接电流（A）	电弧电压（V）		
1.0	190	22	4.62	0.23
1.2	190	22	7.00	0.35
1.2	315	29	9.30	0.84
2.0	315	29	11.40	0.92
2.0	415	34	13.50	1.62

表 6-2-29 CO_2 气体保护焊的烟尘及有害气体质量浓度

施焊条件			CO质量浓度（mg/m³）		CO_2质量浓度（%）		NO质量浓度（mg/m³）	
焊丝直径（mm）	焊接电流（A）	电弧电压（V）	呼吸带	浓烟中	呼吸带	浓烟中	呼吸带	浓烟中
1.0～1.2	250～300	24～34	95	178	0.028	0.18	1.76	5.14
2.0～2.5	370～550	38～40	70	250	0	0.16	1.17	7.19
4.5	700	37～38	150	440	0.031	0.31	2.22	6.71
施焊条件			NO_2质量浓度（mg/m³）		O_3质量浓度（mg/m³）		焊接烟尘质量浓度（mg/m³）	
焊丝直径（mm）	焊接电流（A）	电弧电压（V）	呼吸带	浓烟中	呼吸带	浓烟中	呼吸带	浓烟中
1.0～1.2	250～300	24～34	1.49	2.59	0.55	3.83	20.4	116.3
2.0～2.5	370～550	38～40	1.77	3.48	0.20	3.31	7.4	124.2
4.5	700	37～38	2.22	6.11	0.40	2.00	7.0	342

表 6-2-30 各种类型焊条焊接时 NO_2 发生量

焊条类型	焊条直径（mm）	电弧电压（V）	焊接电流（A）	NO_2发生量（mg/m³）
中性	4	28～30	140～150	25
深熔	5	64～68	150～170	910

续表

焊条类型	焊条直径（mm）	电弧电压（V）	焊接电流（A）	NO_2 发生量（mg/m^3）
金红石	4	28～32	140～160	22
低氢	4	20～22	150～170	17
低氡	6	40～48	250～290	780
纤维素	2.5	28～34	80～90	30
铸铁	4	32～36	140～150	195
钛钙	4	28～32	140～160	88
钛铁矿	4	28～32	140～160	55
低氢不锈钢	4	28～32	140～170	6

表 6-2-31　低温系软钎料焊接时产生的有害成分

类别	有害成分	发生源处的质量浓度	上升烟中的质量浓度（距发生源 25mm）
低温系软钎料钎焊（350℃加热）	蒎烯	236×10^{-6}	9×10^{-6}
	三乙醇胺	26×10^{-6}	1.2×10^{-6}
	HCl	2.6×10^{-6}	0.3×10^{-6}
	铅	0.1（mg/m^3）	<0.02（mg/m^3）
	铬	0.36（mg/m^3）	0.03（mg/m^3）
低温系软钎料钎焊（250℃加热）			距发生源 20cm
	甲醛	0.258×10^{-6}	0.04×10^{-6}
	酚	6.70×10^{-6}	0.10×10^{-6}
	二乙醇胺	1.9×10^{-6}	0.20×10^{-6}
	HCl	0.4×10^{-6}	$<0.1\times10^{-6}$
	CO	<5	—
	铅	0.029（mg/m^3）	—
	镉	0.004（mg/m^3）	—
	蒎烯	40×10^{-6}	7×10^{-6}

全面通风计算应合规。不稳定状态下的全面通风量按下式计算：

$$L=m/(\rho_2-\rho_0)-(V_f/t)(\rho_2-\rho_1)/(\rho_2-\rho_0)$$

其中，L 为全面通风量（m^3/s）；ρ_0 为送风空气中污染物额定质量浓度（g/m^3）；m 为污染物散发量（g/s）；V_f 为房间体积（m^3）；t 为通风时间（s）；ρ_1 为室内污染物的初始质量浓度（g/m^3）；ρ_2 为经过 t 秒钟后室内的污染物质量浓度（g/m^3），应不大于《工作场所有害因素职业接触界限》的规定。

稳定状态应合理计算。消除有害气体所需通风量按下式计算：

$$L_r=(G_r/\beta)/(d_p-d_j)$$

其中，L_r 为消除有害气体所需的通风量（m^3/h）；G_r 为有害气体发生量（mg/h）；β 为排风效率；d_p 为排出空气的有害气体含量（mg/m^3），参照《工作场所有害因素职业接触限

值 第1部分：化学有害因素》（GBZ 2.1—2007）的规定；d_j 为进入空气的有害气体含量（mg/m³）。

消除焊接烟尘所需通风量按下式计算：

$$L_y=(m/\beta)/(\rho_y-\rho_x)$$

其中，L_y 为消除污染物所需通风量（m³/h）；m 为室内焊接烟尘散发量（mg/h）；ρ_y 为室内空气中焊接烟尘的最高容许质量浓度（mg/m³），参照《工作场所有害因素职业接触界限》的规定；ρ_x 为送入空气中污染物的质量浓度（mg/m³），除新风外，循环风限《工作场所有害因素职业接触界限值 第1部分：化学有害因素》（GBZ 2.1—2007）规定值的30%；β 为排风效率。

消除余热所需的通风量按下式计算：

$$L_r=Q\times3600/[c\rho_j(t_p-t_j)]$$

其中，L_r 为消除余热所需通风量（m³/h）；Q 为余热量（kW）；c 为空气的比热容，其值为1.01kJ/kg·K；ρ_j 为进入的空气密度（kg/m³）；t_p 为排出空气温度（℃）；t_j 为进入空气温度（℃）。同时放散不同的有害气体、粉尘和余热，所散发的污染物对人体健康不具有叠加的危害作用时，通风量取其计算最大值。

局部排风计算应合规。排风柜排风量按下式计算：

$$L=L_1+vAC$$

其中，L 为排风柜的排风量（m³/s）；L_1 为柜内有害气体散发量（m³/s）；v 为迎风面积上的吸入速度（m/s）；允许质量浓度低于0.01mg/L时，用铅或锡焊接取0.5～0.7m/s，用锡和其他不含铅的金属合金取0.3～0.5m/s；A 为迎风面积（m²）；C 为安全系数，取1.1～1.2。

不同形式的侧吸排风罩排风量应按相关规范规定计算，前面无障碍物的外部吸气罩应区分不同情况计算：

圆形四周无边时，$L=(10x^2+A)v_x3600$；

圆形四周有边时，$L=0.75(10x^2+A)v_x3600$；

方形或矩形四周无边时，$L=v_0A3600$；

方形或矩形四周有边时，$L=0.75v_0A3600$。

其中，L 为外部排风罩的排风量（m³/h）；x 为焊接点距罩口的距离（m），$x\leqslant1.5d$，d 为罩口直径；A 为罩口面积（m²）；v_x 为焊接点的控制风速（m/s），取0.2～0.5m/s；v_0 为罩口上的平均风速，由图6-2-21可知，a 为矩形罩口的长边尺寸；b 为矩形罩口的短边尺寸；D 为罩口直径。

要保持适当的气体屏蔽，在焊接区的风速不应超过相关规定，即保护金属弧焊（SMAW）—1.2m/s [240FPM]；气体金属弧焊（GMAW）—0.5m/s [100FPM]；气体钨弧焊（GTAW）—0.3m/s [60FPM]。

设在工作台上的侧吸罩按下式计算：

$$L=(5x^2+A)v_x$$

其中，L 为外部排风罩的排风量（m³/s）；x 为焊接点距罩口的距离（m）；A 为罩口面积（m²）；v_x 为焊接点的控制风速（m/s），取0.2～0.5m/s。

上吸式排风罩按下式计算：

$$L=KlHv_x$$

其中，L 为上吸式排风罩的排风量（m^3/s）；l 为排风罩敞开面的周长（m）；H 为罩口至有害物源的距离（m），小于 0.3a，a 罩口长边尺寸；v_x 为边缘控制点的控制风速（m/s）；K 为考虑沿高度分布不均匀的安全系数，通常取 K=1.4。

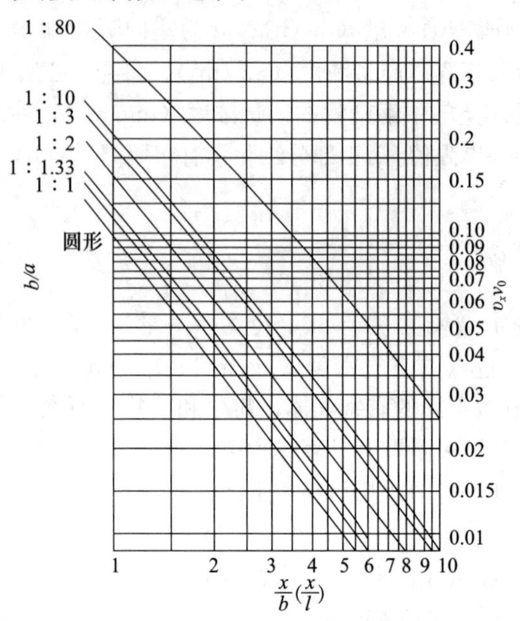

图 6-2-21　矩形排风口的速度计算

常见局用通风罩形式及计算如表 6-2-32 所示，相关的图形如图 6-2-22 至图 6-2-28 所示。

表 6-2-32　常见局用通风罩形式及计算

排风罩形式	计算风量 L（m^3/h）	罩子的局部阻力系数或局部阻力 ΔH（Pa）	图形	备注
吸嘴	本书第 6.2.10 节	参考通风类书籍	图 6-2-22 和图 6-2-23	
均流侧吸罩	按 $A\times B$ 面的风速	ΔH=400	图 6-2-24	
条缝型排风罩	L=2000×m （m 代表罩长）	ξ=1.78+0.25 （缝口动压） （接管动压）	图 6-2-25	接管风速为 5～15m/s
带法兰侧吸罩	X<150mm，L=430 150mm<X<230mm，L=940 230mm<X<300mm，L=1690	ξ=0.25	图 6-2-26	ξ 值对应于接管动压
焊接小室	按开口面风速 0.7m/s 计算	参考通风类书籍		
伞形罩	按罩口风速 0.5m/s 计算	参考通风类书籍		
吹吸式排风罩	参考《机械工业采暖通风与空调设计手册》	参考通风类书籍	图 6-2-27 和 图 6-2-28	

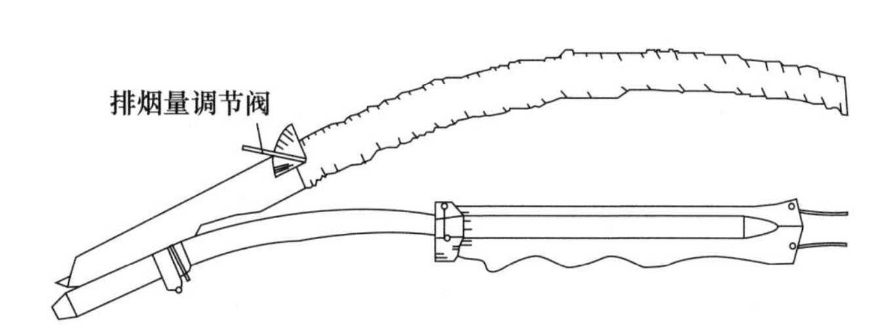

图 6-2-22　附装在焊枪上的排尘专用吸嘴

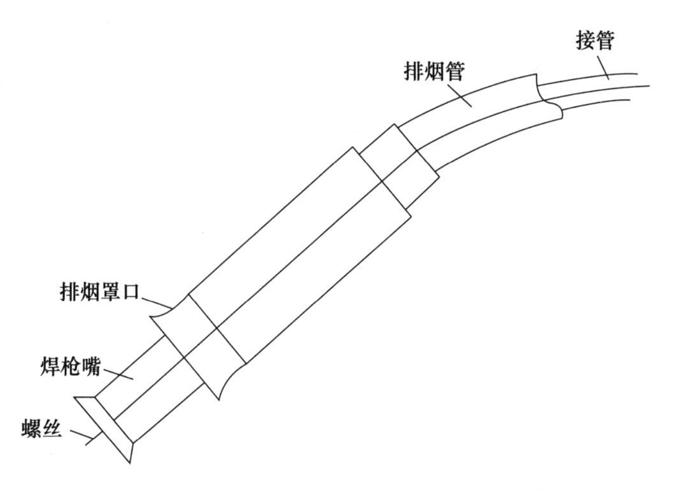

图 6-2-23　与焊枪做成一体排尘专用吸嘴

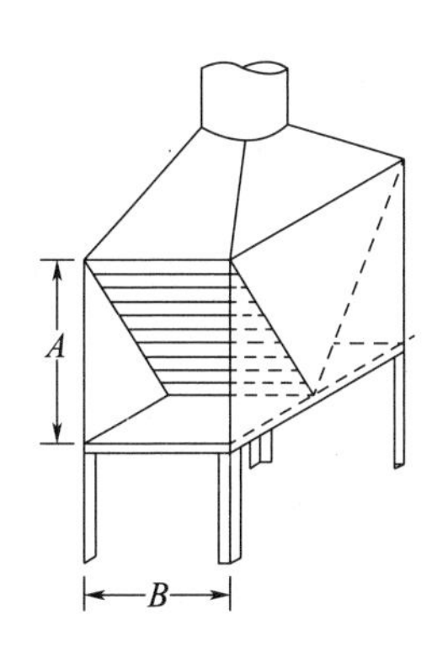

图 6-2-24　均流侧吸罩

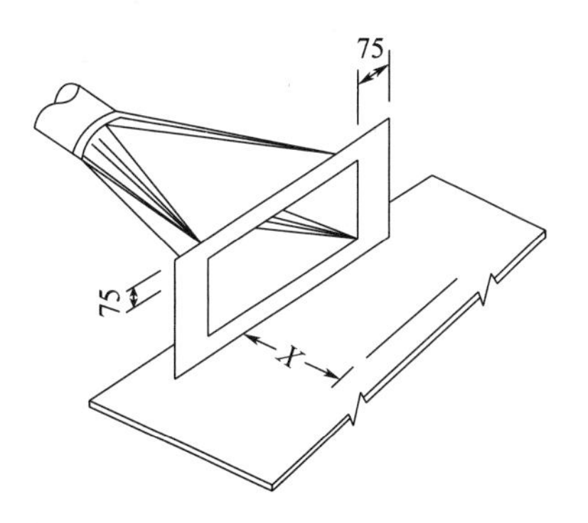

图 6-2-25　带法兰侧吸罩

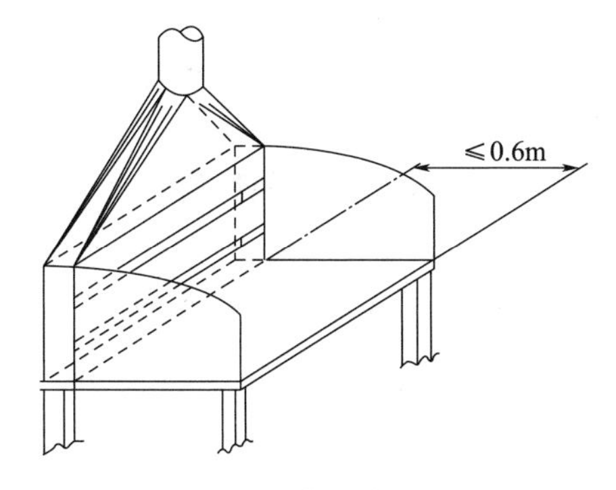

图 6-2-26　条缝形排气罩

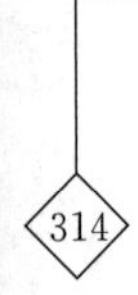

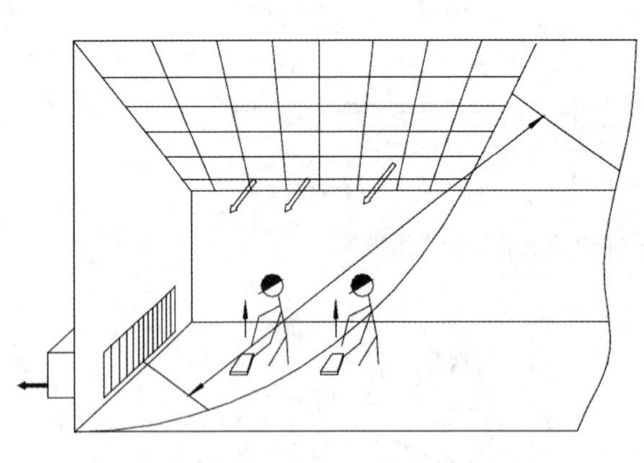

图 6-2-27　吹吸式排气罩（1）

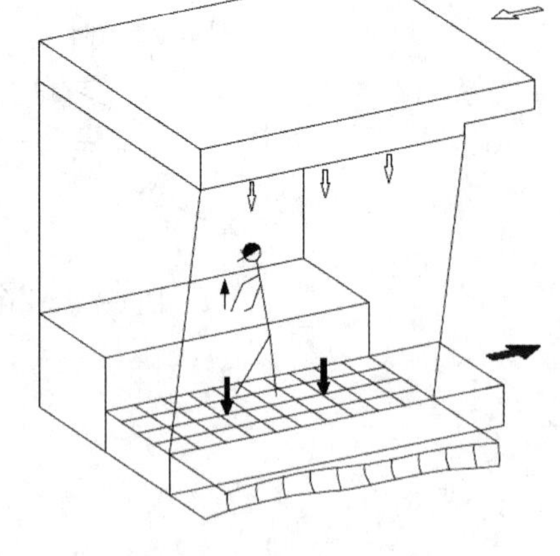

图 6-2-28　吹吸式排气罩（2）

延伸阅读

18 世纪末，蒸汽时代的到来催生了暖通空调的出现。随后，全世界的公司和发明家也不断引进各种现代化及高效率的新方法，推动暖通空调系统不断发展。

近年来，我国采取了更加有力的政策和措施，持续推进绿色低碳发展，落实“双碳”行动。暖通空调产业正在主动顺应变革趋势，努力寻求突破自身、重塑发展的新机遇。中国暖通空调行业正迎来能源变革的重大机遇。

如今，全球能源利用方式的日益多元化。我国能源系统供需平衡将由依靠传统集中供能的源随荷动模式为主向多能源网荷储协调互动转变。同时，数字化将全面赋能新型能源体系建设。数字化是促进系统集成的重要技术手段，推动数字技术深度赋能源网荷储各环节，实现电、热、冷、气多网融合、多能互补、全局调度优化，可显著提升能源资源综合利用率。

思考题

1. 简述民用建筑供暖通风与空气调节的特点和相关要求。
2. 焊接作业厂房采暖通风与空气调节设计应注意哪些问题？
3. 试述近年来我国在供暖通风与空气调节领域的创新和突破。

第7章　基于WaterGEMS软件的智能化给水管网设计模式

7.1　管网设计

城市给水系统是城市公用事业的组成部分，关系着城市居民的用水和生活问题。如何优化城市供水问题，成为城市供水部门亟待解决的问题。现在，人们已经可以利用计算机软件进行更加精确的设计、模拟、分析城市供水情况，解决当前城市供水问题。

给水管网由管道、配件和附属设施组成（图7-1-1）；给水管网的设计与给水管系、附属设备和管网布置、管网计算和调度有关。

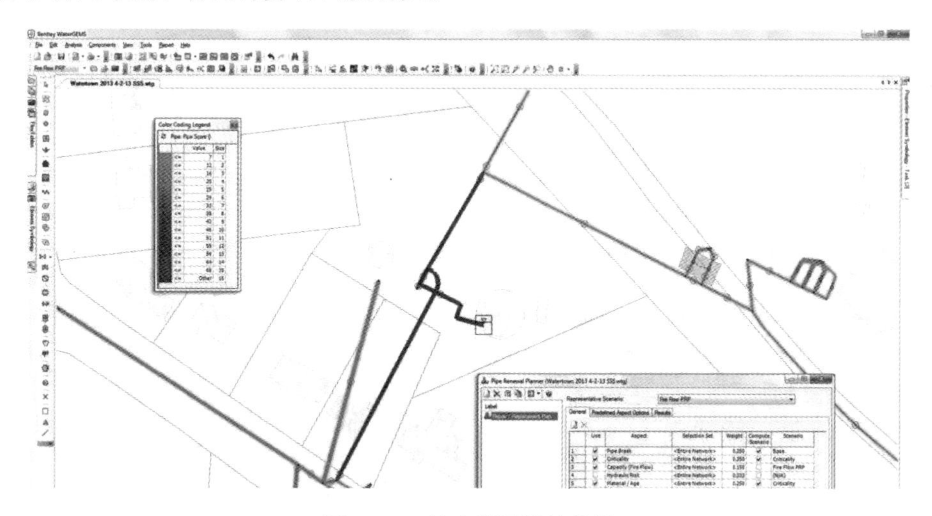

图7-1-1　给水管网设计截屏

1）给水管系。给水管系一般设有输水管、干管、支管、用户支管、闸阀、排气阀和排水阀。输水管是从供水点（水源地或给水处理厂）到管网的管道，一般不直接向用户供水，起输水作用。管网中同时起输水和配水作用的管道称干管。从干管分出向用户供水的管道管径为100mm或150mm，起配水作用，称作支管。从干管或支管接通用户的称用户支管，管上常设水表以记录用户用水量；消火栓一般接在支管上。给水管网中适当部位设有闸阀；当管段发生故障或检修时，可关闭适当闸阀使其从管网中隔离以缩小停水范围；

闸阀应按需要设置，但闸阀越少，事故或检修时停水地区越大。当管线有起伏或管道架空过河时，在管道的隆起点需要设排气阀，以免水流挟带的气体或检修时留在管道中的气体积聚而影响水流。在管道的低凹处常设排水阀，用以放空水管。

2）附属设施。附属设施包括调节构筑物（水池、水塔或水柱）和给水泵站等。小型给水管网或大型给水管网的边缘地区的用水总量虽小，但流量变化较大，设置调节构筑物可降低管网造价和运行费用。大型管网的水头损失很大，致使管网起端和末端的压力相差悬殊，如在管网中适当地点设置增压泵站可以减小泵站前管网的压力，降低输水能耗和费用并改善管网运行条件。在地面高程相差甚大的丘陵地区或山区，为均衡管网的水压，常按地形高低分区供水；低区管网和高区管网可以串联，在前者末端设置增压泵站以供应后者；低区管网和高区管网可以并联，同时从供水点向低区和高区管网供水。

3）管网布置。给水管网的干管呈枝状或环状布置图（图 7-1-2）。如果把枝状管网的末端用水管接通会转变为环状管网。环状管网的供水条件好，但造价较高。小城镇和小型工业企业一般采用枝状管网。大中型城市、大工业区和供水要求高的工业企业内部，多采用环状管网布置。设计时必须进行技术和经济评价，得出最合理的方案。近代大型给水系统常有多个水源，有利于保证水量、水压，使供水既经济又可靠。随着社会的发展，用水量在不断增加，而优质水源却由于污染而减少，于是出现了分质供水的管网，即用不同的管网供应不同水质的水。管网布置是整个给水系统规划的一部分，涉及整个工程的效益；利用给水管网分析和设计软件 WaterGEMS 能通过建立管网水力模型，利用水力模型结果帮助优化复杂给水系统设计，跟踪设计备选方案，从而得到最优布置方案图（图 7-1-3）。

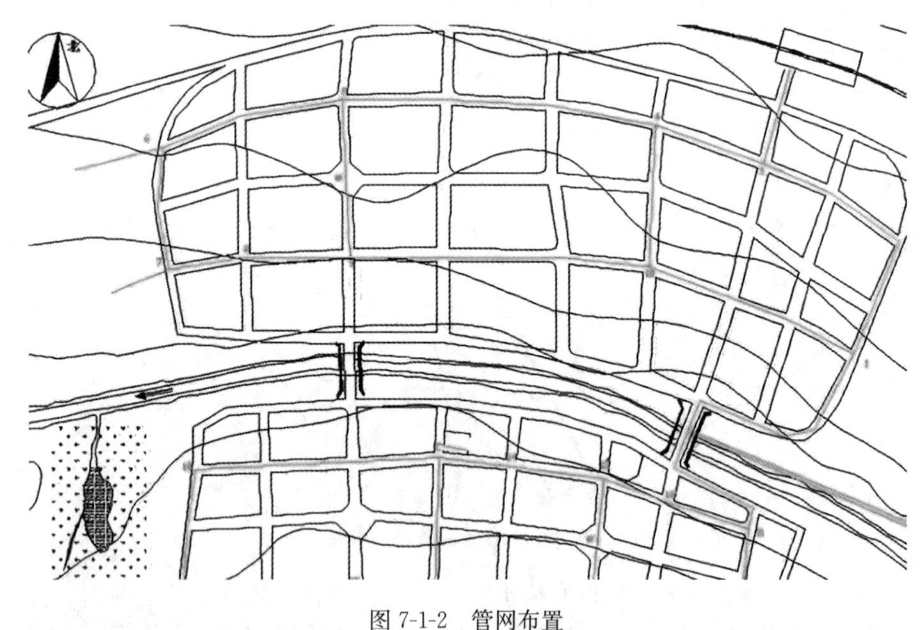

图 7-1-2　管网布置

4）管网计算。在管网的线路布置完成后，要求通过计算来确定各管段的管径、泵站扬程和扬水量及水塔或水池的高程和容量等。管网计算中首先是用水量的分析和管道流量的分配，然后是管径的确定和水压的计算。计算不但是一个水力学问题（见水流阻力和水头损失），而且是一个经济问题。管径小，造价低，但水头损失大，要求的水压高，泵站

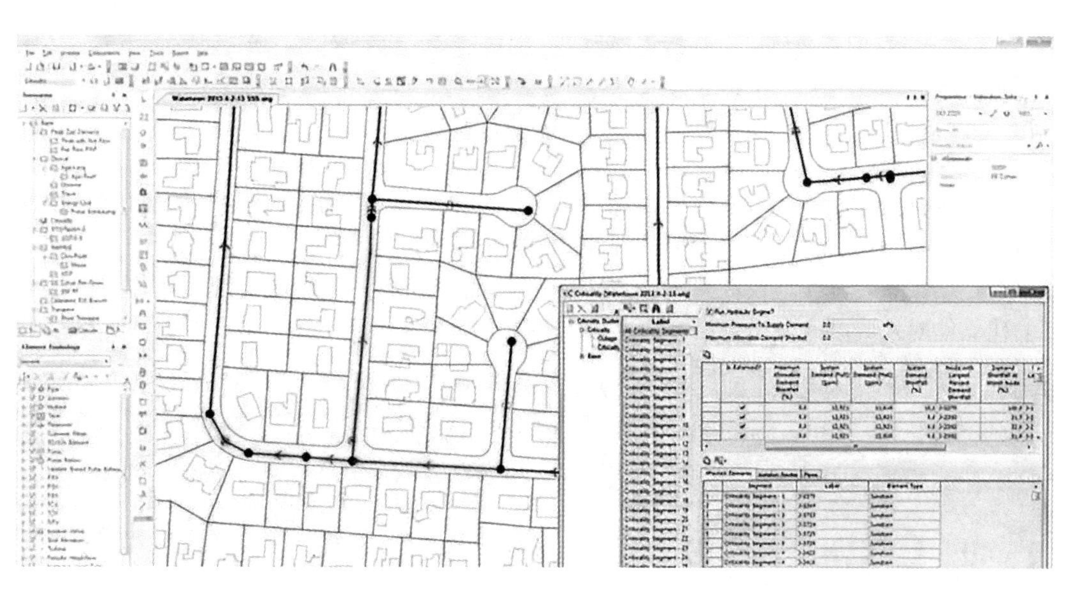

图 7-1-3　WaterGEMS 给出的最优布置方案

的电耗和运行费用也变高了。环状管网的水压计算比枝状管网复杂，需要采用平差方法；按照水力学原理，每个管环的水头损失代数和应等于零；如果不等于零，要调整分配给管段的水量，一再复算，直至符合要求；因不准管环水头损失的代数和出现差额，故称管网平差。

5）调度。给水管网特别是有调节构筑物和增压泵站的管网或多水源管网应合理调度以降低运行费用。检漏和维修对降低成本很重要。此外，为了提高供水质量，应定点连续监测管网的水压，以发现低压区，并采取必要的措施（图 7-1-4）。

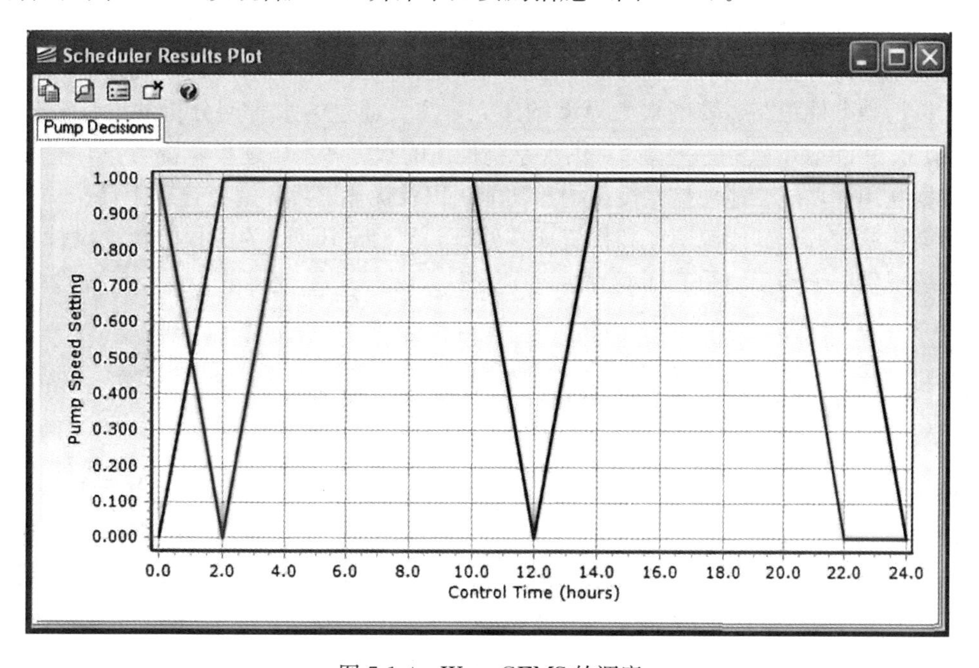

图 7-1-4　WaterGEMS 的调度

7.2 管网建模

管网水力模型是基于真实管网的拓扑关系、管径、管材、流量、压力、水厂泵站出水压力和流量数据，通过管网平差公式算法，利用计算机技术将实体的管网运行情况抽象成数字的点线关系，真实地反映管网流量、压力、流速、管损情况（图 7-2-1）。管网水力模型的建立能对水力和水质进行分析模拟，以解决城市供水问题。

图 7-2-1　WaterGEMS 的管网水力模型

1）水力模拟。WaterGEMS 可利用公式计算摩擦水头损失；包含弯头、附件等处的局部水头损失计算；可模拟恒速或变速水泵；可进行水泵提升能量和成本分析；可模拟各种类型的阀门，包括遮蔽阀、止回阀、调压阀和流量控制阀；允许涉及多需水量类型，每一节点均可具有自己的时变模式。

2）水质模拟。WaterGEMS 可模拟管网中非反应性示踪剂随时间的运动；模拟反应物质的运动变化可随时间增长或降低（余氯）；模拟整个管网的水龄；不同水源来水的混合占比；污染事件跟踪。管网水力模型的建立，需要通过给水管网分析和设计软件 WaterGEMS。WaterGEMS 是一款针对供水系统推出的水力和水质建模解决方案，它具备先进的数据互用性功能、地理信息模型构建功能，以及优化工具和资产管理工具；从消防水耗、污染物浓度分析到能源消耗和投资成本管理，WaterGEMS 为工程分析、设计和优化供水系统提供一个易于使用的环境。

7.3 WaterGEMS 应用

1）环境多样。WaterGEMS 适用于四种环境（图 7-3-1）。公用事业公司和咨询公司可以使用不同的界面共享一个单一的数据集，建模团队可充分利用不同部门工程师的技能；工程师通过选择自己熟悉的环境加快学习进程，并提供可以在多个平台上实现可视化的结果。WaterGEMS-ArcGIS 界面支持 GIS 专业人员充分利用 ESRI 的地理数据库架构来确保单个数据集可以用于建模和 GIS 管理；通过对所有水力建模工具的完全访问，以及可简化模型构建过程的地理信息处理功能，他们可以直接从 ArcMap 创建、编辑、计算和显示 WaterGEMS 模型。

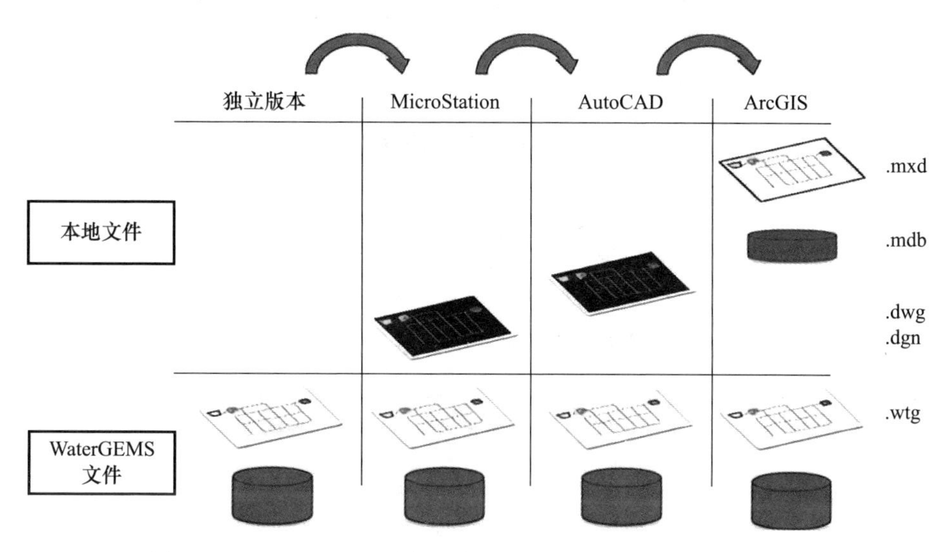

图 7-3-1　WaterGEMS 支持 4 个平台运用的水动力模型解决方案

2）地理信息模型构建工具。工程师可以充分利用地理信息数据、CAD 工程图、数据库及电子数据表来快速启动模型构建过程。WaterGEMS 提供同步的数据库连接、地理信息链接和高级模型构建模块，与几乎所有的数据格式相关联（图 7-3-2）。

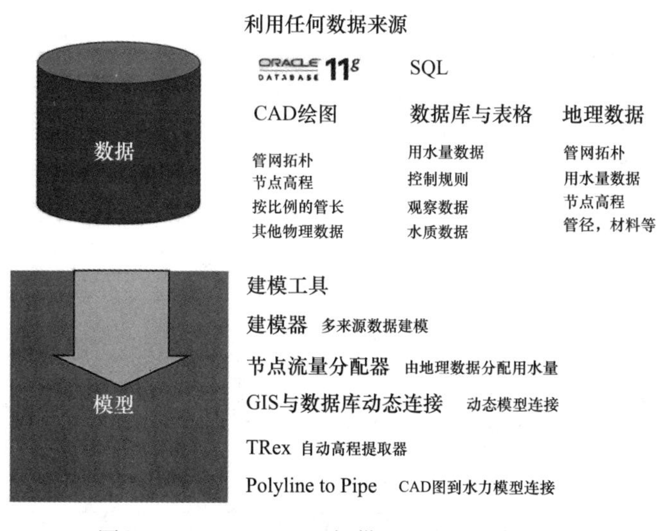

图 7-3-2　WaterGEMS 提供的同步数据库连接

WaterGEMS 包括 LoadBuilder 和 TREX 模块可帮助工程师根据 Shapefile 的地理数据库、各种类型的数字立面图模型（DEM），甚至 CAD 图纸中的地理信息数据分配需水量和节点立面图；这些模块可帮助工程师避免潜在的手动输入错误，同时简化模型构建过程（图 7-3-3）。WaterGEMS 提供了工程图和连接性评估工具，以确保成功建立水力相关模型；Skelebrator 可在自动简化管网系统的同时使水力系统保持平衡，以有效利用各种建模应用程序。

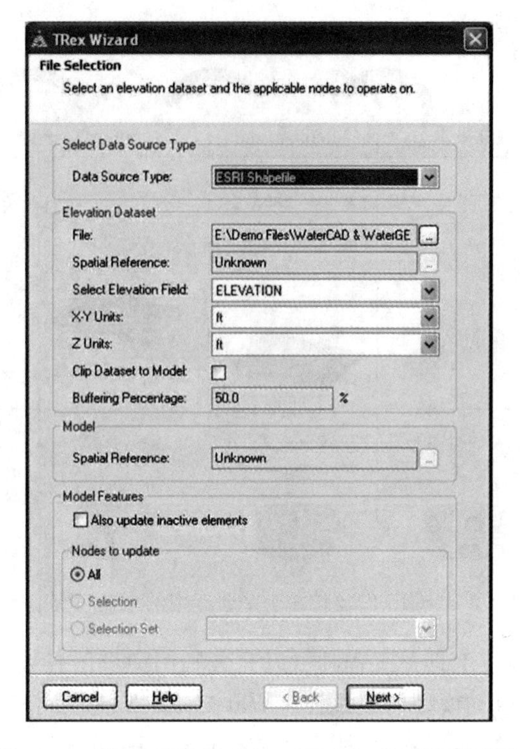

图 7-3-3　WaterGEMS 的 LoadBuilder 和 TREX 模块

3）优化的模型校准、设计和运营。WaterGEMS 提供一流的遗传算法优化引擎，用以进行自动校准、设计、改造及水泵运行。Darwin Calibrator 使用户迅速找到与实测流量、压力和元素状态最匹配的校准假设；从而帮助用户根据真实、准确的水力模拟做出可靠的决策；Darwin Calibrator 通过对数百万个可能的解决方案进行评估，以得出最好的校准假设（图 7-3-4）。Danwin Designer 可根据资本投资、重新分配成本以及压力和流速限

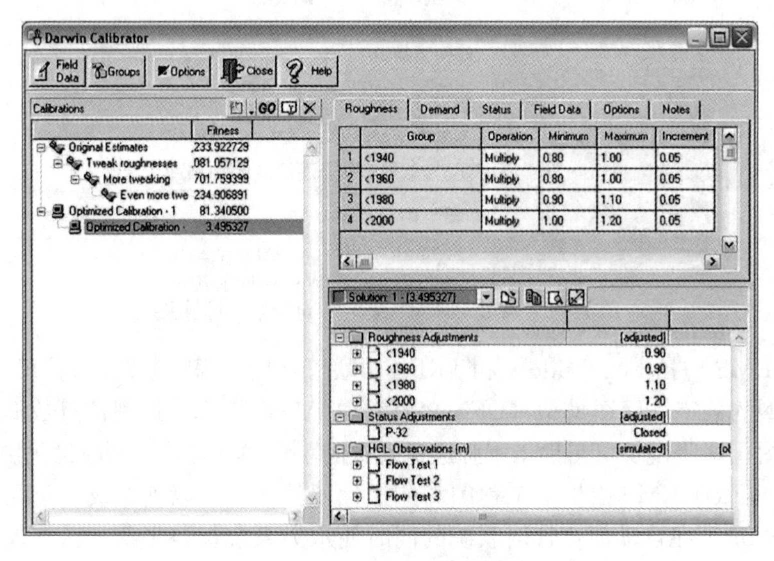

图 7-3-4　WaterGEMS 的遗传算法

制，自动发现设计和改造策略的最大优势或最低成本（图 7-3-5）。工程师可以管理基础设施投资成本和分析能耗，以确定最节能的水泵调整策略。Danwin Scheduler 可根据压力、流速、水泵启动和水池限制，来优化恒速泵和变速泵的运行和水库储存，以尽量降低能源消耗或能源成本（图 7-3-6）。

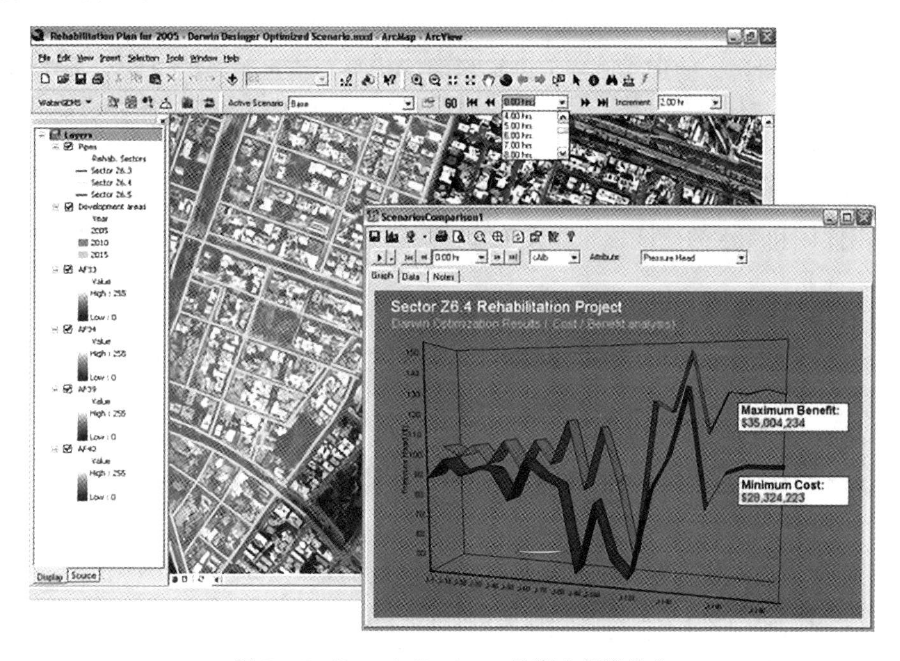

图 7-3-5　Danwin Designer 的资本投资优化

Darwin Scheduler (DemoScheduler.wtg)

New Scheduler Study - 1
All Pumps
Solutions
Solution 1
Solution 2
Solution 3
Solution 4
Solution 5
Solution 6
Solution 7
Solution 8
Solution 9
Solution 10

Solution Summary

	Solution ID	Fitness	Total Violation	Energy Use (Net Total) (kWh)	Energy Cost (Net Total) ($)
1	Solution 1	2,555.895	0.000	(N/A)	2,457.59
2	Solution 2	2,557.585	0.000	(N/A)	2,459.22
3	Solution 3	2,557.974	0.000	(N/A)	2,459.59
4	Solution 4	2,594.323	0.000	(N/A)	2,456.97
5	Solution 5	2,594.965	0.000	(N/A)	2,457.58
6	Solution 6	2,594.991	0.000	(N/A)	2,457.61
7	Solution 7	2,595.109	0.000	(N/A)	2,457.72
8	Solution 8	2,595.337	0.000	(N/A)	2,459.22
9	Solution 9	2,596.008	0.000	(N/A)	2,459.59
10	Solution 10	2,596.242	0.000	(N/A)	2,456.97

图 7-3-6　Danwin Scheduler 控制和降低能源成本

7.4　WaterGEMS 的软件功能

1）分析管道和阀门临界程度。可发现给水系统的薄弱环节，并评估隔离阀是否能满足需要；使用不同的阀门位置来评估隔离系统各个部分和服务客户的能力；提供隔离阀数据后，WaterCAD/WaterGEMS 会立即自动生成管网段。

2）评估消防水耗供应量。使用给水管网水力模型访问和确定防火需要改进的地方；改进设计（如管道、水泵和水罐的大小和位置）以满足消防水耗和防火要求。

3）构建和管理水力模型。快速启动模型构建流程并有效管理模型，以便用户可以集中精力制定最佳工程决策；利用并导入几乎所有的外部数据格式，最大限度地提高地理信息和工程数据的投资回报，并自动执行地形提取和节点分配。

4）设计给水管网。使用水力模型结果帮助优化复杂给水系统的设计并利用内置方案管理特征来跟踪设计备选方案；WaterGEMS 用户可以使用内置的 DarwinDesigner 网络优化工具进行优化设计。

5）制定冲洗计划。在单次运行中借助多个传统单向冲洗事件优化冲洗方案；提高干管冲洗排出固体和死水的速度，冲洗成功的主要标志是冲洗操作期间任意管道中的冲洗速度均达到最高。

6）识别管网漏损。通过减少管网漏损来节约用水并增加营收；利用流量和压力数据找到要进行详细漏损探测的位置（仅限于 WaterGEMS）；研究可以通过减小压力来降低的漏损量，并观察其对客户服务的影响。

7）管理能源。利用正确使用水力建模（包括复杂的水泵组合和变速泵）构建水泵模型，以了解不同的水泵可行性方案对能源利用的影响；大限度降低与水泵运行成本相关的能耗，同时大限度提高系统性能。

8）确定管道更新优先级。确定应该替换或修复的管道（图 7-4-1）；管道连接基于多方面因素进行评级，包括基于属性和性能的标准；由此产生的优势包括资产规划改进、配送容量增加和资本支出的最大回报。

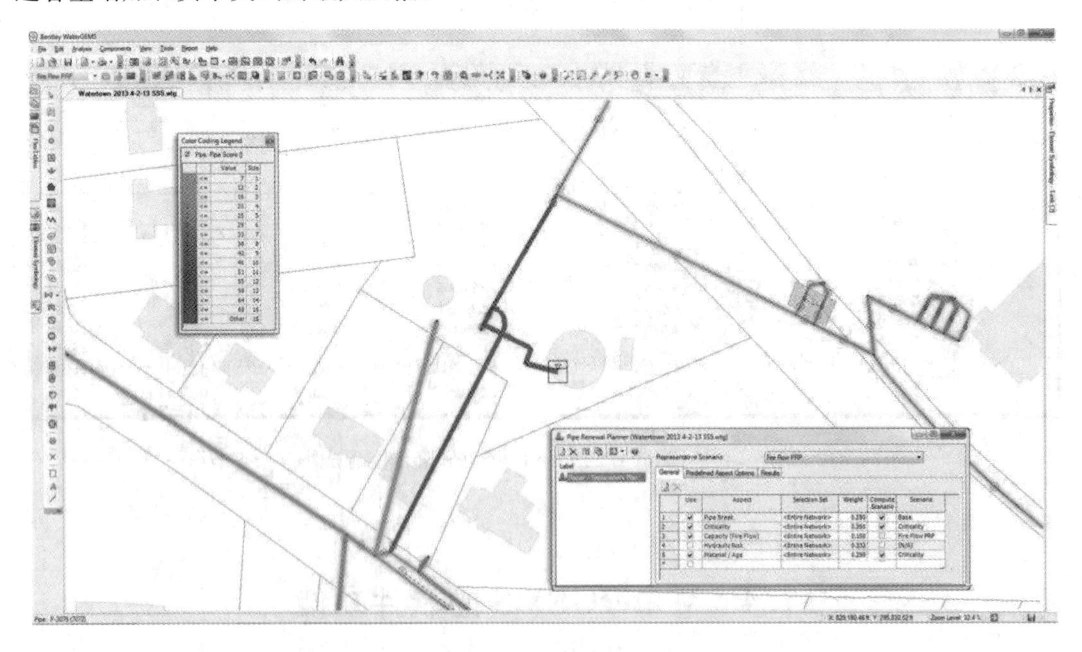

图 7-4-1　WaterGEMS 确定应该替换或修复的管道

9）实时模拟网络。将校准水力模型与 SCADA 系统相连接，使模型的初始边界条件能够随着最新的实时数据自动更新；使用这款实时模型监控系统并确保其高效运行。

7.5　OpenFlows WaterCAD给水管网建模和分析软件

OpenFlows WaterCAD是一款面向给水系统的简单易用的水力和水质建模应用程序，覆盖从消防流量和成分浓度分析，到能源成本管理和水泵建模的全面功能；用户可以高效地设计新的给排水系统并管理现有的给排水管网，降低业务中断风险并减少能耗（图7-5-1）。软件的优势表现在以下七方面：

图7-5-1　OpenFlows WaterCAD建模

1）数据互用性。OpenFlows WaterCAD除可以独立运行和在Microstation中运行外，还可以在AutoCAD中运行；不管使用何种平台，OpenFlows WaterCAD的模型数据在不同平台间都是互用的。独立界面功能多样、无与伦比，具体表现在易于使用的模型布局工具，支持多个背景，并提供CAD、GIS和数据库转换实用工具，另外提供次数不限的撤消和恢复布局支持。在MicroStation或AutoCAD中建模时，用户可以在已经熟悉的环境中以工程标准精度构建和布局模型；OpenFlows WaterCAD可用于打开WaterGEMS和HAMMER模型，包括在ArcGIS中创建的模型。

2）简化的建模过程。LoadBuilder和TRex两个模块集成在OpenFlows WaterCAD中，不再收取任何功能费用。这两个模块通过调用Shapefile/DEM/CAD图纸中的地理信息数据帮助工程师自动分配需水量和节点高程，从而避免手动输入的潜在错误，进一步加快模型构建过程。OpenFlows WaterCAD用户可以使用CAD图形直接创建水力模型；从GIS中导入拓扑和数据；并在Shapefile、数据库、电子表格和OpenFlows WaterCAD模型之间创建永久性双向连接。

3）水质建模。内置的水质分析功能可帮助OpenFlows WaterCAD用户进行污染物浓度分析，计算水龄、水罐混合和水源跟踪分析，以制定完善的氯化计划、模拟紧急污染事件、查看不同水源的影响区域并通过查明系统中的水溶液问题来改善浑浊度、口感和气味。

4）消防流量分析。使用消防水耗导航器，OpenFlows WaterCAD用户可以快速精确地建立水网能力以提供消防用水。OpenFlows WaterCAD可同时建立多个消防水耗事件模型，从而评估整个系统的流量和压力（图 7-5-2）。

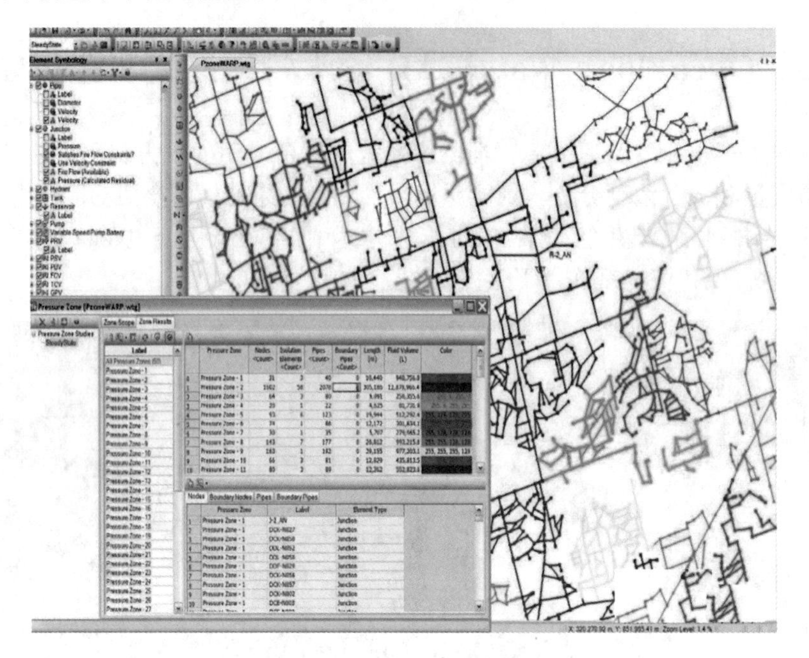

图 7-5-2　消防流量分析

5）冲洗模拟。冲洗模拟工具可帮助公用事业和市政部门制定、分析和优化冲洗方案，以管理和改进给水系统的水质。OpenFlows WaterCAD 用户可以执行传统和单向冲洗（UDF）模拟，以及对多个区域进行多次冲洗。

6）临界点分析和运营建模。“临界分析中心”是一款综合的实用工具可发现给水基础设施中的重要资产，并评估基础设施故障所带来的风险。此外，通过使用基于规则的运营控制、变速泵送（VSP）、压力相关需求，工程师可以发现运营瓶颈、将能耗降到最低并模拟实时运营，以提高系统性能。

7）综合的方案管理。使用 OpenFlows WaterCAD 的方案管理中心，工程师能够在一个文件内全面控制配置、运行、评估、可视化和比较任意数量的假设方案。通过比较无数个方案，分析不同规划期的修缮备选方案、评估水泵运行策略或紧急污染事件的冲洗备选方案，工程师可以轻松作出决策。

思考题

1. 如何利用 WaterGEMS 软件进行给水管网设计？
2. 如何利用 WaterGEMS 软件进行给水管网建模？
3. 简述 WaterGEMS 的应用特点。
4. 简述 WaterGEMS 软件在给水管网设计方面的功能优势。
5. OpenFlows WaterCAD 给水管网建模和分析软件有哪些优点？
6. 试述近年来我国在市政工程智能化设计领域的创新和突破。

参 考 文 献

[1] CAD/CAM/CAE 技术联盟．AutoCAD2022 中文版入门与提高：市政工程设计［M］．北京：清华大学出版社，2022：26.
[2] 白建国．给水排水管道工程［M］.4 版．北京：中国建筑工业出版社，2023：86.
[3] 岑康．燃气工程施工［M］．北京：中国建筑工业出版社，2021：84.
[4] 杜渐．建筑给水排水与燃气［M］．北京：中国建筑工业出版社，2022：13.
[5] 方正．消防给水排水工程［M］．北京：机械工业出版社，2021：84.
[6] 公绪金．民用建筑空气调节［M］．北京：中国建筑工业出版社，2021：121.
[7] 关成华，赵峥，刘杨．浅层地热能与清洁供暖：国际经验、中国实践与发展路径［M］．北京：科学技术文献出版社，2021：27.
[8] 郭云飞，安关峰．市政工程质量创优手册［M］．北京：中国建筑工业出版社，2022：22.
[9] 李锐．通风与空气调节［M］．北京：机械工业出版社，2022：25.
[10] 李瑞鸽，杨国立．市政工程施工［M］．北京：化学工业出版社，2023：35.
[11] 李亚峰，张克峰．建筑给水排水工程［M］.4 版．北京：机械工业出版社，2023：55.
[12] 刘静晓，代学民．工业给水排水工程［M］．北京：中国建筑工业出版社，2022：46.
[13] 卢军，何天祺．供暖通风与空气调节［M］．重庆：重庆大学出版社，2021：36.
[14] 马金，刘艳臣，李淼．建筑给水排水工程与设计［M］．北京：清华大学出版社，2021：31.
[15] 马祥华，刘庆，苏军．建筑给水排水管道及设备安装［M］．北京：北京理工大学出版社，2022：51.
[16] 戎向阳，司鹏飞，石利军，等．太阳能供暖设计原理与实践［M］．北京：中国建筑工业出版社，2021：153.
[17] 邵宗义．市政工程规划［M］．北京：机械工业出版社，2022：77.
[18] 深圳市合创建设工程顾问有限公司．市政工程精细化施工与管理手册［M］．北京：中国建筑工业出版社，2022：44.
[19] 石文星．空气调节用制冷技术［M］.5 版．北京：中国建筑工业出版社，2020：55.
[20] 汤万龙，胡世琴．建筑给水排水系统安装［M］.3 版．北京：机械工业出版社，2022：39.
[21] 田水，谷倩．给水排水工程结构［M］．武汉：武汉理工大学出版社，2022：50.
[22] 王传惠．城镇燃气工程项目管理实务［M］．北京：中国建筑工业出版社，2022：28.
[23] 王宇清．室内供暖工程施工［M］．北京：中国建筑工业出版社，2021：24.
[24] 王增长，岳秀萍．建筑给水排水工程［M］.8 版．北京：中国建筑工业出版社，2022：47.
[25] 严铭卿，宓亢琪，黎光华．燃气工程设计手册［M］.2 版．北京：中国建筑工业出版社，2019：77.
[26] 杨海燕，胡仁喜．Autodesk Revit Architecture 2022 市政工程设计从入门到精通［M］．北京：清华大学出版社，2023：33.
[27] 杨金良，孙玉芳，万小春．太阳能供暖技术［M］．北京：中国农业出版社，2020：18.
[28] 杨霖华．市政工程施工手册［M］．北京：化学工业出版社，2022：39.
[29] 杨小林，杨开明．给水排水管网［M］．北京：中国建筑工业出版社，2023：19.

[30] 游成旭，李冕．消防给水排水工程［M］．重庆：重庆大学出版社，2023：48.
[31] 张建锋，王社平，李飞．给水排水工程施工技术［M］．西安：西安交通大学出版社，2022：91.
[32] 张喜明，赵嵩颖，齐俊峰，等．建筑水暖电及燃气工程概论［M］．2 版．北京：中国电力出版社，2019：46.
[33] 张育平．中深层地热钻井换热供暖关键技术［M］．北京：科学出版社，2020：34.
[34] 赵继洪．空气调节技术与应用［M］．北京：机械工业出版社，2021：132.
[35] 赵淑敏，郭卫琳，刘丽莘．工业通风空气调节［M］．2 版．北京：中国电力出版社，2019：85.
[36] 郑兆志．制冷与空气调节电气技术［M］．北京：机械工业出版社，2018：66.
[37] 中国燃气控股有限公司．南方供暖实用技术［M］．北京：机械工业出版社，2022：101.
[38] 钟风万，吕国庆，黄毫春，等．建筑给水排水工程施工过程全解读［M］．北京：中国建筑工业出版社，2023：22.
[39] 周质炎，夏连宁．市政给水排水工程管道技术［M］．北京：中国建筑工业出版社，2023：17.
[40] 朱彩兰．空气调节与中央空调装置［M］．3 版．北京：中国劳动社会保障出版社，2019：73.